견의 기원에서 종류·위생 건강까지

애견 기르는 방법과 짝짓기

저 : 송원 애견연구소

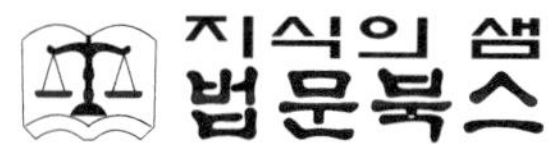

지식의 샘
법문북스

달메시안

골던 · 레트리버어

잉글리쉬 · 세터

잉글리쉬 · 세터의 부드러운 표정은, 이 개의 성질을 표징하고 있다.

골던 · 세터

아메리칸 · 코커 · 스파니엘

그레이하운드 달리는 속도는 최고의 기록을 갖고 있다.

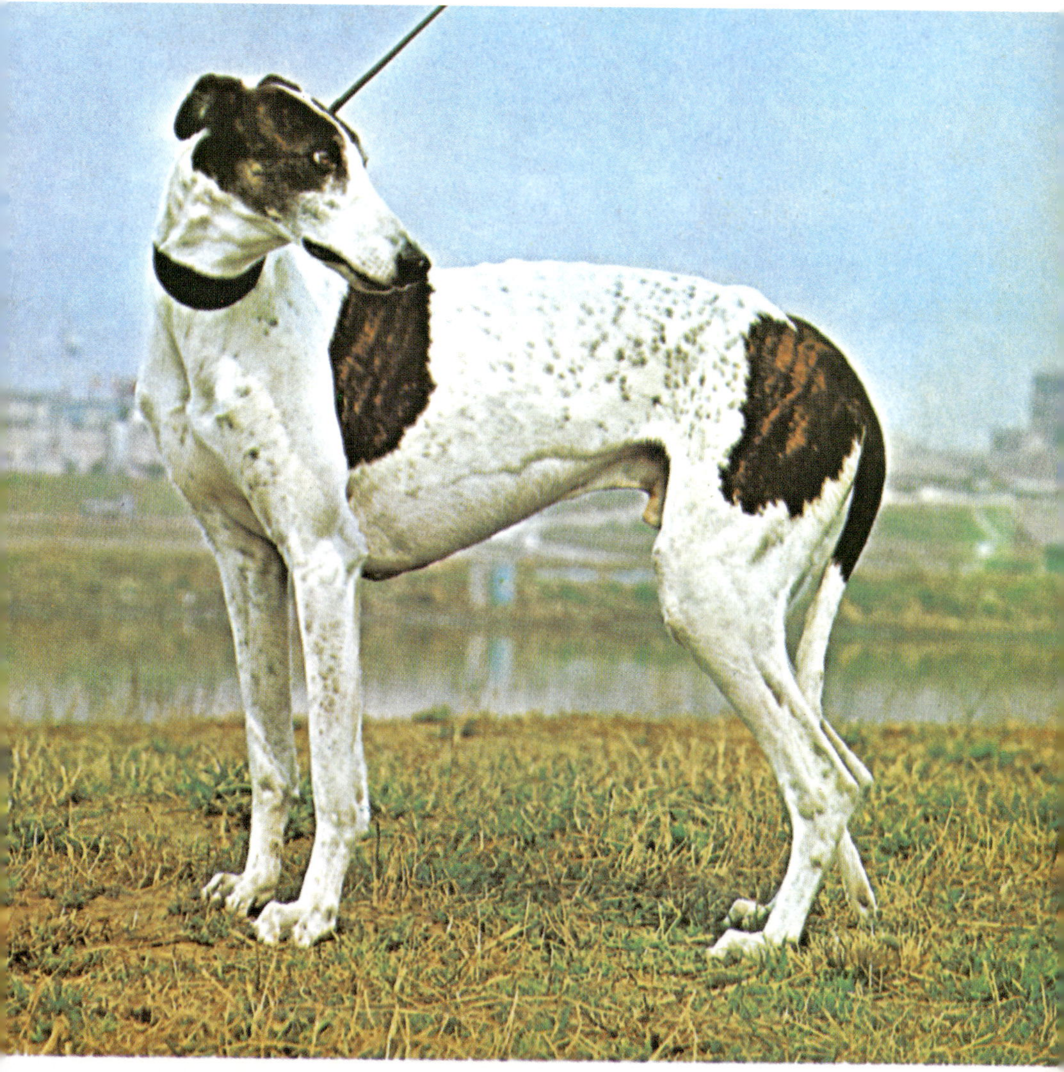

미니어추어·닥스훈트

미니어추어·닥스훈트 원
은 독일이며, 현재로 스
다아드와 미니어추어의 두
류로 나눈다.

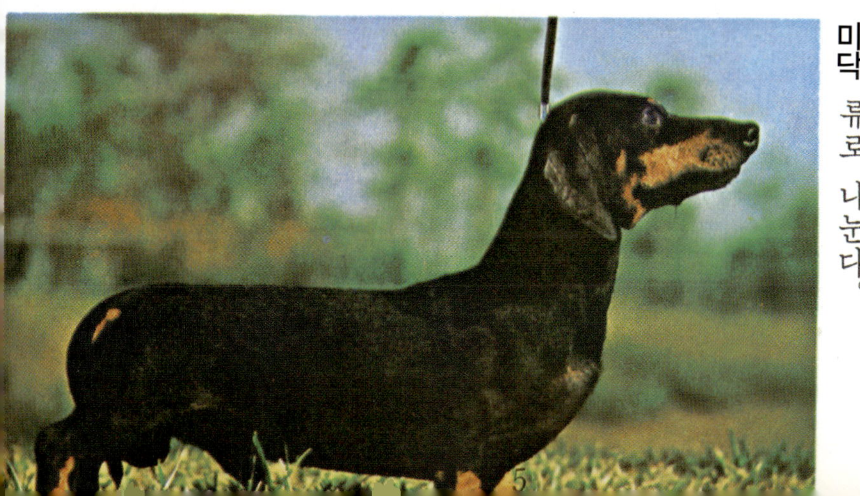

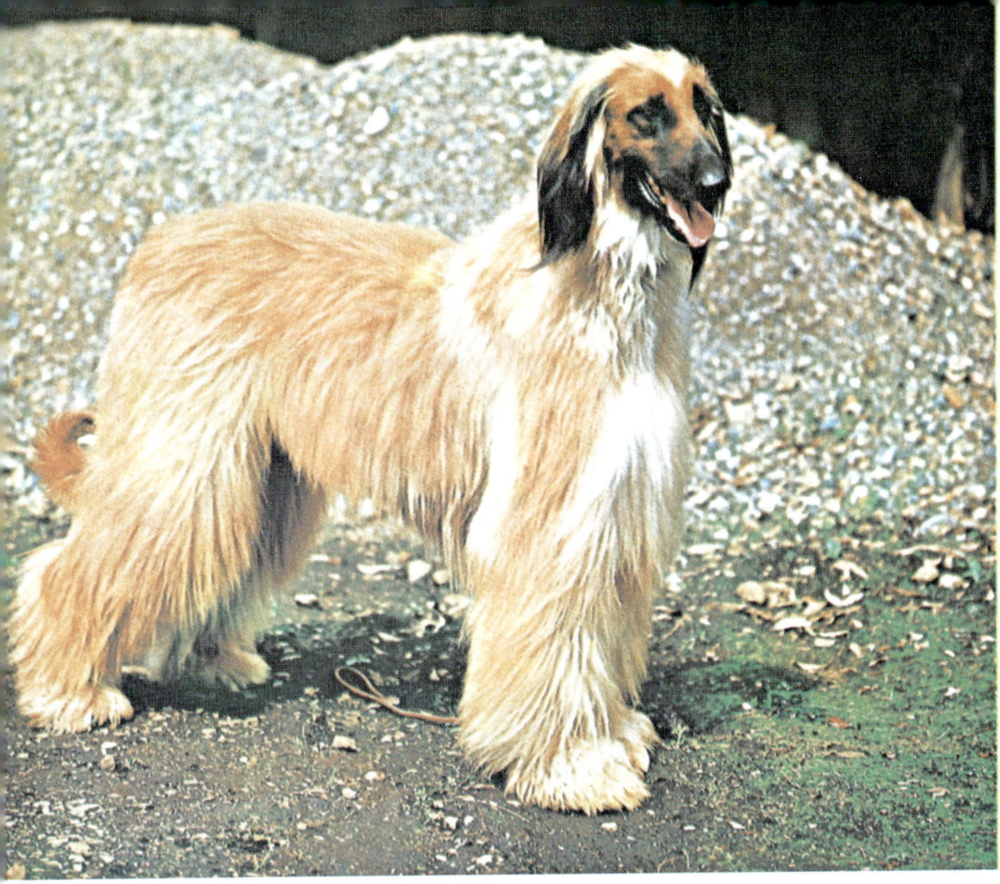

아프간 · 하운드

호이빼트

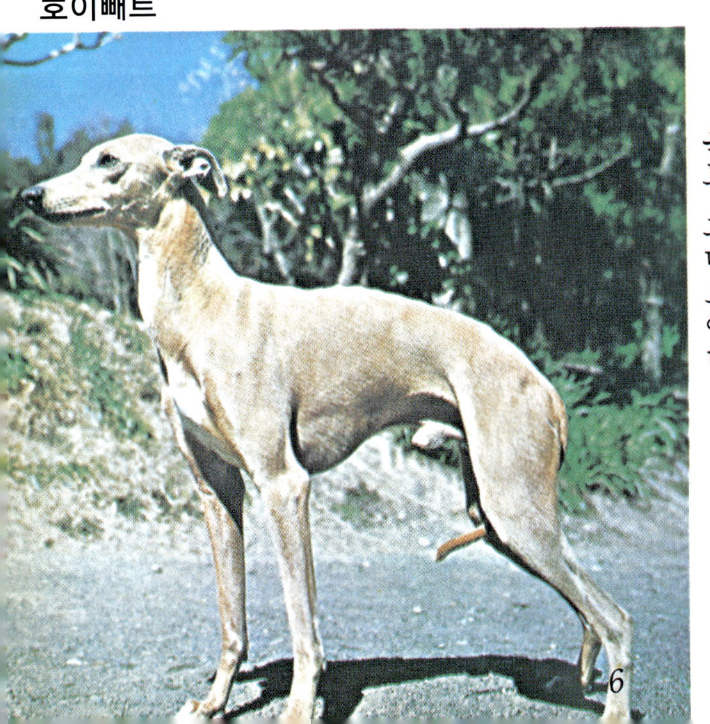

아프간·하운드는 발상지는 중앙아시아이며, 과거 수세기 동안 아프가니스탄의 왕족과 귀족의 엽견。

호이빼드는 전세기에 영국에서 작출된 신견종으로, 소형의 그레이하운드 그대로이다。

블도그

불도그은 한번 물면 결코 놓지 않는다고 말하듯이, 무서운 얼굴 표정을 하고 있으나, 오늘날의 불도그는 아주 순하며, 얼굴 모양과 기질은 언밸런스(不均衡)이다.

라후 · 코리

보르조이는 정말로 고상하고 우아한 대형견이며 아름다움을 즐기는 관상견이다。

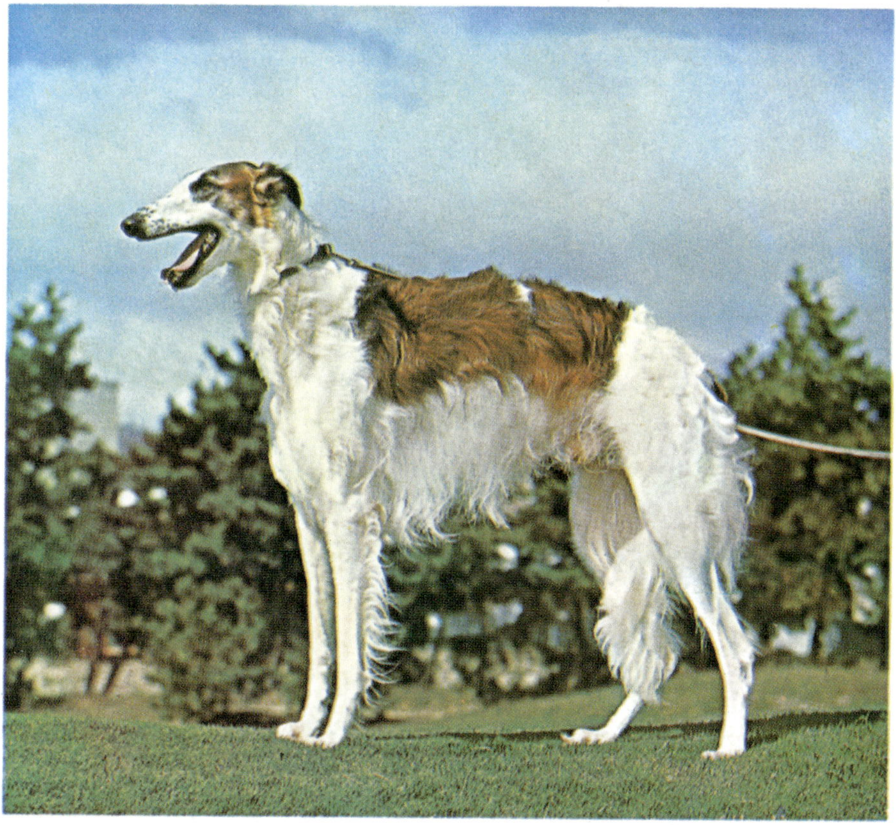

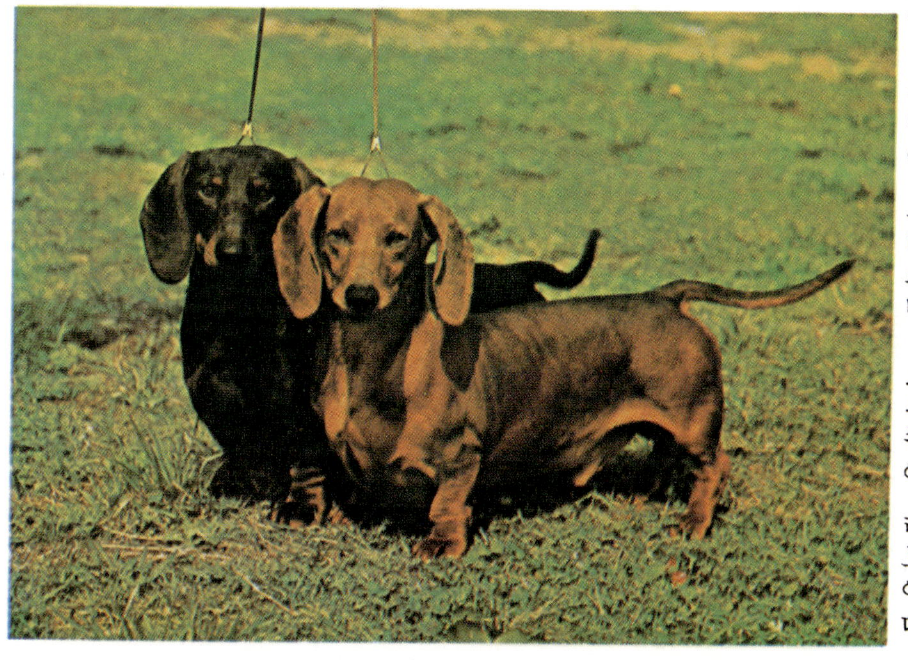

보르조이

세계의 애견가는 **닥스훈트**를 모르는 사람은 없다。 왼쪽이 브라크탄, 오른쪽이 레드이다。

스탄다아트 · 닥스훈트

영국 · 포인터

라프라들 · 레트리버어

아이리쉬 세터는 장모종(長毛種)이며, 그것
이 추위나 찰과상에서 몸을 보호한다 종류에
따라 털색이 다르다.

珍島개는 우리 나라 진도(珍島) 산으로 국보로 지정되어 관리를 하고 있으며, 그 우수한 성능은 주인에게 충실하며 수직견으로도 소질이 있다. 원래는 수렵에 재간이 있어서 사냥개로 사용되었으나 현재는 가정용으로 기르고 있다.

珍島犬

와이말라너

와이말라너의 형태는 종형제인 쟈만·쇼오트헤어드·포인터에 비슷하여 스마아트이다. 가정견으로는 약간 큰 편이다.

마스티후

살루기이는 고대 견종으로 표정은 항상 성실 또한 현명하며, 아이들에게도 부드럽다. 감정을 격동하는 일이 적다.

마스티후는 고대 견종으로 불도그도 이 개의 자손이다. 옛날에는 사자나 사슴사냥에도 이용하였다고 한다.

살루기이

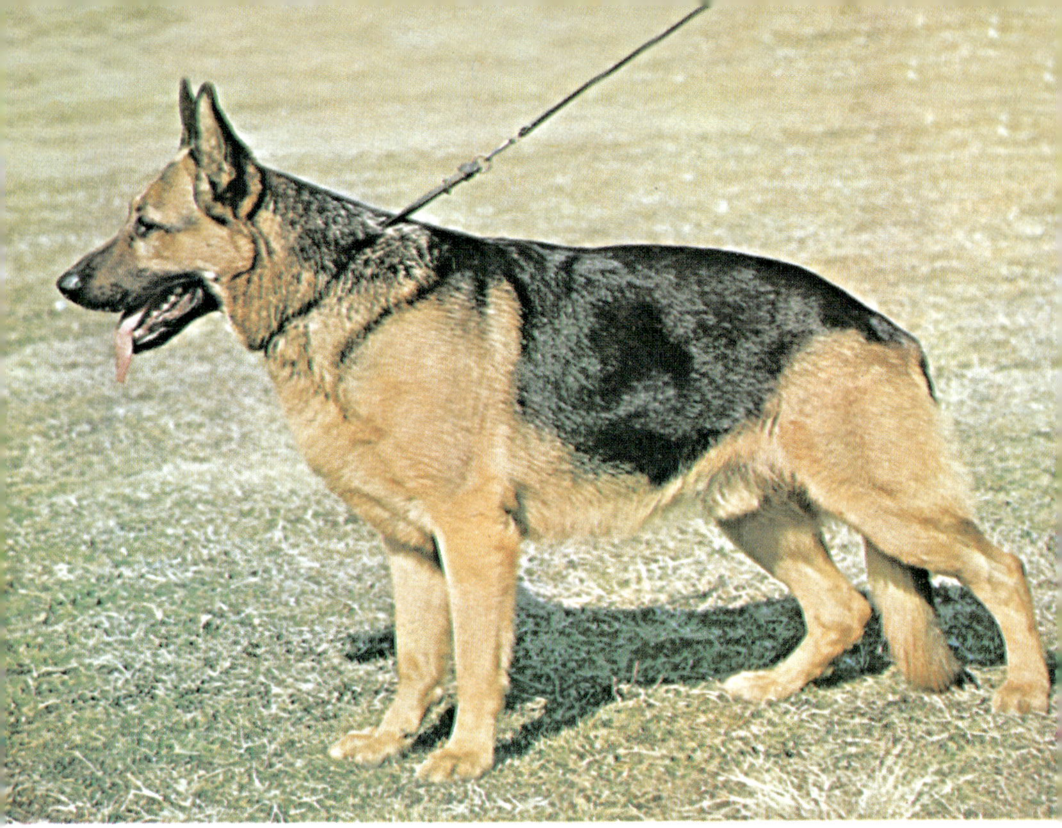

잉글리쉬 · 코커 · 스파니엘

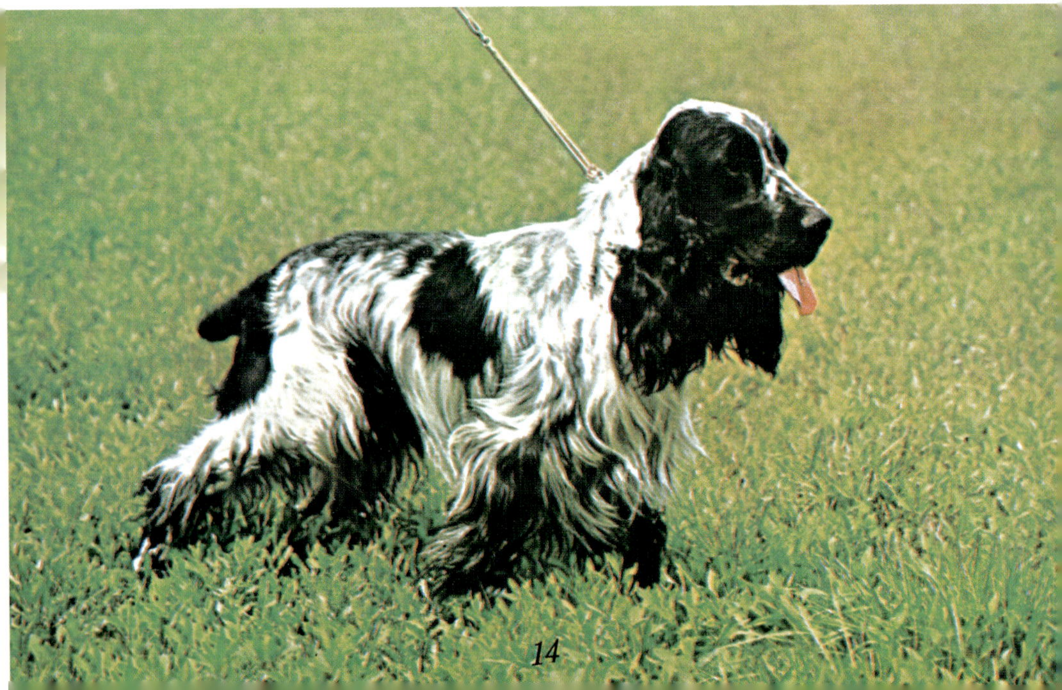

포메라니언

포메라니언은 귀가 작고, 온몸이 화려한 긴 털
로 덥히어 있는, 극소형견(極小型犬)이다. 성
질이 기민하고 순하며, 깨끗한 것을 좋아하
며, 실내(室內)에서 힘차게 뛰어다닌다.

파피온

파피온은 프랑스에서 많이 기르고 있다.

이 개는 몸집이 적지만 위엄(威嚴)이 있고, 고상한 품위가 있다. 최대의 특징은 큰 나비의 날개와 같은 귀와, 그 귀언저리에 길다란 장식털이 드리워져 있는 것.

페키니즈

페키니즈는 중국에서는 빼, 찡, 꼬 (北京狗)라고 불리며, 과연 역대의 궁전 개답게 안정됨과 품위가 있으며, 성가시게 짖던지 사람에게 아첨하는 일도 없다.

찡

센트 · 버나트

테리어라고 하면 일반적으로 사랑스러운 소형견의 대명사와 같이 생각된다. 확실히 현재의 테리어종은 소형으로 자태의 아름다운 것이 많고 그 거의가 애완견이나 가정견이다.

에어데일 · 테리어

에어데일 · 테리어는 대형인 만큼 소형테리어와 달리 침착하다.

요크셔 · 테리어

실키이 · 테리어

요크셔 · 테리어는 여성의 안고 다니는 개로 인기가 있고, 그 자태는 장식적이며, 보는 사람으로 하여금 황홀하게 한다.

실키 · 테리어는 도시의 아파아트나, 소주택에 알맞는 애완견.

마르티즈　마르티즈는 머리와 꼬리를 높이 들고, 멋을 내며 흐르는 것같이 하게 걷는 모습은, 과연 애완견의 왕자다운 풍격이 있다

토이·푸들

퍼 그

와이어헤어드·폭스·테리어는 흰바탕에 흑과 갈색의 얼룩점이 있다.

댄디 대먼트 테리어는 잉글란드와 스코트렌드의 경계 지방
에 있었으며, 일반적으로 애완견으로 사육된다.

아이리쉬 · 테리어

도베르만 · 핀셀

도베르만의 털색은 바탕의 색이 흑(黑)과 황갈색인 것과 갈색과 황갈색의 두종류가 일반적이다.

세트런드 · 쉽도그

사모에이드

세트런드·쉽도그는 라후·코리와 흡사하나, 정말로 온화한 소형견이다. 털색은 라후·코리와 같다.

사모에이드는 순백이며, 「연중 크리스마스의 정신을 얼굴과 하아트(마음)에 가진 개」라고 한다.

웰슈 · 코오기

비 글

토이 · 만테스터 · 테리어

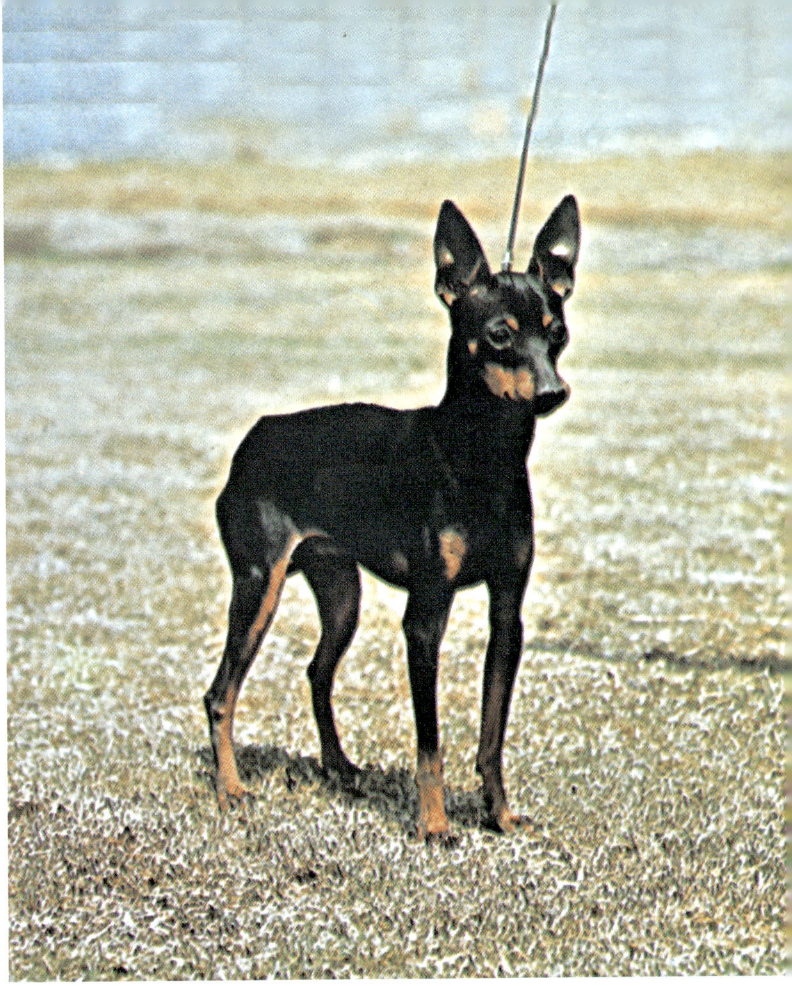

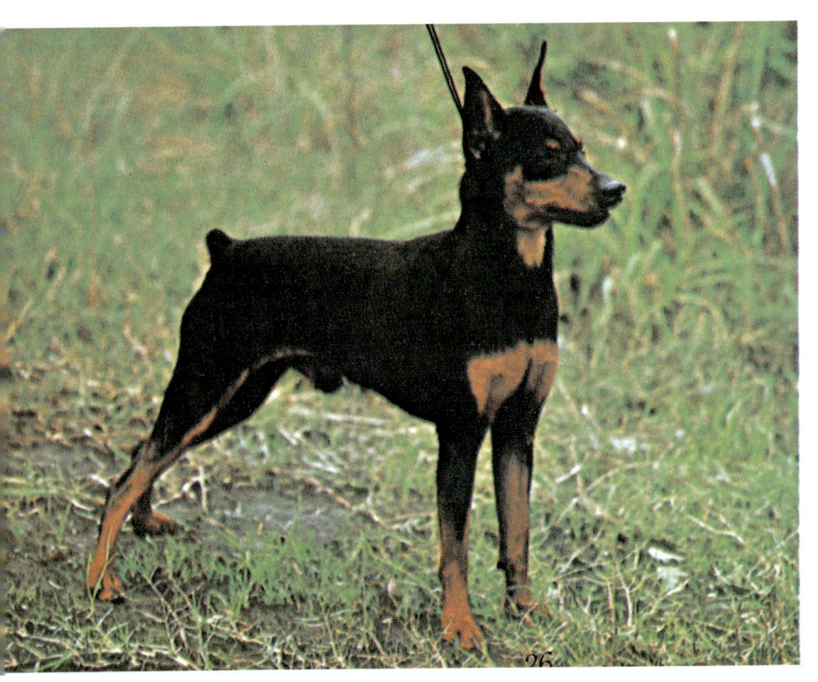

토이·만체스터·테리어는 검은 바탕에 얼룩이 있는 소형의 단모종으로 매우 장명(長命)의 개라고 알려졌으며, 평균 수명이 12살이라고 한다。 함

미니어추어 · 핀셀

미니어추어·핀셀은 형태가 비슷한 도베르만·핀셀의 소형판이라고 생각하고 있는 사람이 있으나, 그것보다 더 오랜 역사를 갖고 있다。

이탈리언 · 그레이하운드

이탈리언 · 그레이하운드는 델리킷(섬세하고 정교한 모양)으로 최고에 엘레간스(優雅하고 高尙한)인 개라고 말하고 있다.

카바리어 · 킹그 · 챠루즈 · 스파니엘

캬바리어 · 킹그 · 챠루즈 · 스파니엘은 활발하고 우아한 소형의 스파니엘이며 성질은 다른 스파니엘과 같이 온화하다.

레에크란드 · 테리어

엘쿠하운드

레에크란드·테리어는 폭크스·테리어 정도의 크기에 소형견으로 털색은 적회색(赤灰色)이 일반적이며 다음이 검정과 황갈색이다.

치와와

바센지

치와와는 멕시코의 개이다. 그 기원과 역사는 잘 모른다. 제二차 세계대전후에 미국에서 유행되어 세계 각국에 수출되어 많은 애호가를 가지게 되었다. 털종류에 단모(短毛)와 장모(長毛)의 두종류가 있으며, 많은 미국 번식가는 장모종이 원형(原型)이라고 믿고 있다.

후렌치 · 불도그

후렌치 · 불도그는 十九세기경 잉글란드에서 프랑스에 이주한 사람들이 다리고 온 소형의 불도그

복　서

복서는 얼굴모양이 현저하게 눈에 띠는 독일 사역견으로, 과거 三十년간에 갑짜기 유명하게 되었다. 복서와 불도그의 관계가 어떻게 밀접하다는 것은 그 얼굴 모양에 잘 나타나 있다.

스피츠

스피츠는 세계 二차대전후에 유행견으로 전국에 보급되어 이 개를 모르는 사람이 없을 정도 유명하다.

머 리 말

아득한 옛날부터 인간이 집단으로 사는데는 반드시 개가 있었고, 오늘날에 까지 개는 사람과 동거(同居) 생활을 하여왔다.

이러한 것이 자연의 이치(理致)요 서로가 생존(生存)하는데, 사람은 개를 의지(依支)하는 경우가 있으며, 개는 사람을 의지(依支)하게 되는 인연(因緣)인 것이다. 우리 나라에서도 조상 때부터 개를 기르고 있었던 것은 사실이나, 오늘날에 이르러서는, 개를 사랑하며, 개량 번식하는데 있어서도 뚜렷한 업적이 없음을 문화인으로서 유감스러운 일이 아닐 수 없다.

이 책은 그러한 점을 생각하여 내용은 초보자(初步者)를 중심으로 알뜰하게 설명하였으므로 독자(讀者)로 하여금 취미를 갖게 될줄 믿는다. 따라서 개를 기르는 데는 종래에 천하게 기르던 관습을 버리고 개도 식구의 한몫으로 취급하여 개의 체질(体質)과 지능(知能) 향상을 도모하는 동시에 우량견(優良犬)의 작출(作出)에 공헌(貢献)이 있기를 바란다.

끝으로 우리 나라에 각 축견 단체와 여러 관계업자 그리고 애견가 여러 선배 제위의 협조를 바라며, 이 책자로 말미암아 애견 사상이 현저하게 보급된다면 저자로서 더할 나위없는 기쁨이라 하겠다.

저자 씀

애독자 (愛讀者)의 글

돌아간 나의 아내는, 어릴 때부터 개가 좋아서 평생 개를 기르고 있었다.

서울에서 살게된 그 때부터는, 동물 애호회를 일으킬 정도 개를 귀엽게 여겼다. 언젠가 진도에 갔을 때, 진도개를 보았다. 그 때 친척의 한 사람이 말하기를,

"지금 내가 여기에 몇 마리의 개를 다리고 오겠으니, 손을 낸다든지 어떤 일을 한다든지 하지 말고, 가만히 보고만 있어 주셔요"

그렇게 말하고는, 훌륭한 진도개를 네 마리 다리고 왔다. 우리들은 의지에 앉아서, 숨을 죽이고 가만히 있었다.

네 마리의 개와 우리들과 서로 마주 보았다. 그 개들의 옆에는 그 개의 사육주인 친척이 의자에 앉아 있었다.

개와 우리들과는, 거의 5분간 매섭게 노려 보고 있었던가, 그 중, 한 마리의 숫놈이, 천천히 일어서서, 나의 아내 앞으로 다가 온다. 그리고 는 갑자기 앞발을 아내의 무릎에 걸친다. 나는 깜짝 놀랐다.

다음 순간, 그 놈은 목을 쑤ㅡㄱ 빼더니, 아내의 턱부터 핥기 시작한다. 입, 입의 둘레, 코, 뺨, 눈의 둘레, 차례로 위로 핥아간다. 그리고 다 핥은 그 놈이, 원래의 위치에 돌아갔다. 그리고는 또 한 마리의 숫놈이 천천히 일어서더니, 같은 모양으로 아내의 무릎에 두 낱의 앞발을 걸치고 얼굴을 핥기 시작한다.

그 동안, 아내는 소리 하나 내지 않고, 조용히, 아니 오히려 즐거워 하듯 두 마리의 개가 핥는 것을 맡기고 있었다. 이상하게 암놈은 오지 않았다.

오지 않았다고는 하나, 나에게는 핥는 것이 아니라, 냄새도 맡지 않았다. 나는 끝까지 완전히 무시 (無視) 당하고 있었다.

그것을 보고, 그 진도개 사육주는, 서슴치 않고 아내에게 혈통이 바른 순수한 진도개를 주게 되었다.

그 정도이니까, 나의 아내는 개를 취급하는데 있어서는 실로 익숙해

있었다. 개의 말을 이해하는 것 같이, 생각할 정도였으니까.

그러한 아내마저, 이 책을 읽어 보고는, 올바른 사육(飼育)을 하지 못했다는 것이 차례차례로 지적된 것 같았다고 한다.

그만큼 개를 사육하는 것이 어려운 것 같다.

"이 책을 읽고 있으니, 너무나 진실한 사실이 적혀 있으므로, 열사람 중 아홉사람까지는 개를 기를 생각이 나지 않을 것 같습니다."

이렇게 말하니,

"그것으로 좋습니다. 열사람 중 한사람이라도 바르게 기르는 사람이 있으면 그것으로 나는 만족합니다."

"아니 사실은, 열에 열사람 모두 기르는 정열을 잃어버릴는지 모르겠읍니다. 이 책에 쓰인 사실을 알며는,"

"그것으로 좋습니다. 바르지 못한 사육법을 하는 사람이 한사람도 없어진다는 것이 개를 위해 나는 기쁩니다."

저자(著者)선생님의 말씀은, 이 때까지의 책에는, 이를테면 개를 모기에 뜯기지 않도록 하라고 씌어 있으나, 어떻게 하면 모기에 뜯기지 않고 지낼 수 있는가란 가장 중요한 것이 씌어 있지 않다. ―고까지는 말하지 않으나, 이를테면 씌어 있어도, 그것이나 이것이나 모두가 탁상(卓上) 공론(空論)이며, 실제에 있어서는 아무런 쓸모도 없는 일뿐이다.

따라서 그러한 점을 해결하기 위해 쓴 것이 바로 이 책이라고 저자(著者) 선생님은 말씀하신다.

더구나, 저자(著者) 선생님은, 자기가 쓴 것을, 아침 저녁 실천하고 있는 것이다. 안 될 일을 쓰고 있는 것이 아니다. 그러므로, 저자(著者) 선생님에게 있는 개는, 여름이 되어도 피부병 같은 것은 걸리지 않는다. 모기에 물리지 않기 때문에, 휘이랄리야에 걸릴 염려도 없다. 하나 나무랄 것 없는 건강하고 아름답기만 하다.

박 병 기

차 례

本 文

애완견의 기르는 방법과 짝짓기

松園文化社

개의 起源
기 원

순수견(純粹犬)의 거룩함이란, 사람들의 노력에 의해서, 앞으로도 더욱 멋 있고 근사하게 될 것이다. 번식하는 보석(寶石)이며, 보다 높은 가치가 될 수 있는 생물이다.

오늘의 개의 조상은 약 1000만년 전에 생존해 있던 토말루크타스라고 하며, 그것을 토대로 하여 약 4종의 파밀리얼리스가 나누어져. 가견(家犬)으로서 진화하기 시작한 것은 6000년 전이라고 생각한다.

오늘의 가견(家犬)에 가장 인연이 깊은 견속(犬屬)에는, 이리 잣깔, 꼬요오테, 하이애너가 현존(現存)하고 있으며, 여우, 삵괭이는 오히려 인연이 멀다. 따라서 가견(家犬)이 이리의 진화한 것이라고 하는 설은, 같은 모양으로 잣깔에도 공통으로 생각해도 좋다. 따라서 어떤 경로로 오늘의 개에까지 진화했는가에 대해서는 정설(定說)이 없고, 아시아의 이리에서는 아시아의 개가, 유럽의 이리에서는 유럽의 개가 각각 인위적으로 도태되어 왔다는 설, 그 중에는 잣깔도 그 중도에서 참가한 것이라고 생각된다. 그러나 전세계에 널리 분포되어 있다는 것으로서, 조상으로서는 토말루크타스를 든다고 하더라도, 그것이 4,5종류의 파밀리얼리스에 나누어, 여러 곳에 있어서 자견(地犬)에 혼혈(混血)한 것이 진화한 것이라고 하는 설이 대체로 인정받고 있다.

(1) 파밀리얼리스메틀리오뿌뒤이메는, 일반에는 청동견(靑銅犬) (기원전 200년전) 이라고 하며, 그 후예(後裔)의 주된 것이 세퍼드나 코리며, 가축의 사육과 관계가 깊은 견종(犬種)을 많이 갖고 있다.

(2) 파밀리얼리스인터어메테어스는, 중, 소형의 귀가 늘어뜨리는 족속으로 엽견형(獵犬型)이며, 포인터, 세터, 스파니엘, 레트리바아, 푸들 등 많은 수렵견(狩獵犬) 외에 페키니즈, 일본 찡, 치와와 멕시칸 헤어레스, 스기파아 등도 이 흐름에 들어간 것이다.

(3) 파밀리얼리스레이나아는, 발걸음이 빠른 수렵용견(獸獵用犬)이 많고 대표적인 그레이하운드 외에, 뒤야하운드, 보르조이, 살키이 등 모든 하운

이리   꼬요오데   잣 깔

드종 및 폭스테리어, 실리함, 요크셔, 에어데일, 베드린튼, 스코티 등, 현재의 테리어 및 애완견(愛玩犬)을 제법 많이 배출하고 있다.

（4） 파밀리얼리스이노스트랜세비이는, 번견형(番犬型)이라고 할 수 있는 슈노우서어, 복서, 센트버나드, 그레이트뻐레니이스 등으로 그 대표는, 마스티후, 불 등이다.

물론 이러한 파밀리얼리스가 서로 중도에서 얽히어 변종(變種)이 생기지마는 그 대강은 지금 설명한 바와 같다.

☐ 개의 종류와 분류

뚜렷하게 유전력이 고정된 견종(犬種)의 무리는, 300여종 이상 있으나, 그 중에서 공인(公認)되어 있는 견종은 나라에 따라 차이(差異)가 있다. 견계(犬界)에 지도적 역할은, 영국에 이어서 점차 미국으로 옮겨가고 있으나 그 미국의 공인 견종수는 현재 130여종이며, 영국에서는 약간 그 수가 적으며, 개의 종류에도 약간의 차(差)가 있다 다른 나라에서도 대체로 이 두나라에 따라가는 방법이며, 개에 대해서 여러 가지 연중 행사를 실시하고 있다.

이러한 견종을 볼 것 같으면, 이것이 같은 개로서 통용되고 있는가 의심날 정도의 대소(大小), 장단(長短), 여러 가지의 모양과 성격을 갖추고 있으나 이와 같은 많은 종류의 계통적 고정(固定)의 공적(功績)의 태반은, 영국민의 오랜 노력의 결과란 것을 잊어서는 안 되겠다. 세계 각지에서 갖고 온 여러 가지 개를 도태하여, 70여종이라 많은 견종으로 고정하고 있다. 그리고 그 수는 새로히 추가되고 있는 현실이다.

개 중에는 국견(國犬)이라고 할 수 있는 종류가 제법 있다. 불은 영국, 보스턴테리어는 미국, 스파니엘은 스페인, 세퍼드는 독일, 푸들은 프랑스, 보르조이는 소련, 찡은 일본, 페키니즈는 중국, 그레이하운드는 이짚트, 그

파피론의 머스치후·타이프의 개
(기원전 2000년

식륜(埴輪)의 개

알제리아, 타시리 고원의 동굴 벽화의 개
(기원전 3000~4500년 경)

중국(漢時代)의 개

들토끼를 쫓는 개
(기원전 6세기 후반 칼카타고의 모자이크)

리고 우리 나라에서는 진도개 등이 좋은 예(例)이다. 그 외에 멕시코는 차와 와나 헤야레스, 오스트레일리야는 테리어 등 제법 특징이 있는 국견(國犬) 다운 것이 주목된다.

　현재 우리 나라에서 가장 깊은 관계를 갖고 있는 미국의 견종의 분류 방법 을 조사해 보면, 다음과 같다.

①　스포오팅그(鳥獵用)

　포인터, 독일 단모(短毛)포인터, 독일 와이어·헤어포인터, 레트리바아 3 종 따로따로, 세터 3종 따로따로, 스파니엘 9종 따로따로. 와이말라너.

②　하운드(獸獵用)

　아프간, 파센쟈, 파셋트, 비글 대형 소형 2종, 브랏드, 보르조이, 쿵(블 라크탄), 닥스(롱그, 스므스, 와이어 3종), 데이야, 그레이, 아이릿시우르 후, 놀웨이쟌엘크, 옷따, 로오데샹, 사루키, 호이베트,

③　워킹그(作業用)

복서, 블마스차이호, 코리(라후, 스므스 2종), 도베르만, 세퍼드, 그레이트·덴, 그레이트필레니이스, 뉴우판드란드, 올드잉글리쉬시이프도그, 사모에이드, 슈나우처, 세트란드시프도그, 사이벨리안하스키스, 센트버나드, 웰시콜기이스 2종.

4 데리야

에어데일, 오스트랄리언, 베드린튼, 보오다아, 블테리어, 케언, 단뒤뒹몽, 횟크스(와이어, 스므스 2종), 아이리쉬, 퀠리브르우, 만체스터, 슈나우처(미네챠), 스코티쉬, 서일리하므, 스카이, 웰쉬, 웨스트하이랜드화이트.

5 토오이(愛玩用)

치와와(롱그, 스므스 2종), 잉글리쉬토오이스파니엘 2종, 글리횡, 이탈리앙그레이하운드, 일본찡, 마르티즈, 만체스터(토오이), 파피욘, 페키니즈, 미니츄어핀셔, 포멜러니언, 토오이푸들, 파그, 실키, 요크셔.

6 논스포오츠(非狩獵用)

포스턴테리어, 불도그, 쬬오쬬오, 다르메시안, 프렌치블, 미니츄어푸들, 스탄다아드푸들, 스키파아.

미국에서는 해마다 마지손스퀴어가아벤을 회장으로 하여 웨스트민스타 견전(犬展)을 개최하고 있으나, 회장이 좁아서 출진 견수는 2000 수백마리에 제한하고 있다. 1962년도의 출진 견종과 그 내역(內譯)은 다음과 같다.

이 중에서는, 워킹그 무리(群)가 가장 많고, 그 중에도 코리종, 복서종이며, 다음이 논스포오츠의 푸들종이라는 순서로 되어 있다.

또 1961년도의 미국내 각종 개의 공인등록수(公認登錄數)는 다음과 같다.

역종 (役種)	견종수	마리수
스 포 오 츠	20	380
하 운 드	19	430
워 킹 그	25	630
데 리 야	21	520
토 오 이	18	390
논스포오츠	10	280
합 계		2,630

역종 (役種)	등록견수 (登錄犬數)
스 포 오 츠	50,800
하 운 드	109,300
워 킹 그	79,050
데 리 야	25,275
토 오 이	85,600
논스포오츠	92,850
합 계	442,875

개를 入手하는 方法
입 수 　　　　 방 법

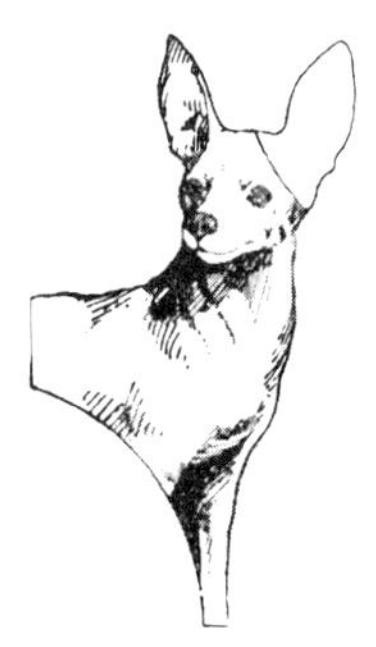

　　신용이 있는 점포 같으면 같은 체재(体裁)의 상품에 약간의 비싼값이 매겨져도 안심하고 살 수 있다. 그 이유는 틀림없는 상품이기 때문이다. 따라서 약간 싸다. 형편없이 싸다 한 것은 무언가 거기에 까닭이 있을 것이다.

　　잡동사니 중에서 일품(逸品)을 캐내는 기술은, 사실 순수(純粹) 견종에서는 통용되지 않는다.

개점포 에 서　　최근 도시의 길거리를 거닐고 있으려면, 　많은 개점포를 볼 수가 있다.

　　점포 안에 들어가면, 과연 형형색색의 여러 가지 종류가 있다. 강아지들은 한울타리 안에 대여섯마리씩 수용되어 있다.

점포에 따라 다르기는 하나, 거기에서 직접 팔고 있는 경우와, 점포의 개는 거의 견본에 지나지 않고. 실제의 상품은, 그 점포가 경영하고 있는 견사(犬舍)에 두고, 사고 싶은 사람이 있을 때는 견사(犬舍)에 안내해서 장사를 하는 경우 등이 있다.

손님의 수요(需要)는 그 범위가 넓으므로, 도저히 그 점포의 부속 견사의 생산하는 개만으로는 수요를 메꾸지 못한다. 따라서 다른 장사 무리와 유무(有無) 상통(相通)한다든가, 이른바 개의 번식가(蕃殖家)와 연락을 취해두었다가 거기에서 태어난 강아지를 사들여서 판매하는 일이 많다.

알맞는 값으로 개를 사들일 수 있으면 좋으나, 대개의 경우 개를 보는 안력(眼力)에 자신(自信)이 없을 것 같으면, 신용있는 점포를 선택하는 수밖에 다른 방법이 없을 것이다. 또 이 때, 개의 건강을 보증받아 둘 것을 잊어서는 안 된다. 사실인즉, 많은 개점포에서는, 여러 곳에서 사들인 강아지를 한군데 수용하기 때문에, 무언가 하나의 전염병을 갖고 들어오는 수가 있다. 그것이 전염되어, 애써 입수한 개가 곧 병에 걸려서, 손을 쓸 겨를도 없이 죽어 버렸다는 예가 비일(非一) 비재(非再)하다. 이런 경우, 사전(事前)에 건강의 보증을 받아 두었더라면, 신용있는 점포같으면, 다른 건강한 강아지와 교환을 해 준다든지 또는 해약을 해서 돈을 돌려 받기도 한다.

개를 입수하는 데는 여러 가지 방법이 있다. 확실한 간판을 걸고, 개점포란 표시를 한 곳과의 거래는, 모든 것이 금전(金錢)의 지불에 의해서 끝마치게 되므로, 어떤 제멋대로의 주문에도 납득만 시키면, 기분 좋게 해결이 된다. 어떤 일정한 수준 이상의 개를 입수하는 데는 이용할 수 있는 기관으로, 다른 방법을 취하는 것 보다는, 오히려 경제적이고 끝난 뒤에 문제가 생기는 일이

없는 길이기도 하다

蕃殖家
에 서

많은 번식가에서는, 그 소유(所有)하는 견종(犬種)의 혈통에 대해서 자랑을 갖고 있다. 아마 직접 그 곳에 가면, 그 견종(犬種)으로서는 그 개가 최고 최귀(最貴)한 것이라고 하며, 자만(自慢)하고 책임진다고 한다. 이를테면 그 내용은 어떻튼, 그와같은 장소나 하고 있는 실정을 견학할 수 있었다는 것은 크나큰 수확이라 하겠다. 만일에 시정이 허락한다면, 두번 세번, 같은 견종의 번식하는 곳을 견학해서 비교 검토하는 기회를 얻도록 해야 한다. 왜냐하면, 좋은 개를 입수하는 기술은, 자기 자신의 경험을 쌓는 것이 유일(唯一) 무이(無二)의 의지하는 길이기 때문이다.

조금만 주의하면 개의 전람회의 광고가 눈에 뛴다. 그러한 기회를 이용해서 볼 수 있으면, 견문을 넓혀둘 필요가 있다. 또 많은 번식가와 서로 알게 되면 또다른 기회가 있게 마련이다.

번식가에서 직접 입수(入手), 좋은 연락과 어느 정도의 그 견종에 대한 지식을 갖추게 되면, 더 바랄 수 없는 좋은 경로(經路)라 하겠다.

知 人
에 서

예컨대, 어떤 친한 사람에게 얻었다고 해도, 개는 과자나 또는 다른 선물과는 많은 차이가 있다. 아이들의 장난감으로 얻었다고 해도, 먹어야 하고 배설(排泄)시켜야 하며, 또 감정도 갖고 있으며, 병으로 앓기도 하므로 일이 간단하지는 않은 것이나 만일 친한 사람의 개에 흥미를 갖고 있어서, 강아지가 태어나는 것을 기다리고 있었던 경우라면, 이것은 사정이 달라진다. 왜냐하면 자기의 소원을 이루게 되었으니까, 그 친한 사람이 그 개에 대해서 주의를 시키면 귀담아 들었다가, 그대로 실행하면 가시지 않은 감정은 없을 것이다.

그 개의 값은 통용

(通用)된 값어치가 있으므로, 그 정도의 지불은 마땅히 하지 않으면 안 된다. 이상한 일은 그와같이 지불을 끝마쳐도 보통의 다른 물건과 같이 그 때만으로 끝나는 것이 아닌 것이 개란 짐승이다.

애견가가 서로 모여 하나의 단체를 만들어, 서로 개의 발전에 노력하고자 하는 시도(試圖)가 곳곳에서 일어나고 있다. 그 대다수는 한 종류에만 **대한 것으로**, 이를테면 코리클럽, 복서 클럽, 찡클럽, 스코티쉬클럽 등이다. 이와같은 많은 클럽이나 협회는, 애견 관계의 광고나 책자에 나와 있으며, 그 사무소나 전화를 알 수 있으므로, 거기에 가서 개에 대한 문의나 상담을 할 것 같으면 친절하게 가르쳐 주리라 생각된다.

그와 같은 단체사무소는 그 회원의 견종의 종부(種付)와 혈통서 등을 취급하고 있으므로, 어디에 어떤 개가 1개월 전에 출산하여 숫놈이 몇마리, 암놈이 몇마리 있다든가, 또 어떤 개는 아직 몇달 후에 출산하리란 것 따위의 정보를 잘 알고 있 │ 약간 귀찮기는 하나 이러한 전문 단체들 소사하여 두는 것이 좋은 방법이 아닐까 생각된다.

산책 모습

지금 우리 나라에서는 경비견(警備犬) 협회, 한국 세퍼드견 등록 협회, 한국 축견(畜犬) 협회 등의 단체가 서울에 있으며, 전국 중요 도시에 지부 등을 설치하고 있으므로 이러한 협회에 부탁하여 갖고자 하는 개를 입수한다던지, 또는 문의나 상의를 하는 것이 가장 현명한 방법이 아닐까 생각된다.

절도(節度) 있는 애정을 갖고

친한 사람이 외유(外遊)한다고 하기에 그 분에게 의뢰한다. 또는 외국에 살고 있으므로, 그 사람에게 개의 구매(購買)와 수송을 부탁하는 일도 있다.

특별히 외국에서 본고장의 것을 수

태어난 순간부터 사람을 좋아한다. 사람이 무엇이라고 말하지는 않는가? 이리 오라고 하지는 않는가? 머리를 쓰다듬어 주지 않는가? 무언가 열심히 기대한다.

입하고자하면, 물론, 지금 우리 나라에 있는 것보다 훨씬 좋은 개를 희망하고 있기 때문이다.

또, 아직 우리 나라에 없는 견종을 얻고자 할 경우도 있을 것이다. 어쨌던 귀찮은 수고와 막대한 외화가 들게 되므로, 될 수 있으면 확실한 것을 입수해야 한다. 전연 모르는 외국 축견계의 경우, 어떠한 견사의 어떤 계통의 개가 필요하다는 것까지 확실히 알아낸 후에, 주문이나 의뢰를 하지 않으면 받는 측에서도 곤란하다. 개의 일을 얼마큼 아는 사람같으면, 이와같이 조리에 맞지 않은 부탁은 받지 않을 것이다.

현재 우리 나라에 수입되어 오는 개는, 미국, 일본, 영국. 독일 등지에서 수입되나, 미국의 영향을 많이 받고 있다. 미국 같으면 항공편으로 일주일에 도착하게 되므로, 문제는 없으나, 개 구입의 자금을 어떻게 조달하느냐가 문제가 된다. 외국인이 구입해서 보내주면 적당한 방법으로 돈을 지불해야 한다. 그 외 수입상(輸入商)의 루우트를 통하는 길도 있기는 하다.

상대방의 견계(犬界)나 좋은 견사의 사정은, 각 견종 단체에서 대체로 가르쳐 주나, 그 외 세관 문제, 검역 문제 등이 있다.

외국의 전문 잡지

기증(寄贈)받았는 개가 마음에 들지 않으면, 상대방에 대해서는 미안할지 모르나, 깨끗이, "나는 이런 개는 좋아하지 않는다"라고 일찌감치 돌려 보내야 한다.

만일 그 프리젠트가 한푼의 값어치도 없는 개 같으면, 아무렇게나 사육을 해서 병사(病死), 또는 행방불명이 되어도 상관없으리라고 생각이 들는지 모르나, 그것이 값어치가 있는 것 같으면 간단하게 처리할 수는 없다. 어떤 값어치가 있는 것을 받았다. 더구나 산 짐승이다. 마음에 들지 않는다고 해서 벽장 등에 가두어 둘 수는 없다. 자고 있을 동안에도 압박을 받는다. 그 개와 보내주는 사람에게 미안하기 때문이다. 싫은 개를 기른다는 것은 개는 물론이거니와 보내 주는 사람이나 기르는 사람 모두가 불행하기때문이다. 무심하게 먹는 것만 주면 되겠지 하는 정도 같으면, 아예 받아서는 안 된다.

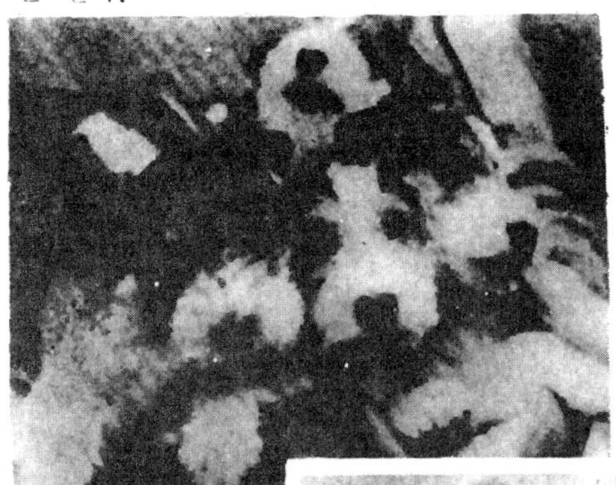

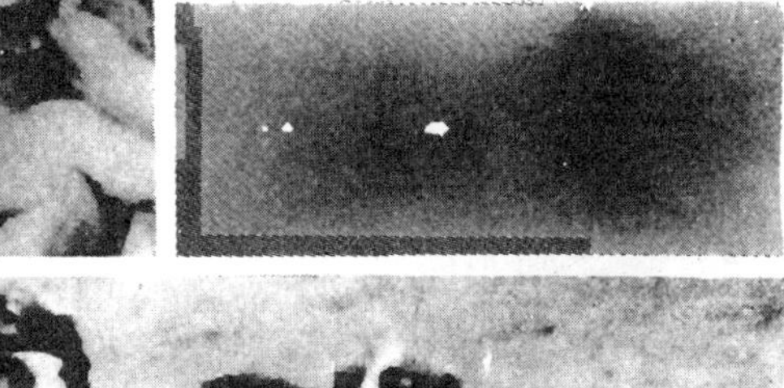

와이어·헤어드·폭크스
데리어의 강아지

보르조이의
강아지

개를 집으로 다리고 올 때까지의 準備(준비)

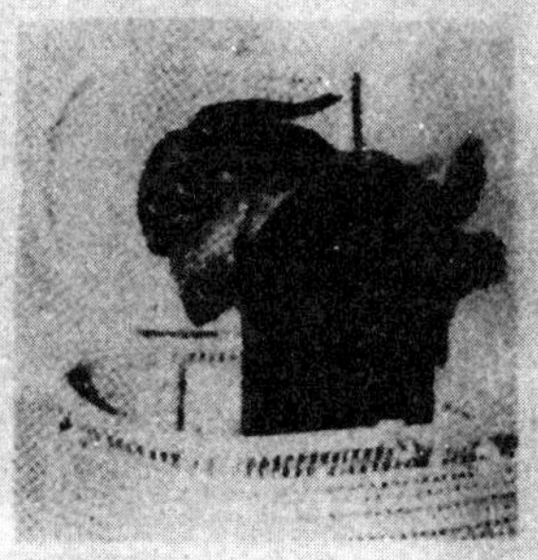

먹고, 마시며, 움직인다. 배설을 한다. 거기에 인형(人形)과 다른 마음끌림이 있다. 그만큼, 준비없이의 갑작스러운 것은 곤란하다.

☐ 가족의 동의(同意)를 얻는다.

저 개를 기르면 어머니에게 수고를 기치지 않겠다. 내가 하겠다는 약속으로 시작한다. 먹이나 운동은 내가 맡겠다. 등으로 간단하게 처음은 스타트한다. 그러나 실제에 있어서는 모든 성가신 일은 가정 주부가 하는 것 같다. 왜냐하면 아이들이나 어른들은 아침 일찍 나가고 저녁에 돌아오는 것이 고작이며, 처음 약속은 일요일만이라고 생각된다.

결국 개가 새로이 들어와 휘귀하게 보일 당분간 만일 것이다.

어떤 개라도 사육한다는 것은 가족 전원이 좋아해야 하나, 그 중에도 주부만은 절대로 좋아하지 않으면 개나 가족이나 모두 불행하게 된다.

☐ 이웃집에의 염려

울타리로 경계가 되어 있는 이웃집에는, 개가 들어가지 못하도록 설비를 한다. 조금의 틈만 있으면 흥미를 갖고 하루종일 놀이터를 넓히는 노력을 하기 때문이다. 쇠그물을 땅 속에서 위로 펼치며, 높이는 개의 크기로 하면 된다. 어떤 개든지 땅을 파는 것을 좋아한다. 그런 것 등을 방지하고자 하면 조그만한 운동장을 만들어 주면 좋겠다.

개는 종류에 따라, 자칫하면 짖는 것, ·또 오래 짖는 것, 그다지 짖지 않은 것 등 여러 가지가 있

다. 만일에 이웃집과 직접 붙어 **있다** 든지 벽 하나 사이에 있다든지 할 때에 개 사육을 하려면 이웃집**에** 괴로움을 주지 않은 개종류를 **선택해야** 한다. 이웃집에 괴로움을 주지 않게 하는 것이 애견가의 에티켓이기도 하다.

세상에는 개를 좋아하는 사람보다 싫어하는 사람이 더 많은 것 같다. 귀여운 개의 적(敵)을 한사람이라도 더 만들지 말도록 해야 한다.

☐ 다른 동물의 조처(措處)는,

견원지간(犬猿之間)이란 말이 있으나, 요는 그 개 그 원숭이만의 문제이지, 개와 원숭이 전체에 해당하지 않은다. 어떤 동물이건 사이좋게 지내려고 하는 것이 개이다. 그와같이 타고난 개성과 그 상대의 동물 개체(個体)와의 합성(合性)과, 사이좋게 인도하는 것이 사육가의 손에 달려 있다.

개는 원래, 새나 짐승의 사냥을 하는데 도와주는 동물이므로, 새, 짐승의 모양이나 냄새에는 본능적 으로 흥분하는 것은 확실하다. 그러나 개는, 사람의 가르침에 의해서 그 본성을 억제하며, 투쟁의 좋은 상대인 새, 짐승을 지키기도 하며, 외적에서 보호하기도 하는 지성(知性)을 갖고 있다.   개성도 있으나, 예의 범절이 서로 어울려서 대개의 동물과 잘 사귀게 되는 것이 개이기도 하다.

☐ 뜰 같은 곳을 어지럽지 않게

강아지 때의 장란은, 사람의 어린이와 같으므로 참아야 한다. 강아지 하나 하나의 의해서, 그 정도나, 대소(大小)의 차이가 있으나, 어떻게 물리고, 어떻게 더럽혀도 괜찮다는 한두평 정도의 땅을 준비해주면, 모든 것이 해결된다. 어떤 개이건 뜰에 내 놓으면 흙을 파고 구멍을 내며, 집 안에서는, 가구류를 씹기도 한다. 이것은 강아지의   습성(習性)이기 때문이다.

☐ 개 용구(用具)를 갖춤과 기타(其他)

단모종(短毛種)에는 단단한 브러시, 장모종(長毛種)에는 길고 난폭한 피아노선의 빗이 있다. 폐모(廢毛)를 없앤다는 뜻에서, 강아지에게도 아침 저녁 빗어 준다. 목걸이는 생후 3, 4개월까지는 걸지 않은다. 장모종이나 목의 털을 중요하게 하는 종류는, 큰개가 되어서도 목걸이는 운동할 때만 건다. 개 종류에 의해서 목걸이의 당기는 줄도 여러 가지가 있다. 변기(便器) 등도 준비한다. 어떤 설비로 배설하고 있었던가, 거기에 준한 것을 준비한다.

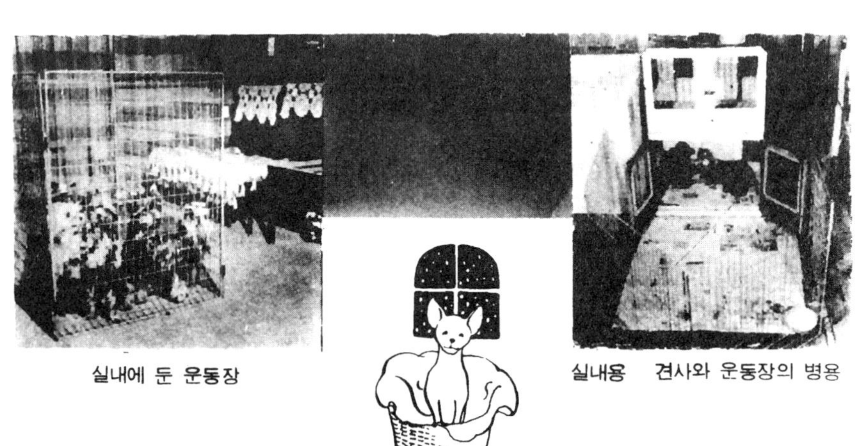

실내에 둔 운동장

실내용   견사와 운동장의 병용

겨울은 모포(毛布),
여름은 엷은 베를
깐다.

수제(手製)의 통도 좋다.

침상(寢箱 : 대나무

침상(寢箱 : 플라스틱제

犬舍를 만들어서
개를 飼育한다
사육

□ 왜 견사(犬舍)가 있어야 하나

  견사는 꼭 필요하다. 그것은 개 자신의 영역(領域)이다. 사람은 물론이거
니와 기타 동거하는 고양이 등의 침범을 받지 않은 안전 지대이다. 이와같이
느낄 수 있는 장소를 넓은 뜻에서 받아 들여야 한다.

  조그만한 출입구, 이것은 개가 드나듬에 불편이 없는 최소의 넓이가 좋다.
기분좋은 잠자리와 밑바닥, 조용한 구멍, 여기에 기어 들어가면 안심하고 누
울 수도 있는 개의 휴식처라야 한다.

  주인에게 꾸지람을 들었다. 확실히 실패를 저질렀을 때의 자책(自責)의 장
소, 여기에 있기만 하면, 모든 걱정이 들어질 수도 있는 휴양의 장소, 이것
이 견사의 역할이기도 하다.

  좋아하는 뼈조각을. 한 때 숨겨 두자. 휘귀한 장난감으로. 다른 동료들에
게 빼앗기기 싫다. 여기에 저장해 두자는 것과 같은, 몽롱한 만족의 저장장
(貯藏場)이기도 하다. 나무조각, 돌, 베조각 등이 그 개의 재산이다, 그러
나 그러한 물건이 없어져도 그렇게 집착(執着)하지 않은 것이 보통이다. 암
개의 경우 분만(分娩)과 보유(哺乳)의 중요한 장소, 따라서 견사의 구조 위치
등에 세심한 주의가 필요하다

□ 견사(犬舍)의 종류(種類)

  흔히 개집이라고 한다. 최저의 구조, 네모진 상자의 출입구, 지붕 등 가볍
게 만들어 갖고 다니기에 편리하도록 한다. 더울 때는 그늘진 곳 추울 때는
따뜻한 곳, 비올 때에는 처마밑 등으로, 최고의 조건을, 주의만 하면 충분히

할 수 있다. 출입구에는 두꺼운 베를 늘어지게 해주면 추운 바람을 약간 방지할 수 있을 것이며, 밑바닥에 조그만한 수레를 달면, 이동은 훨씬 쉬어질 것이다.

이와 같이 가벼운 이동식 견사에는, 개는 자유롭게 행동하게 된다. 앞뜰을 어지럽게 해서는 안 되는 사람이나, 울타리의 구조가 개의 출입에 자유스러운 곳은 이런 개집은 맞지 않다. 흔히 이런 개집에 목걸이를 쇠사슬에 걸어 방사(放飼)하는 광경을 보는 수가 있는데, 이것은 너무 가혹한 짓이다. 울타리가 완벽하고, 뜰을 어지럽게 해도 좋은 사육주(飼育主)가 아니면 이동식 개집은 좋지 못하다. 개는 자유를 좋아하는 동물이다. 활발하며, 민첩 활발한 생활을 즐기는 동물이다. 그러므로 이러한 행동을 압박하고 제한하는 사육법을 해서는 안 된다. 이러한 사육법은 비겁한 사육법이며, 병적 편견(偏見)에 지나지 않는다.

따라서, 개집이 아닌 견사(犬舍)란 작은 건축물을 짓고자하는 단계가 된다 주택에 붙인다. 창고에 붙인다 등 어디라도 좋으나, 이 때 반드시 견사로서의 최적(最適)의 위치를 골라야 한다. 결국 그러한 위치에서 개의 종류나 기르는 마리 수에 따라 한칸, 또는 연속식 견사, 산실(産室)겸용 견사 등 다양(多樣)한 양식과 재료로서 이상적이고 경제적인 견사를 계획한다.

□ 여러 가지 편리한 견사(犬舍)

새로이, 어느 정도 정비한 견사를 만들 경우, 여러 가지 일이 일어날 가능성을 생각해서 손을 쓰지 않아도 될 연구를 해 두는 것은 개를 위해서나 경비나 심로(心勞)의 절약을 위해서도 꼭 해두어야 하겠다.

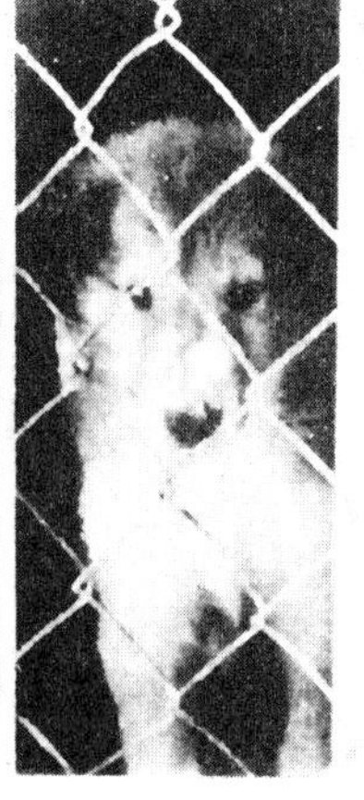

사람의 집과 같이, 고정된 견사가 되면 적어도 하루 한번 정도는 물로써 씻어야 할 필요가 있다. 씻은 물이 괴지 않도록 밑바닥을 경사지게 한다. 이상적은 아니나, 위생에 중점을 두고 대충 전면(全面)을 콘크리이트로 한다. 도랑도 단든다. 냄새를 없애기 위해서 수세식으로 하고, 여과 장치에 연결하면 더욱 좋다.

암놈의 경우, 발정기가 되면 외부에서 숫놈이 침입하므로 이것을 방지하는 구조라야 하며, 산실(産室), 육아실(育兒室)에도 활용하게끔 한다.

소제용의 걸레나 비자루도 준비해 두도록 한다.

□ 개가 도착할 때까지 준비를

불안에 묶기어 전연 모른 장소에 왔을 때의 견사는, 더 바랄 수 없는 휴식처이기 때문에 두번 옮기지 않도록 주의한다.

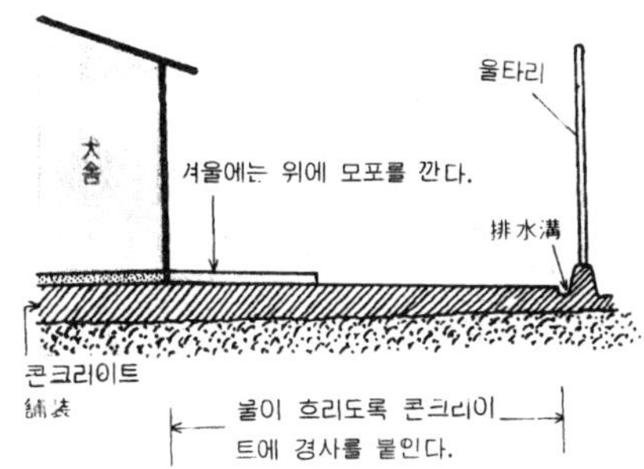

운 동 장

일정한 시간 운동이나 일광욕은 물론, 격리(隔離)하는데 매우 편리하다.

실내 침대

能熟한 犬舍 만드는 法
능숙   견사   법

역시 견사(犬舍)도, 주위(周圍)의 건물이나 뜰과 알맞는 모양이라야 되겠다. 견사만이 호화(豪華)스럽던지, 그 반대로 볼품이 없이 초라해서는 개 자신(自身)도 안정되기 어렵다.

□ 부지내의 견사의 위치

이동식(移動式) 견사에 쇠사슬로 매어서, 현관 곁이나, 부엌 옆에 우두커니 서 있는 풍경을 때때로 본다.

개는 사람이 출입할 때마다, 심할 때는 도로를 지나는 사람이나, 수레가 눈에 보일 때마다, 아침부터 밤까지, 적어도 사람의 발걸음이 뜨음할 때까지 계속해서 짖는다. 이상하다고나 할까, 그 집 사람은 개짖는 데 아무런 반응

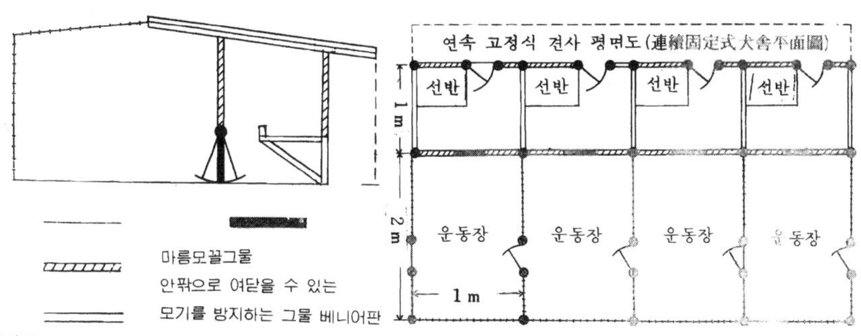

〈비고〉(1) 밑바닥은 콘크리이트로 하고 경사지게 하여 물이 잘 빠지도록   함
 (2) 선반 위는 겨울은 바람막이의 나무상자를 놓고 침소(寢所)로 한다.
 (3) 선반 위는 그대로 개의 침소(여름)로 한다. 개는 이와같이 높은 곳에서 쉬는 것을 좋아한다
 (4) 임신한 개, 젖먹는 개는 선반은 해롭다.

도 없다. 초인종 대신으로 당하는 개만큼, 견딜 수 없다. 심신(心身)이 함께 피로의 연속이다. 그때문에, 그 개의 성격은 아주 변해 버려 신경 쇠약에 걸린다. 방문객이나 이웃 사람에게 괴로움을 준다. 그러나 개 자신은 아무런 죄도 없다. 그러한 장소를 마련해 준 주인이 원망스러울 뿐이다.

 초인종의 역할을 개에게 시켜서는 안 되겠다. 개는 조용하고 사람이 다니지 않은 곳을 선택해 주어야 한다.

 개는 항상, 사람과 함께 있고자 한다. 사육주가 견사를 지어 옥외에 두는 일은, 개의 최대의 욕망을 짓밟는 일이 되므로, 견사를 될 수 있으면, 가족 가까운 곳에 두어야 한다. 서로가 보일 수 있는 위치가 바람직하다. 만일 아이들방이 있으면, 그 근처가 더욱 좋다. 개는 항상 사육주 가족 전원의 움직임을 스스로의 몸에 방영함으로써, 마음 든든 하게 생각한다.

 여러 마리를 기를 경우에는, 반드시 사람 가까운 데 둘 필요는 없다. 서로가 어울려 놀

며 시시덕거리기 때문에, 어느
정도는 기분이 엇갈리기 때문이
다.
　가옥 내부에 견사를 붙어 짓는
것도 하나의 방법이다. 그러나,
그런 건물을 이용했을 경우에는,
항상 견사로서의 이상적인 위치
나 구조를 해준다고는 볼 수 없
다. 따라서, 별도로 설비를 해 주
고 싶다. 이럴 때의 마음가짐은,
사람의 집과 같은 생각을 하면
된다. 여름은 선선하고 겨울은
따뜻하며, 바람이 잘 통하며, 습
기가 없는 그러한 구조　이외는
아무런 사치도 필요없을 것이다.
　큰 낙엽수의 밑, 도로나 이웃
집이 가깝지 않고 배수가 편리한
위치를 희망한다.

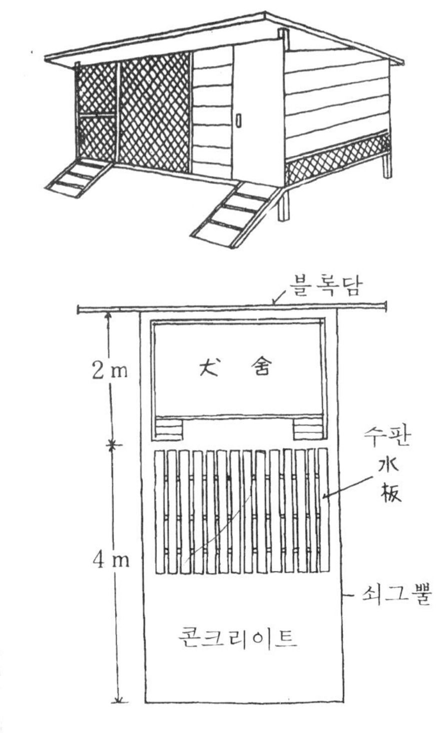

□ 견사(犬舍)의 크기

　보통의 견사는, 들어가는 개의 몸길이보다 약간 긴 정면의 길이, 그 길이
의 배가 되는 안까지의 거리, 개가 섰을 때의 머리높이 보다 약간 높은 천장,
출입구는 그 개가 드나듦에 지장이 없는 정도의 될 수 있으면, 여유가 없
는 폭과 넓이가 좋다. 이 넓이의 출입구가 있으면, 안에서 딩굴드라도 거북스
럽지 않고, 적당한 어둠에도 안정이 되며, 외적의 침입에 대해서도 안정감
을 가질 수 있는 것이다. 이 이상 넓어도, 좁아도 형편이 좋지 못하다.

□ 견사(犬舍)의 구조─재료

　겨울은 따뜻하고, 여름은 시원하며, 바람통함이 좋고 습기가 없는 곳이라
야 한다. 사람의 가옥과 같은 구조라야 한다.
　겨울을 따뜻하게 하기 위해서는, 개집 안이 넓어서도 안 되고, 빈틈에서 바
람이 들어와도 안 된다. 출입구에는, 두꺼운 베를 늘어뜨리든지, 안팎으로
자유자재로 여닫는 문을 달아주면 좋다. 출입구 다음에도 하나의 칸막이를

〈방가까운 곳을 선택〉

달아주면 외기(外氣)의 직접 불어오는 바람을 막을 수 있다. 천장을 달아주면, 한기(寒氣)를 방지함과 동시에 여름에 직접 햇빛쬠을 부드럽게 할 수 있다.

여름에는, 개방하나, 벽에 넓은 창문이 있으면 좋겠다. 그러나 전체의 개방은, 개의 안정감을 위해서 좋지 못하다. 차일(遮日)을 길게 해서 비뿌림이나 강한 햇볕의 들여쬠을 막는다.

습기를 위해서는 드나듬에 지장이 없는한 충분한 높이를 취해줘야 하며, 강아지라도 30 높이는 뛰어 오를 수 있다. 이러한 높이에 뛰어오르는 것이 개들의 즐거움이기도 하다. 높은 곳에서 사방을 바라보는 것이 좋기 때문이다.

이와 같이 높은 발을 달아주면, 이(蚤) 등의 침입을 방지하는 데 형편이 좋다.

재료는 나무가 좋다. 돌이나 콘크리트는 설비에 많은 신경을 써야 한다. 한서(寒暑)나 습기에 결점 이 많기 때문이다. 최근에 질이 좋은 베니어판이 있으나, 이것은 나쁘지 않다. 제일 개가 물어 뜯기 쉬운 출입구 등은, 양철판으로 싸서 보강해야 할 것은 물론이다.

□ 견사의 형(型)

옥내 견사, 이동식 견사, 고정식 견사 등이 있으며, 재료나 형(型)은 여러 가지 있다. 넓이나 높이는 견종에 따라 대체로 표준이 있다. 견사도 또 그가옥의 일부이기도 하고, 가구의 역할을 하는 일도 있으므로, 주위의 환경에 알맞는 형을 만든다. 외관(外觀)이나 모양에 대해서는 각각 연구하기 바란다.

□ 옥내(屋內) 견사(犬舍)

개와 침대를 함께 하는 생활같으면, 특별히 견사는 필요없다. 개는 그 침대를 자신의 영역(領域)이라고 생각하기때문이다. 이럴 때는, 별도로 간단한 바구니나, 개의 크기에 알맞도록 지붕없는 상자를 만들어 주면 충분하다. 그 놓는 장소는 응접실이나 사람의 출입이 심한 장소는 좋지 못하다.

가장 많은 시간을 허비하는 장소가 바람직하다. 부엌에 두는 것은, 거저 쓸데 없이 식욕을 일으키는 뿐이며, 개에 대해서는 참혹하게 학대하는 것 밖에 안 된다.

많은 옥내 사육견은 소형(小型)이다. 따라서 그 견사도 작고 갖고 다니기에 편리하다. 그러나 일정한 장소를 정하면, 어지럽게 이리 저리 옮겨서는 안 된다.

□ 이동식(移動式) 견사

견사내의 청소나 소독에 편리하도록 끼어넣는 지붕이 좋다. 차일(遮日)을 길게 하여 비뿌림이나 햇볕쬠에 대비한다. 지나치게 여러 가지 설비를 하면 무거워서 옮기는데 고통을 받는다. 어디까지나 가볍고, 어디든지 형편이 좋은 장소에 이동시킬 수 있는 특징이 있어야 한다.

□ 운동장(運動場)

고정식 견사의 부속운동장은 별도로 설명하였다. 강아지에 대해서는 이동시킬 수 있는 조립식의 사각, 육각 등의 임의의 쇠그물을 준비하여, 나무그늘이나 처마밑이나 또는 일광욕 등, 강아지를 기분좋게 위생적으로 놀아다니도록 설비한다. 땅에는 가느다란 널빤지를 틈이 있게 나란히 덴 것을 깔아 준다.

□ 고정식(固定式) 견사

반드시 운동장을 만든다. 운동장의 반 정도까지는, 지붕을 이운다. 개는 적당한 일광욕을 하며, 비가 내릴 때 젖지않고 배설할 수 있다. 견사나 운동장은 경사지게 한다. 위생적인 견지에서 콘크리이트로 밑바닥을 깐다. 물빠짐용의 작은 수채와 이 작은 수채를 모우는 큰 수채를 설치한다. 큰 수

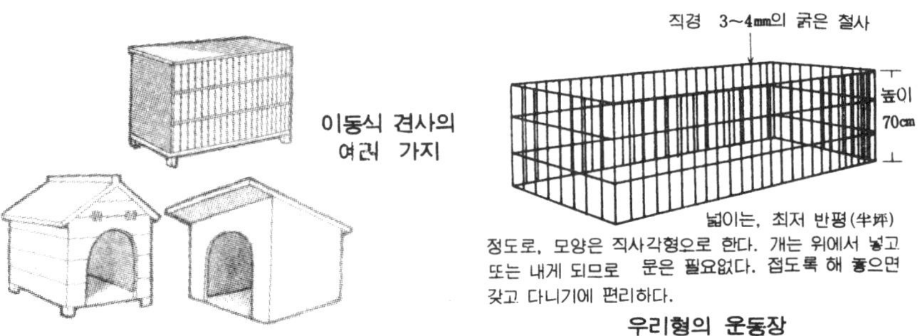

우리형의 운동장

30

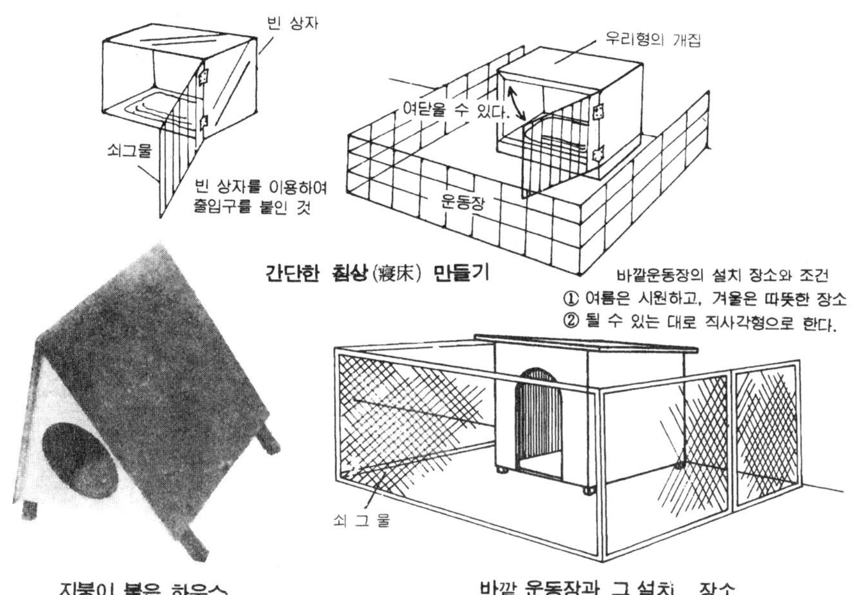

지붕이 붙은 하우스   바깥 운동장과 그 설치 장소

채는 견사, 운동장의 바깥쪽에 만든다. 상수도를 설치하여, 하수의 물빠짐
에 대해서는 사전(事前)에 충분한 예정선을 세워둔다. 콘크리이트 위에는, 필
요에 따라, 가느다란 널빤지를 틈이 있게 나란히 된 것을 깔아 준다.   견사
내에도 그렇게 한다. 견사에는 30 cm나 60 cm정도의 선반을 만들어, 개의 침
소(寢所)가 되게 한다. 그러나 임신한 개나 젖먹이개는 위험하니 만들 필요
가 없다.

견사 높이는 사람이 들어가 청소하는데 지장이 없을 정도의 높이로 하고,
출입구의 문은 안으로 열도록 한다. 모든 문은 견사 안으로 열리도록 하며,
바깥으로 열리지 않도록 한다. 개 전용의 용구나 목걸이, 당기는 줄 등은
그 개의 견사 안에 적당한 선반을 만들어 거기에 두도록 한다.

여러 가지 문이나 벽은, 면밀한 공사를 한다. 빈틈이 없는 뚜꺼운 판자문,
개의 발톱이나 잇빨이 닿지 않도록, 앞뒤에서 강한 쇠그물로 보호한 모기 방
지용의 그물문 등, 여름 겨울을 바꾸어 달도록 한다.

필요없는 문 등은 손질하여, 천장이나 기타 적당한 장소에 보존해 두었
다가 다음 계절에 쓰도록 한다.

개 用具의

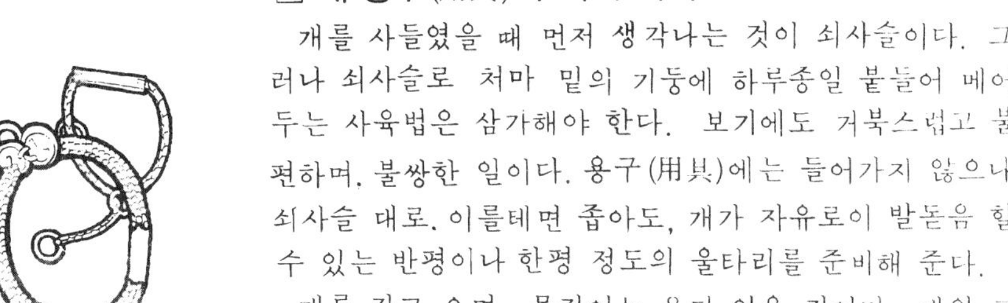

□ 개 용구(用具)의 여러 가지

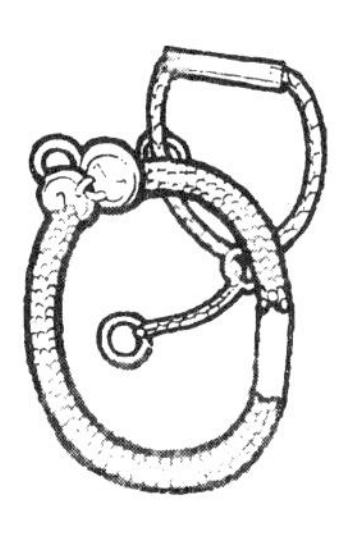

개를 사들였을 때 먼저 생각나는 것이 쇠사슬이다. 그러나 쇠사슬로 처마 밑의 기둥에 하루종일 붙들어 메어 두는 사육법은 삼가해야 한다. 보기에도 거북스럽고 불편하며, 불쌍한 일이다. 용구(用具)에는 들어가지 않으나, 쇠사슬 대로. 이를테면 좁아도, 개가 자유로이 발돋음 할 수 있는 반평이나 한평 정도의 울타리를 준비해 준다.

개를 갖고 오면, 목걸이는 응당 있을 것이다. 개의 크고 작음에 알맞는 목걸이를 준비하는 것은 당연한 일이다. 개의 종류에 따라 재료, 모양, 장식 등과 잡아당기

있는 방향으로 사용하며, 처음은 엉성한 빗으로, 다음은 좁은 빗으로 강하게 빗는다。 좁은 빗은 벼룩이나 이를 잡을수 있다。

정모(整毛)용 빗

어떤 개이건 정모용 빗은 필요하다。 특히 와이어, 스코티쉬, 푸들 등에는 없어서는 안된다。

털을 새털로 바꾸고자 할 때에는, 손가락이나 쇠빗으로 공손히 사용하면 되나 브랏킹그 나이프가 있으면 편하게 된다。

엉성한 것 중간 것 좁은 것의 세종류가 있으나 중간 것이 가장 많이 쓰이며 좁은 것은 귀나 얼굴에 쓰인다。

브러시

녹쇠・나일론・돼지털・짧은 털이나 긴털의 먼지를 없애는 것과 피부의 단련에 쓰인다。 놋쇠로 만든 것은 비듬없애는 데 좋다。

털 훑으니개

철사(스텐레스)가 몇줄 나란히 한 브러시 등이 있다。 우선 이 정도같으면 좋으나 추위를 타는 개는 방한의(防寒), 방안에서 기르는 발톱까기 등도 필요하니

여러 가지

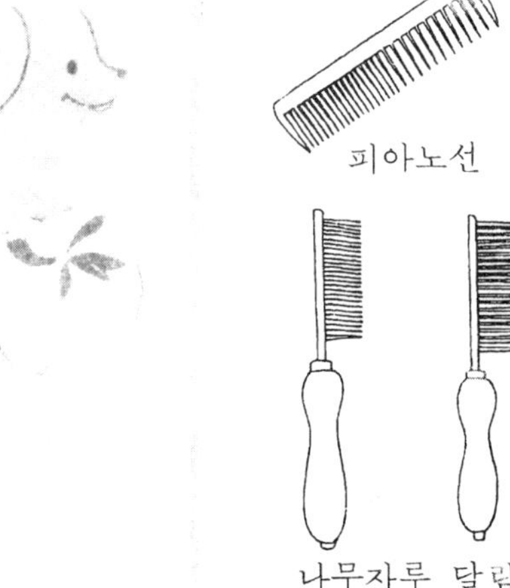

> "빨리 브러시를 문지러다오."
> 하면서 몸을 다가 오는 것 같은,
> 손질을 좋아하는 습관을 붙이도
> 록 한다   사람과 개와의 애정의
> 시작은, 손질부터라고   할 정도
> 이다.

는 줄도 함께 생각해야 된다

스코티쉬·테리어에는 스코티쉬 모양이 든 평혁(平革)목걸이와 같은 모양의 잡아 당기는 줄이 있다. 작은개에는 가죽의 표피(表皮)만 벗겨 맞춘 가볍고 사치스러운 것이 있으며, 목의 털의 길이를 자랑하는 개에게는 닳아서 끊어지는 일이 적은 둥근모양의 목걸이. 세퍼드 같은 개에게는 호화 강인(强靭)한 것이 좋다. 어느 것이든 개점포에 의논하면 되겠다. 장모종(長毛種)의 개에게는 엉성한 쇠빗, 단모종(短毛種)의 개에게는 딱딱한 털과   강한 보러시(돼지털 또는

식기(食器)·음수기(飮水器)

깊은 것이 홀리지 않고 좋다. 귀가 긴 개 종류는 특히 위가 적고 깊은 용기가 필요하다. 물은 항상 가까운 한쪽 구석에 두고 하루에 두세번 바꾸어 준다

목걸이·쇠사슬

운동이나 훈련 이외는 목걸이를 걸지 않은 것이 좋다. 운동이나 훈련의 종류에 따라 목걸이나 줄의 구조가 다르다. 보통 목걸이는 개 목에 틈이 없도록 한다.

빗·쇠빗·이빗

피아노선의 쇠빗은 개의 털이 나 을 상하지 않게 한다. 털이 나

나덜돈)가 필요하며, 사람의 머리빗이나 솔같은 것을 대용해서는 안 된다. 긴 털을 흠을 내며, 피부를 거칠게하여 병원균이 감염한다.

고모(枯毛)라 하여, 노폐한 털을 뽑기 위해서는, 특히 드레서 기타의 용기 트리밍그 나이프를 쓸 때도 있다. 용기 식기(食器)는 먹이를 줄 때 움직이지 않은 용기를 줘야 하겠다. 발이 길고 목이 긴 개는 식탁(食卓)을 준비하여, 개의 자세를 흩뜨리지 않도록 주의를 한다.

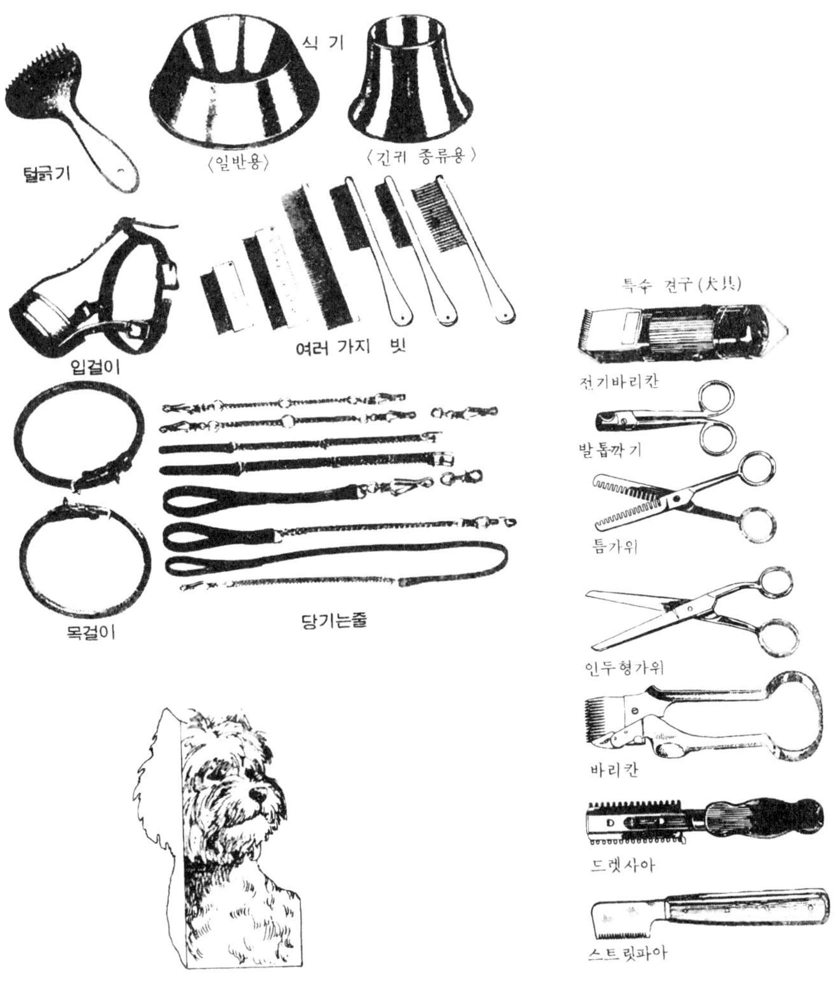

① 오오스트라리안 · 테리어

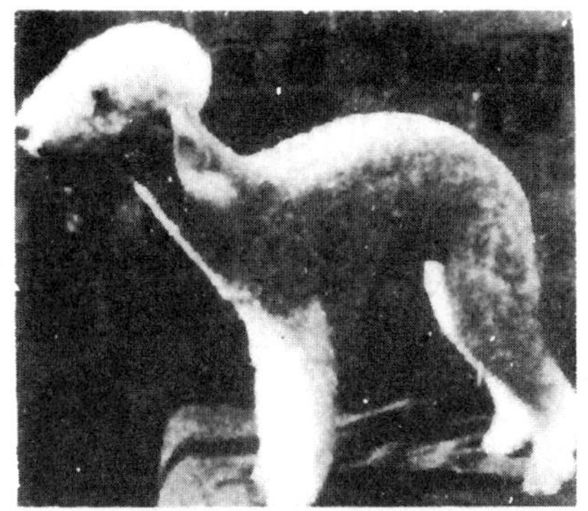

② 베트링튼 · 테리어

③ 짜이니이즈 · 크레스테드 · 도그

④ 이탈리안 · 그레이하운드

⑤ 사모이드

◆ 개이름과 소유자 의 이름

① 'NT. CH. Redlettes Lwinlaw Seaspirit
Owner: W. N. Bradshaw U. S. A〉

② AM. CH. Fancy Pants of Vistablu
Owner: Mrs. Ida Sills 〈England〉

③ Yano of Crest Haven
Owner: Mrs. Debora E. Wood · U.S.A.

④ Wavecrest's CH. Lyonhil's Mack The Knife
Owner: Mrs. John Bloore U. S. A.

⑤ AM. & CAN. CH. Shaloon of Draylane
Owner: Mrs. Sandy Wacenske 〈U. S. A〉

□ 완고형

진도개, 도사(土佐)개, 거기에 도베르만종이 이런 경향이다. 불렬란 투혼(鬪魂)과 기백(氣魄)이 넘치며, 유독 한사람의 주인에게만 따른다. 죽어도 상관 없는 형으로 때로는 취급하기 곤란하나, 그것이 매력이기도 하다.

□ 성미가 까다롭다

스코티쉬·테리어 — 작은 몸짓에 비해 소지물은 큰 것, 행동이나 기질은엄하다. 민첩, 예민하다. 털색은 떫은 느낌이 난다. 자기 자신은 모르나 어떨 때는 트질 듯한 익살을 몸에 지니고 있다.

□ 완벽한 · 주지형

와이어·헤어드·폭스· 테리어 —차림이 단정한 것만은 한끼 굶어도 좋다는 형, 트리므 없이는 모양을 보이지 않은 기질의 사치형,연줄 효과 만점이란 테리어 중의 테리어종. 여우 사냥개로서 천성적인 준민성(俊敏性)

□ 유연한 심정과 스타일

그레이트·덴 —사람 접촉, 개사이의 평판, 모두 만점. 이 개의 특징은 어디까지나 관대하고 버릇이 없는 대곡선으로 구성되는 볼륨에 넘치는 체구와 거기에 알맞는 부드러운 기질에 있다.

□ 태연하고 침착함.

진도개 —신체 전체가 부드럽고 둥근미가 풍부한 몸체, 어디까지나 부드럽고 온화한 기질, 이개의 걷는 모습과 몸의 동작 표정을 보면 활기에 넘친다. 출신형(型)이고, 믿음직스럽다.

□ 흘러 넘치는 기분

코리, 스피츠 —훌륭하다. 풍부한 사람은 보다 풍부하게 보는 것만으로 기분이 좋다. 따라서 가정의 개로서의 능력은 상위, 봄, **가을 탈모기에는,** 철저하게 털의 제모(除毛)를 실시할 필요가 있다.

□ 기억력이 뛰어남

푸들 —모르는 사람들에게는 언제나, 멋장이 놈이라고 하나 물새 수렵의 명수, 활동할 때 털이 방해가 될 정도. 기억력이좋은 것은 견계(犬界)에서는 첫째이며, 서어커스 등에 잘 나타남.

□ 낙천가, 그것은, 나

복서 —원래가 투쟁을 좋아하지 않은 것이 이 족속 그러나 우연한 기회에 싸우게 되면 이외의 실력을 발휘한다.

사람과 놀며, 유우머러스에는 뛰어나니는 것이 무상의 즐거움

☐ 보기에 벙어리 강하기

불독—한번 물면 벼락이 **떨어져도 놓지 않은 큰 입 과 위로 향한 코, 굵직하 고 튼튼한 짧은 다리 몸의** 태세는 조금의 빈틈도 없다. 그러나, 투쟁에는 흥미가 없다. 부드러운 마음씨

☐ 귀부인과 같은 모양

찡 —수렵이나 경계에 쓰 인다. 태어날 때부터 부인 용의 애완용. 걷는 모양도 하늘하늘하게 소리도 내지 않음. 발소리를 죽이고 걷 는 발걸음 외는 모르는 개 완전하게 사람에게 의지하 여 살아가는 개.

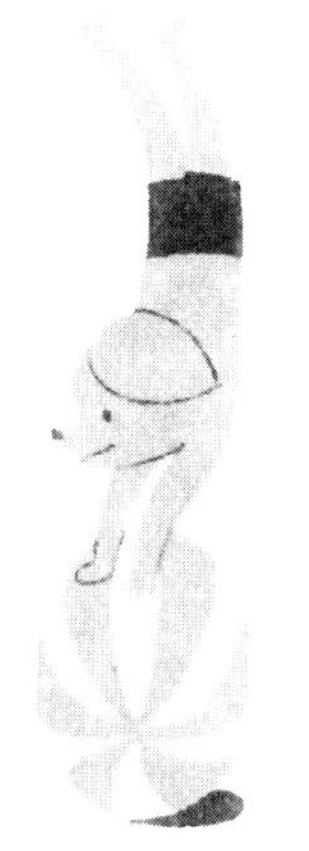

☐ 서어비스 과잉(過剩)

세퍼드, 에어데일, 도베 **르만 —모습보다 능력이 기 대, 시험개로서 괴로움을 받는 견종, 다른 개에서는 볼 수 없는특색, 머리 좋기** 는, 얼굴이나 모습에 스며 **나온다.** 최근에는 모습도 중요시 되기 시작함.

☐ 사나운 눈초리

보르조이—끝없는 벌판 에 노획물을 찾는 눈초리, 찬란한 눈빛, 탄력있는 모 습. 지나치게 사치스럽게 보이는 몸형도, 안으로 숨 은 빈틈없는 뼈에 의해서 구성된다. 사람에게는 특 히 잘 응석부린다.

☐ 이상적 (理想的) 인 외모

코커—아름다운 자태, 귀여운 기질. 사랑받기에 좋은 기질이 이 견종. 미국에서 개량되어서부터 이상적인 외모는, 완벽한 것. 음식을 먹을 때 입이나 긴 귀털의 엉킴을 고쳐주는 것이 즐거움.

☐ 총대 사냥개 3의 비율

영국·포인터 —새 사냥개로서 성능은 새삼스럽게 설명할 필요는 없으나, 아름다운 운동 자세와 화려한 무늬 비슷한 반점으로 한층 돋보인다. 수렵인의 쾌락의 극은, 그들 사냥개의 성능과 모양이 대부분.

☐ 애완견의 퀴인 (여왕)

마르티즈—순수 애완견 부인 영양(令孃)의 무릎 곁에 생활하는 것이 그의 모든 경력. 머리, 꼬리의 구별을 잘못할 정도의 풍부하고 긴 아름다운 비단 닿는 느낌의 털을 자랑스럽게 흔듬.

☐ 너무나도 괴기 (怪奇) 한

닥스·훈트—손질을 하지 않아도 빌로오도와 같이 반짝이는 털색, 실내사육의 전통적인 개. 그러나 대단히 용감하다. 집지키는 개로서는 평판이 높다. 교양있는 눈초리와 코 그리고 머리.

어떤 견종(犬種)을 선택하던 결코 우연한 일이 아닌 것과 같이 언젠가는 조화가 잡힌 생활이 시작된다. 역시 어딘가 그 개에 마음의 끌림이 숨어 있는 것이 틀림없다. 그것이 무엇인가, 확실하지는 않지만……그

어떤 견종을 할까. 친한
사람의 권장이나 개에 대한
책을 보고　지식을 얻어서
이것이냐 저것이냐 망스린다.
결정까지는 여러 가지 인자.
(因子)가 복삽하게 얽힌다.
그러나 결국은 당신의 선정
은, 역시 당연 그렇게 될 수
밖에 없다.

□ **잡종견**(雜種犬)　**시비**(是非)

이 세상에 태어난 개는, 잡종견이든 살아갈 권리는 있다. 또 그러한 개를 즐거이 사육하는 사람들에게는, 이 세상에 잡종견이 없어지지않은 이상은, 반드시 독지가(篤志家)로서 경의를 표명해야 한다. 친절한 사람들의 보호없이 자랐기 때문에, 그 중에는 약간 고집쟁이도 있겠으나, 살기 위해서의 노력은 훌륭하므로, 멀지 않아 사람들의 애정에 달라 붙게 된다.

한차례 사육하기로 결정하면, 그 개가 값어치가 있던 없던간에, 건강하게 생활할 수 있도록, 여러 가지 동정(同情)을 게을리 해서는 안 되며, 동시에, 상당한 경비도 예산에 넣어야 한다. 그렇지 않으면, 일부러의 호의도, 그 개에 있어서는 가련한 추억이 될 뿐이고, 무례도 짓밟히는 결과 밖에 되지 않는다.

여러 마리를 사육할 경우에는, 어느 것이나 평등한 애정을 주어야 한다. 어려운 일이기는 하나, 질투가 심한 통성(通性)을 갖고 있으므로, 특히 상당한 출비(出費)를한 개와 잡종개를 함께 생활을 시키고 있을 경우, 한쪽에만 비참한 생각을 갖지 않도록 주의한다.

□ 번견(番犬) 가정견

새나 짐승의 사냥이나, 특정한 수색에 사용하는 견종(犬種)은, 정해져 있으므로, 여기에서는 설명 안하기로 한다. 개의 능력에는 한마리 한마리에 따라 많이 다르다. 개중에는 새의 냄새를 모르는 사냥개가 있는가 하면, 영리한 얼굴을 하고 있으면서 바보같은 세퍼드나 코리가 있기도 하다. 그 견종같으면 어느 것이든, 그 정해진 능력을 갖추고 있다고 단정해서는 곤란하다

현재 개를 기르는 최대의 목적은 번견(番犬)으로서 있으나, 문화의 발달에 따라, 번견의 구실은, 문 단속이 엄중한 가옥의 구조라든가, 전기 공사에 의한 예지(豫知)수단 등으로 그 수요(需要)가 점차 줄어들고 있다. 생각하면 개란 짐승은, 원시 시내부터 최근까지 사람 생활에 직접 소용(所用)되어 왔으나 그와 같은 실용면에서의 가치가 격감한 오늘날, 전보다 더 많은 개를 요망하는 소리가 높다.

개들은 변함없이 태어날 때부터의 기질과 모습을 갖고 있다. 사람들의 개량에 의해서, 닦고 닦으며, 이리하여 사람과 개와의 연결우 점점 깊어가기만 한다. 어떤 견종이나 잡종이나 사람에의 신뢰가 그 근본이다.

□ 옥내(屋內) 사육(飼育) 의 가치(價値)

만일에 번견(番犬)으로서 사육한다면, 옥외에서의 사육은 불완전하다. 어

배트용의 개

번식용의 개란, 뛰어난 혈통과 장점을 가진 개의 뜻.

떤 영리한 개라도, 오래 시일과 [illegible] [illegible]단에 대해서는 오래 저항을 하지 [illegible]
하기 때문이다.
　작은 개라고 하는 이유에서, 옥내에 사육한다는 소견은 없다. 큰개에 비해
서 오히려 가구(家具)등의 손실은 크다. 세퍼드, 보로조이 등의 큰개가 옥내
에서 사람과 함께 생활하고 있으나, 그 환경은 침대부나 의자 등이다. 바깥
에서 보면 깜짝 [illegible] 없이나, 내부를 들어나보면 사람과의 협동생활은 잘 이
루어지고 있으며, 저들의 기묘한 느낌은, 간 곳도 없어질 것이다.

☐ 애완용 개(愛玩用犬)

　테리어, 하운드 등 수렵용(狩獵用)의 개가 현재, 애완용으로 보이는 [illegible]

생후 2, 3개월

유견(幼犬) 선기

많다. 몸이 적기 때문이며, 투쟁적인 체형(体型)과 기질이 사랑스럽다. [illegible]
으로 소형화(小型化)되어 완전히 침대 생활을 오래 해도 타고난 경계심까지
잃어버린 것은 없고 덩치가 작아도 [illegible]되는 [illegible] 을 발휘하는 것이다

유견 중기

유견 후기

□ 강아지(子犬)냐 ? 큰개(成犬)냐 ?

 태어난지 3개월이 지나. 완전하게 **구충 (驅虫)** 해서 디스텐퍼어의 예방주사를 마친 것을 사육하는 것이 보통이며, 이방법이 개와 사람 쌍방에 있어서, 서로의 이해가 깊어지며, 아름다운 공동 생활을 할 수 있다. 큰개부터 시작한다는 것은, 극히 특수하며, 번식 개량의 수단으로 할 경우가 많다.

좋은 강아지란

소형견은 만 한살 반으로 성견

□ 암놈이냐 ? 숫놈이냐 ?

 취미에 따른다. 만일에 견종의 개량 등에 흥미를 가질 것 같으면, 숫놈의 경우는 근사하고 훌륭한 것만 선택하고, 암놈 같으면 근사한 것만 **골라야** 하나, 숫놈만큼의 요구를 하지 않아도 된다. 보통 같으면 반년에 **한번의 발** 정이 있으며, 좋아하는 숫놈을 연구해서 그것과 교배해 간다는 것은, **다음 다** 음의 즐거움이 되는 것이다.

 암놈은 일반적으로 참을성이 있으므로, 분뇨 (糞尿)의 걱정은 숫놈에 비하면 적어서 좋다. 그러나 약간 신경질이기 때문에, 강아지 시대부터 훈육이 필요하다. 또 암놈은 반 년마다 발정이 있으므로, 그 기간 (10일 전후) 국부 (局部)출혈로 집안이 더럽혀질 염려가 있으므로 이것은 각오해야 한다. 최근에는 "시즌용의 팬츠" 등이 고안되어 있으므로. 조금의 연구로 그렇게 마음에 심려 (心慮)하지 않아도 될 것으로 본다.

能熟한 개 購入法
능 숙 　 구 입 법

모처럼 구하는 것이니까, 건강하고 쾌활한 것을 선택한다. 주의와 노력에 의해서, 이것은 가능하다. 이와같은 마음가짐은, 사육하기 시작한 뒤부터의 많은 괴로움을 송두리채 없애주는 것이다.

□ 무엇보다 건강한 개를

구입할 경우, 또는 얻어오는 경우, 어느 것이든 건강한 개라야 하겠다. 무엇이던 좋아서, 벼룩 기생충, 피부병까지 있는 것을 갖고 올 필요는 없다. 귀여운 나머지 눈이 어두워서는 안 된다.

개를 구입할 때는 싼 개를 구입해서는 실패하기 쉽다. 그것은 사들인 값 이상의 병원비를 지불하기 때문이다. 그것만으로도 벌써 개 사육은 실패했다는 것을 알 수 있다. 더구나, 간병(看病)에 심신(心身)를 소모하게 되여, 결국은 죽고 말았다고 해서는, 그렇게까지 동경(憧憬)한 개에 대해서 실망할 것이다.

설사 비싸더라도, 병원에 가지 않고 원기 왕성하게 자라는 개만을, 선택해야 한다.

□ 건강의 판정은

(1) 환경을 보는 것이 중요하다. ―지금까지의 생활은 어떻게 영위(營爲)해 왔는가. 어미개가 있으면 그 어미개가 얼핏 보기에 건강하게 보이는가. 함께 있었던 개들 중에는 약한 것이 보이지 않았던가? 등을 세밀하게 관찰하면 관찰할수록 대강의 짐작을 하는데 도움이 된다.

(2) 수의사(獸醫師)의 건강진단서가 있으면 대체로 안심해도 좋을 것이다.

특히 강아지는, 기생충병이나 영양
실조에 걸리지 않아야 한다. 또 별도
로, 디스템퍼어의 예방주사를 맞은 증
명이 있으면 더욱 좋다. 주사를 마치
고 2주일 이상 지났는 것으로 기력
이 왕성한 것은 괜찮다고 봐도 좋을
것이다.

　(3) 개의 종류에 따라, 특별한 결함
이 눈에 잘 띄지 않은 것이 있다. 생
후 3,4개월 지난 강아지를 선택한다.
성급하게 선택해서는 안 된다.

　(4) 태어나서 1주일 이내에 당연이
할 일 — 이를테면 꼬리를 잘라야 할

개같으면 그런 작업이 끝났는가. 어떤가를 그 강아지의 주인의 양식(良識)
을 판단하는 재료가 되므로 주시(注視)할 필요가 있다. 당연히 해야 할 여
러 가지 일을 안 했을 경우, 그 외의 무언가 빠진 것이 있지 않나 의심이
가기 때문이다.

□ 값이란 것

　있을 것 같으면서, 없는 것이 개의 값인지도 모른다. 적정(適正)　가격
(價格)으로 입수(入手)하는 수단은, 자기 자신(自身)의　체득한 경험에만
의지할 뿐이다. 그러나 그 경험이 없는 사람은 신용있는 개점포의 선의

(善意)에 맡기는 수밖에 없다. 친한 벗이 개를 잘 알고 있다손치더라도, 크게 믿을 수 없다는 것이 보통이다. 골동품과 같이, 땅 속에서 파 내어 들어맞는 기회란 좀처럼 있는 것이 아니다.

　개의 종류에 따라 값은 한결같지 않다. 기종(奇種), 진종(珍種)은 값이 비싸다. 유행견(流行犬) 중에서 우수한 것은 그것보다 또 비싼 값으로 매매(賣買)될 것이다

□ 3만원 전후(前後)에는

　이것은 어떤 종류라고 판단 할 수 있는 정도다. 단, 유행하고 있는 개는 매우 많이 생산되므로, 3만원 전후같으면 제법 좋은 것을 입수할 수 있으리라 본다.

　순수종(純粹種)을, 어느 정도까지 기르는 데는, 한마리 3만원으로서는 불가능하다. 이를테면 디스텐퍼어의 예방주사만으로도 5,000원에서 10,000원이 필요하다. 거기에 건강증명서와 생후 3,4개월의 양육비 등을 합산하면 이 값보다 높은 가격이 나온다. 이 값은, 생후 3,4개월이 되는 것이나, 6개월이 되는 것이나 1년이 경과한 큰개도 별로 차이는 없다.

□ 혈통서(血統書)

　혈통서의 수속(手續)을 해도, 강아지 시대는 안 되는 것이 있다. 이럴 때는 어미개나 아비개를 조사하면 된다. 조사 방법은 별도로 설명한다.

강아지를 家族으로 맞이하는 날

견종에 의해서   대체적인 성질이 결정된다. 그러나 하나하나에 의해서 또 그 나름대로의 다름이 있다. 당신 집의 바둑이는 어떤 성질이겠읍니까? 당신의 힘은, 그 바둑이에게는   절대적이다. 대등하게 하지는 않다. 위로하며, 귀여워 해 그의 외로움을 달래 줄 것이다.

□ 먼저 안심(安心)을

애써 얻어 왔는 개가, 쇠사슬을 끊어서 원래의 주인집으로 돌아가버렸다는   예가 많다 개의 귀가성(歸家性)이라 해서, 개종류에 따라   강한 것과 약한 것이 있으며, 강아지에게도 이 성질이 싹 터 있다.

갑짜기 지금까지의 환경과 다른 곳에 갖다 놓으면 강아지의 경우에도, 불안하게 여긴다. 따라서 그런 불안을 없애고 안심감(安心感)을 주어야 한다. 맛있는 음식이나 부드러운 속삭임 보다 이렇게 해서는 안 된다.

편안이 앉을 수 있는 깔개와, 안심하고 안
정될 수 있는 견사(犬舍)와, 모르는 사람들
과 접촉이 없는 장소를 준비 해 두어야
한다.

□ 놓치지 않은 주의와 경계 (警戒)

무턱대고, 어디에 튀어나갈는지 모르므로,
어떻게 하더라도 탈출못하게끔 설비를, 사
전(事前)에 해 두는 수밖에 없다. 불안하기
때문에 탈출하려고 하므로, 어느 정도 노
력해 보고 가망이 없으면, 개는 단념(斷念)
을 한다. 강아지 같으면 지나치게 엄중할
필요는 없으나, 큰개일 때는 신중한 경계가
필요하다.

□ 울어도 꾸짖지 말며

울고 싶으면, 슬픔이 풀릴 때까지 울도록
두는 수밖에 다른 좋은 방법이 없다. 쓸쓸
하기 때문에 운다. 그러므로 안아 주고 싶다.
그러나 그런 습관을 붙이지 말아야 하며,
잠깐 동안은 참는 수밖에 없다.

□ 음식물로서의 위로 (慰勞)

가능하면, 이 때까지 생활하던 식기 따위
를 함께 얻어오면 좋겠다.
그 식기에, 그 개가 좋아
하는 음식물을 살짝 갖다
준다. 그 음식물에 입에 닿
게 되면, 신생활에 대한 불
안은 다소 줄었다고 봐도
되겠다. 개의 개성에 의
해서 곧 익숙해 지고 친
해지는 개와, 이상하게 의

첫날이 중요하다.

48

심이 많은 여러 가지가 있으므로, 먹이를 입에 닿는다는 것으로 불안이 완전히 가신 것은 아니다. 먹이는 지나치게 양을 많이 주든지, 소화가 나쁜 것 등은 피해야 한다. 또 음식을 먹으면, 잠깐 있다가 배설의 요구가 있으므로, 그 기회를 잡아 적당한 장소에 **다리고 가서 배설시킨다.** 그렇게 되면 불안은 한층 더 없어지게 된다.

똥은
일정한 장소에서
하도록 가르친다.

□ 그 외의 주의

개를 애무(愛撫)하고 안심시켜 줄려고, 함부로 여러 사람이 들락날락해 가면서. 머리를 쓰다듬어 주는 것은 좋지 않다. 어떤 개이건, 눈앞에 손을 내미는 것은 좋아하지 않는다. 아이들 동무들이 개라는 뜻에서, 갑짜기 아이에게 함부로 만져지는 것은 좋지 못하며, 다른 개나 고양이 등에도 보이지 않은 것이 좋다.

큰개를 얻어왔을 때에는, 그 성질이 완고한 것을 만날 수도 있다. 며칠 굶기던지 수의사에게 보이던지 해서 친해지도록 한다.

□ 아이들과 개

어떤 개라도 아이들과는 사이좋게 지내는 동무가 된다. 개중에는 드물기는 하나 사람에게 거역하는 개도 있으나, 그렇게 만든 것은 사람 자신이란 것을 생각한다면, 개 취급에는 특별한 주의가 필요하다.

물에 빠진 아이를 용감하게 구했다는 이야기나 불이 났을 때 아이를 구했다는 예는 많다. 놀이를 좋아하는 어린이에게는 또 그와 같이, 상대에 의해서, 무슨 짓을 해도 즐겁게 상대를 해 주는 것이 개이다.

따라서 아이들과 상대하는 개는, 특히 건강과 청결에 주의하며, 발톱도 짧게 깎아주어야 한다. 장난치다가 발톱에 의해 상처가 나는 일이 없도록 주의한다.

사고에 주의 !

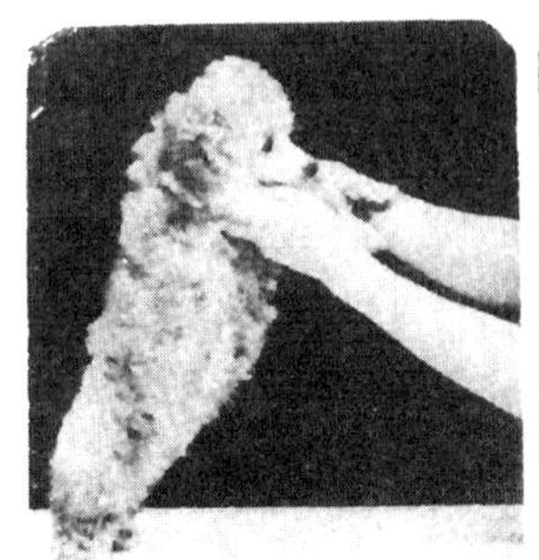 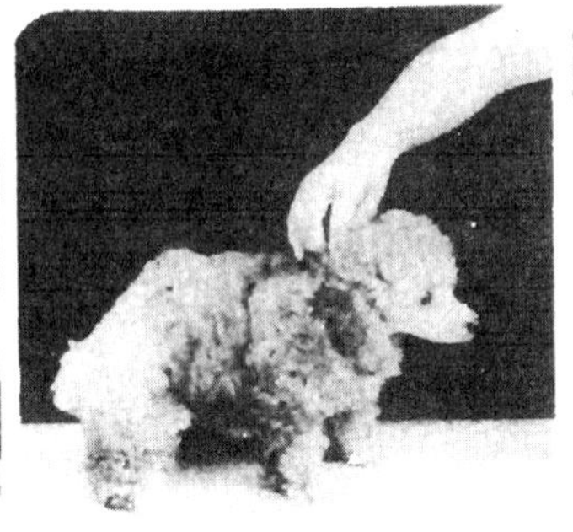 

강아지의 좋지 못한 취급법과 쥐는 법   강아지의 올바른 취급법

□ 배설(排泄) 돌보기

청결을 좋아하는 것이 개의 한가지 특성이다. 따라서 개는 자기의 배설을, 될 수 있으면 멀리 하고 싶은 심정이다. 그것이 안 될 환경이면, 거기에 따른 준비를 해 주어야 한다.

강아지의 요구는, 푹 자고, 일어났을 때, 먹이나 물을 배 안에 넣었을 때, 운동이나 같은 무리끼리의 놀이에 지쳤을 때라든지 등으로 그 동기가 있다. 그러므로, 이와같은 일이 있었으면 이를테면, 자고 있다가 갑짜기 일어 났다고 할 때 틈을 주지 않고 변기(便器)를 갖다 놓고 잠시 그 장소에서 움직이지 않게 해 두면 거기에 볼 일을 보게 된다.

옥외(屋外) 사육의 경우는, 무언가 적당한 장소를 정해 준다. 개의 습관을 붙여 주기 위해서 필요하다. 옥외 같으면 개가 가는 곳을 모래를 깔아주던지 그 곁에 깊이 구멍을 파서 그 안에 버리는 습관을 붙이면, 그 구멍 근처에서 변을 보게 된다.

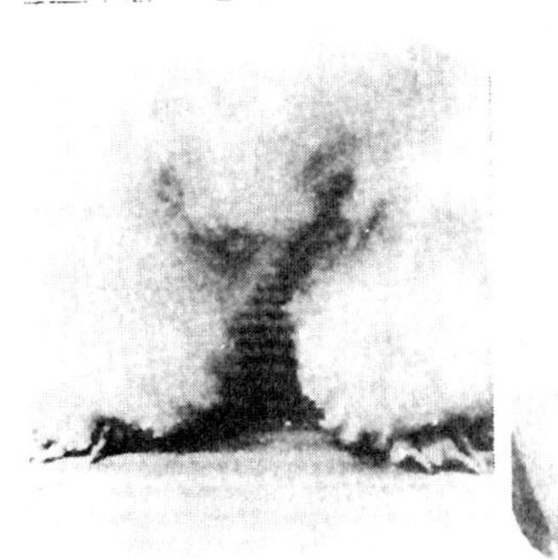 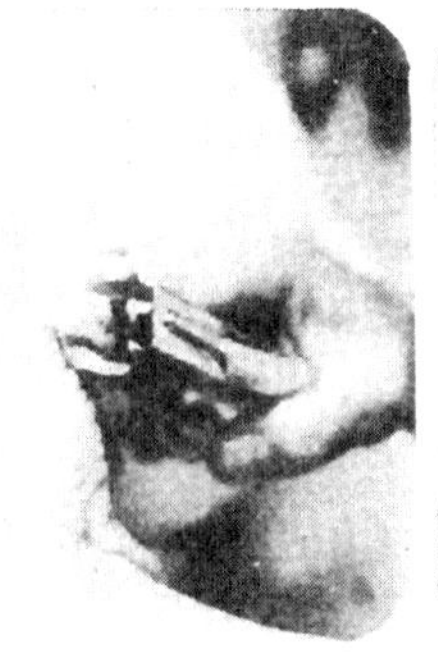 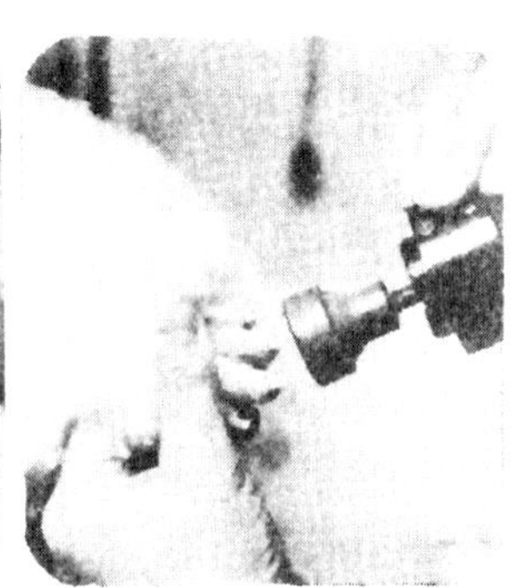

❶ 발톱이 자란 상태   ❷ 발톱을 깎는다   ❸ 줄로서 둥글게 한다

실견의 올바른 취급법

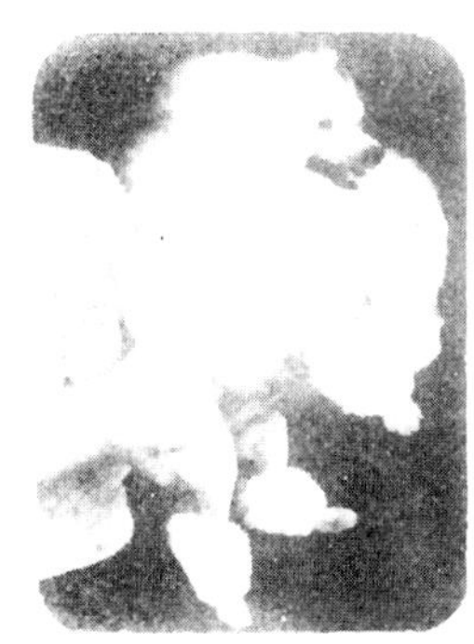

옥외에 산책 겸 운동을 하지 않으면, 변(便)을 보지 않은 습관이 붙은 개도 있다. 개의 수가 불어나며, 또한 밀집(密集)되어 사육되며, 도로의 포장도 완전히 된 지역에서는, 실제에 있어서, 개의 배설(특히 큰개)은 많은 문제점이 되어 있다.

실내견이 많은 경우는, 요구가 있을 때마다 뜰에 나가라는 제스처(손짓이나 몸짓)를 해서 문을 열어 준다든가, 또 개중에는 자기 스스로 문을 열어서 변(便)을 보는 것도 있다. 또, 아침 낮 저녁의 세번만 뜰에 산책을 시켜 주어, 그 때 볼 일을 보고 그 외는 참는다는 습관이 있다. 그러나 강아지 시대에는 그렇게는 되지 않으므로, 방이나, 청마루의 한쪽 구석을 골라서 변기(便器)를 갖추어 주기도 한다.

널빤지 넣은 변기(便器)

조립식 이동용 쇠그물 상자

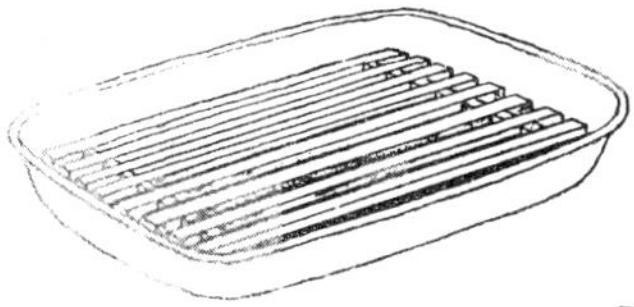

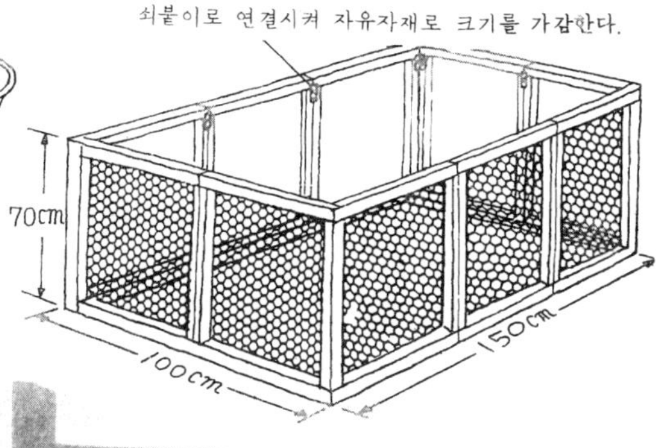

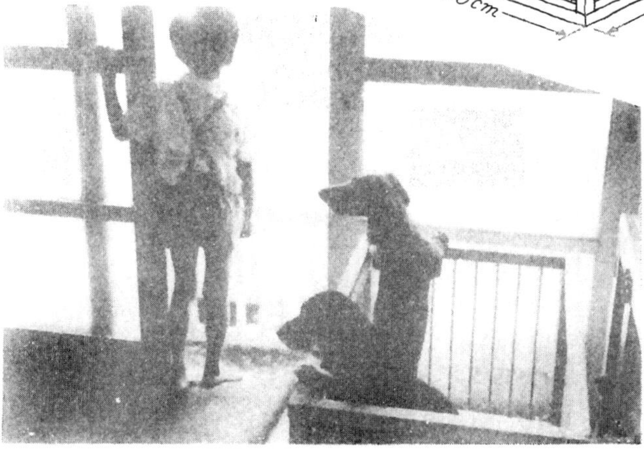

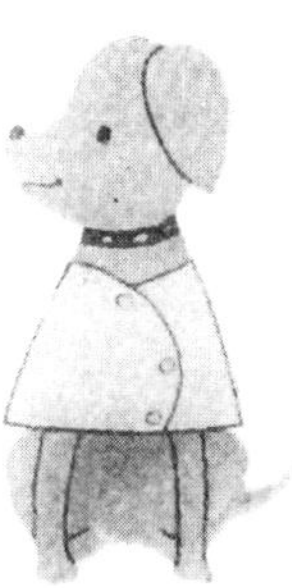

변기의 구조는 여러 가지로 연구되어 있으나, 아침 저녁 깨끗이 씻어 주어야 한다. 더욱이 강아지의 경우, 깨끗이 해 주지 않으면 그 변기를 싫어하여 사용하지 않는 개도 있다. 또 신문지 등을 깔았는 것 만으로 변을 보는 습관을 붙인 개도 있다.

□ 실내(室內) 상처(傷處)를

장난꾸러기이기 때문에 실내에서 강아지를 기르고자 할 때에는, 상당한 손해가 있다는 것을 각오하지 않으면 안 된다. 벽에 구멍을 낸다. 기둥을 갉는다. 책을 찢는다 등이다. 따라서 음식물 따위는 개가 닿지 않은 곳에 두어야 하며, 이와 같은 나쁜 일을 일체 하지 않도록 하는 데는 생후 8개월까지는 할 수 없는 일이다.

강아지를 실내에서 기를 때는, 청마루나 베란다 등에 그 강아지를 수용할 수 있는 쇠그물 상자를 설치하는 경우가 있다. 개의 크기에 따라 넓이나 높이, 또는 쇠그물의 굵기 등이 달라지나, 사람이 상대해 주지 않을 시간 중에는 그 쇠그물 상자 속에 수용한다. 물론 변기 등도 이 안에 설비해 주도록 한다.

또, 청마루를 이용할 때는 꼭 개의 키 정도의 쇠그물을 한 테를 만들어 벽이나 기둥에 고정시켜 놓는다. 이렇게 하면 파괴되지 않고 편리하다.

개는, 콘크리이트보다는 판자를, 판자보다는 방석을 방석보다는 주단을 주단보다는 소파를 ……이와 같이 훌륭하고 폭신한 것을 좋아한다. 그러므로 훌륭한 깔개는 이럭 저럭 개의 침대가 되기 쉬운 것 같다 따라서 실내에서 기르고자 할 때에는 이와 같은 깔개 등을 어느 정도 희생할 각오를 해야 한다.

강아지 먹이에 對해서
대

사치는 필요없다. 오히려 귀찮다. 강아지에게는 강아지
독자적 (獨自的)인 규칙바른 식생활이 바람직하다.

□ 유동식 (流動食)

모유라고 하는 완전한 영양분이 포함된 먹이에서 떨어진 시기이므로, 그 모
유와 질이 그다지 떨어지지 않은 먹이라야 되겠다. 따라서 그 모양은 모유보
다 약간 딱딱한 유동식 먹이로, 영양분으로서는, 대체로 같은 비율의 질로써
약간 진한 것이 이상적이다. 그러나, 과학의 진보는 일상 생활을 즐겁게 하
는 것과 같이, 개의 이유식 (離乳食)에도 많은 진보가 있었다. 이를테면, 아
직 수입 (輸入)은 없으나, 어미개와 같은 성분의 분유 에스비랏크가 있다.

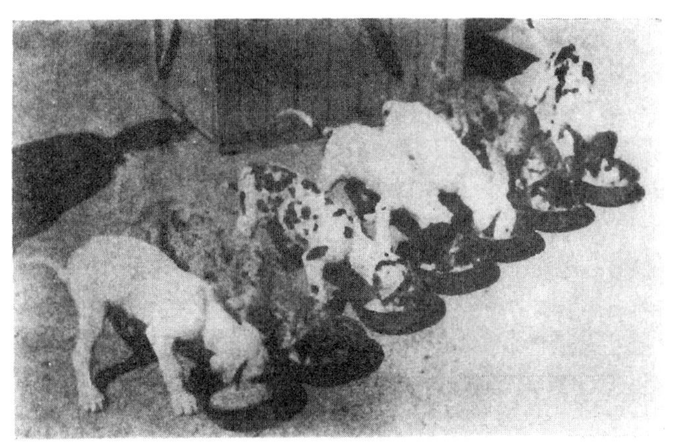

이것은 분유이므로, 어미 개 젖의 농도 (濃度)에도, 또는 그것의 2배, 3배
등으로 자유자재로 조제 (調製) 할 수 있다. 게다가 비타민, 미네랄 등이 포
함되어 있으므로, 만일에 이것이 있으면, 만사가 간편하게 되는 것이다.

보통 시판 (市販)의 분유도 좋다. 개의 젖과 소의 젖의 내용 비교는 다음표
와 같이 차이가 있으므로, 이유식 (離乳食)도 같이 약간 진하게, 난황 (卵黃)
이나 육 (肉)에끼스로 보충해서 준다.

젖을 뗀 직후의 인공식 (人工食)같으면　이것으로 되나, 만일 그 강아지가

어미젖 부족으로 벌써 생후 3주 경부터 인공식을 섞어 사육되어 왔을 경우에는, 약간 고형분(固形分)이 부족하다. 이 부족을, 쇠고기나 곡분(穀粉) 등으로 보충해 주는 것이 적당하다.

우유(牛乳)**와 견유**(犬乳)**의 비교**

영양분	우 유	견 유
지 방	3.8	9.0
유당(乳糖)	4.6	3.1
단 백 질	3.3	8.0
카 제 인	2.8	3.5
아 루 뿌 민	0.4	4.5
무기물(無機物)	0.7	0.8

① 지방과 단백의 차가 심하다.

② 우유를 견유에 가깝도록 조성(組成)하는 데는 난황(卵黃)이나 육(肉)에끼스, 붉은 쇠고기 순서로 고형물(固形物)을 증가시켜 간다.

③ 당분(糖分)은 더 넣지 않아도 된다.

□ 칼로리에 대해서

강아지가 자라는 데는, 그 자라는 속력이 빠른 대신, 작은 것임에도 많은 칼로리가 필요하다. 우유를 토대로 하여 조제할 경우, 우유 180cc에 대해서 난황(卵黃) 한개를 넣어 섞었는 1cc의 칼로리는 1.0∼1.5칼로리의 열량을 갖고 있다. 체중 1.5kg의 강아지의 하루 식량은, 생후 5주 즉 이유(離乳) 직후의 먹이로서는 350칼로리, 즉 난황 넣은 유동식이면 350cc 이상이 필요하다. 이것이 하루의 양이며, 이것을 적당히 나누어 먹이면 된다. 강아지가 한번에 많이 먹을 능력이 있으면, 하루에 네번, 또는 세번이 좋으나, 그렇지 못할 경우에는, 다섯번 또는 여섯번으로 나누어 먹인다. 어쨌던 체중으로 산출한 일정의 칼로리 양을 준다는 것은 순조롭게 발육하는데 있어서 중요하다.

강아지 체중 1kg마다 필요한 칼로리의 양

첫째 주(週)	140칼로리
둘째 주	160칼로리
세째 주	190∼200칼로리
네째 주	200∼230칼로리
다섯째 주	230∼300칼로리

이상은 칼로리 즉 열량의 문제로, 개의 체질에 합리적인 배합은 단백질,지방분, 탄수화물의 비율(3：2：5)과 별도로 필요한 비타민이나 미네랄을 포함시킨다. 이 비율은 실제 양에 대한 것이므로, 중량에 있어서는 물이 많은 고기가 반을 차지한다.

□ 반유동식 (半流動食)

이유식(離乳食)은 모유에 가까우나, 그것보다도 약간 진한 것으로, 그렇다고 해서 반유동식까지는 말할 수 없는 정도로 준다. 우유에 난황(卵黃), 붉은 빛을 띤 고기 등을 섞는다. 강아지의 생장은, 이 시기 이후부터 갑짜기 자라게 되므로, 먹이도 거기에 따라 양을 증가시키며, 내용도 충실하게 하지 않으면 안 된다. 이 때의 먹이의 모양은 반유동식이며, 고형식(固形食)의 일보 직전이란 상태로 하면 좋다. 대개 생후 1개월 반부터 2개월 이상 3개월까지의 기간이다. 그러나, 3개월을 넘으면 고형식(固形式)으로 바꾸어도 좋다.

먹이를 주는 회수도, 고형화함과 함께, 농후(濃厚)한 영양물을 먹게 되므로, 하루에 필요한 칼로리를 섭취하는 물량으로서는 줄어든다는 계산이 되며, 네번의 것을 세번, 세번의 것을 두번으로 줄여도, 건강한 상태를 보전(保全)하는 데는 충분하다. 그리고, 만 일년에는 하루 한번의 먹이로도 된다는 결론이 된다. 유동식에서 반유동식. 거기에서 새로이 고형식으로 바꾸어 가는 데는, 하루 세번 중에 한번은 반유동식으로 하고, 일주일이나 이주일만에 두번으로 한다는 등으로 조금씩 나아가게 한다.

□ 고형식 (固形式)

생후 3,4,5개월이란 시기는, 그 일생을 통해서 생장율이 가장 빠른 기간이므로, 특히 대형으로 만들고자 하는 견종에 있어서 중요하다. 그렇다고 해서 영향이 과잉이 되어서는, 건강상이나 장래의 성능의 점으로 봐서도 여러

가지 결점이 나오므로, 영양식을 주는 것은 좋으나, 그 영양의 상호간이 합리적인 평형(平衡)을 보전(保全)하는 것이 조건이 된다. 그리고 그 영양을 개 몸안에서 잘 이용해 가기 위해서도 필요한 비타민이나 미네랄에 대해서도 생각을 하지 않으면 안 된다. 근래 편리한. 개 전용의 비스켓이나 도그흐드는 이 점을 주의해서 만든 제품으로 강아지 시대부터 익숙하게 먹도록 한다.

큰개가 보통 생활을 계속하는 데는, 그 체중이나 연령에 대한 칼로리가 필요하다. 그 일정한 칼로리를 어떠한 식품에서 얻는가가 문제이며. 이 중 단백질은 어떤 종류의 것이라도 탄수화물(穀物)에 비교하면 높다. 따라서 헐한 곡류를 많이 먹어서 칼로리를 원료로 하고자 한다. 그러나 이래서는 소화기에 큰 부담을 주게 되며, 비타민이나 미네랄 등이 결함이 나온다.

강아지 시대는, 발육이 힘차게 계속되는 시기이므로, 보통의 체중을 유지하는 칼로리 외에, 생장에 필요한 양을 보충해 줄 필요가 있다. 임신한 개는 태아의 발육에 필요한 여분의 칼로리를, 젖먹이 개는 젖먹이를 위한 특별한 분량이 평소의 생활을 하고 있을 때보다 더 많이 든다.

이와 같은 계산은, 체중, 연령, 성별 등에 의해 계산되어 있으나, 실제에는, 그러한 것에 의한 것보다는 될 수 있는 대로 많은 종류의 식품을 주어, 때때로 그 잘못을 보정(補正)하는 뜻에서, 비타민이나 미네랄의 종합제를 주는 방법이 좋으며, 많은 약제는 그것을 하루에 한번이나 3일에 한번 정도 먹이에 섞어서 준다. 그 중에도, 개가 좋아하는 향기나 맛을 첨부하며, 덤으로 모든 종류의 미량(微量)영양제를 포함한 도구·오·산의 처방은 다음과 같으며, 개의 영양을 연구한 좋은 제품이기도 하다.

종합 비타민 영양제 도구·오·사		
본제(本劑) 1kg 중의 성분		
비타민 A 300,000I.U.	니코찐산	250mg
비타민 D₃ 100,000I.U.	빤트펜산	110mg
비타민 E 750I.U.	칼 슘	
비타민 K₃ 20mg	코 린	20g
비타민 B₁ 25mg	간분(肝粉)	200g
비타민 B₂ 40mg	육분(肉粉)	200g
비타민 B₆ 40mg	칼 슘	147g
비타민 B₁₂ 0.5mg	인 (燐)	59g

(사 용 량)

하루 양 : 강아지 차순가락 1
            큰개 : 차순가락   2

단   임신중 및 젖을 주는 개는 50%.
   사냥개나 사역(使役) 개는 50% 증량(增量) 한다.
      1통 200g 입(入) (80순가락분)

비타민이나 미네랄는 칼로리에 가산하지 않음.

태어날 때부 터　2개월간의 체중 증가율

견종(犬種)	태어날 때 체중(g)	증가율 (增加率)	2개월 때 의체중(kg)
데　　엔	5 0 0	18	9. 0
아　끼　다	5 0 0	17	8. 6
세　퍼　드	4 0 0	18	7. 2
복서·코리	3 5 0	16	5. 6
진　도　개	3 5 0	15	5. 2
일본개(小)	3 0 0	8. 6	2. 6
스코티쉬	2 5 0	8. 5	2. 1
찡	2 0 0	5. 6	1. 3

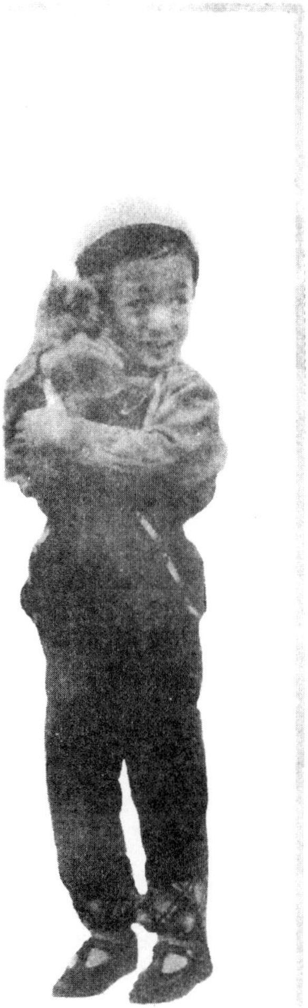

개의 생장율(生長率)

준성견(準成犬)의 체중 100 (생후 10개월)으로
하여 각각 생장월(生長月)마다의　강아지 체중
의 %

분만 후 달수	10 개월	9 개월	7 개월	5 개월	4 개월	3 개월	2 개월	1 개월	태어 날때
체중 90	1 0 0	9 5	8 0	6 5	5 0	3 3	2 0 (5 0	1 0) 3 0	1～ 2～ 5

〈비　고〉

① 태어날 때의　비율은,　소형종(小型種)
일수록 크다

② 따라서　소형종은,　준성견(準成犬)으로
생장할 때까지의　20～30배의　증가(增加)
이나, 중형종(中型種)이상은 60～80～100
배로 성장한다.

×

×　　　　　　×

방안에 우리들 둘。 사랑스러운 개와 나 ……

바깥은 무서운 폭풍우가 일고 있다。

개는 나의 옆에 앉아서 —나의 눈을 정면으로 지키고 있다。

나도 또한 개의 눈을 보고 있다。

쯜루세에네프 (散文詩)

① 찡이나 진도개, 도사개는, 태어날 때의 12~17배

② 중형 개의 대다수는, 60배 이상 이란 성장율

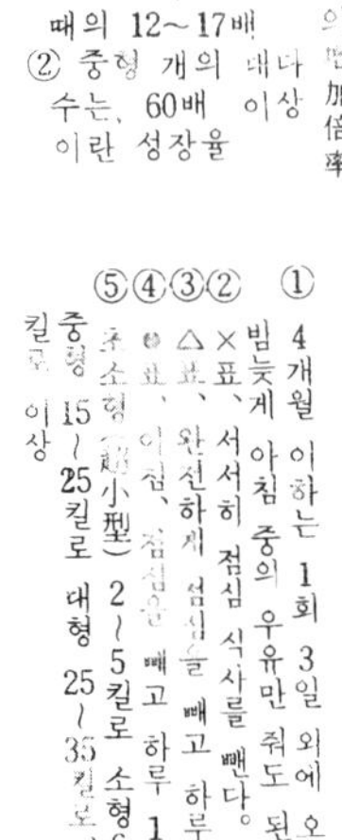

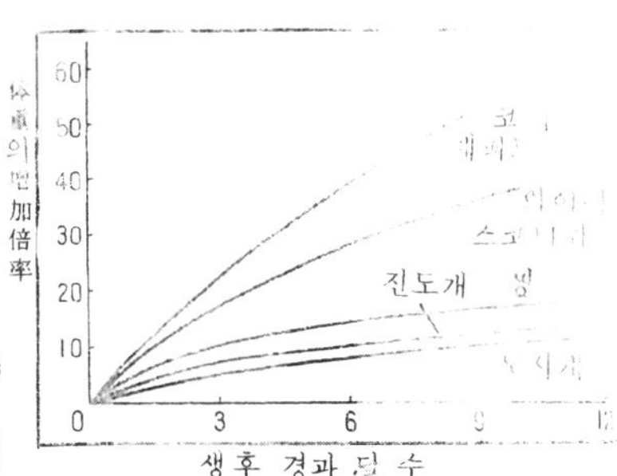

A표 견종과 월령(月齡)별 먹이의 한도 현립(献立)을 B 표에 나타냄)

견종별 犬種別	월령(月齡)					
	4月以下	4~6	6~8	8~10	10~12	成犬
초소형	1	2×	4×	4△	5○	5○
소 형	3	4	6×	7△	6○	6○
중 형	3	5	6	7×	7△	7○
대 형	4	6	7	8×	8△	8○
초대형	5	7	8	9	10×	10△

B표 A표의 번호의 현립(献立)

번호	아침식사			점심식사		저녁식사		
	우유	곡물	비스킷	고기	곡물	고기	채소	비스킷
1	1~3大	½~1½大		1~2小		1~2小		
2	2~4大	1~2大		2~4小		2~4小	½~1大	
3	3~6大	2~4大		1~2大		1~2大		
4	½~⅓컵	3~6大	10	2~4大		2~4大	1~3大	5~10
5	½~1컵	4~8大	10~20	4~8大		4~8大	3~6大	10~20
6	1~1½컵	1~1½컵	20~30	½~1컵	½~1컵	½~1컵	½~1컵	20~30
7	1~2컵	1½~2컵	30~40	1~1½컵	1~1½컵	1~2컵	½~1½컵	20~40
8	2~2½컵	2~2½컵	30~50	1½~3컵	1~2컵	2~4컵	1~2컵	30~50
9	2~3컵	2½~3컵	30~60	3~4컵	2~3컵	4~5컵	2~3컵	30~60
10	3~4컵	3~4컵	30~60			2~4컵	2~4컵	40~60

① 4개월 이하는 1회 3일 외에 오후 2시에 밤늦게 아침 중의 우유만 줘도 된다。

② ×표、서서히 점심 식사를 뺀다。

③ △표、완전하게 점심을 빼고 하루 2식 한다。

④ ●표、이점, 점심을 빼고 하루 1식 한다。

⑤ 중형 15~25킬로 대형 25~35킬로、초소형(超小型) 2~5킬로 소형 6~12킬로、초대형 35 킬로 이상

① 大은 큰숟가락
② 컵은 컵
③ 비스킷은 칼켓의 장수
④ 小는 작은숟가락
⑤ 성견(成犬)에서는 아침 점심을 뺀다.
⑥ 그 외에 적의(適宜), 놋구·오·산 등을 첨가

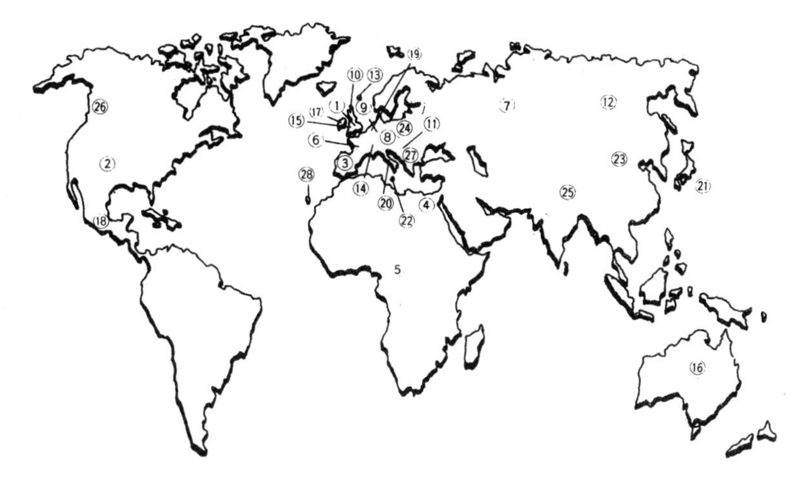

① England(영국)
포인터, 잉글리쉬 · 세터, 비굴, 호이베트 코리, 마르티즈, 베트린턴 · 테리어, 단뒤 · 데이몬트 · 테리어, 폭스 · 테리어(와이야헤아드) 레이글란드 · 테리어, 노웨찌 · 테리어, 토이 · 만체스터, 요크셔 · 테리어

② United States(미국)
아메리칸 · 코커 · 스파니엘, 보스턴 · 테리어

③ Spain(스페인)
잉글리쉬 · 코커 · 스파니엘, 빠삐욘

④ Egypt (에집트)
아메리칸 · 하운드, 그레이하운드

⑤ Central Africa(중앙아프리카)
바센지

⑥ France(프랑스)
바세트 · 하운드, 호렌찌불도그

⑦ Russia(러시아)
보르조아

⑧ Medieval Europe(중앙유럽)
닥스훈트

⑨ Germany(도이취)
복서, 도베르만 · 핀셔, 자만 · 세프트, 그레이트 · 텐수나우저(미니어쭈어), 잇휀핀셔, 미니어쭈어 (핀셔) 트이 · 푸들

⑩ Scotland(스코트란드)
코리, 케안 · 테리어, 단뒤 · 뒤몬트 · 테리어, 스코치 · 테리어, 스카이 · 테리어, 웨스트 · 하이란드 · 호와이트 · 테리어

⑪ Hungary(항가리)
부우리

⑫ Siberia(시베리아)
사모이드

⑬ Shetland Isles
세트란드 · 시부도그

⑭ Switzerland(스위스)
센트 · 버나트

⑮ Wales(웰로즈)
웨일쉬 · 코기(벤브로크), 줴리험 · 테리어

⑯ Australia(오스트레일리아
오스트레일리아 · 테리어

⑰ Ireland(아일란드)
케리 · 브루 · 테리어

⑱ Mexico(멕시코)
치와와

⑲ Belgium (벨기에)
글리혼(브랏셀)

⑳ Italy(이탈리아)
이타리안 · 그레이하운드, 바비욘,

㉑ Japan(일본)
자바니이즈 · 스파니엘(짱)

㉒ Malta(마르타섬)
마르티즈

㉓ China(중국 ;
페키니즈, 바그, 쪼오 · 쪼오

㉔ Pomerania
포메라니언

㉕ Tibet (티베트)
시이 · 즈, 라서 · 아브소

㉖ British Isles
불도그

㉗ Dalmatia
다루메시언

㉘ Canary Isles(카나리아섬)
비숀 · 후라이즈

개를 飼育할 때 이

부랑견(浮浪犬)·야견(野犬)을 만들지 말며

태어난 강아지를 서너마리 한묶음으로 하여 아무 데나 버리는 수가 있다。한 사람의 부주의로 인해서 태어나게 된 불필요한 이 새로운 생명、버림으로서 그 생명을 건질 수 있다고 생각하는가?…

만일에 행복하게 생활을 계속할 수 있다는 보장이 없으면、차라리 안락사(安樂死)를 시키는 것이 좋을 것 같다。그렇게 할 수 없다는 친절감은 오히려 불행하게 된다。개의 행복、불행은 전적으로 사람에게 있기 때문이다。

이웃 사람에의 마음가짐

자칫하면 짖는 개는、이웃사람에게 괴로움을 준다는 것은 말할 필요도 없다。울타리에 구멍이 있으면 기어들어가 이웃집 뜰을 파기도하고、나무를 갉기도 하며 화단을 어지럽게도 한다。그러한 일에 대해서는 충분히 사과(謝過)를 해야 한다。처음부터 그러한 일이 일어나지 않도록 언제든지 충분한 주의를 기울어야 한다。그렇지 않으면 귀찮은 개라고 인정되어 뜻하지 않은 재해(災害)를 입을 수가 있으니 사전(事前)에 충분한 주의를 한다。

개의 운동

지역에 따라、개를 방사(放飼)하는 것을 금지하고 있는 곳이 있다。방사한 개는 부랑개로서 포획(捕獲)의 목표가 된다。이런 경우 등록표가 붙어 있으면 부량개를 면할 수 있다。

개를 운동시킬 때는 반드시 끈을 달아 운동을 시키는 습관을 붙어야 한다。남을 무는 버릇이 있는 개는 입틀을 끼어야 한다。그렇지 않으면 뜻하지 않은 해를 남에게 입히는 수가 있으니 새심한 주의를 기울어야 하겠다。

죽었을 때

불행하게 병으로 죽었을 경우、일정한 장소에 매장(埋葬) 또는 화장(火葬)을 시켜야 한다。자기 자신이 그런 일을 하지 못할 때도 남에게 부탁해서 그렇게 하도록 한다。냇가에 버리던지 또는 먼 곳에 남 몰래 버린다는 등의 비상 식적인 행동은 삼가해야 하겠다。뜰이 넓을 때는 한쪽 구석에 묻어 주는 것도 좋은 방법이다。흙을 덮어서 땅위 까지 1m 이상 깊은 구멍같으면 위생상 아무런 걱정이 없다。

그 개의 社會性

우선 개 등록을

현재 살고 있는 구청(읍, 면)의 위생과에 개, 사육을 계출한다. 생후 3개월 이상의 개는 계출할 의무가 있다. 일본에서는 성(性) 연령 종류 등을 써서 낸다. 해마다 300원이나 500원, 장소에 따라 세금을 안 내는 곳도 있다. 우리 나라에서는 세금은 없다. 그리고 개 감찰같은 것을 받는다. 이것은 해마다 색이나 모양이 바꿔서 만들어 진다. 개의 목걸이에 붙이 던지 또는 출입구에 이 개는 계출제란 것을 증명 하는 표찰로서 붙이기도 한다. 이와같이 그 개가 부랑개(浮浪犬)가 아니란 것을 확인한다.

광견병의 예방주사를

개 등록이 끝나면, 그 장소에서 광견병의 예 방주사를 맞도록, 가까운 가축병원(해마다 봄 가을 특정한 기간을·설정)의 지정이 있다. 또 가까운 수의사(獸醫師)에 가서 주사요금을 지 불하고 주사를 맞았다는 증명을 받아 놓으면 된다. 일년에 두번 주사를 맞아야 한다. 그 때 마다 분명하게 어떤 증명을 받아야 한다. 그 표를 등록표와 함께 개의 목걸이에 붙이던지 대문에 붙이 던지 한다. 이렇게 하면 개의 공적 수속은 끝난 셈 이다.

야견(野犬) 잡음에 대해서

사회생활이 영위되고 있다. 그 진애적(塵埃 的)배설물의 하나가 부랑견(浮浪犬) 즉 야견(野 犬)이다. 이것은 예상 착오다. 진애는 당연한 산물이지만 야견은 다르다. 이것은 사람들의 노력, 참으로 약간의 노력에 의해서 일소(一掃) 할 수 있기 때문이다. 일부의 부주의한 사람들의 뒤 치닥거리 때문에 해마다 많은 시간의 낭비와 세금 을 소비하게 되는 것이다. 대도시에서 많은 청소부 들이 매일 진애물 때문에 동원되는 인원수는 실로 막대한 숫자이다. 그 중에 이 야견의 배설물 때문 에 더욱 골치거리가 되어 있다.

필요없게 된 개의 처리는

부주의로 인해서 탐나지 않은 강아지가 태어 났을 때, 또는 멀리 이사를 갈 때, 아파아트 생활때문에 이 이상 개를 사육할 필요가 없을 때에는 이웃집 사람이나 신한 사람에게 양도 를 하던지, 그렇지 않으면 매각 처분을 해야 한다.

지금까지 함께 생활하고 있던 개를 이별한다는 것은 괴로운 일이니 그렇다고 그냥 갖고 갈수없는 것이면, 또 내버릴 수도 없는 것이다. 그 개를 부 량개로 만들 수는 없는 노릇이다.

강아지를 飼育할 때
사 육
여러 가지 注意
주 의

□ 좋은개, 좋은개라고 지나치게 하지 말 것

위험한 일이 절대 일어나지 않은 상태를 만들어, 될 수 있으면 자유스럽게 제멋대로 사육하는 것이, 좋은 성질의 건강한 개를 기르는 비결이다. 구체적으로, 그러면 어떠한 위험이 일어나겠는가를 검토해 본다.

1. 도난 (盜難)

개가 집밖에 돌아다니는 것은 문제가 되지 않은다. 그와 같은 행방 불명은 도난으로서의 간주(看做)는 하지 못한다.

만일에 울타리 등에 구멍이 뚫어져 있으면 튼튼하게 수리해야 한다. 쇠그물을 10 cm 정도 땅속에 묻어서, 그 연장(延長)을 높게, 개의 크기에도 있으나 1m나 2 m 세운다. 이상적으로는, 그 쇠그물 장차가 50 cm나 1m 떨어지게 하여 하나 더 세운다. 그렇게 하면, 이를테면 바깥에서 아이들이 대나무 등으로 개를 찔러도 닿지를 않는다. 아이들의 장난은 때로는 엉뚱한 짓을 하므로 마음을 놓을 수가 없다. 이와 같이 이중으로 해두면, 바깥에서 전염병의 야견(野犬)이 왔을 때에도 안심이 된다.

그러한 설비를 하지 못할 때는, 그 개가 혼자서 싫증이 나지 않고 지낼 정도의 넓이를 쇠그물로 울타리를 만들어 주면 좋다. 개의 크기나 난폭(亂暴)에 따라 쇠그물의 품질을 선택하지 않으면 안 되나, 개는 이외에도 둘려 싸이면 조용히 지낸다.

2. 윤화(輪禍)

옥내에서 소중하게 규중 처녀격(閨中處女格)으로 기르게 되면 잠깐 바깥에 나가도 곧 사고가 생긴다. 그것은 그렇게 빨리 달리는 기계에 대해서 아무 것도 모르기 때문이다. 자전거에게도 곧잘 당하게 된다. 줄을 달아 있다고 해서 안심해서는 안 된다. 일부러 부딪히기도 하고, 달리기도 하기 때문이다. 그렇다고 해서, 소중한 개를 옥외(屋外)의 어지러움에 익숙하게 위한 훈련을 할 기분는 나지 않는다. 바깥

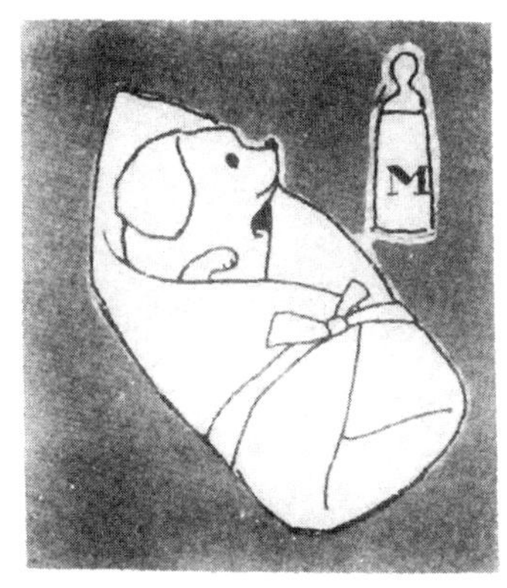

에 외출할 때는 차(車)가 다니지 않은 조용한 장소와 시간을 택해야 한다.

3. 다른 동물에 주의를

같은 동료끼리라고 안심해서는 위험하다. 특히 몸집이 크게 다를 경우에는 더욱 조심해야 한다. 큰개에게 약간 물렸다는 것만으로, 3, 4일 앓다가 죽어 버렸다는 예가 흔히 있다. 외관상으로는 심한 상처가 보이지 않아도, 정신적인 쇼크이던지, 내출혈이나 내장의 위치의 변동 등이 원인이 된다.

특히 고양이에게는 주의가 필요하다. 사이가 좋은 것같이 보여도 언제 투쟁이 시작될지 모른다. 고양이의 발톱은 예민하므로, 개 눈을 다치는 수가 많다. 그 때의 상처는, 주의해서 봐도 2, 3일 지나지 않으면 확실한 병증을 나타내지 않으므로, 이럭 저럭하다가 때늦게 되어, 한쪽 눈은 사용하지 못한다는 예가 있다.

63

4. 목걸이의 문제

한마리만의 사육에도, 목걸이는 좋은 것이 못된다. 목걸이에 익숙 하게 하기 위한 것은 좋은 일이나, 여러 마리가 함께 생활하고 있을 경우에는 목걸이를 달지 않은 것이 좋다. 강아지일 때는 특히 그러하다. 서로가 무언가 이상하고 진기하여 목걸이를 물어 뜯고 회롱하다가 보면, 그 목걸이 쇠붙이로 눈을 찔리기도 하고 부상하기도 한다.

5. 먹이에 돈을 많이 둘이지 말 것

맛있는 것을 줬다고 해서, 그 개가 건강한 개가 되는 것은 아니다. 차차 사치스러운 먹이에 익숙해 지면, 끝내는 그러한 음식이 아니면 돌아보지도 않은다. 간혹 그러한 것을 자랑하는 사람이 있는데 이런 것은 좋지 않다. 아무 것이나 먹을 수 있는 습관올 평소부터 기루어야 하겠다.

개의 즐거움은 무엇인가. 무어니무어니 해도 최대의 즐거움은 주인과 함께 딩굴고 노는 것이다. 맛있는 음식은 개에게 있어서는 말단의 욕망에 지나지 않은다.

만일에 먹지 않으면 즉각 탈취하여 버려야 한다. 언제까지나 그냥 두게 되면, 그러한 버릇을 고치지 못한다. 배가 고프게 되면, 외견상(外見上) 어떤 사치스럽고 제멋대로의 개라 할지라도, 격렬하게 먹게 되는 것이다.

□ 지나치게 엄중한 예의 범절은

자기 개가 영리하다는 것을 자랑하고자, 여러 가지 재주를 가르치는 사람이 있다. 다행이 그 개에게 그러한 자질이 있고,가르치는 사람도 능숙할 것

같으면 문제가 되지 않으나, 때로는, 이것이 전연 불행한 결과가 되는 수가 있다. 가르침은 어려운 기술이므로, 상대의 개 소질도 모르고 무리한 일을 요구해서는 안 된다. 그와같은 강제에 참지 못하여, 결국 그 개는 노이로제가 되어, 친하고 순진해야 할 사람과 개와의 연결이. 돌이킬 수 없는 사태 (事態)에 빠지는 수가 있다.

□ 성격의 작성기(作成期)

신문을 보면, 매일 끔직한 사건이 생긴다. 살인(殺人)사건 기타 여러 가지 사건이 생긴다. 어린이의 유괴 사건으로 돈을 요구하며, 그 부모들은 미치광이처럼 되어 돈을 구해 지정된 장소에 갖고 가나, 그 돈은 빼앗기고 어린이는 시체로 변했다는 참탄한 사건 등이 보도되기도 하나, 많은 사람들은, 그나지 깊은 관심이 없는 것같다. 정신 이상자의 소행으로 할 수 없지 않으냐고 간단히 처리한다.

그러나 사람의 최대의 벗인 개가 사람에게 달려들어 통학중의 어린이를 물었다고 하면, 며칠이나 계속 보도되어, 어느 개든지 그와같이 광폭(狂暴)하는 것 같은 인상을 준다. 그와같은 개는 죽어야 된다고 할 것이다.

그러나 개로서는, 사람에 있어서 발생하는 참혹성 발생율에 비해서는 적고, 동시에 그 개 중에서는 많은 사람의 목숨을 구했다는 미담은 얼마든지 있다.

하나 더 문제가 크게 남아 있다. 지금 사람에게 가해(加害)한 개는, 과연 그와같은 행동을 하는 본성이 있는가 하는 문제이다. 그와같은 개의 대부분은, 어릴 때 무언가 그렇게 하지 않으면 안 될 처사를 사람쪽에서 받지 않았나? 반성할 필요가 있다. 또 어릴 때가 아니더라도 어떤 타격을 받았기 때문의 반항이 아니겠는가?

눈을 뜨기 시작한 강아지   눈을 뜬 강아지

□ 어릴 때의 취급은, 좋은 환경이 최선(最善)

　개가 귀여움을 받고 자라는 것도, 싫어하고 피하며 타락하는 것도,　모두 어릴 때의 취급 여하에 달려 있다. 특히 신경질인 강아지를 취급할 경우에는 신중을 요한다.

　강아지를 새로이 가정에 갖고 왔을 때, 불안에 떨고 있다. 따라서　알지도 보지도 않는 아이들이 함부로 목덜미를 잡는다던지 또는 이리 저리 끌려다니게 되어서는 얼마나 무서워 하겠는가? 지나치게 흥분한 나머지 본능적으로 자기 몸을 보호하기 위해 물게 된다. 그렇게 되면 물었다는 이유로 심한　꾸지람을 받게 된다.

　강아지를 며칠이나 창고나 개집에 가둔채로　두어서는 안 된다. 그런 환경에 있는 개는 총명이나 동조적(同調的) 성격은 없어진다. 만일 이런 상태에서 해방 시켜 준다고 하면　그 오랜 감금 생활에서 빠져나온 즐거움에,　미칠듯이 기뻐하여 흥분하며, 사람에게 선의(善意)의 재롱을 부릴 것이다.　타고난 성격이 명랑한 개는 그렇게 되기 마련이지만, 내향적(內向的) 성격의 개 같으면, 그 해방의 경우라도 웅크리던지, 도망치던지 또는,　사람의 손을 물던지 한다.

□ 따뜻한 가정 생활을

　맹목적으로 귀여워 하라는 것은 아니다. 또 자유 분방(奔放)토록　하라는 것도 아니다. 어떤 개이건, 세상에 태어날 때는, 사람과의 생활로서 사랑을 받고 주는 운명에 있으므로, 항상 사람 곁에 두고, 이것 저것 위로하며 불쌍히 여겨야 한다. 그렇게 함으로써 개는 만족하며, 무럭무럭 자라게 된다.

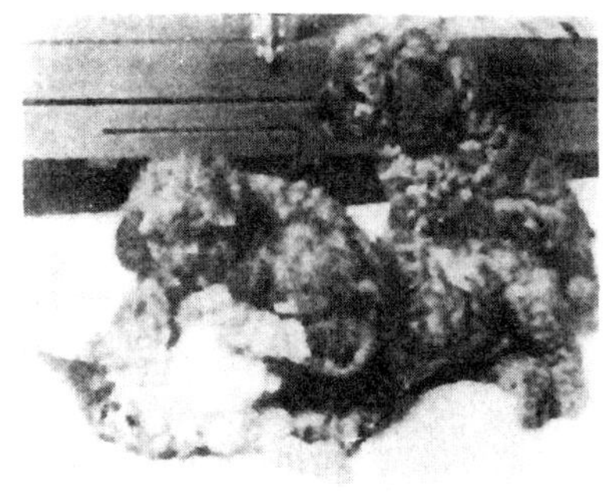

재롱을 부리고 있는 강아지

알아듣지 못한 말이라도 무언가 이야기해 준다. 둘레의 떠들썩거리는 일이나, 섞바꾸어가면서 출입하는 사람들의 친절한 칭찬의 말이나, 꾸지람의 말을 곧 이해하게 된다. 잠이 오면 그대로 자도록 해주고, 함부로 깨우지 않으며, 배설(排泄)의 호소(呼訴)를 하면 친절하게 보살펴 주는 환경, 이렇게 되면, 꾸지람을 듣는 것도 기분 좋게 개쪽에서 받아 들일 것이다.

□ 아이들의 장란을 방지한다.

아이들이 장란은 이외에도 개를 학대하는 악취미(惡趣末)를 갖고 있다. 막대기로 찌르기도 하고, 일부러 자전거로 개 있는 쪽을 달리기도 하고 싫어하는 강아지를 무리하게 끌고 놀아 다니기도 하는 심술을 갖고 있다. 곁에서 보고 있던 어른들이 그렇게 하면 안 된다고 주의를 시켜도, 짓궂게 하는 것이 아이들이다. 이러한 학대를 못하도록 해야 하겠다.

□ 잡종견(雜種犬)의 가치(價値)는

가치는 없다. 영리하고 쓸모가 있다는 것을 인정하는 데는 아무런 주저도 하지 않는다. 그러나, 지금 당신 집에서 사육되고 있는 그 잡종견의 다음 세대에는 고집을 부리지 말고 반드시 순수견을 갖고 관찰해 보도록 권장한다. 그 견종에 볼 수 있는 특별한 성격과 용모가, 생장의 정도에 따라 스며 나오는 것을 알 수 있다. 사치스러운 즐거움이다.

□ 어디까지나, 사람의 책임

광폭성(狂暴性)의 개 중에는, 틀림없이 유전적인 소질을 갖고 있는 개도 있다. 이러한 개는 번식을 못하도록 수의사(獸醫師)에 의뢰하여 생식선(生殖腺)의 제거 수술이 확립되어 있으므로 이용해야 한다.

그러나, 사람의 아이들에 대한 교육과 같이, 개에게도 어느 정도 교육을 해야 한다. 이를테면, 어떠한 광폭(狂暴)의 유전을 받은 개라도, 사람의 완전한 훈련만 있으면, 주인의 명령 이외의 행동은 절대로 하지 않은다는 세퍼드의 좋은 예가 얼마든지 있다.

날이 밝음을　애타게
기다리는 듯, 강아지는
잠을 깬다.

　잠을 깨면 첫째　행
사가 먹이가 아니고 배
설(排泄)이다. 그　장
소에 내어 놓는다. 그
리고는 장난 치기시작

4, 5개월에서　반년이
된 것은 여기에서　산
책을 한다. 그 이하는
바깥으로 내지　않은
것이 좋다.

　목**걸**이를 걸어 줄을
당기는 습관을, 결코
게을리해서는　안 됨

　아침의 가벼운 식사
잇달아, 또 약간의 배
설, 딩굴며 얽힌 장난

　졸음이 온다.　따뜻
한 곳에서 장소를 가
리지 않고, 푹 잔다.
배 부른 정도로 마음
도 풍부하다.

　잠에서 깨어난다. 약
간의 배설. 앉**아**, 손
등의 초보적인　기초
훈련을 너대번 반복한
다.

　옥외 산책은 이　시
간이 좋다. 목걸이를
걸어, 잡아당기는 **줄**
을 기다**린**다.

　수레(車)가　다니지
않은 조용한 길을 선
택하여 산책, 운동이
란 정도의 뜻이 아님.
적어도 생후　4 개월
이하로서는········

　집으로 돌아와 더러
워진 털이나 발을 청
소해 줌.

목이 마른다. 물을
마심. 약간의 배설, 친
구는 자고 있는가. 시
험삼아 귀를 물어 본
다. 드디어 싸움이 벌
어진다. 다른 개들도
일어난다. 시끄럽다.
또 잔다.

배가 고파 잠을 깬다.
　약간의　배설을, 다
음 점심을　먹는다. 식
후의 배설.
　놀이의 시간,　상대
가 있으면 오래 계속
되나, 그런 대상이 없
으면 또 잔다.

　생후 3 개월 미만은,
우유를 약간 정도　준
다.
　약간의 배설.
　브러시시키는 시간.
　눈덩어리, 더러워진
털 등을 젖은 베로 닦
아준다. 그 뒤는 장난.

　저녁 식사.　고기나
채소 지방분 등.
　하루의 먹이 중　가
장 풍부하며 양도　많
다. 배가 불러 기분이
좋다.　　배설.
　딩굴며 뛰어논다. 가
족 일동의 얼굴도　보
임. 재롱 부린다.

3 개월 미만의 강아
지에게만 가벼운 우유
어떤 개이건 그날의
마지막 배설의 기회를
준다. 어떻든 이　때
하도록 습관을 붙인다.
내일 아침까지는 안 된
다는 것을 인식시킨다.

강아지의 健康管理

전 강 관 리

완벽(完璧)한 관리로,
강아지 시대에는, 무여[illegible]
고장(故障)이 일어남[illegible]
것을 일찌감치 발견하여 원
인을 뿌리채 뽑아야 튼튼
하고 건강한 강아지를 기
를 수 있다.

獸医師　　健康診断

□ 식욕이(食慾)이 있는가 없는가

적장한가 어려한가를 보는 방법으로, 이것이 틀림없다하는 것은 없다. 따라서 첫째, 매일의 먹는 것을 보살펴 볼 필요가 있다. 그 때문에 많은 강아지가 있을 경우에는, 모두 하나 하나의 식기로써 이리저리 움직이지 않게 해서 먹도록 감시하는 것이 중요하다.

체중(体重)이니 개 종류에 따라 산출(算出)한 대강의 먹이가, 금방 없이기며, 좀 더 주서요란 표정으로 쳐다보는 정도가 강아지 시대의 보통의 먹는 먹료이다.

□ 적당한 똥(軟便)이 아닌가

먹고 난 뒤는, 대체로 어느 강아지든 배설하러 간다. 다라서, 먹는 것을 보일때 다음에 좀 더 시간을 할애(割愛)해 그 것도 바들 필요가 있다.

보통의 딱딱한 변(硬便)도 한달에 한 [illegible] 기생충약의 유무(有無)를 겸

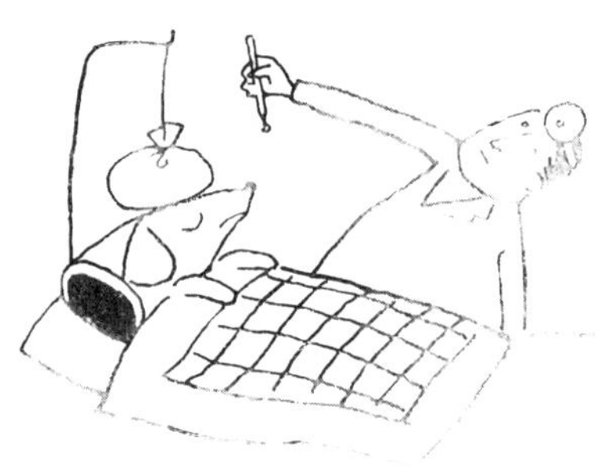

사할 필요가 있으나, 만약에 연한 변이나 설사 또는 핏똥(血便)을 눌때는 중대한 일이 일어났으므로, 그 원인에 대해서는 전문가의 의견을 들을 필요가 있다. 이럴 때는 반드시 그 변의 일부를 약간 갖고 가는 것을 잊어서는 안 된다.

□ 눈꼽이나 콧물은

신체의 상태가 좋지 못하면, 먼저 눈, 그리고 코에 나타난다 그러나, 가벼울 때는 분간하기가 약간 곤란하다.

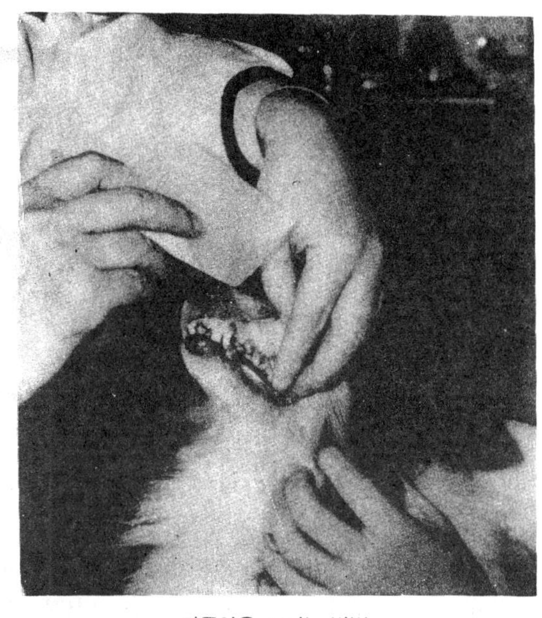

가루약을 먹이는 방법

따라서 최저의 표준으로서, 눈꼽이 나오던지 콧물이 나오던지 하는 증상(症狀)이 나타나면, 반드시 무언가 상태가 좋지 못한 곳이 있고, 그 좋지 못한 것도 상당히 진첩되어 있는 것이라고 판단하여, 전문의(專門醫)의 진찰을 받아야 한다.

이를테면 투명하고, 농(膿)이나 점조액(粘稠液)이 아니라 하더라도 마음 놓아서는 안 된다. 열병(熱病), 소화기병(消化器病), 호흡기병(呼吸器病) 등의 어떠한 징조(徵兆)이기 때문이다.

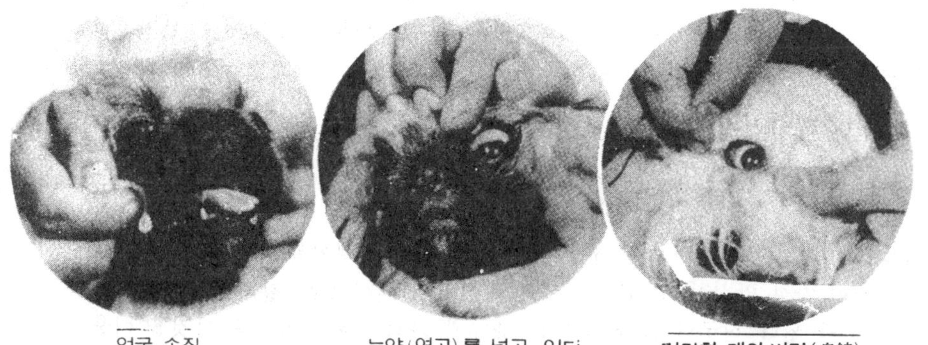

얼굴 손질   눈약(연고)를 넣고 있다   건강한 개의 비경(鼻鏡)

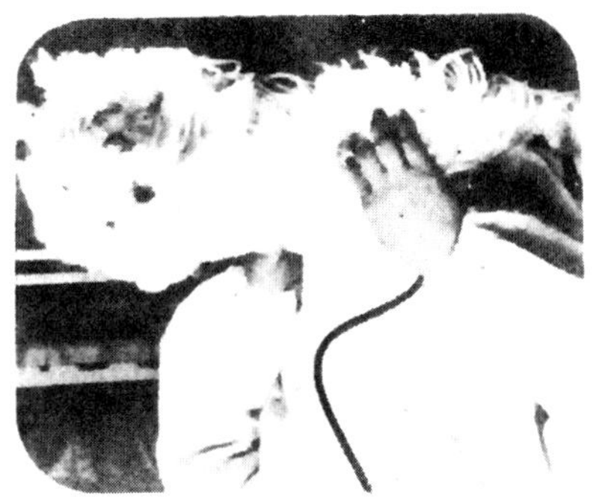

<table>
<tr><td>진찰을 받고 있는 애완견</td><td>촉진(觸診)을 받고 있는 애완견</td></tr>
</table>

□ 체중을 잰다.

강아지 시대의 생장(生長) 곡선(曲線)은 비교적 확실하므로, 5일이나 1주일 간격으로 계산해 가면, 견종에 따라 많은 차이가 있으나, 확실하게 눈에 보일 정도의 체중 증가가 증명된다. 가능하면 매일 달아보면, 그래도 10g 20g 란 양으로 불어가는 것을 알 수 있으므로 이것이 또한 즐거움의 하나가 되므로, 그것을 기록해 둔다. 만일에 증가율이 둔하게 되면 무언가 원인이 있다는 것을 증명하는 것이다.

□ 구루(佝僂 : 곱사) 병은

곱사병에 걸린 뒤는 치료가 늦으므로, 사전(事前)에 먹이에 주의한 것과 같이, 구루병 예방을 위해 밸런스가 잡힌 합리적 영양식을 주는 것이 선결 문제이다. 대형견, 특히 다리가 긴 것이나 체중이 있다는 것을 자랑으로 할 경우는 더욱 걸리기 쉽다. 발의 관절이 부풀어 있던지, 굽었던지 할 정도 같으면 어떤 회복의 희망이 있는 것이므로, 곧 대책을 세운다. 적당한 운동, 햇볕 쬠, 각종 비타민 등이 치료에 쓰인다.

□ 디스템퍼어의 대책은

생후 3개월까지는 외계(外界)에서 엄중하게 격리해 두고, 디스템퍼어의 예방주사를 맞추고, 새로이 3주일간 엄중한 격리 생활을 시킨다.

이것이 가장 안심할 수 있는 디스템퍼어의 대책이므로 절대로 결여(缺如)해서는 안 된다. 더구나 그 예방율은 98%에 가까운 확율이므로 이것을 이용하지 않은 사람은 개를 기를 권리나 순수종(純粹種)의 즐거움을 맛볼 수 없다.

◇ 약을 먹이는 방법

개에게 약을 먹이는 데는, 개가 약을 토하지 않게 해야 한다. 또 물약이나 산약(散藥)을 먹일 때에 잘못하여 중요한 약을 버리는 수가 많다. 그 때문에 개의 머리를 고정시켜야 한다. 익숙하면 간단하게 되나 그렇지 못할 때는 다른 사람이 개를 고정시켜야 한다.

개의 입을 벌리는 요령은, 왼손을 개의 아래턱에 대고, 엄지손가락과 가운데손가락으로 위아래의 어금니의 빈 데를 잡는다. 이렇게 하면, 개의 양뺨이 위아래 어금니 사이에 들어가는 상태가 되므로, 개는 자연 입을 열게 된다. 보조한 사람이 없으면 개의 뒤에서 왼손으로 입을 열게 하여, 오른손으로 약을 먹도록 하면, 개는 난폭해지지 않는다

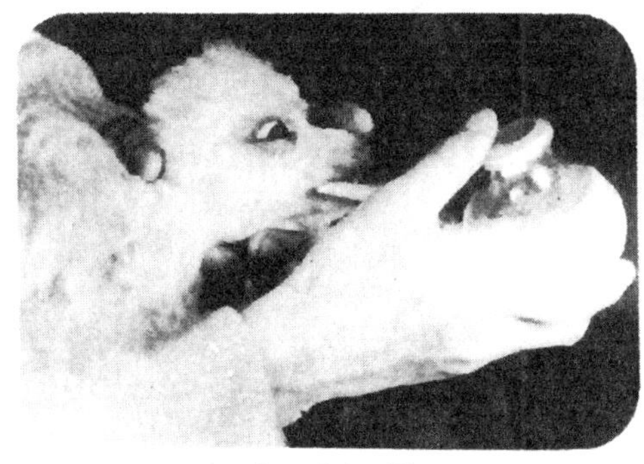

물약을 마시는 법

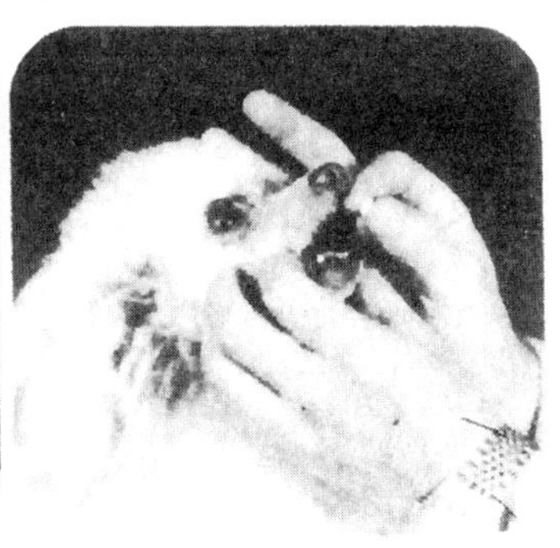

정제를 먹이는 법

정제(錠劑)는, 물이나 그 개의 침으로 젖시게 하여, 될 수 있는대로 깊이, 개의 혀가운데 놓고, 곧 개의 입을 닫는다. 그 순간에 개는 정제를 먹게 되는 것이다.

물약은, 병자가 누운체로 액체를 마시게 할 때에 사용하는 용기로서 유리제품은 피한 것을, 개의 입을 다물게 한 그대로 입시울을 위로하여 입술과 이 사이에 될 수 있는대로 깊게 넣어 조금씩 먹이도록 한다.

산약은, 적은 양의 물로 이게서 정제를 먹이는 요령과 같이 혀의 뿌리쪽 중앙부에 발라준다.

健康한 개의 体温 (肛門測定)

小型犬	幼犬, 若犬	38.5~39℃
	成犬	38 ~39℃
中型犬	幼犬, 若犬	38.5~39℃
	成犬	38 ~38.5℃
大型犬	幼犬, 若犬	38.2~39℃
	成犬	37.5~38℃

健 康 한 狀 態 와 不 健 康 한 狀 態

	健 康 한 狀 態	不健康한狀態(病의 兆候)
体 温	생후 1 년 미만 ……38°5,6′~39°2,3′ 만 1 살 이상 ……38°4,5′~39° 체온의 상하의 폭은 4~8분 이내	
脈 搏 数	생후 1 년 미만 ……110~140회 (1분간) 생후 1 년 이상과 성견 ……100~130회 (1분간)	
呼 吸 数	15~25회 (1분간)	
血 色	눈의 눈꺼풀의 뒤쪽(결막)과 잇뿌리의 색이 아름다운 핑크색	눈꺼풀 뒤쪽(결막)과 잇뿌리색 푸른 것 빈혈상태, 진하고 붉게 되어 있는 것은 충혈상태
目	맑게 갠 눈	흰부분이 황색으로 탁하다. 흰부분의 정맥이 붉게 되어 핏발이 서 있다. 희고 푸른 크리므 모양의 눈꼽이 나온다.
鼻(鼻鏡)	참고 습기가 있다. (눈을 뜬 직후는 건조되어 있다)	건조되어 열이 있다.
耳	이상한 냄새가 없다. 귀는 차갑다.	이상한 냄새가 난다. 귀에 열이 있다.
食 欲	식욕 왕성(준 음식은 15분내로 먹는다)	식욕 부진
糞 便	성냥개비로 찌를 정도의 부드럽기와 손으로 만져 올릴 정도의 단단함이 있으며 변(糞便) 색깔은 황갈색	손으로 만질 수 없을 정도의 것 설사변이나 혈변(血便)
尿	색이 없거나 약간 노랑색을 띤 투명한 상태	탁한 오줌이나 혈뇨(血尿)
動 作	무엇이던 민감하게 반응하며, 활발하게 행동 빛나는 눈으로 주시한다.	모든 동작이 귀찮은 모양

맥박을 잰다

제온을 잰다

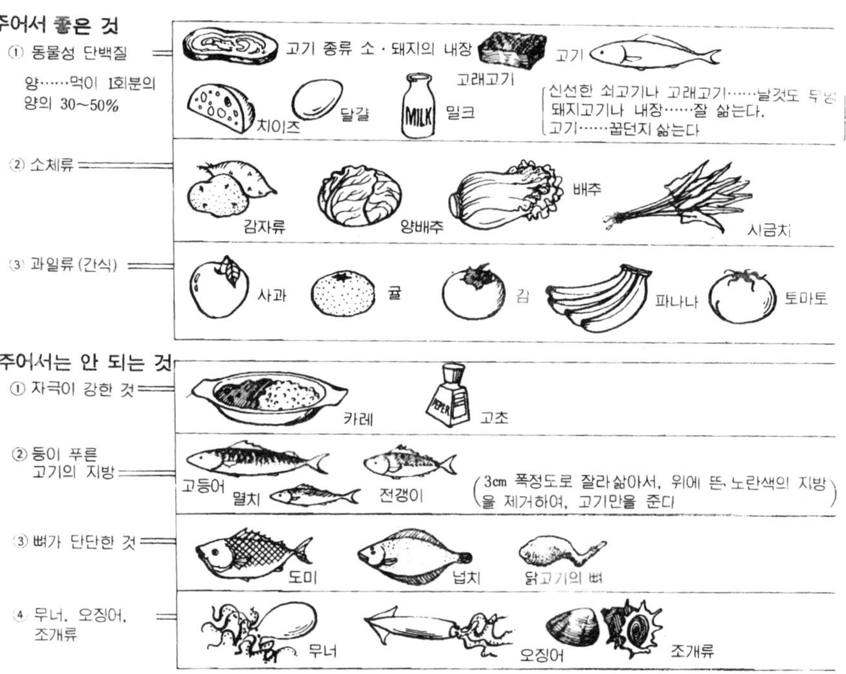

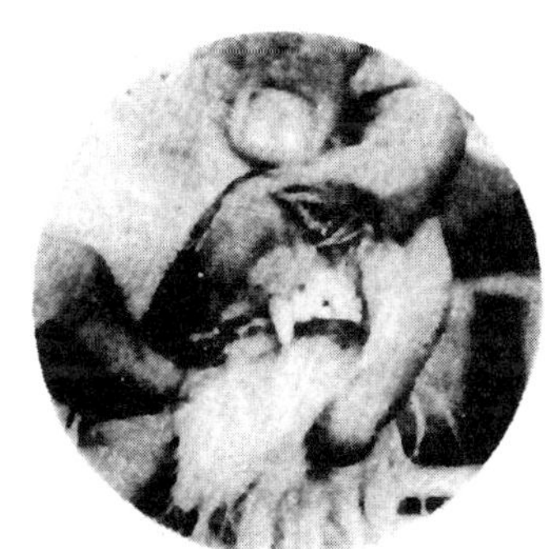

결막을 조사한다

잇뿌리의 혈색율 조사한다

강아지의 運動
운 동

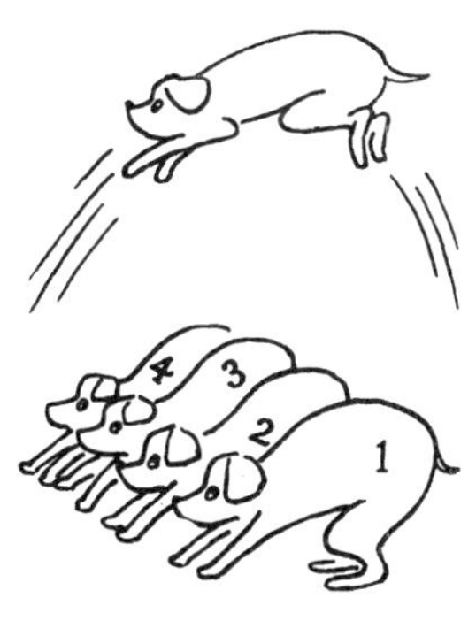

서로가 얽히게 되면 그것이 그대로 운동이 된다. 피로하면 옆으로 딩굴게 되며, 잠을 자게 된다. 그리고 이것도 또한 운동의 하나이다.

□ 뼈갉기

유치(乳齒)가 아직 영구치(永久齒)로 바꾸지 않은 시기, 생후 4개월 전후끼지는 소뼈의 큰 것을 날 것 그대로 준다. 강아지들은 그 굵은, 도저히 그네들의 약한 이로서는 갉아 뜯을 수 없는 뼈에 도전을 한다.

묵묵히 갉기를 계속한다. 전신(全身)의 힘을 다하여, 그야말로 꼬리끝까지 힘을 넣어 버틴다.

어릴 때의 운동은, 이것이 전부이며, 그 위에 전신적이며, 즐거움이 있는 것이라고 한다. 날 것이므로 여름에는 바꿔준다. 삶아서는 안 된다.

서로가 얽히고 딩굴면, 그것이 그대로 운동이 된다. 그네들은 그렇게 해서 피곤하면 마음 내키는 대로 옆으로 뻗어, 잠을 잔다. 그리고 이것도 하나의 운동이 된다.

□ 지나친 것은, 아직 미치지 않은 것만 못하다.

뼈를 주면 그것이 운동의 전부라고 하면, 이것은 대단히 간단하다. 삶아서는 안 된다. 그 까닭은 열을 가하게 되면 무르게 되어 부서지기 쉽기 때문이며, 아무리 약한 이라도 오래 방치해 두면 어느 정도 갉아서 삼키게 된다. 조금 정도 같으면 괜찮으나, 너무 많으면 해롭다. 뼈의 질에 따르기는 하나, 연한 돼지뼈는 먹게 되므로 적당하지 못하다. 뼈는 석회(石灰)를 주게 된다는 뜻에서 줘서는 안 된다.

☐ 목걸이에 익숙해 지게 한다.

견종에 따라 목걸이도 각각 다르기는 하나, 강아지에게는, 산책이나 운동을 위해 바깥으로 데리고 갈 때만 목걸이를 건다. 이와 같이 말하자면 목걸이의 장착(裝着)은, 어떤 개든지 싫어한다. 그러나. 이것을 하게 되면. 좋아하는 산책이나 운동을 하게 되고, 외출을 할 수 있으니, 참지 않을 수 없다.

두려워하지 않도록, 특히 아픔이 없도록, 조용히 건다. 처음이 중요하다. 목걸이를 손에 갖고 보이면, 산책으로 갈 수 있다는 즐거움을 갖도록 훈련한다.

☐ 산책 (散策)

천천이 외기(外氣)에 닿는 정도의 속도로 걸어서는 안 된다. 그렇다고 달릴 필요도 없다. 강아지는 일정한 시간에 외출한다는 것을 알게 되면, 그 시간에 배설을 하고자 그 때까지 참기도 한다. 따라서 개들의 이러한 목적을 달성 할 수 있도록 하는 것도 산책의 한가지 목적이다.

줄을 지나치게 길게 달아 가유롭게 돌아다닐수 있도록 해서는 안 된다. 짧게, 어떤 훈련을 겸해서 생각한다.

☐ 위험은 언제든지

줄은 언제든지 약간 당기면 개의 목걸이에 힘이 걸리도록 한다. 목걸이를 당기면 무엇이 있구나 하고 개가 주의를 집중시키도록 해둔다. 집안과 달라서 바깥은 언제나 위험하다. 그저 막연하게 산책을 하지 말고 무엇인가 얻을 수 있는 유용(有用)한 시간을 만든다. 더러운 곳에 달려 늘때 엄한 꾸지 주는 것도 그 하나이다.

□ 산책의 의의(意義)

개가 하루 하루의 생활에 있어서 가장 즐거운 것은 맛있는 음식이 아니라, 주인과 함께 즐겁게 노는 것이란 것을 설명하였다. 따라서 산책이나 운동도 거기에 해당하는 것이다.

어떤 보수도 바라지 않고, 그것을 즐거움으로 하는데, 개의 최대의 의의 (意義)가 있다. 그 즐거움의 기대에 어긋나지 않은 산책의 한 때가 되어야 하겠다. 조용하고 수레(車)도 없다. 다른 개도 보이지 않은다. 그것이 이상 적 (理想的)이다.

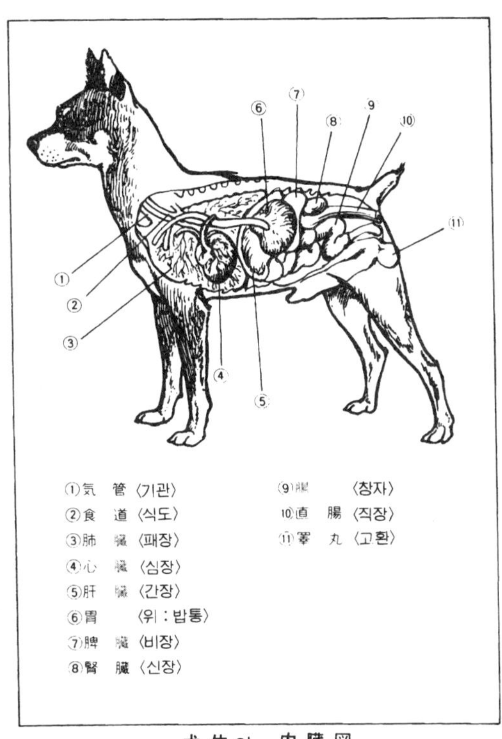

犬体의　内臓図

좋지 못한 방법　〈 줄로서 운동시키는 법 　—　좋은 방법

◈ 목걸아 당기는 줄

　줄을 당기며, 운동을 시킬 때는, 무엇보다 개가 자동차에 부딪히지 않도록 해야 한다. 그와 동시에, 바르게 걷는 습관을 붙이는 것을 잊어서는 안 되겠다. 개는 습관성이 심한 동물이므로, 매일의 당기는 줄운동으로 나쁜 습관을 붙여서는 안 되겠다.

　당기는 줄은, 당긴 줄의 끝을 오른손에 갖고 왼손으로 줄의 중간쯤을 쥐고 개를 자기의 왼쪽 위치에 와서 걷도록 한다. 오른쪽 사진의 요령과 같이 한다.

　걷는 속도는 개가 뛰는 (토르토) 정도가 적당하다. 소형견 같으면 사람이 약간 빠른걸음이면 충분하다.

　오른쪽 사진의 요령으로 줄을 짧게 갖고 있으므로, 개가 갑자기 뜻하지 않는 방향으로 튀어나갈 염려가 없다. 이것은 교통 안전이란 점에서도 개에 있어서 대단히 중요하다.

　또 이러한 방법은 도그·쇼오(개 전람회)에 있어서 비교 심사를 받을 때의 한드링그의 방법과 같은 방법이다. 즉 비교심사에 있어서는, 시계 바늘의 역방향(오른쪽 돌기)에 바퀴를 그리며 돌게 된다. 따라서, 이 요령으로 매일 줄을 당기며, 운동하는 것은, 동시에 비교심사를 받기 위해서도 좋은 연습이 되는 것이다.

　사진 왼쪽의 방법은 바람직한 것이 못된다. 이와같은 줄을 갖고서는, 개의 행동 반경은 대단히 넓어져서, 언제 개가 차도에 뛰어나가 사고를 일으킬지 모른다. 또 개는 사람의 왼쪽에서 나란히 걷는 습관을 익히지 못하게 된다. 따라서 도그·쇼오의 비교심사에서 좋은 성적을 얻기란 힘들 것이다.

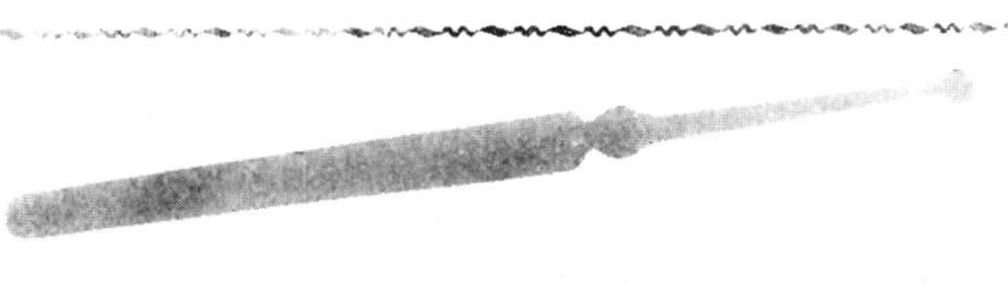

79

□ 예의 범절의 기초

개에게 대할 때는, 항상 조용한 애정, 사람의 언동 (言動)을 이해할려고 노력하는 개의 입장이 되어, 태연한 인내(忍耐), 좋은 일만 칭찬해 주며, 마음에 걸리는 일체의 일은 모르는체 하는 세가지 조건이 필요하다.

예의 범절의 가르침은, 빠르면 빠를수록 효과가 있다고 봐야 하겠다. 지나치게 빠르다고 쓸데 없는 걱정을 할 필요는 없다.

그 정도는, 배설에 관한 것, 앉는 것, 기다리는 것 등 기초적인 것 중에서 초보의 범위내에서 멈추어야 한다.

□ 첫째 상벌(賞罰)은 즉석(卽席)에서

사람의 말이나, 지시로서는 그 의사(意思)를 전할 수 없는 강아지에게는, 이것은 좋다. 이것은 나쁘다를 확실하게 알리는 것 외는 손을 쓸 수 없다. 칭찬하는 것은 늦게 해도 좋으나, 해서는 안 될 일은, 하기 전에 하지 않으면 효과가 없다. 배설의 예를 들면, 배설 전에 반드시 마음이 조급한 행위가 있다. 그러할 때 그 강아지를 변기 위까지 갖고 와서, 잠깐 있다가 볼일을 보게 되면, 그럴 때 머리를 쓰다듬어 칭찬을 해 준다. 만일에 실패하면, 사람의 부주의로 돌리고 단념(斷念)한다.

□ 둘째 성부(聲符), 시부(視符)는 일정하게

사람의 의사를 소리로 전하는 신호를 성부(개의 청각), 동작을 전하는 것을 시부(개의 시각)이라 하는데, 이것은 언제든지 같은 연기를 해야 한다. 혼돈하기 쉬운 말을 써서는 안 된다. 개쪽에서는 단순하게 음향(音響)이나 형태(形態)로서 받아들여, 그 안에 포함되어 있는 뜻에는 관계없이 납득하기 때문이다. "앉아"란 말 같으면, 처음부터 끝까지 혼동이 안 되도록 그것만을 사용해야 한다.

□ 세째 짖는 것의 이해

어지간히 타락한 개가 아닌 이상, 그 짖음에는 어떤 이유가 있다. 즐거움, 슬픔, 불안, 분노 등이 복잡하게 포함된 표현이므로, 무엇때문에 짖는가를 이해한다. 더 짖으라고 격려하지 않으면 안 될 때도 있겠고, 또 그 짖음이 불안때문에 짖을 것 같으면 그 불안의 원인을 제거 해줘야 한다. 무턱대고 "시끄러워," "그만 짖어" 등은 주인에게 대한 신뢰를 배반하게 되는 것이다. 위험할 때의 경고도, 보람없게 되면 문제꺼리다.

□ 네째 "앉아"란 성부(聲符)가 가진 의의(意義)

누구든지 강아지에게 "앉아"란 말을 잘 사용한다. 이것은 사람과 개와의 교제의 첫걸음으로서, 틀림없는 간단하고 끊기 어려운 인연이다. 더구나, 이 인연은 모든 앞으로의 상호 이해의 출발점이기도 하다. 궁둥이를 가볍게 두들기며, "앉아"를 몇 번 되풀이해서 앉으면 칭찬을 듣는다는 것을 이해한다. 그것을 점차 시간을 연장해서 "그만" 할 때까지 5분, 10분으로 연장해 나가도록 한다.

□ 다섯째 "이리 와"

"이리 와." 간단하고 똑똑한 발음의 신호와, 그 신호에 즐거이 따르는 개와의 사이에는 여러 가지 뜻이 포함되어 있다. "앉아"는 점차 시간을 오래한

다. 그리고는 두걸음 다섯걸음, 멀어 간다. 일어서려
고 하는 개에게 "안돼" 꾸짖으면서, 앉아 있는 것을
확실하게 한다. "이리 와"의 신호로써 즐거이 당신
의 애무(愛撫)를 받고자 뛰어온다. 아무런 물질적인
상품(賞品)없이 달려온다. 서로의 신뢰의 기초는 이와
같이 해서 이부워진다.

□ 여섯째 아첨하는 것이 아니다.

어떤 사람은, "개가 사람의 시키는 대로 따라 행동하는 것은,　그네들이
사람에 대해서 아첨이며, 먹이를 얻기 위한 수단"이라 한다. 그러나 결코 먹
이를 얻기 위한 것은 아니다. 어떤 이유로, 이와같은
동물이 존재하고 있는건가? 모르겠으나, 개가　사람
에게 대한 신뢰가 그렇게 만드는 것이다. 사람에 기
쁨을 나(개)의 기쁨으로　여기는 기묘한 동물이 개이
다. 당신의 입에서　이러한 음향(音響)이 나왔으니,
이러한 행동을 하면, 당신이 좋아한다.　그러므로 개
가 그렇게 할　따름이다.

□ 일곱째 손과 발의 사용법

당신의 손과 발은, 이 육체를, 이를테면 어떠한 상태하에 있더라도, 개를
꾸짖는 도구로 사용해서는 절대로 안 된다. 개의 신
뢰를 파괴하고 만다. 항상 칭찬하는 데만 사용토록
한다.

머리를 쓰다듬고, 먹이를 준다. 빗질을 하며, 더
러움을 씻어주는　것과 같이 그러한　좋은 일에만
이　손발을 사용해야　개의 신뢰도가 더욱 굳어진
것이며, 어떠한 행동을 해도 용납될 것이다.

□ 여덟째 꾸지람과 그 기회

모든 꾸지람은, 그 행위 중, 가능하면 그 행위에 옮기려고 할 직전에　해
야 한다. "안 돼"의 한마디로 꾸짖어야 한다. 어떤 행위가 끝난 뒤에 꾸지람
을 해 서는 개쪽에서는 어떤 이유로 꾸짖는지 전연 모른다.

"안 돼"란 소리만으로 상당한 영향이 있으나, 때로는 신문지 등으로 둥글게 막대기 모양으로 말아, 두들겨도 상처가 날 염려가 없는 연모로서, 철썩, 상대방을 꿇리지 않으면 안 될 경우도 있을 것이다.

□ 아홉째 뒤쫓아 가는 것은 삼가해야 한다.

어떤 일이 생겨서, 개를 잡으려고 하는 사람이 간혹 있다. 그런 짓은 개의 사람에 대한 신뢰의 실추(失墜) 이외의 아무런 얻는 것이 하나도 없다.

개를 쫓으면, 무슨 일이든지 개는 싫어서 도망하는 것이지만, 이것은 당신에서 개가 도망하는 뜻이 된다. 개는 항상, 당신 곁에 두어야 하는데도, 이것을 반대 방향으로 뒤쫓는다는 것은, 모든 훈육의 기초가 무너지는 것이다. 뒤쫓아서는 안 된다.

□ 열째 새로이 "이리 와"

"이리 와"의 한마디로 즐거이 당신의 무릎 곁에 달려온다. 이것은 먹이에 탐이 나서 오는 것이 아니다. 함께 즐거이 놀기 위해서 오는 것이므로, 이 개와 사람과의 관계가 중요하다. 그러나, "이리 와"라고 불러 놓고, 꼬리를 혼들며 뛰어온 그 독기가 없는 개를 붙들어 뚜렸한 이유없이 꾸지람을 하는 수가 있다. 이것 또한 모든 개와 사람과의 교재는 파괴되는 것이다.

이러한 차사를 해서는, 앞으로의 당신의 부름에는 결코 따르지 않게 된다. 오랫동안의 상호(相互) 신뢰가 한 순간에 수포로 돌아간다.

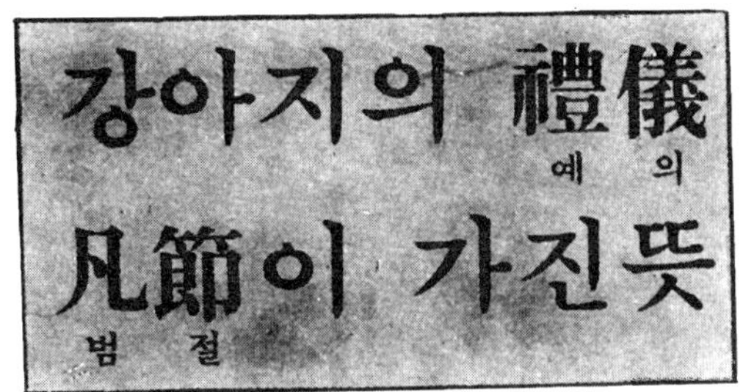

사람에게 아첨할려고 가르치는 예의 범절은 지나친 행위다. 이상하게 곡예적 (曲藝的)인 것은, 오히려 싫증이 난다. 사람과의 협동 생활이 즐겁게 할 수 있는 정도의 것이, 가장 바람직한 일이다.

□ 강아지의 예의 범절이 가진 의의(意義)

강아지 때에, 좋은 예의 범절을 익혀 놓으면, 그 개는 언제 어디에 가도 "좋은 개"라고 칭찬을 듣게 되며, 기분이 좋은 일상 생활을 할 수 있게 되어, 그러한 일이 점점 사람을 즐겁게 하는 자신을 갖게 하여, 사람에 뜻에 배반하는 일이 없도록 개 자신(自身)도 그렇게 할려고 노력하게 된다.

강아지가 장래, 처치 곤란한 "장난꾸러기"로 타락하던가, 또는 "좋은 개"가 되어 그것이 주인의 자랑거리의 하나가 되던가 하는 것은, 모두 강아지 때의 올바른 예의 범절을, 몸에 익힘과 그렇지 못함에 있다.

□ 훈련이 아니다.

사람과 생활을 함께 하는 애견이라 일컫는 개들은, 마땅이 몸에 익혀야 할 동작을, 예의 범절이라 할 수 있을는지 모르겠다. 따라서 어떠한 좋은 개의 새끼라도 이러한 동작이 수반되지 않은 한 그 가치는 떨어진다고 해도 과언(過言)이 아닐 것이다.

그 개의 크고 작음에 관계없이, 사람과 함께 생활하는데 차림을 단정히 하는 예의 범절이다. 개의 전람회에 출진하는 정도의 것이 아니라고, 아무렇게나 좋다고 해서는 안 된다. 사람의 교육 단계에 비교할 것 까지는 없으나, 유치원의 예의 범절에 해당되며, 이것이 기초가 되어, 다음 초등교육에도, 또 그 위의 교육으로도 갈 수 있다는 성질의 것이다.

실내견(室內犬)이기 때문이다. 실외의 번견(番犬)이기 때문이다. 등의 이유로서, 필요 불필요가 있는 것도 아니다.

사람에게 귀여움을 받기 위해서는 또는 그 개의 안전을 위해서도 다음과 같이 크게 세가지 범절이 있다.

(1) "가만히 서 있어," "앉아"할 때, 다음의 구령이 걸릴 때까지 그대로 있을 수 있는 자세

(2) "그만""이제 됐다"할 때 아무리 짖고 싶어도 참을 수 있는 태도. 방문객에 대한 대충의 에티켓.

(3) 산책할 때 주인 옆을 거닐고, 다른 것에는 관여하지 않은 태도.

□ 바람직한 예의 범절

앉아, 발, 기다려, 이리 와, 웡웡, 엎드러, 갖고 와, 입에 물어, 잡아당긴줄없이 주인과 함께 행진 따위.

얼룩이와 깜둥이의 막대기놀이 ─────────────

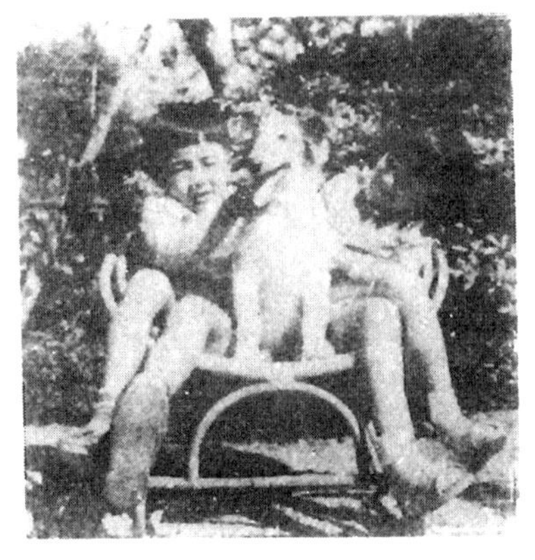

강아지의 레져

□ 최대의 매력

어떤 해를 입는다든지 하는 염려가 없는 상태로, 사치스러운 것 같으니 같은 배에서 태어난 같은 정도의 한패 여러 마리가, 물기도 하고, 물리기도 하며, 엎치락 뒤치락 딩굴며, 레슬링 흉내놀이의 한때야 말로, 어쩌면 일생중에서 가장 행복한 시대일지도 모른다. 청결한 부드러운 깔개가 있으면 최고.

□ 즐거운 피로(疲勞)

한패끼리의 회롱에 지치게 되면, 갑자기 졸음이 온다. 그 장소에서 아무런 생각도 없이 잠을 잔다.

기분좋은 산들바람, 따뜻한 햇볕 쬠이 있으면, 아무 것도 필요없다. 잠을 자고 있는 동안에도 발육은 계속된다. 때때로 작은 경련(痙攣), 하품 등, 꿈을 꾸고 있는 것은 아니다. 안전 지대에서의 만족한 휴식이다.

□ 안면(安眠)과 잠을 깸.

잠은 실컷 자도록 한다. 이것도 건강 생활의 근본이

된다. 잠을 깨는 것도 기분이 좋다. 이러하여 명랑한 성격이 차례 차례로 형성(形成)되어 간다.

잠을 깸과 함께 배설이 재촉해 온다. 어리기는 하지만, 그 장소만 가르쳐주면, 비틀거리면서 볼 일을 본다.

□ 그런데 무엇을

배설 다음에, 무엇을 갖고 놀까? 한패끼리의 레슬링도 싫증이 났다. 그러나 그네들의 놀이의 대상은 얼마든지 있다. 아무리 좁은 아무 것도 없는 견사 안에도, 넓은 뜰에도, 거기에 무엇을 발견하여 놀이의 연모로한다.

□ 하나의 나무조각

겨우 하나의 나무조각도 좋다. 이것을 세로로 물고 가로로 눌른다. 한 패가 갖고 갈려고 하면, 못갖고 가도록 버틴다. 애써 반을 물고 뜯는다. 그 반조각을, 저쪽으로, 이쪽으로 달아나며, 빼앗으려는 게임이 펼쳐진다. 겨우 하나의 나무조각이지만, 하루나 이틀이나, 강아지들의 놀이의 방법은 끝없이 바꿔가면서 즐길 수 있는 것을 알고 있다. 아무 것도 가르쳐 주지 않아도 자연히 연구가 솟아나오는 것이다.

□ 헌 구두 헌 고무신

구두나 고무신 등이 쓰지 못하게 되었다는 이유만으로, 강아지의 놀이개깜으로 주어서는 안 된다. 나무조각과 달라서 약간 구조가 복잡하므로, 그네들의 놀이개깜으로서는 매력적이다. 잇빨에 닿는 것도 적당한 부드러움이 있어서 나무조각에 비하면, 확실히 재미있는 것인지도 모른다.

그러나, 이 습관이 장래, 개에게 장난깜이 되어서는 곤란하다. 사들인 구두나 고무신까지 그 영향이 미치게 된다. 손님의 그것도, 같은 피해를 입게 된다. 그러나, 그 장난은, 당신의 훈련의 결과이니까 꾸짖을 수 없는 일.

□ 갉는 것은 본능

어떤 것이든지 갉아진다고 각오하여, 그와같이 준비해 두는 것이 모든

87

것이 해결된다. 강아지 시대만의 일이므로, 성장함에 따라, 그러한 장난
은 멀리 가게 된다.

□ 갉는 연모

  강아지 시대의 버릇이라고 하면, 처음부터 갉아 놀 수 있는 장난깜을 준
비해 두는 것이 안심이다. 물어뜯어도 잘 부숴지지 않은 재료로서 개가
갖고 다니기에 불편이 없는것, 댕글댕글 굴러다니는 것이 있으면 더욱
흥미꺼리가 될 것이다. 공, 낡은 실감기, 쇠고기뼈 외에, 여러 가지의
장난깜이 판매되고 있다. 그 중에서도 재미있는 것은, 쇠가죽을 이용해
서 추우잉검 모양으로 만든 탄력이 있는 제품이다.

□ 레져의 도로 보냄

  강아지들은 제멋대로, 여러 가지로 레져를 즐기
는 연구를 하게 된다는 뜻에서, 팽개쳐 두라는
것은 아니다. 그 사이에, 그네들를 싫증 나지 않
을 정도의 조금씩의 교제를 할 필요가 있다. 그리
고 틈틈이 예의 범절을 가르쳐야 한다. 즉시 강
아지들은, 놀이깜 이상, 사람과의 교제를 좋아하
게 된다.

진 도 개

〔원산〕 우리 나라 진도

〔용도〕 가정견(家庭犬)

〔연혁〕 진도개는 임진왜란 때에 우연히 어느 날 새벽에 그 섬의 개 전부가 같은 방향을 향해서 짖고 심상치 않은 태도를 하여 다음 날 두고 보니 왜군이 그 바다에 까맣게 몰려오더란 것이다. 개의 시력으로는 보이지 않은 거리에, 사람도 모르는데 독특한 청각과 후각으로 알게 되었는지, 여하튼 영물(靈物)이라 해서 신기한 일에 감신이 된 그 때 사람들은 신견(神犬)이라 칭하며 이 충견(忠犬)은 나라에서도 유달리 취급하였다.

〔성능〕 수렵에 재간이 있어서 사냥개로 알맞으며, 주인에게 충실하여 수직견으로 소질이 있다.

〔특징〕 위험성이 있고, 소박한 느낌이 있으며, 감각이 예민하는 동시에 동작도 민첩하여 걸음걸이도 경쾌하고 또 탄력이 있다.

앞가슴이 극히 양호하고, 등줄은 직선이며 허리가 든든하다.

표준(標準)

형태는 체격이 대형을 볼 수 없고 중형 소형의 구별이 있는데 그 형태에는 변화가 없다. 얼굴이 짧고 귀가 쫑긋하고 꼬리는 말아서 등뒤로 엎었고, 털은 직모어깨의 높이와 몸길이가 비동한 것으로 된다.

찡(狆)

[원산] 일본 [용도] 애완 견(愛玩犬)

[연혁] 기원 8세기, 삼국 시대 때 신라에서 건너갔다는 기록이 있으나 이 작은 개의 출처는 네덜란드 사람이 갖고 왔다고 하며, 오늘날의 싯쭈와 털빛이나 짖는 모습 등이 상당히 많이 닮았다고 한다.

수입(輸入) 초대(初代) 미공사(美公使) 타우젠트·하리스가 임기를 마치고 귀국할 때 이 개를 대통령에 증정하였다고 하며 그 이후 유럽 사람들이 많은 개를 얻어가, 지금은 대부분이 영·미 기타 유럽 각국에서 사육하고 있는 실정이며 일본에서는 그다지 많이 없다.

[성품] 섬세하고 우아하며, 동작이 아름답다. 철저한 실내 애완견의 소질이 있다. 조용히 지내는데, 경계심이 강하며, 실내용

[특징] 판상견으로 이마가 툭 튀어나와 뾱둥이 없는 코, 눈은 툭 불거졌으며, 암색, 두 눈과 코는 일직선으로 반듯히 된 것이 최고

표준(標準)
체중 3kg 안팎 대형(大型)、소형(小型)이 있다。털빛은 흰색에 검정、오랜지、레몬 등의 반점이 될 수 있는대로 대조적으로 아름답게 배치되어 있다。전체적으로 노긴털에 나있으나 특히 머리와 허벅지 부분의 털이 두껍다。

스 피 츠

스피츠

[원산] 독일

[용도] 가정견, 애완견

[연혁] 스피츠형의 개는 원종계(原種系)로서, 동류(同類)에 사모에이드, 키모, 라이카, 하스키, 세퍼드, 진도개 등이 있으며, 어느 것이던 삼각형의 쫑긋한 귀, 쐐기 모양(楔形)의 두골, 튀어나온 입, 감아올린 꼬리와 같은 모양을 하고 있다. 유럽, 아시아, 북부아메리카, 그 분포는 세계적.

독일에서 가장 많이 애호되고 있으며, 대형, 소형 등. 털색은 검정과 흰색이 있으나, 흰색계는 미국, 프랑스, 네델란드, 이탈리아 등지에서 많이 기르고 있다.

[성능] 경계심이 강하고, 투쟁성이 있다. 약간 과격하다는 비판이 있으나 최근에 많이 개량되어 그러한 걱정이 없어졌다는 것이다.

[특징] 풍부한 견사(絹糸) 모양의 순백한 털이, 그 어느 것보다 특징이라 하겠다. 몸 전체를 구성하는 충실한 선이 매력적이다.

표준 (標準)	
독일에서 표준이 있을 뿐, 다른 데는 없다.	(센티)
몸길이	三八·五
몸높이	三三·二
두골	一○·一
코길이	六·五
꼬리길이	一九·八
앞다리	二二·○
궁둥이높이	三五·五

독일·포인터

〔원산〕 독일

〔용도〕 조렵견(鳥獵犬)

〔연혁〕원종은 스빠니쉬·포인터로, 독일 사람은 이것을 토대로 브랏드·하운드를 짝맞추어 예민한 취각을 구했다 그리고 영국·포인터의 혈액을 섞었는 것이 오늘날에 볼 수 있는 취각이 우수하며, 체력이 왕성한 수륙(水陸)양용, 조수(鳥獸) 겸용의 개를 만드는데 성공하였다.

〔성질〕그 혈액 분포와 같이 스빠니쉬·포인터, 브랏드·하운드, 영국포인터의 성능을 갖추어, 정확한 취각과 빠른 속도와 지구력(持久力)이 애용되는 원인이다.

〔특징〕확실한 포인터, 야간(夜間)에도 활용할 수 있는 정확한 추적적(追蹟的)취각, 수영도 잘 하며, 노획물의 운반도 교묘히 한다. 영국 포인터 정도의 기민 화려는 뒤떨어지나, 수렵에는 앞서고 있다. 험이 없는 실용적인 면에서, 확실이 독일 사람의 작품이다.

표준(標準)

체고 六四센티·체중 二〇킬로·암놈은 약간 낮고 가볍다.

부위	점
사지(四肢)	二〇
외모와 피모	二〇
코에서 턱, 귀	二〇
가슴에서 등, 허리	三〇
두부(頭部)	一〇
계	一〇〇

영국 · 포인터

〔원산〕 영국

〔용도〕 조렵견(鳥獵犬) 및 가정견

〔연혁〕 스빠니쉬·포인터가 도입
되어 개량된 것이라고 한다.
　오늘날 이 개는 그레이하운드, 폭
크스·하운드 등의　혈액을 섞어,
왕강한 발힘을 갖게 되었다.

〔성능〕 조렵견으로, 노획물을 탐
지해서 포인터 자세를 오래 취해
있는 것으로 이 개 이름이 붙었다
고 한다. 바람에 의해 냄새를 맡
아 소재를 알아내는 능력,　주인
이 쫓아내라는 명령이 내릴 때까
지 포인터로서 대기한다. 예민한
행동과 신속으로 투혼(鬪魂)이 충
만하다.

〔특징〕 걸음걸이의 빠르기,　내구
력(耐久力), 지능, 취각이 특징
이며, 온몸은 짧은털로 덮어　있
으며, 흰바탕에 검은, 레버, 레
몬, 오랜지 등의 반점이 있니. 탄
력이 있고, 깊은 가슴, 세게 졸린
복부는 안에 간직한 활동력을 스
스로 나타낸 것이라고 하겠다.

표준(標準)
체고 五〇~六〇센티
체중 : 二一~二八킬로
관상용과 수렵용으로
나눈다. 이 개는 세퍼드
종 그외의 작업개와 같
이, 그 능력을 사람에게
봉사하고 있으므로,　그
구분은 어떻게 결정해야
하는지 문제다.

마르티즈

〔**원산**〕 이탈리아의 마르타섬
〔**용도**〕 애완견
〔**연혁**〕 기원전부터의 개로, 중앙 아시아에서 건너왔다고 한다. 영국에 건너간 것은 1500년 경이며, 당시는 솟크·도크라고 일컬었다. 영·미 같은 나라에서는 최근에 애완견의 부류에 편입 시켰다.

체중 증가의 경향이 강하므로, 3 kg이하로 멈추고자 노력한다.

〔**성능**〕 영국 에리자베스·왕조 시대에, 귀부인 사이에 대유행한 이후 오늘에 이르기까지 부인 또는 가정 견으로 자라며, 총명하며 청결을 좋아하는 성질이 강하다. 사교성은 있다. 민감하며 경계심도 강하다. 명랑, 대담, 따라서 큰개와도 대등하게 대한다. 동작은 활발, 운동 능력이 있으며, 노인, 부인용의 개다.

〔**특징**〕 외형상의 매력은 풍부한 순백, 비단과 같이 빛나는 털, 갖고 다니는데 편리하도록 가볍고, 냄새가 없는 것, 모든 것이 애완견, 실내견으로서 완전한 조건을 갖춘 개.

털은 앞코에서 머리, 등, 꼬리,

표준(標準) 체중 一킬로 이상 三킬로 까지

체점(採點)
체중과 크기 二〇
덮인 털 二〇
털색 一〇
동체와 형 一〇
꼬리 기타 一〇
머리, 눈, 귀, 앞발, 뒷발, 코 등 각 五점

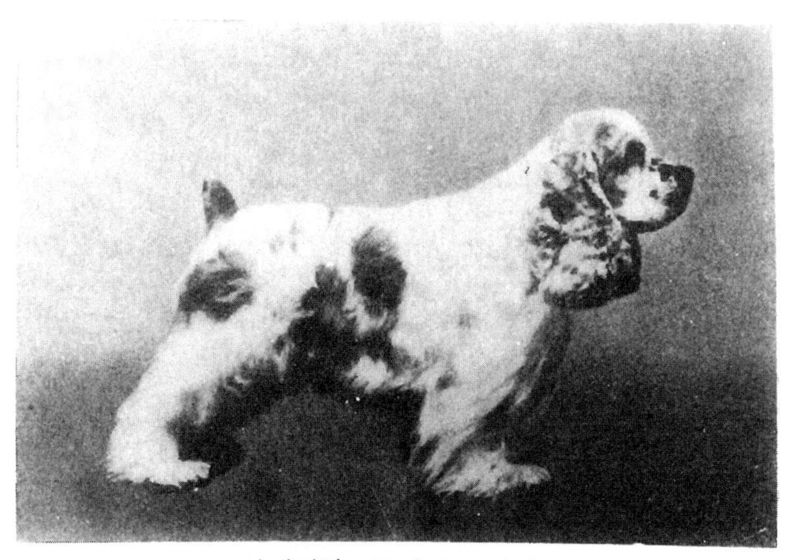

아메리칸 · 코커 스파니엘

[원산] 미국

[용도] 가정견, 조렵견

[연혁] 영국의 코커를 기초로 하여 개량하여, 처음은 50년 경과한 것 뿐이었으나, 전연 다른 견종으로 그 특징을 확보하여 있다.

영국 코커는 현재 순전한 오리(鴨)수렵용 개이다. 상쾌한 두부(頭部), 조그만한 눈, 엽견(獵犬)의 입을 가졌다. 그러나 미국의 개량종은, 그 풍부한 장식털 때문에 그 실태와는 상당한 거리가 있는 느낌이 든다. 관상용, 가정견적인 개량이 있어도, 그 창양하는 인상은, 어디까지나, 행동적인 엽견으로서 매력이 있다는 것을 잊어서는 안 되겠다.

[성능] 순진하고 활동적이며, 신경질이 아니다. 독특한 엽예(獵藝)는 다소 깨뜨려져도, 그 성능을 어디까지나 보존되어 있다.

[특징] 체점 기준에 의하면 목과 어깨를 포함시키지 않은 두부(頭部)만의 31점(목, 어깨, 포함시키면 46점)이란 중요시에서 이해하면 활발, 명랑의 성격과, 어디까지나 아름다운 모습의 개

표준(標準)	
체고(센티) 숫놈	三六·七 전후
암놈	三四·○ 전후
체점 두개(頭蓋)	八
입술	一○
목과 어깨	一五
앞허리 뒤발	一五
털	五
눈	六
이, 귀, 꼬리, 색과	六
마아크 등	三~四

포메라니언

〔**원산**〕 독일

〔**용도**〕 가정견, 애완견

〔**연혁**〕 스피츠의 한종류 이었으나 영국에 건너가서 (1800년대) 이후, 소형화되어 독립한 포메라니언 종을 만들었다. 현재 표준 체중 2kg

〔**성능**〕 스피츠종의 전통을 받아서 경계심 왕성하며, 투쟁심도 강하다. 동작이 활발하며, 남과 친숙해지지 않은 점이 높이 평가됨

〔**특징**〕 털색과 털의 양이 특징이며, 특히 꼬리가 감지 않고 올리며, 길다란 털이 목덜미에, 좌우는 풍부하게 양쪽의 몸둥이에 퍼지는 점, 이런 것은 이 개가 가진 최대의 품위이며, 여기에 스피츠적 품성이 어울리어 특징을 만듬

두부＝머리의 폭에 대해서 입술의 길이가 극히 적은 것이 최근의 경향이며 스피츠의 느낌과 현저하게 대조적이다.

털색＝애완견이므로 털색에 대해서는 말썽이 많다. 공인의 털색은 검정, 갈색, 초콜렛, 빨강, 힁갈, 황청, 회청, 백, 황갈색 등

표준 체점 (標準)	점
털의 전반	五
가슴, 허리, 등	○
앞뒤 다리	○
꼬리	○
털색	○
입술, 얼굴	五
눈, 귀 코 각각	五
표정 태도	○

결함은 붉은코, 갈코, 색 털에는 붉은코, 도좋당 백반(白斑)

페키니즈

〔원산〕중국 〔용도〕애완용

〔연혁〕예로부터 중국 왕실 등에서 사육되었던 것, 영국에 건너간 것은 1838년 아편전쟁에 의한 침략이 원인이 되어 있으며, 1860년 영·불연합군에 의한 북경 점령 이후라 한다. 비크트리아여왕도 이 개를 많이 사육하였다고 한다. 이와 같은 경과로 왕실 비장(秘藏)의 진종(珍種)이 갑짜기 세계에 모습을 나타내게 된 현재는 원산지에는 전연 모습을 볼 수 없고, 영국 사람에 의해서 아름답게 개량된 페키니즈의 이름으로 세계에 알려져 있는 실정이다.

〔성능〕극히 온순한 애완견이며, 총명하고 사람과 잘 사긴다.

〔특징〕훌륭하고 풍부한 털의 양과 부더러운 털의 실, 곧게 뻗으며, 오그라 들지 않음. 아랫털과 윗털이 있고, 발의 털은 특히 길며, 발톱까지 장식털이 자라 있다.

코에서 이마, 귀, 두개골의 폭과 거의 같은 넓이의 입술 등은 페키니즈의 평가하는 중요 관심,

표준(標準)
밸런스가 좋고 몸을 흔들며 걷는다.

채점
덮힌털, 장식털 및 전체의 균형 … 五
앞뒤 다리 … 五
체형(体型) … 五
두개(頭蓋) … 一
걷는 모양 … ○
표정, 코, 눈, 스톱, 입술, 꼬리, 귀 … 각각 ○ 五

푸　들

〔원산〕 프랑스, 도이취, 러시아

〔용도〕 가정견, 애완견

〔연혁〕 수조렵견(水鳥獵犬)으로, 덮힌털이 밀생되어 있기때문에, 한중(寒中)에 수예(水藝)에 잘 견디며 취각이 예민하므로 수렵에도 사용된다. 수륙에 있어서 민첩한 활동에 지장이 있는 곳의 털은, 방해가 되지 않도록 짧게 깎는다는 필요에서 생긴 습관이, 주목을 끌게 되었는데, 한때 프랑스의 상류 사회에서도 재빠르게 유행되었으므로, 호렌치푸들 별명까지 있다. 원래는, 머리 위, 사지(四肢)의 관절부, 또는 전부, 흉곽과 같이, 중요한 기관을 보호하고, 필요없는 부분의 털은 제저한다는 실리에서 출발한 것임

〔특징〕 양털 모양으로 감은 두꺼운 털이 특징의 제1이며, 영국·사도루 크리쁘와 콘티넨탈형만 영·미의 개전람회에 출진되는 형

털색은 백, 흑, 초콜렛, 화갈색 등의 한색이다. 총명하고 훈련을 체득하여, 걸어다니는 것이 능숙하다.

표준(標準) 체고(센티)	
대형	四○이상
중형	四○이하
소형	二五이하

점수	
눈、코、입、목	二○
머리에서 서	二○
몸둥이	一五
앞뒤다리、꼬리	一○
털	一五
걷는 모양	一○
트림、표현	二○

만체스터 · 테리어

[원산] 영국 만체스터 지방

[용도] 서렵견(鼠獵犬), 가정견

[연혁] 짧은털의 블럭·안드·탄·테리어는, 예로부터 상기 지방에 있었으며, 이것이 만체스터종의 선조의 뜻을 가짐. 쥐잡기를 잘하며, 당시 유행의 토끼잡이에도 사용되었다. 한때는 지방의 이름을 붙여서는 안 된다는 의견이 나와 옛이름으로 되돌아 갔으나 1884년 미국에 있어서 만체스터 클럽이 설립되어 1923년에 옛이름을 도로 찾았다.

[성능] 사람에 잘 따르지 않으나 그렇다고 해서 모르는 사람에게 심한 반항도 하지 않는다. 테리어적 지능을 갖추어, 상한 의지와 좋은 기억력이 있다. 민첩하게 행동한다.

[특징] 소형 (4kg이하)과 대형(10 kg)이 있다. 덮힌 털은 짧고 평택이 있다. 귀와 꼬리를 자르는 일은 하지 않는다. 쏭긋한 귀는 약간 크며, 코는 어디까지나 검다.

표준(標準)

부위	점수
소형종의 체고는 一二~二二 센티	三二
두부(頭部)	○
목, 어깨	○
몸둥이, 꼬리	五
사지(四肢)	五
덮힌 털	○
털색	○
짧은 귀, 짧은 꼬리는 어디에나 나쁘며, 흰점은 어디에나 나쁘며 대형 실격있실	실

에어데일 · 테리어

[원산] 영국

[용도] 작업견, 가정견

[연혁] 에어데일(에어협곡) 지대에는 오따아 · 하운드란 수렵견이 있어 소수렵에 종사하고 있었다. 그리고 또 투쟁심이 왕성한 오르드 · 잉글리쉬 · 테리어라 한 브랏[illegible]의 견종이 있었으며 이 두가지 외에 무엇인가가 합쳐서 에어데일 · 테리어가 만들어졌다고 함.

[성능] 현명하고 잘 따르며, 영국 산출의 많은 견종 중 가장 넓은 용도가 있는 견종이란 자랑을 갖고 있다. 소위 테리어 중에 가장 큰 것.

[특징] 균형이 잡힌 외관, 옆에서 보면 사각형을 이루고 있으며, 머리와 꼬리는 기분 좋게 올리고 있다. 그리고 테리어 품성이 넘쳐 흐른다고 하는 것이, 이 개의 볼 가치가 있는 것이다. 눈에서 코, 입의 선과 귀에 걸쳐서의 연결과, 알맞게 뻗힌 턱, 머리에서 목까지의 곡선 등.

표준(標準)

체중 一八~二三 킬로, 암놈은 조금 가볍다.

체점(採點)
걷는 모양 一五
머리, 얼굴 二〇
턱, 가슴, 허리 二〇
앞뒤다리, 꼬리 二五
덮힌 털 一〇
털색 一〇
윗털은 거칠고 철사줄 오그라들며, 가는 털, 둥쪽은 검은색.

와이어 · 헤어드 · 폭스 · 테리어

[원산] 영국

[용도] 가정견, 애완견

[연혁] 폭스 · 테리어의 출처는 애매하다. 소형수렵에 사용한 것은 틀림없다. 그 뒤 여우 사냥에 사용하고 난후부터 폭스란 이름이 붙어졌다. 당시는 수렵용만으로서의 번식을 했으므로, 옥외의 사육에도 견디는 강한 골격과 튼튼한 턱과 목이 완성된 것이다. 여우굴을 파헤친다는 테리어의 일은, 여우의 수가 줄어듬에 따라 점차 일이 없어지게 되어 1890년 경부터는 쇼 · 도그로서의 체형의 미를 다투는 관상견으로 전용

[성능] 행동이 민첩하며 투쟁심도 강하다. 테리어의 대표적인 품성을 가지며, 감각 예민, 쾌활, 총명하며, 도둑지키는 개

[특징] 균육 다리가 강하며, 여러 곳의 조화와 균형이 좋고, 옆에서 보면 사각형을 이루고 있다. 덮힌 털은 평활(平滑)하며 딱딱하고, 철사모양이 특징이며, 그 밑에 부드러운 털이 밀생. 총명한 얼굴과 예민.

표준(標準)		
체중(킬로)	숫놈	五·七 전후
	암놈	四·八 전후
채점	덮힌 털	三〇
	두개(頭蓋) 귀	一五
	앞뒤 다리	一五
	어깨에서 가슴	一〇
	뒷몸둥이, 허리	一〇
	긴장할 때 감각	一〇
	꼬리 목 각	五

스코티쉬 · 테리어

[원산] 영국 스코트란드

[용도] 수렵견, 가정견

[연혁] 스코트란드산의 스카이 · 테리어 케언 · 테리어 등은, 이 스코티쉬 · 테리어의 분신(分身) 이라 한다.

[성능] 왕고한 성질, 침착하여 절대로 소탈하게 접촉하지 않은다는 성격은, 다른 개르서는 볼 수 없다. 반면, 타고난 용맹심과 투지를 갖고 있으며, 그 유무머러스한 외모와 함께 장래 더욱더 애육(愛育) 될 것이다.

[특징] 소위 테리어 품성(稟性)의 대표개로서 용감하고 대담하며, 인내력과 민첩, 예민한 후각, 풍모(風貌)는 이외의 기품을 갖고 있으며, 이와 같은 성격을 갖춘 외모가, 더욱더 실질(實質)을 선명하게 나타내며, 어디까지나 진한 털색과 어울려 테리어종의 왕자인 관록을 갖고 있다. 털색은 철회색, 흑호(黑虎), 갈호, 화호, 흑, 흑갈, 딱딱한 털, 체중 8 ～ 10 kg.

표준(標準)

체고 二八센티이하

체점
몸둥이 됫다리 · 꼬리 ── ○
머리 · 꼬리 ── 五
귀 ── ○
앞다리 · 덮힌 털 상태 ── ○
체고 · 기타 ── ○
어깨 · 가슴 · 입 · 코두 각개 ── 五 균頭
蓋) · 눈 · 눈 ── 五
형 · 눈 · 목 ── 二
꼬리 · 털색 각 ── 二 · 五

요크셔·테리어

[원산] 영국 요크셔

[용도] 애완견

[연혁] 현재의 모양이 거의 완성된 것은 약 100년 전이라고 한다. 인위적인 것은 극히 적은 것으로, 쥐잡기의 명수와 같은 목적으로 작출한 것 같다. 이 개를 작출하는데 사용한 견종은 확실치는 않으나 마르티즈와 테리어종부터의 설, 올드브란크탄·테리어, 스카이·테리어의 설, 단테이데이몬드·테리어, 클리테스데에루·테리어 설 등이 있으나, 영국에서 1862년 이후 진종(珍種)으로 사육되어 오늘에 이르고 있다.

[성능] 주의력과 인내력 및 표정이 풍부하며, "눈으로 말한다"라고 할 정도의 개이다.

[특징] 치와와 정도의 작지는 않으나, 어쨌던 가볍고 풍부한 털이 특징이다. 안정된 철회색 긴 비단 모양의 털이 풍부하게 곧게 뻗으며, 기복(起伏)이 없다. 그 길이는 밑바닥까지 질질 끌게 되므로, 언제나 최량의 상태로 유지하기가 곤란하다.

표준(標準)
체고 二八센티, 체중 一·五킬로, 몸길이 三四센티가 이상(理想).

체점
외모
털색 …… 五五
머리·다리의 털색 …… 五
그의 풍부한 털의 질·양·길이·전체의 덮힌 털색 …… 五〇
기타 여러 곳 …… 二五
청동색이나 어두운 색은 결점.

보스턴 · 테리어

[**원산**] 미국

[**용도**] 애완견

[**연혁**] 인공적으로 계획해서 창작한 새로운 견종이며, 그 과정은 도베르만과 비슷하며, 다른 개와 같이 어느 정도 고정된 견종을 토대로 한것이 아니다. 그 시작은 부루와 **테리어**의 잡종견

[**성능**] 온화, 총명, 쾌활, 표현이 지능적이라고 한다. 그 외관에 일치한 성능을 갖고 있다.

[**특징**] 흔히 말하는 턱시이도우(밤에 입는 약식 남자용 예복)라 말하는 흰반점이 눈에 띄는 것이 인상적이며, 미끄러운 짧은 털, 짙은 털색 등이 그 활발하고 생기가 있는 동작과 함께, 이 개 최대의 볼품이다.

  어디까지나 스타일을 갖고 애완되는 것이므로, 가슴에서 목, 눈에서 귀, 입에까지의 구성에 여러 가지의 주문이나 조건이 나오나, 작으면서도 당당한 몸의 태새, 스마아트맛이 넘치는 앞반신의 구성이 지금부터의 과제이기도 하다.

표준(標準) 체점

항목	배점
가슴 폭、어깨 경사	一五
짧은 등、몸둥이、	一〇
허리、궁둥이、배、	一〇
머리、이마	一〇
얼굴의 구성	一〇
전반의 구성과 맞는 걸음걸이	二〇
눈의 위치、색	五
앞뒤 다리	一〇
꼬리	五
포스튼 칼러	九
기타	
計	一〇〇

치 와 와

[원산] 멕시코

[용도] 애완견

[연혁] 1000년전의 원종은 골격이 뛰어난 소형이며, 소수렵용의 긴 털 종류이었다. 그 뒤 털없는 개와 짝맞추어, 1800년대 미국인에 의해서, 금색, 적색, 크림색, 일색의 이 견종이 만들어졌다. 부인용의 애완견으로 세계적으로 극구 찬양

[성능] 완전한 애완형이기는 하나 그 행동은 민첩하며, 옛날의 수렵용견의 한모습이 보인다.

[특징] 체구가 극히 소형인 것이 특이하며, 개 종류 중에 가장 경량급에 속한다. 털이 긴 것과 짧은 것이 있으나, 털이 긴 것은 좋은 형을 만들기가 힘든다.

체장 (体長)은 짧고, 다리는 가늘고 길다. 두부 (頭部)는 높게 지탱하며, 꼬리는 항상 위로 향하여 있으나 고리를 만들어 그 끝이 등에 닿는다. 귀는 크며 긴장하면 선다. 양눈은 둥글고 약간 떨어진 것이 좋다.

표준 (標準)

체중은 九○○ 그램부터 一킬로 반까지라 하나, 실제는 소형화가 극단적으로 발달하여 一킬로 이하가 많다. 그러나 지나친 소형화가 계획되면 견종 고유의 특징이 없으며, 그 최대의 것은 생식고장

닥스·훈트

〔**원산**〕독일 〔**용도**〕가정견

〔**연혁**〕고대에 짚트에서 독일에 건너가서 수렵견으로 애육되었다 고한다. 확실하지 않다. 1888년, 독일에 이 개 협회가 창립되어, 1915년, 털이 긴 와이어종과 종래의 털이 짧은 종과의 구별이 되어, 이때부터 미국에 유행되어 지금은 독일보다 훨씬 능가한 대형 소형의 것이 작출 되어 있다.

〔**성능**〕원래 수렵견으로 굴속의 곰 수렵에 사용된 관계로 후각이 예민하며 구멍 파기 위한 강력한 앞발과 앞가슴이 있어 활동적이며 용감하며 이해력이 풍부하다.

〔**특징**〕목의 힘이 강하고, 이가 날카롭다. 앞다리가 힘이 세고 발톱이 튼튼하여, 작은 짐승과 투쟁에 적합한 체격과 용감한 투쟁심을 갖고 있다. 앞몸둥이의 구성은 이 개의 특징이다.

깊고 길게 충실한 가슴, 긴 온화한 몸둥이가 이어 있으며, 털색은 붉음. 코와 발톱은 검다.

표준(標準)
대형종은 체중은 一○킬로 이상이며, 가벼운 것은 그것보다 약간 준다. 암놈은 숫놈보다 약간 가볍다. 소형종은 四킬로(突球) 이하라야 한다. 돌구(突球), 긴 네다리, 짧고 좁은 가슴, 쟁반 얼굴 둥은 싫어하는 형이다.

복 서

[원산] 독일

[용도] 가정견, 사역견

[연혁] 초기의 복서는 추악한 외관을 가지며, 들(野)수렵과 사역견으로서 번식되어 왔을뿐, 200년 전의 그림을 보면 벌써 귀와 꼬리가 잘라져 있다. 이 원종과, 역시 원종 시대의 불도그와 독일에서 행해져, 오늘날의 복서의 조상이 되었다. 1870년 경부터 당시의 복서의 추한 점을 없애고 아름다운 특징을 살리려는 계획을 세워, 단견종(單犬種) 클럽을 설립, 혈통 등록이 실행되어, 개량의 주체는 나쁜 점을 없애고, 좋은 특징을 살리는 점,

[특징] 모난 체구(体構)에, 미듬직한 네발, 탄력적인 걸음걸이와 정력적인 움직임, 목, 어깨의 조화잡힌 선.

[성능] 낙천가이며, 세심한 것은 신경을 쓰지 않음, 조약력(跳躍力)이 있으며, 운동성과 인내심이 강하다 정력이 넘쳐 흐른다.

표준(標準) 체고(센티)		턱과이	머리	가슴과 앞몸	뒷몸	몸줄기	일반외관	기타
숫놈	암놈	一〇	一〇	一〇	一〇	一〇	一五	三〇
五六~六〇	五三~五六							

불 도 그

[원산] 영국　　[용도] 가정견

[연혁] "불"(황소)과 투견(鬪犬)의 뜻이며, 그 조상은 머스치후, 볼도 등의 맹견(猛犬)이었다. 당시의 불도그는 체고 60cm, 체중 50kg이란 대형이며, 외관은 오늘날의 불도그와 같으며, 용장(勇壯) 활발한 성격이었다. 1830년, 투우(鬪牛)가 법률로서 금지됨과 함께, "불"의 투쟁적 체형을 버리는 것이 아까와, 그 특징을 소형화하여 유지하고자 노력한 것이 오늘날의 불도그 이다.

[성능] 개 중에서 가장 성품이 부드러운 개이다. 인내력이 강해서 쉽사리 성내지 않으나, 한번 성을 내면 그 실력은 대단한 것이다.

[특징] 전반신이 무겁고 후반신이 가볍다. 등은 가늘고 또한 활모양이나 그 특징은 왕년의 투쟁 시대에 알맞는 체형(体型)이다.

빈틈없는 체형, 안정감 있는 구성, 강한 턱, 지나친 짧은 머리, 낮은 코, 두껍고 깊은 주름살이

표준(標準)의 구성과 전체의 균형이 가장 화제(話題)에 오름. 두부(頭部)의 중점은 두개(頭蓋)、코、턱、주름살이、귀에 있다.

	점수
두부	三九
균형	二二
그 외의 부위	三九
계	一〇〇

	체중	체고
숫놈	二三킬로	三五센티
암놈	一八킬로	三〇센티

그레이트 · 덴

[원산] 독일

[용도] 사역견(使役犬)

[연혁] 산돼지 사냥으로 사육되었으며, 머스치후의 체구(体軀)와 그레이 · 하운드의 속력과 지구력(持久力)을 집약해서 만들어낸 것이다. 호신용견으로서도 중요시되며, 1900년 경, 원산지에서 영국 미국에 건너가서 오늘날에 보는 것과 같이 경쾌한 모습으로 바뀌기 시작하였다.

[성능] 번견(番犬), 호신견으로 유능하다. 조용한 성질이며, 몸이 큰 것에 비해 주인에게 세심한 주의를 기울인다.

[특징] 위대한 그 모습, 미끄러운 온몸의 곡선이 그 전부다. 암수 모두 70~80 kg 덮힌 털의 색체와 반점이 인상적이다.

체점표에 보는바와 같이, 중점은 외관에 있고, 전반의 체구의 구성, 다음에 작업견으로서의 동작, 그리고 볼 품이 있는 풍모를 위해 머리나 몸둥이에 주의

항목	표준(標準)
체고(센티) 숫놈	七八~八二
체고(센티) 암놈	七一~八○
전체의구조	三○○
머리부분	二○○
앞몸	八
뒷몸	一○○
걷는모습	一○○
몸둥이·전반	二○○
꼬리	二○

보르조이

〔원산〕러시아 〔용도〕수렵견

〔연혁〕이리 사냥개로서 다른 두 세종이 있으나, 어느 것이나 후각보다는 시력을 주로 하여 잡는 것을 구하므로, 모든 체구(体構)는, 속력과 투쟁에 적응토록 되어 있다.

영국에 건너간 것은 1872년이며, "쇼 도그"로서 그 외모의 아름다움으로 사랑을 받으며, 1900년에 미국에 건너가 그 인기를 모았다.

〔성능〕고속으로 달리며, 맹렬한 운동에도 견딜수 있도록 체구가 이루워져 있다. 이에 따른 정신력도 당연히 필요하다.

〔특징〕귀는 날카롭게 짧으며, 목쪽으로 누이게 하고 있다. 늑골의 넓어짐이 현저하며, 아래쪽 팔꿈치까지 내려가 있으며 심장과 폐장의 발달을 엿볼 수 있다. 등은 어깨에서 꽁무니에 걸쳐서, 우아한 높은 곡선을 그리며, 허리 탄력의 강하기를 나타내고 있다. 모든 관절은 크고 강하다.

표준(標準)
체고(센티) 숫놈 七○~八七, 암놈 약간 낮음

체점
머리부분 一二
어깨, 가슴 一○
늑골, 등, 허리 一五
뒷몸, 무릎 一二
체구와 동작 一五
기타 나머지 점수

코 리

〔원산〕 영국

〔용도〕 가정견, 목양견(牧羊犬)

〔연혁〕 이란 고원이나 페루샤가 원산지이나, 기원전 50년대, 로마의 영국 정복 때 갖고 온 목양견(牧羊犬)이라고 한다. 스코트란트지방의 황지(荒地)의 목양(牧羊)에 종사하여, 1860년, 빅토리야여왕이 잉글란드에 갖고오므로서 관상적 요소를 채용하게 되어, 외모, 털색, 털량 등에 현저한 변화를 가져왔다.

〔성능〕 작업견으로서 정평이 있는 것과 같이 총명하며, 운동 신경이 발달하여 경계심이 강하다.

〔특징〕 총명한 입술에서 눈, 귀에까지 코리 독특의 외관과, 몸 전체를 싸는 풍부하고 아름다운 털, 상당한 노역(勞役)에도 견딜 수 있는 견고한 체구, 이에 알맞는 예리하고 기민한 지능 등이 코리의 특징이다.

근래는 관상견으로서의 가치를 중요시하게 되었다.

표준 (標準) 체고는 六三센티 전후며 암놈은 약간 낮다. 체중二七~三五킬로 암놈二七킬로에 정지 털색에 대해서는 별도로 설명하였으나 이개의 평가는, 성질과 그것을 표현하는 얼굴에서 머리, 전반의 균형 등에 그 주력이 쏠림

세틀런드 · 쉽도그

[원산] 영국 세틀런드섬

[용도] 작업견, 가정견

[연혁] 소, 말, 양 등의 무리를 유도하는 사역견이며, 소형의 코리종이라고 생각하면 된다. 그 발생에 대해서는 분명치 않다. 토착개가 점점 개량되어서 오늘에 이른 것 같으며, 원래가 이 섬의 양이나 말이 모두 소형이며, 그 때문에 작업견도 소형이 좋다고 함.

[성능] 원산지는 황지(荒地)가 많다. 그다지 풍부하지 않은 토지이며, 눈보라치는 환경이다. 따라서 이 개는 인내심이 강하고, 체질이 간건한 작업견으로서 자라며, 온화하며, 두뇌도 좋으므로, 가정견으로서 인정 받게 되며, 코리가 크다는 사람에게는 안성맞춤의 견종이다.

[장점] 여러 가지 조건이나 장점은 대충 코리종에 준한다고 생각하면 된다. 소형이면서 밸런스가 잘 잡혀, 비교적 큰 둥근 눈이 약간 코리와 다르다고 하겠다.

표준(標準) 체고는 숫놈은 三八센티 이하, 암놈은 이것보다 약간 낮음 크기, 밸런스, 털에 중점을 두고 평가한다. 색이 불마아루인 경우는 한쪽 또는 양쪽의 안색(眼色)이 청(靑)이나 백(白)도 좋으나, 그외의 털색은 갈색

잉글리쉬·세터

[원산] 영국

[용도] 조렵견(鳥獵犬)

[연혁] 그 전신은 스파니엘종이라 한다. 스파니엘 중에서 수획물을 겨눌 때, 엎드린 성질을 가진 것을, 토대로 하여 오늘날의 세터로 고정되었다고 한다. 그 자태는 여성미적인 점이 영국·포인터와 대조적이며, 함께 조렵용 개로서 또는 관상견으로 높이 평가되어, 털 모양이나 무늬 등으로 볼품 있는 것이 작출되어 있다.

[성능] 포인터, 세터, 스파니엘은 각각 그 엽능(臘能)을 달리 하고 있다. 세터종은 성질이 온화하며 늪지대 **사냥**에 특히 알맞다.

[특징] 민활한 활동에 지장이 없는 정도의 털, 이 털이 산이나 들의 관목류(灌木類)부터의 손상을 방지한다. 심한 노동에 견딜만한 체력은, **강한 심장과 폐장**, 믿음직스러운 네발, 적당한 길이의 **견사 모양의 털**. 아름다움 때문에 부인용 가정견으로서 애용된다.

표준(標準)	
체고숫놈	六四센티
체중숫놈	二七킬로
머리부분	전후 二〇
몸체	二七
앞뒤발의 구성	二三
덮힌 털	八
꼬리	五
전반의 균형과 동작 미모 등	一七

도오베르만

〔**원산**〕 독일　〔**용도**〕 작업견

〔**연혁**〕 다른 모든 견종이,　어느 비교적 고정도의 높은 자연의 개를 토대로 하여 개량했는 것에 비해, 이 개는, 우선 사람에 의한 이상상(理想像)을 묘사하여, 그 요구를 충족하게끔 품성(稟性)과 체형(体型)을 창작 해낸 것이 이체(異彩)를 띤 점이다.

이 개가 독일에서 공인을 얻은 것은 불과 60여년 밖에 안 되나 그 개량 고정도의 높이는 현저하며, 롯트와이러종을 기본으로 삼아, 만체스터·테리어, 스코티쉬·테리어, 비클, 닥스·훈트 등이 참가하여, 개량한 것이다.

〔**성능**〕 코가 예민하며, 힘이 있고 박력이 있다. 동작은 기민하며, 때로는 약간 **침착치 못하다는** 비난도 있다.

〔**특징**〕 짧은털이 밀착하여, 빌로오도 모양의 광택이 나는 점과 단려(端麗)한 모습을 뽑내는 것이 외관의 주체이다.

표준 (標準)	
체고 숫놈	六六센티
암놈 六一센티가 최저	
힘살의 세기、 활발	
한 기질、 예민	二九
어깨、 몸둥이	二一
덮힌 털색、 질	一一
이、이빨	一五
얼굴、머리、전반	六
어깨、허리、사지	一八
기타	
계	一○○

세 퍼 드

〔원산〕 독일

〔용도〕 가정견 작업견

〔연혁〕 튜린겐 지방 토착의 작업욕(作業欲)이 왕성한 목양견(牧羊犬)이 있어서, 그것이, 엄격한 작업견이란 표준을 축(軸)으로 하여 세퍼드협회가 1899년 설립되어, 그 이후 열심히 개량을 가해, 그 특색을 체형과 품성(稟性)과 걷는 모양에 꾸며서, 오늘날에 이르렀다. 그러나 중도에서 체형미를 목표로 하는 일부 번식가와의 타협 때문에, 훈련과 전람회의 두부분으로 분립되었으나 구체적인 표준에는, 하등의 변경이 없다.

품성을 가지고 생명으로 하는 이 개도 관상용으로 그 본성을 잃어가는 것 같다.

〔성능〕 경계심, 충실성, 비유혹성, 대담성이 좋은 기질 예민한 감각이 이 개의 생명이며, 세련된 전체의 곡선미, 힘센 구성, 내구력이 풍부하며, 경쾌 활대한 걷는 모습, 작업견에 알맞는 균육과 뼈의 발달 등.

표준 (標準)

체고 六〇~六五센티 암놈은 약간 낮다。

항목	점수
기질	二〇
전체 몸 구성	五
걷는 모양	五
골균의 구성	一〇
앞발에서 가슴 몸퉁이 뒷발에 까지	二〇
덕힌 털, 얼굴의 조작과 구성 전부	一〇

와이말라너

[원산] 독일

[용도] 조수렵견 사역견

[연혁] 와이마루 지방에 예로부터 전하는 사냥개로서, 1810년. 벌써 이 개가 기록되어 있다. 들원숭이, 노루 등의 사냥 외에, 수륙(水陸)의 새 사냥에도 사용된다.

후각의 예민함과 섬세함은 이 개의 가치를 한층 높이며, 미국에 있어서는 만능견(萬能犬)라고 불리며, 수렵 외에, 수색, 맹도(盲導), 호위 등에 종사한다.

[성능] 수렵견인 이 개는, 독일 포인터와 같은 정도라고 생각하면 좋으나 이 개는 독점욕이 강해서, 무엇을 하더라도 일견일주인주의(一犬一主人主義)가 아니면 잘 진행이 안 된다. 후각이 좋아 어떤 수색이나 추적(追跡)에도 적합하며, 신체는 극히 튼튼하게 구성되어 있으므로, 험준한 것도 아랑곳 없이 대활약을 한다.

[특징] 회색의 짧음털로 눈의 색은 청회색이며, 매력적이다.

표준(標準)
체고六三・五~六八・六센티
머리는 긴편, 강한턱과 알맞는 입술이 있다. 귀는 부드럽고 길게 늘어뜨린다. 약간 위에 붙으며, 가슴부분의 발육이 좋고, 깊고 뚜껍고, 사지의 관절은 강하다.

116

비 글

〔원산〕 영국　〔용도〕 수렵견

〔연혁〕 하이리어종을 축소한 것과 같은 외견(外見)의, 하운드로서는 최소의 개로서, 성능으로 볼 것 같으면 올드서어전·하운드의 피를 받았다는 견해가 강하다.

　현재의 비글에 도달하기까지는 많은 변천이 있었으나, 수렵 좋아하는 영국 귀족사이에 이상하게 인기가 집중되자, 짧은털, 소형화의 경향으로 강해진 것이다.

〔성질〕 영리,온화하며 가정적이며, 아름다운 짖음으로 그 이름이 높으다. 들토끼가 지난 행적을 그대로 따라가며, 음악적인 짖음을 하므로 사냥하는 사람으로서는 현재 어디서 추적하고 있다는 것을 알 수 있다.

〔특징〕 수렵용과 관상용은 약간 그 성질의 다름이 있으나, 토끼사냥개로는 최고의 기능이 있다.

　조교(調敎)에 의해서 꿩, 여우, 다람쥐 등의 사냥도 가능하며, 다예(多藝).

표준(標準)	
체고는 四〇센티 이하	
체중 二〇킬로 전후, 귀, 사지, 흉곽 등의 구성이 중점이 되며, 털색, 털은 경시	
머리, 입, 눈	一五
가슴에서 어깨	一五
사지	三〇
등, 백, 허리	一五
귀 ―〇이나	一五

센트 · 버나드

[원산] 스위스

[용도] 작업, 구조견

[연혁] 스위스 토착의 목양견(牧羊犬)과 센넨·하운드 기타의 산악견 대형의 혈액을 가지고 작출한 견종중 최대의 것이다. 알프스산 중의 센트·버나드사원(寺院)에서 사육되어, 등산자나 예배자가 조난당했을 때에 그 수색과 구조견으로 오랫동안 봉사하고 있는 것으로 유명하다.

[성능] 웅대한 모습임에도 표정은 지적이며 결코 심술궂음의 성격을 갖지 않은다. 어떤 곤란에도 잘 견디며, 한냉(寒冷)에도 강하며, 좋은 후각을 갖고 수색이나 구조에 행동하며, 헌신적으로 인류를 위해 봉사한다.

[장점] 강력하고 위대한 폭넓은 머리를 갖추며, 뒷머리는 약간 융기(隆起), 이마는 깊은 줄음살이가 있으며, 입은 짧다. 귀는 삼각형이며 높게 붙어있다. 크기는 종,

표준(標準)

체고 숫놈 七○ 이상 암놈 六五센티·이상 단 전체의 균형은 유지되어야 한다. 털은 흰바탕에 빨강、빨간바탕에 흰 것 턱에서 가슴앞발 전부와 뒷발의 선단부에 백반(白斑)이 있는 것이 좋다.

아끼다견(秋田犬)

〔**원산**〕 일본 아끼다 〔**용도**〕 가정견
〔**연혁**〕 일본 아끼다껭 지방에 예로부터 많이 사육하였으므로 아끼다견(秋田犬)이라고 하나, 오늘날에는 일본 전국에서 **사육되**며, 상당수가 미국에 **수출**되고 있다고 한다.

　이것은 옛날부터 순수한 일본견이 아니고, 약 50년전에 우리나라의 진도개가 건너가서 번식에 주력하였는 것으로 짐작된다. 전쟁중에는 멸종이 될 정도였으나, 다시 일어났으며, 혼란기에는 세퍼드의 피를 섞게되어, 전쟁전과 전쟁후에는 많은 사잇점이 생겼다.

〔**특징**〕 골격이 튼튼하며, 근건(筋腱)의 발달도 좋다. 대, 중, 소형이 있다. 동작이 중후(重厚)하다는 것이 다른 수렵용견과 다른 점이라 하겠다. 이마가 넓고, 뺨이 강하며 이어지는 복덜미도 늠름하다. 이마에 주름살이가 있는 것은 좋지 못하다. 눈은 삼각

표준(標準)
체고(센티)
숫놈 六四~七○
암놈 五八~六四
일본견은 어느것이나 두껍고 부드러운 아랫털이 있고, 윗털은 곧고 길다. 꼬리는 짧고 감아 올리고 있다. 짧은꼬리, 감지않은 꼬리, 아래위의 턱이 맞지 않은 것은 실격.

일본 중형견

[원산] 일본 혹까이도, 아끼다,이와데, 무쓰, 다까찌,야마나시 등

[용도] 수렵견, 가정견,

[연혁] 일본에서는 이러한 지방별의 개를 통털어 중형종(中型種)으로 취급하고 있다.

[성능] 실렵견(實獵犬)이므로 활동적인 성격과 강건한 육체를 요구된다.   외모는, 균형이 잡힌 체구이며, 긴밀한 골격, 여기에 강인한 근건(筋腱)이 부착하여, 발달하지 않으면 안 된다 감각은 예민하며, 동작은 민첩, 걷는 모습은 경쾌하며 탄력성이 있고, 격렬한 기백이 있으며, 침착성도 있다.

[특징] 일본견으로서의 특색이 있는 털색이 있으나, 가히견(甲斐犬)만은 범털색이 약간 남아 있다 흰털은 많은 문제가 되어 있다. 이것은 색소의 퇴화(退化) 라고는 볼 수 없다. 보기에 연약한 것같이 보이나, 녹이 있는 흰색은 오히려 좋아한다.

표준 (標準)

체고 (센티)

숫놈 四九~五五

암놈 四六~五二

일본견 보존회의 표준털색은 곤색, 빨강색, 검은색, 범색, 흰색 이러한 털색은, 그 색조는 농담(濃淡)이나 혼색의 배합상태에 의해서 여러 가지 변화가 나타난다.

사람들이 개를 생존상(生存上)의 필요물(必要物)이라고 본 시대는 벌써 먼 시대이다.

그러나 그 시대에 몸에 붙은 성질이나 얼굴 용모는 그대로 오늘날까지 전하여져 있으며, 우리들 생활을 풍족하게 하고 있다.

□ 견종(犬種)과 그 분류(分類)

현재 세계에서는, 300여종에 달하는 순수견(純粹犬)이 알려지고 있으나, 이 것은 어느 것이나, 견종 표준에 명시되어 있는 체형(体型)과 기질을 받아 이어갈 수 있도록 작출(作出) 고정된 것이며, 그 견종에 의탁하는 사람들의 희망이나 꿈을 만족시켜는 것이다.

이와 같이 많은 견종이 태어나 있는 것은, 예로부터 개를 사람 생활에 필요한 동물로서 그의 소임을 위임하고 기대하며 개쪽에서도 거기에 따르기에 알맞는 체질 개선을 계속한 결과의 산물(産物)이며, 장소에 따라, 사람들의 습관에 따라 달라진 인종의 교류가 있으면, 개도 또한 그 기회에 교류되는 것과 같은, 긴 역사와 지역적인 특징이 얽힌 소산물(所産物)이라 하겠다.

이 많은 종류의 순수견종은, 대체로, 그 용도에 의해서 크게 구별할 수가 있다. 그러나 그 구별하는 방법은, 그 견종의 태어난 용역(用役)을 기초로 하는가? 그 기원에는 깊이 닿지 않고, 현재 그 견종은 인간 생활에 어떤 역활을 하고 있는가를 기초로 하는가에 따라, 제법 많은 차이가 있다.

또 나라마다 사람들의 기호(嗜好)가 달라서, 견종 중에서도 어떤 나라에는 많은 유행을 하고 있으나, 또 어떤 나라에서는 전연 돌보지도 않은다는 것이며, 소위 공인견(公認犬)의 종류나 수도 한결같지 않다.

□ 영국의 공인견(公認犬)

현재 유행되고 있는 견종의 작출(作出)에 가장 공로가 큰 영국의 캔넬클럽(KC)는, 엽견(獵犬), 비렵견(非獵犬)으로 크게 두가지로 나눈 것만으로, 벌써 100년 이상이나 계속되고 있다. 그 초기에는, 양견종(兩犬種)을 합해서 기껏 50종 미만이었다. 그러나 견종이 차차 발전함에 따라 이와 같이 두가지로 구별할 수가 없어서, 결국은 엽견(獵犬)을, 조렵(鳥獵), 수렵(獸獵), 테리어의 세무리로 세분(細分)하여 비렵견(非獵犬)을, 비렵, 애완(愛玩)의 두무리로 하여 오늘에 이르고 있다. 그 내용을 자세히 보면 납득이 안 가는 부분이 있으나, 그것도 역시, 시대의 변천이 원인이며, 무언가 기회가 있ᄼ면 조만간(早晩間) 수정되리라고 본다. 이를테면 닥스・훈트의 초소형종(超 밴 種)이 되기는 하였으나, 여전히 수렵견에 소속되어 있으며, 비렵견 중 ᄂᆫ 상당수의 당연 애완견에 편입되어야 하는 것이 아직 방치된 채 그대로 .다는 점이다. 우리 나라에서도 잘 알려져 있는 견종이 영국에서는 어떻게 분류되어 있는가 그 대략을 살펴 본다.

1. 하운드 아후칸, 바세트, 브랏도, 데이어, 닥스의 다섯종, 폭스, 글레, 아이리쉬우루후의 각 하운드견과 빳센쟈, 비글, 보르조이, 설키, 호이뻬드, 하아리어, 휘이니쉬스피츠 등.

2. 총렵(統獵)   잉글리쉬, 아이리쉬, 골덴의 각 세트, 스파니엘의 일곱종 레트리이파아의 여섯종, 영국・포인터, 독일・포인터 등.

3. 테리어 애어데리어, 오스트리안, 베드린튼, 보오다아, 불의 두종, 캐언, 단뉘이데몬, 폭스(와이어, 스므즈), 아이리쉬, 퀠리블루우, 스코티쉬, 시이리협, 스카이, 웰쉬, 웨스트 하이랜드 화이트, 요크셔, 스탓포도셔의 각 데리어.

4. 비렵견(非獵犬)   세퍼드, 코리, (스므즈, 러프), 도베르만, 올드잉글리쉬 쉽도그, 세틀런드 쉽도그, 웰쉬콜기(카아데간, 뺀프러크), 슈나우처, 미니어추어 슈나우처, 보스턴, 불, 복서, 쵸오쵸오, 불머스치후, 머스치후, 프렌치불, 다르메치언, 그레트덴, 키이스훈트, 푸들(스탄다드, 미니어추어), 서모에이드, 스킷빠, 시이토즈, 티베탄 테리어, 센트버나드, 뻬레나언 마운테인, 뉴우파운드란드

5. 애완견(愛玩犬)   블러크언드탄테리어, 일본찡, 이탈리안그레이하운드, 글리폰, 치와와, 킹그찰스 스파니엘, 캐벌리이, 마르티즈, 퍼그, 파피온,페기니즈 등

□ 미국의 사정

미국에서는, 엽견(獵犬), 비렵견(非獵犬)이라고 크게 나누지 않고, 영국식의 비렵견종 중에서 작업견종(作業犬種)을 독립시켜, 목양견(牧羊犬), 취

(교)견(橇犬 . 썰매끄는 개), 사역견(使役犬) 등을 뭉쳐서, 정리상의 혼란을
방지하고 있다.

 1. 하운드(수렵용 견＝獸獵用犬)
 2. 간(총렵 즉 조렵용견＝銃獵 即 鳥獵用犬)
 3. 테리어.
 4. 작업견(作業犬) 세퍼드, 글레트덴, 복서, 코리 등
 5. 애완견(愛玩犬)-마르티즈, 포메라니언, 페기니즈, 일본찡 등
 6. 비렵견(非獵犬)-불, 보스턴테리어, 푸들, 다르마치언 등

미국의 공인견은 130수종이나 되나, 그 외 50종 이상이 다른 여러 나라 에
서 공인되어 있으며, 전세계의 순수견(純粹犬)으로서, 멀지 않아 공인되지
않으면 안 될 견종은 약 100여종 현존(現存)하고 있다.

공인견의 종류는, 나라의 사정에 의해서 많은 차이가 있다. 공인견을 혈
통 등록하여 두면, 그 등록한 단체의 주최하는 개 전람회〔견전(犬展)또는 쇼
오〕 또는 훈련 경기회에 참가해서 심사를 받을 수가 있다.

공인견이 혈통 등록되면, 그 사본을 받아, 그 개 장래의 번식 계획을 세
우는 참고에 쓸모가 있다. 어떤 나라에 공인되어 있는 훌륭한 순수견이 라도,
다른 나라에 그 수가 너무 적으면 공인받지 못한다.

□ 일본의 경우

일본 은 일본 독특의 축견(畜犬) 사정을 기초로 하여, 각 견종이 합리적으
로 발전할 수 있게끔 공인견을 정해 있다. 단 일본 축견 연맹의 기초가 아
직 튼튼하지 못하므로 세계 일류국과 어깨를 나란히 하여 교제를 하기까지
는 도달하지 못하고 있다. 한걸음 더, 각 단독 견종 단체의 통일이 이루어
지게 되면, 일본의 대표 단체로 인정받게 되겠지만……

일본의 유행 견종은 미국의 영향을 많이 받고 있다. 따라서 사육 방법
도 비슷한 점이 많다. 일본의 순(純) 국산 견으로, 영국, 미국 기타의 일류
국에 공인을 받고 있는 것은 찡(狆)종 뿐이다. 물론 애완견에 속해 있으나,
그 견종은, 일본의 스파니엘 또는 일본 소형견(小型種)이라 불리고 있다.

일본에서 가장 수가 많은 것은, 소위 일본견이다. 그 중 대형종 즉 속
칭 아끼다(秋田)견은, 일본에 있는 미국 사람이 많이 애호하며 해마다 약
간씩 수출되고 있다. 그러나 미국에서 아직 공인은 하지 않고 있다.

대형종 외에 중, 소형종은, 그 기원으로 봐서 하운드 즉 수렵견종에
속하는 것이다. 그 외 일본에는 30여 가지가 있으나 생략한다.

123

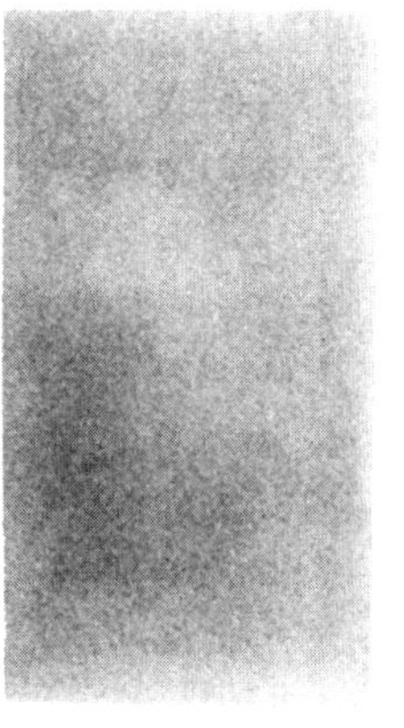

◇ 스포오츠견군(犬群)

□ 골던 · 셋터

〔원산〕 영국 〔용도〕 조렵견(鳥獵犬)

〔연혁〕 모든 영국산 셋터 중에서 최대이다. 골던공(公)에 의한 개량이 이 견종의 원바탕이며, 아마도 블랏도하운드의 블랏크·턴·색이 이 개의 털색에 남았는 것이 아닌가 한다. 이 개의 클럽 설립은 1930년대 이후 급속히 발전해서 세계 여러 곳에서 애육되고 있다.

〔성능·특징〕 완강하며, 장시간의 수렵에도 잘 견딘다. 침착하여 약간 그 행동이 느리다고 하는 비판이 있으나, 그 엽능(獵能)에 확실성이 있어 침착, 냉정을 인정받고 있다.

털색은 진한 흑색이며, 갈색의 반점이 양쪽 눈위, 입술, 앞뒷발의 안쪽에서 밑으로 걸쳐서, 목, 가슴앞, 꼬리의 뒤쪽, 항문 주위에 있다. 짧은털, 체고(体高) 65 cm, 체중 28kg 전후며, 셋터종보다 큰편이다.

□ 아이리쉬 · 셋터

〔원산〕 영국 〔용도〕 조렵견(鳥獵犬)

〔연혁〕 아일랜드에서 미국의 셋터나 골던과 교배한 것 같다.

〔성능·특징〕 진한 금밤색이 많고, 연하고 긴털은 참으로 볼품이 있기 때문에, 애완견, 가정견으로서의 용도가 많아지고 있다. 잉글리쉬·셋터의 크기이다.

엽들(獵野)에서는 활발한 움직임을 하며, 활동 범위가 넓으며, 운반하는 솜씨도 좋다.

아이리쉬·셋터
体高　♂61～69cm　♀59～64cm
体重　体高♂69cm で約32kg
　　　　♀64cm で約27kg

카아리이코텟드l·레트리버어
体高　64～69cm
体重　32～36kg

□ 레트리버어

〔**원산**〕체서피이크베이(미), 카아리이코오벳드(영), 프랏트코오텟트(영), 골던 (영), 러브러돌(미, 영) 등의 종류가 있다.

〔**용도**〕조렵견(鳥獵犬) 특히 운반용

〔**성능·특징**〕조렵에 사용하나, 수색 외에 특히 노획물의 운반이 능숙한 것이 특징이며, 물을 좋아하고 추위에 잘 견딘다. 튼튼한 구성을 하고 있으며, 러브러돌 이외는 상당히 두꺼운 털을 덮고 있다.

프랏트코오텟드·레트리버어
体高　56～61cm
体重　27.3～31.8kg

골던·레트리버어
体高　♂59～61cm　♀52～56cm
体重　♂30～34kg　♀24～27kg

□ 잉글리쉬 · 코커 · 스파니엘

〔원산〕 영국　　〔용도〕 조렵견(鳥獵犬)

〔연혁〕 공인은 1892년이며 그 이후 차차 애완견의 지위에 변하여 가기는 하나, 엽능(獵能)의 유지에 노력을 하고 있다.

〔성능 · 특징〕 체중은 11kg전후와 제한이 있으며, 체고는 38cm 이하로 암놈은 좀더 낮고 가볍다. 털은 다소의 파상(波狀)은 좋으나 감는 털은 좋지 못하다. 아메리칸 코커에 비하면 상당히 털량이 적다. 한색으로 된 것이 많으나, 흰 장식털은 없는 것을 좋아한다. 반(斑)은 그다지 크지 않은 것이 좌우 대조적으로 나타나는 것이 좋다. 입술, 몸둥이, 사지(四肢) 등이 이 개의 가장 볼품이 있는 점이다. 표준에 있어서도 중요시 되어 있는 부위(部位)이다.

　견종으로서는 오래된 하나로, 스파니엘 중에서는 가장 작은 소형의 피를 받고 있다.

□ 그 외의 스파니엘

〔원산〕 잉글리쉬 스플린거, 아이리쉬 웨타, 휘일드, 웰쉬, 서세크스 (영국),
〔용도〕 조렵견(鳥獵犬)

〔연혁 · 성능 · 기타〕 원산은 스페인이나, 영국에의 도래(渡來)는 시기가 불명, 초기에는 육용(陸用)과 수용(水用)의 두 종류로 구별되어 있었으나, 어느 것이든 노획물을 날아 오르게 하기 위해서 사용되었다. 이 중에서 색다른 것은 아이리쉬 웨타로 엽능(獵能)의 폭이 넓은 것과, 덮힌 털이 두껍고 수렵(水獵)에 적합하다는 것 등 또, 좋은 가정 견이기도 하다. 오늘날의 아

잉글리쉬 · 스플린거 · 스파니엘
体高　♂約51cm　♀約48cm
体重　22～25kg

아이리쉬 · 웨타 · 스파니엘
体高　♂56～61cm　♀53～59cm
体重　♂25～30kg　♀21～26kg

이리쉬 웨타가 있기까지의 경과는, 아이리쉬 셋터, 카이리이코오텟드레트 리이버어 쁘우돌 등이 관여(關與)한 것이라고 생각 된다.

잉글리쉬 스플린거는 영국산 스파니엘로서는 사지가 길고, 동작도 활발 하다. 털색은 흰색과 흑반이며, 웰쉬 스플린거는 백적반(白赤斑)이다. 서 세크스는 짖는 소리를 내면서 추적하는 개로 총림중(叢林中)에의 사냥에는 아주 적당하다.

❶ 휘일드 · 스파니엘
　　体高　約46cm
　　体重　16～23kg

❷ 서세크스 · 스파니엘
　　体高　38～41cm
　　体重　18～21kg

❸ 웰쉬 · 스플리거 · 스파니엘
　　体高　約43cm
　　体重　16～21kg

◇ 하운드 견군(犬群)

보르조이, 닥스·훈트, 일본견은 별도로 설명하였음.

□ 아프간 · 하운드

〔원산〕 아프카니스탄 〔용도〕 수렵(獸獵), 관상(觀賞)

〔연혁〕 이 수세기 동안 거의 모습을 바꾸지 않은 것과, 그 개의 산지(産地) 국명을 그대로 견종명으로 하고 있는 점이 재미있다. 그 기원에는 여러 가지 설이 있다. 태고(太古)의 일로, 확실하지는 않으나, 적어도 시리아 사람들이 갖고 있는 살키이종과 닮아 있는 점으로, 그 산지는 이 양국 중의 어느 것이라고 한다. 인도에서는 버어크지이라고 부른다. 이 이름은 아프카니스탄 왕가의 이름이므로, 아마도, 왕렵장(王獵場)의 엽견(獵犬)이었으리라고 상상이 간다. 영국, 미국에 있어서의 사육열은 제법 왕성하였다.

〔성능 · 특징〕 원산지에서는 현재에도, 가축의 보호나 수렵에 사용하고 있다. 이 개 두마리면 표범 한마리를 이겨낼 수 있는 힘을 가졌다고 한다. 투쟁심이 강하고 용감하며, 그 체구에서 상상되듯, 질주력(疾走力)은 대단하다. 성질은 영리하며, 가정견으로서도 좋다. 낙타와 같은 부드러운 감촉의 털이 매력이며, 특히 귀, 어깨, 뒷발로 길게 늘어뜨려 조금 이상한 느낌이 난다. 체고는 70 cm전후, 체중 28 kg 전후, 털색은 클림, 파운 차(茶)색이 많고, 흰색, 검은색, 빨강색 등 다체롭다. 덮힌 털은 이 개의 하나의 특징이며, 앞머리 부분만 짧고 다른 곳은 길다.

□ 살루기이

[원산] 이집트, 시리야, 아라비아

[용도] 수렵견

[연혁] 그레이·하운드족의 하나로 견종으로서는 오래된 것이다. 영양(羚羊), 재칼, 여우, 토끼 등의 수렵견이며, 1923년, 영국 공인견이 되어, 스포츠견으로서 경견(競犬)에 쓰이기도 하였으나, 그 뒤 미국에 건너가, 쇼행견의 하나가 되어 오늘에 이르렀다.

[성능·특징] 속력이 빠르며, 내구력(耐久力)이 있다. 시력(視力)이 좋고 후각도 강하므로, 엽능(獵能)은 대단하다. 길고 튼튼한 사지(四肢)와 강한 관절, 깊은 가슴과 길고도 유연(柔軟)한 목 등, 운동적인 구성을 갖춘다. 털색은 흰색, 클림색, 금색, 빨강색, 백흑(白黑) 등이 있으며. 상하의 이의 맞물림이 나쁜 것은 싫어한다.

□ 호이뻬트

[원산] 영국　[용도] 경견(競犬)

[연혁] 영국의 호와이트·테리어와 그레이·하운드와의 교잡으로 발족하였으나, 중도에서 이탈리안 그레이·하운드를 사용하여 오늘날의 견종으로 완성시켰다.

[성능·특징] 그레이·하운드의 속력에는 따르지 못하므로 경견계(競犬界)에서는 물러서기는 하나, 아름다운 모습과 온순하고 영리하다는 점으로 가정견으로서의 수요가 많다. 깊은 가슴, 감아 올린 배, 날씬하고 미끈하게 내린 꼬리, 적당하게 뾰족한 입술 등이 외관상의 매력이며, 털은 대체적

으로 짧다.

□ 그레이 하운드

〔**원산**〕 이집트　〔**용도**〕 경견(競犬)

〔**연혁**〕 고대 견종의 대표적인 하나로 본견종의 혈통을 편성하는 것으로는 아프간, 살루기이, 보르조이, 이탈리안 및 인디안·그레이·하운드 등이 있다. 노루, 토끼 기타의 들(野) 수렵에 사용되며, 시력이 강하고 달리는 힘이 빠르다.

〔**성능·특징**〕 노획물 추적(追蹟) 경주에서 현재 행하고 있는 트랙 경주에 사용되기 시작한 것은 1920년 이후, 개상자(犬箱)의 문이 열림과 동시에 박제(剝製)의 토끼가 전동력으로 개의 전방을 질주(疾走)하는 장치로, 개는 이 토끼를 쫓아 레이스(경주)를 행하는 것이나, 영국이나 미국에서는 이 경기가 대유행하여, 경마에 있는 마권(馬券)에 해당하는 견권(犬券)이 성대하게 팔리고 있다. 이 경견(競犬)클럽의 기부금에 의해서, 개의 디스템퍼(강아지의 급성전염병)의 연구가 행해진다는 것은 근래의 미거(美擧)이다.

털은 짧고, 색은 브린돌, 흑과 백, 적(赤) 등이 일반적으로 많다. 체고 68cm 전후, 체중 30kg, 암놈은 약간 낮고 가볍다.

□ 블랏드·하운드

〔**원산**〕 영국　〔**용도**〕 수렵, 현재는 경찰견

〔**연혁**〕 노르만 사람이 전한 센트·버나드·하운드가 원종이리라고 한다.

브랏드 · 하운드
体高　♂64〜69cm　♀59〜64cm
体重　♂41〜50kg　♀36〜46kg

아이리쉬 · 울후하운드
体高　♂81cm以上　♀76cm以上
体重　♂55kg以上　♀48kg以上

노루사냥 개로서 후각을 상용(賞用)되어 있었으나, 점차 경찰견으로서의 용도가 열리고 있다. 이 혈통을 끌어 당긴 많은 후각견(嗅覺犬)이 작출 (作出)되어 있다.

〔**성능 · 특징**〕 세퍼드 때문에 압박을 받고 있다. 특이(特異)한 외모가 있어 체중 45kg 정도다.

□ 그 외의 하운드

아이리쉬 울후하운드는 영국산으로 체고 70 cm, 체중은 가벼운 것이라도 45kg 이상이나 거대하며, 데어 · 하운드 웰리쉬 · 하운드 등과 같은 형의 견종이다. 그레이 하운드나 보르조이와 같이 안력(眼力)을 써서 노획물을 찾는 견종으로, 현재로서는, 실렵(實獵)에 노획물이 적어졌으므로, 쇼오 도그직으로 개량되어 가고 있다.

폭스 · 하운드를 소형으로 하면 하아리어에 닮은 것이 된다고 한다. 폭스 하운드는 떼(群)를 지어서 경마에 따라 토끼 사냥에 사용한데 대해, 하아리 어는 도보자(徒步者)에 따라 토끼사냥을 하므로 서민적인 유행이 있다고 한다. 어느 것이나 하운드계의 털색을 가지며 초기에는 여우사냥, 뒤에는 토끼사냥, 몇십마리나 떼를 지어서 추적(追蹟)과 포획(捕獲)이란 수단에 의한 사냥개이다. 체중 30 kg, 아메리칸 폭스 · 하운드는 약간 크고, 다음에 잉글리쉬, 하아리어는 또 작고, 그 밑에 체형(体型)이 닮아 있는 비이글이 된다.

닥스 · 하운드와 같이 **발이 짧은** 바세트 · 하운드는 프랑스산의 조수렵 견(鳥獸獵犬)이며, 특히 꿩의 추적과 날아 오르게 하는데 솜씨가 있다.

하아리어
体高　48～53cm
体重　23～25kg

로데쉬알리지박
体高　♂64～69cm　♀61～66cm
体重　♂約34kg　　♀約30kg

밧센지이는 콩고 벽지(僻地)에 많이 보이는 짖지 않은 개로서 희귀하게
여기고 있다. 조렵견(鳥獵犬)이며 소형이다. 로데쉬알리지박은 남아산(南阿
産) 쿤·하운드(미국), 곰, 사슴, 앨크·하운드(스칸지나비야), 휘니쉬·
스피츠(필란드), 웃타(영), 중, 소형 일본견 등이 있다.

◇ 사역견군(使役犬群)

복서, 코리, 도베르만, 세퍼드, 그레이트
덴, 세틀런드, 쉬쁘도그, 센트·버나드는
별도로 설명

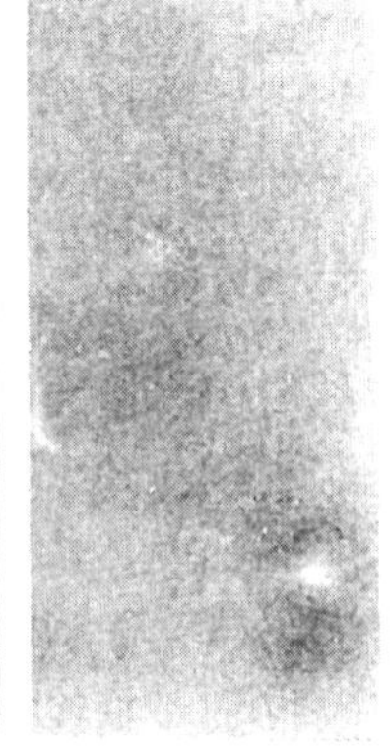

보오더어·코리
体高　♂43〜48cm　♀41〜46cm
体重　14〜18kg

스탄타아드·슈나우자
体高　♂47〜50cm　♀45〜47cm
体重　16〜18kg

□ 보오더어·코리

[원산] 영국　　　[용도] 목양견(牧羊犬), 가정견

[연혁] 영국, 미국 기타 어느 나라에서도 공인되어 있지 않은 견종, 목양 (牧羊)이란 특수한 작업 능력만을 문제로 삼는 견종으로, 등록은 각지에 있는 목양견 협회에서 행하며 색이나 모양은 중요시 않으므로 따라서 개의 표준도 없다. 코리라고는 하나, 실제의 모습은 꽤 연고가 없는 것이다.

[성능·특징] 코리종의 초기는, 어느 것이나 작업견으로서 발족하였으나, 오늘에 이르기까지 그대로 전통을 지켜온 것은 이 견종뿐이며, 따라서 극히 민첩한 움직임을 하여 목양작업 능력은 매우 높으다.

　구간(驅幹), 사지(四肢), 꼬리 걷는 모습 등의 생김새는 견전(犬展) 코리 와 같다. 머리는 짧고, 눈은 둥글고, 약간 튀어나와 있다. 털색은 검은 또는 회색이 주가 되며, 코리 정도 길지는 않는다.

□ 슈나우자

[원산] 독일　　　[용도] 번견(番犬), 경찰견

[연혁] 소, 말, 양, 돼지 등의 추견(追犬)으로서 바바리야지방을 중심으로 사육되었다. 검은 푸들, 키이스·훈트, 뽀멜라니언(묵은 형) 등이 그 혈통이 된다고도하며, 테리어적인 품성(稟性)이 있는 견종으로 스탄다아드를 기본 으로하여 대형과 소형의 세종류가 있다. 미국에는 1905년에 건너가서, 오 랫동안 테리어 무리에 넣었다가 그 후 작업견 무리에 편입하였다.

[성능·특징] 가축의 추견(追犬), 쥐잡는 개, 도둑지키는 개(番大) 등이 그 특성이며, 다분히 테리어적인 성능을 가진다. 와이어·헤어드, 뻰샤아나,

133

사모에이드
体高　♂53～60cm　♀48～53cm
体重　♂21～25kg　♀16～21kg

마스티후
体高　♂76cm以上　♀70cm以上
体重　約75kg　体高76cm

쀈샤아슈나우쟈 등이란 속칭도 있다. 대형은 체고 54cm, 스탄다아드 46cm,소형 35cm전후, 털색은 회색, 진흑(眞黑)이며, 딱딱한 철사 모양의 털의 질이 밀생(密生)하며, 귀, 앞머리부분, 사지(四肢)의 털은 짧으나, 그 외의 부분은 알맞게 길다.

□ 사모에이드

〔**원산**〕 시베리야 부근　　　〔**용도**〕 취(교)견(橇犬 : 썰매 끄는 개)

〔**연혁**〕 스피츠족의 일원이며, 묵은 견종의 대표적인 것, 북극, 남극의　탐험에는 반드시 이　견종이 동행하는 것으로 유명하다. 사모에이드족은　시베리야의 에니세이강 유역의 유목민으로, 이 견종을 사용해서 순록(馴鹿)의 수렵이나 관리를 맞 도록 하였다.

〔**성능·특징**〕 순백(純白)이며 풍부한 버릇이 없는 긴털, 쫑긋하게 선 귀,　등위에 감아 올린 꼬리 등이 인상적이며, 추위에 강하고 인내력도 있다.　명랑한 기질로, 구미(歐美)에서는 부인들이 좋아한다.

□ 마스티후

〔**원산**〕 영국　　　〔**용도**〕 가정견

〔**연혁**〕 묵은 견종의 하나로 그 유래에는 여러 가지 설이 있다. 고대 훼니기야 사람의 교역에 의해서 이길리스섬에 갖고 온 개로서, 그 외의 개 중의 대형견과의 교배로 이 개의 기초가 되었다하며, 아직 이짚트, 기리샤,　앗시리야 등에 이 견종이 아직 있다.

　로마군이 이길리스섬을 점령하고 있을 당시, 대형의 맹견(猛犬)이 있는 것

134

뉴우파운드랜드
体高　♂約71cm　♀約66cm
体重　♂64～68kg　♀50～55kg

웰시콜루기
体高　26～31cm
体重　♂約12kg　♀約11kg

을 발견, 이것을 로마에 옮겨서 경기장에서 맹수(猛獸)와 싸우게 한 일, 기원전 300년 경, 입이 크고, 머리가 크며, 근골(筋骨)이 당당한 거견(巨犬)이 있었다는 역사가의 기록이 있다.

〔성능·특징〕이리 기타의 야수렵견(野獸獵犬), 번견(番犬), 투쟁견 등 그 역사는 살벌(殺伐)하나, 현재의 마스티후종은, 투견 시대를 지내서 100 수십년을 경과하며, 모질고 사나우며, 용감한 기질은 없어져, 당당한 풍모를 갖춘 충실한 번견(番犬)으로서의 구실을 하고 있다. 체고 70cm, 체중 70kg 전후라 하는 초대형견의 하나이다. 털색은 적(赤), 황(黃) 등이며, 입술이나 귀, 코, 눈에 걸쳐서의 암색(暗色)은 강할수록 훌륭한 것이다.

□ 뉴우파운드랜드

〔원산〕북미(北美)　　〔용도〕사역견(使役犬)

〔연혁〕몇세기 동안 아메리카인디안에 봉사하며, 식민지 시대에 영국에 건너가, 이어서 표준이 만들어져 공인견이 되었다.

〔성능·특징〕헌신적인 사람에게의 애정, 지성의 훌륭함 등이 잘 알려져, 인명(人命) 구조의 본능이 평판되어 있다. 아이들이나 어른들이나 모든 영령의 사람들에게 좋은 벗으로 경계의 역(役)을 맡아주기도 한다.

체고 70cm 이상, 체중 70kg 전후며, 보통 검은 두꺼운 털로, 가슴앞의 백반(白斑)은 좋고, 지단(肢端)이나 미단(尾端)은 흰 것도 용서받고 있다.

□ 콜루기

〔원산〕영국　　〔용도〕번견(番犬)

〔연혁〕 웰스지방에 중부 유럽에서 퀠트사람이 아주(移住)하여 올 때부터 이 견종이 있었다고 하며, 웰시콜루기의 이름이 있다. 카뒤간과 뺀쁘록의 두종으로 나누며, 또 대단히 닮아 있으나, 그 유래는 다르다. 뺀쁘록는 후란다스사람의 이주(移住)와 함께 온 개로서, 뽀메리니언, 서모에이드, 스피츠종 등과의 같은 족속이며, 날카롭게 꼿꼿하게 선 귀와 짧은 꼬리를 가지며, 흥분하기 쉬운 기질이 있었으나, 최근, 발을 짧게 하고 귀의 선단도 둥글게 하여, 카뒤간에 닮아오기도 한다.

양견종이 모두 체고 27cm, 체중은 뺀쁘록쪽이 약간 무겁고 9~10kg모, 털 길이는 보통이고 딱딱하며, 털색은 흰색 이외의 여러 가지가 있다.

盲導犬

警察犬

로마시대의 군용견

에스키모의 썰매개 (橇犬)

136

◇ 테리어군 (群)

□ 일본 · 테리어

〔원산〕 일본   〔용도〕 애완견

〔연혁〕 스무우즈 폭크스테리어종을 극단으로 소형화하고, 단모화 (短毛化) 하여, 사지 (四肢)의 섬약 (纖弱)한 일본 독특의 애완견이며, 약 30년전까지는, 오늘의 스피츠종의 유행을 생각할 정도이었다. 북미, 캔낼클럽에, 토이폭스테리어종의 등록이 있다. 이것은 일본테리어종과 비슷하다. 다른 점은 일본 것은 털이 짧은 점이 다르다.

〔성능 · 특징〕 신경질이며 경계심이 왕성하므로 번견 (番犬)으로서 유능하다. 털이 짧으므로 실내견으로서 적당하며 유지비도 적게 든다.

□ 오오스트레일리언 · 테리어

〔원산〕 오오스트레일리야   〔용도〕 사렵 (蛇獵) 애완견

〔연혁〕 요크서 · 테리어 기타의 단지계 (短肢系)의 견종을 교잡해서 작출한 것이라 하며, 이상하게도 영국 이외의 산출 테리어이다. 1933년에 공인되어서, 미국 1935년경에 건너가서, 공인된 것이 1959년이다.

〔성능 · 특징〕 비약력 (飛躍力)이 강하고 소형이며 진실로 귀엽다. 약간 정밀하지 못하나 적당하게 길고 버릇이 없는 털의 색은, 회색 또는 노랑이나 빨강이 있으며, 머리나 발은 "텅"이 진할수록 좋다.

□ 케언 · 테리어

〔**원산**〕 영국　　〔**용도**〕 애완견

〔**연혁**〕 스코트랜드의 바위가 많은 황지(荒地)에서 구멍에 들어가 있는 곰, 여우, 수달(獺) 등의 추방에 사용된 테리어의 일종으로, 스코티쉬, 스카이 등의 테리어종과 같은 지방의 것이다. 영국의 공인은 1910년이다.

〔**성질 · 특징**〕 명랑, 대담하며, 용기가 있다. 그렇다고 해서 싸움을 좋아하지는 않는다. 사육주에 잘 **따르며**, 모르는 사람에게는 적당히 응대(應待)한다.

소형이며 알맞은 길이(8~10cm)위 빨강, 회색, 소맥색(小麥色), 다갈(茶褐) 등의 털을 가졌으며, 체중 5~7kg이다.

□ 베들링턴 · 테리어

〔**원산**〕 영국　〔**용도**〕 애완견

〔**연혁**〕 보오더지방산, 토기, 수달(獺), 여우사냥에 폭스하운드의 시중 드는 역할로서 사용된 경력이 있어, 각종의 테리어에 호이뺏트의 혈액을 넣는 것으로, 베틀링턴 견전(犬展)에서 인정 받은 이후 이것을 개 이름으로 한 것이다.

〔**성질 · 특징**〕 작은 양과 같이 귀여운 모습을 하며, 두꺼운 브러시 모양의 가는 털이 전신을 덮는다. 체고 40cm, 체중 10kg 정도이다.

□ 댄디대먼트 · 테리어

〔**원산**〕 영국　〔**용도**〕 애완견

〔**연혁**〕 옷따와하운드나 스코티, 어쩌면 베틀링턴도 이 견종 작출에 관계한

케언 · 테리어
    体高　♂約26cm　♀約24cm
    体重　♂約7kg　♀約6kg

베들링턴 · 테리어
    体高　♂40.7～44.5cm　♀38.1～41.3cm
    体重　♂8～10 4kg

것 같으며, 1875년 클럽이 창립된 이후, 종래의 엽능(獵能) 외에　가정견으로서　기르게 되었다.

〔**성능 · 특징**〕 므스타빼뼈 테리어의 속칭이 있어, 그 털은　붉으므레한 갈색, 청흑(靑黑)부터 은회(銀灰)까지의 색 등이 있다. 딱딱하고 연한 털이　섞어 있으며, 길이는 약 5cm, 두부(頭部) 것은 부드럽고 길며 풍부하게　있으며 베틀링턴과 비슷하다. 체고 25cm, 체중 9kg, 몸둥이 길이는 40cm나 된다.

□ 쉬리험 · 테리어

〔**원산**〕 영국　〔**용도**〕 애완용

〔**연혁 · 성능 · 특징**〕 발이 짧고 몸집이 적으며, 구멍 생활을 하는 혈거수(穴居獸)의 추방하는 개로서, 쉬리험 지방의 작출, 아마 랜디대먼트의 혈액을 포

랜디대먼트 · 테리어
    体高　20～28cm
    体重　8～11kg

쉬리험 · 테리어
    体高　26～30cm
    体重　♂9.1kg以下　♀8.2kg以下

아이리쉬 · 테리어
体高　約40cm
体重　♂約12kg　♀約11kg

스카이 · 테리어
体高　♂約25.4cm　♀約24.1cm
体重　9～11kg

함했으리라고 한다. 흰색뿐이며, 머리 부분에 레몬이나 갈반이 있다.　체고 25 cm 체중 9 kg정도이다.

□ 아이리쉬 · 테리어

〔**원산**〕 영국　〔**용도**〕 가정견

〔**연혁**〕 아일랜드의 묵은 견종의 하나이며, 1879년에 표준이 정해졌다.

〔**성능 · 특징**〕 엽장(猟場)에서는 목숨을 아끼지 않은다고 할 정도 용감하며, 열중하나 평소에는 조용하게 지낸다. 적(赤), 적소맥(赤小麥), 황(黃) 또는 금다색(金茶色)이며, 에어데일보다 작고 웰쉬보다 크다.

□ 스카이 · 테리어

〔**원산**〕 영국　〔**용도**〕 애완견

〔**연혁**〕 스코틀랜드산(産)이며, 수달(獺)이나,　구멍 안에 있는 곰 사냥용이었다. 1896년 이후 견전(犬展)에 나타났으며, 현재 관상견(觀賞犬)으로서 애용되어 있다.

〔**성능 · 특징**〕 이 개의 귀가 늘어뜨리면 랜더대먼트에, 짧은털이 되면 캐언에 비슷하다. 선신이 긴털로 덮히어, 얼굴같은 곳은 전연 보이지 않는다. 리본으로 털을 묶어 준다. 털은 길기는 하나 강모(剛毛)이므로, 손질은 비교적 쉽게 된다. 털색은 밝은 불루우나 어두운 불루우, 회색, 검은의 소반(小斑)이 들어 있으며 체고는 32 cm, 머리꼭대기에서 꼬리끝까지 60 cm, 체중15 kg

□ 웨스트 하이랜드 · 화이트 테리어

〔**원산**〕 영국 〔**용도**〕 애완견

〔**연혁**〕 스코틀랜드지방산이며, 스코티, 캐언, 댄디대먼트 등과 공통적인 조상이리라 한다. 소해(小害) 수렵견이었으나, 발이 짧고 소형, 아름다운 순백의 풍부한 강모(剛毛) 등으로 애완견, 가정견으로서 인정되어 1907년에 공인견이 되었다.

〔**성능·특징**〕 앞서 설명한 조상을 함께 하는 각 테리어종과 성격이 비슷하다. 캐언·테리어의 흰색을 싫어한 나머지, 그와 같은 강아지를 도태하는 습관이 있었으나, 뽀로타럿치에 사는 말코무씨가 이것을 뽀루타럿치·테리어를 완성시켰으나, 이것과 본종과 밀접한 관계가 있었다고 한다.

웨스트 하이랜드·화이트 테리어

体高	♂ 約28cm	♀ 約26cm
体重	♂ 約6.4kg	♀ 約5.9kg

고대(古代)그리시아의 항아리에 그려진 그레이하운드·타이프의 개

(紀元前460~470年)

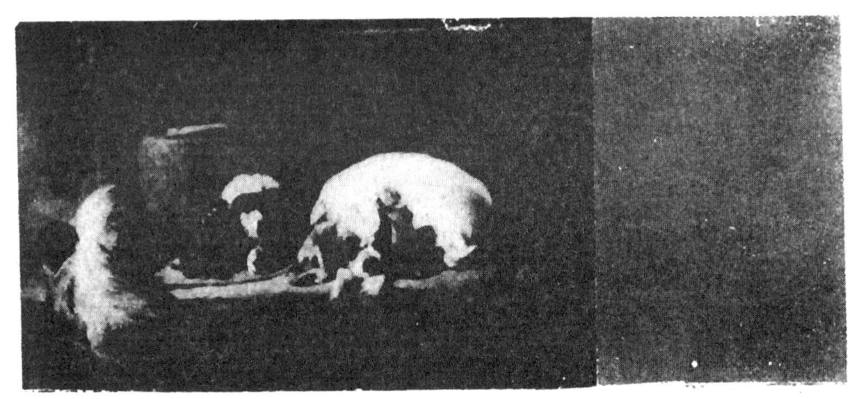

치와와, 징 (㹨), 포메라니언, 마르티즈,
페기니스, 요크셔에 대해서는 별도로 설
명하였음.

◇ 애완견군 (愛玩犬群)

□ 퍼 그

　네델란드산의 애완견, 그 원산은 중국이었으나, 네델란드에서　유행하여 영국에 건너갔다가 미국으로 갔다. "주먹"이란 뜻을 가지며, 그　얼굴모양을 견종명(犬種名)으로 하였다고 한다. 짧은털로 결벽가(潔癖家), 얼굴은 어떤 점으로 봐도 사각(四角)　, 주름살이 많다. 체중 6~8 kg, 2중으로 감긴 작은 꼬리, 엷고 작은 귓밥, 입술은 짧고 네.모다. '불'과　같이 상향(上向)은 아 니다.

　털은 미끄럽고 짧게 빛을 가진다. 입술 또는 얼굴 전체, 귀, 이마,　사지 (四肢)의 끝, 뺨, 등(背)에는　분명한　검은색이 있다.

□ 그리폰

　원래 쥐잡기용의 벨기에 개로서, 1900년 영국에 건너갔다가 다음에 미국으 로 건너갔다. 원숭이에 닮은 얼굴이 특징이며, 애교가 있는 수염은　유우머 리스(우습고 애교가 있는 모양) 그것, 비교적 사람에 잘 따르지 않은다. 그 렇다고 해서 모르는 사람에 대해서 적의(敵意)를 품는 것도　아니라고 하는 외교가.

　털색은 검정 , 도베르만의 블럭턴, 아이리쉬·테리어의 진한 빨강 및　연 한 빨강 등이 있어, 거칠고 딱딱한 긴털의 종류와 또 짧은털의 종류도 있다. 검고 둥근 눈, 작은 귀　등 인상적인 소형종이며,　체중 3.5kg이하를 이상 (째!

퍼 그
体高 2.6～2.8cm
体重 6.4～8kg

그리폰
体重 1.4～4.6kg

想)의 목표로 한다.

□ 파피온

많은 애완견 중에, 그 자라남이 애완이라 하는 용역(用役) 견종은, 찡, 마르티즈, 및 이 파피온이라 하지 않을까? 스페인 원산이며, 이탈리아, 프랑스에서 유행하여, 1920년 영국에 건너갔다. 그 때부터 늘어진 귀를 버리고 점차 귀를 세우기로 하였다. 이 견종명은, 프랑스말로 나비의 날개에 닮았는 크고 쫑긋한 귀란 이름으로 붙어진 것이며, 그 전에 소형 스파니엘이라 불리고 있었다.

총명, 건강한 소형견이며, 비단 모양의 긴 장식털은 사지(四肢)나 꼬리에 풍부하게 나 있으며, 큰귀와 물끼를 띤 것 같은 둥근 눈이 인상적이며, 느슨하게 등에 업은 꼬리나 약간 긴 듯한 몸둥이 등이 그 전모(全貌)이다.

흰색과, 검은색, 흰색과 세에블, 흰색과 연한, 털부터 농적(濃赤)까지의 두색 또는 트라이(백흑이 있는 곳에 털색의 점이 양눈위, 뺨, 귀, 꼬리밑에 있다)로서 한색은 싫어한다. 빨간 코는 실격(失格), 1858년 즉 최근의 공인견이다.

파피온
体高 20～28cm
体重 ♂1.6～2.3kg ♀1.8～3.2kg

□ 티베탄 · 터리어

원래 라아사아푸소종이며, 체고가 높으면 티베탄 · 테리어라 한다. 티베트의 옛수도 라사산(產)이며, 사원(寺院)에서 번견(番犬)으로 사육되었으며 이 개의 형통과 맞붙는 쉬쯔종과도 잘 닮았으며, 마르티즈나 페키니즈의 선조견의 느낌이 있다.

경계심의 강한 번견(番犬)이며, 극히 풍부하고 두꺼운 기 비단실 모양의 가는털로 덮히며, 특히 앞뒷다리의 털은 볼품이 있다. 눈은 크고 둥글며, 암색(暗色). 털색은 흰색과 금황색(金黃色), 크림색 등이 있다.

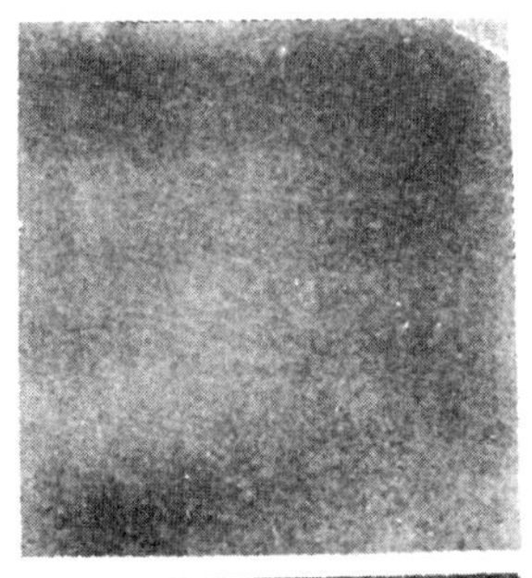

◇ 비엽견군(非獵犬群)

□ 도사견(土佐犬)

〔**원산**〕 일본 다까찌껜 (高知縣)

〔**용도**〕 투견(鬪犬), 가정견(家庭犬)

〔**연혁**〕 1870년 이후부터 도사(土佐)의 개라고 칭하였다. 오늘날의 일본견 중형종을 기초로 하여 개량한 것이, 이 도사견의 작출(作出)을 보게 된 것이다. 도사견은 약간 대형에 가까운 중형 일본견이라 할 수 있는 것으로 지칠줄 모르는 투혼(鬪魂)을 살려서, 외국의 대형견의 혈액을 섞어 60여년을 경과하여 대체로 확실한 유전성을 고정한 것같이 보인다.

〔**성능**〕 투기(鬪技) 정신이 왕성하고 불굴(不屈)의 내구성(耐久性)을 가지며, 아울러 격로(激勞)에도 견딜수 있는 육체를 가졌다는 것이 이 개의 전부이며, 모든 구성은 여기에 집중되어 있다고 봐야 하겠다. 사람에 대해서는 철저하게 유순하며, 처미(凄味)에 가득 찬 외모와 대조적이다.

〔**특징**〕 도사견 보급화에서 결정한 체고(体高)는, 67~73 cm, 체중 50~60 kg, 체장(体長)은 체고에 비해서 약간 긴 편이다. 머리는 신체에 비해서 약간 큰 편이고, 목은 굵고, 가슴의 발달이 좋다. 개량에 사용된 외국견종의 영향으로, 범털(虎毛), 빨강 또는 다갈색의 한색으로, 입술은 흑(黑)이 있기도 하고 없기도 한다.

◇ 투견(鬪犬) 과 경견(競犬)

평면보다 70cm정도 높은 정도로, 직경 4 m 의 둥근 장소를 만들어 둘레를 선반으로 둘려 싼다. 이 선반의 둘레를 둘려 싸서 구경하는 사람의 잔부(棧敷)가 되어 있으며, 심판관은 그 선반 위에서 판정을 한다. 상대(相對)하는 출구(出口)에서 개를 내어 서로 노려보도록 한다. 심판의 신호와 함께 목걸이를 놓는다. 도사견의 독점장이다.

승부를 정하는 규칙에는 여러 가지 종류가 있으나, "운다"는 것을 가장 문제로 삼는다. 물렸을 때의 우는 소리, 공격에 대해서 견디지 못해 우는 소리, 공포심, 위협을 위해서 짖는 소리, 혐오(嫌惡)와 분노의 소리 등은 어느 것이는 패배로 판정된다.

30분 경과해도 승부가 나지 않으면 떼어 놓기도 하며, 그 외에 판정승(判定勝)이나 기권승(棄權勝)도 규정되어 있다.

큰 싸움이 되면 쌍방이 노려만 보며, 서로가 싸움을 걸지 못하고 지쳐서 함께 떼어 놓기도 한다. 또 급소(急所)를 알아서 귀가 붙은 근부(根部)나, 목 등을 불고 닝굴어지면 상대방이 입을 쓰지 못하므로 대단히 유리하게 되는 것이다. 목이나 가슴 따위는, 피부가 느슨하여 힘살과 이상하게 떨어져 있으므로, 아무리 물고 닝굴어도 큰 타격은 받지 않는다.

한번 당하게 된 상대에게는, 당분간은 승부를 겨룰 수가 없으므로 대등하게 될 때까지 훈련을 새로 한다.

스포오츠의 가장 으뜸가는 것은 경마이며, 퀸(여왕)은 그레이 하운드종에 의한 경견(競犬) 즉 도그 레이스(개 경주)라 하는 구미(歐美) 여러 나라에 비해서, 개 행정의 빈곤한 우리 나라에서 단순한 도박으로 밖에 보이지 않는 것은 유감된 일이다.

영국에서는 약 70군데의 경기장이 있으며, 런던 근교에 15 군데, 그 중 큰

호와이트쉬튀이스타지엄은 그레이·하운드 다아비이의 개최지이기도 하다.

　다른 견종도 경견(競犬)에 사용되었으나, 속력에 있어서는 그레이·하운드에 따르지 못하므로, 흥미의 대상이 되지 않아 점차 탈락되어 갔다. 태어난 강아지는 혈통 등록을 받아, 훈련장에 들어가 기초 교육을 받아, 검정(檢定)을 받아서부터 공식 레이스(경주)에 나갈 수 있는 자격을 받는다. 이 자격 증명서는 대단히 엄중하며, 앞뒷발 측면부터의 털색이나 사지(四肢)의 발톱의 각 색체까지 기입되어 있어서, 결코 다른 개와 바꿔치기 못하도록 되어 있다. 레이스(경주) 전에는 겨우 명색 뿐인 엑스(음식물의 유효 성분을 진한 액체로 한 것) 모양의 먹이만으로 공복(空服)으로 해둔다.

　신체 검사후 스타아트·복스에 들어간다. 뚜껑이 열리면 와토(阳兔=개를 유인하기 위하여 매어 둔 토끼)를 눈으로 쫓아 질주한다. 오직 일념(一念) 쫓는 것만에 전념(專念)하도록 훈련되어 있으므로, 도중에서 서로 싸운다던지 하는 일은 없다. 일주에 두세번은 레이스에 출장(出場)시킨다. 대체로 강아지 열마리에 대해 훈련이 완성되는 것은 세마리 정도, 그 중에 한마리가 칸신히 레이스에 나갈 수 있을까 말까 하는 합격율이다.

競走犬 ▶

□ 아끼다(秋田) 견(犬)

〔**원산**〕 일본 아끼다껜(秋田縣) 까즈노(鹿角) 오오야까다(大館) 지방

〔**용도**〕 가정 견

〔**연혁**〕 곰 사냥용의 중형보다 약간 큰 재래종을 기초로 하여 개량에 착수하여, 거의 100년을 경과하여 대충 고정한 것이라고 하나, 앞서 설명한 것처럼 우리 나라의 진도개의 혈통을 많이 받았는 것이라고 짐작이 간다.

　오오야까다견(大館犬), 또는 까즈노견(鹿角犬)이라고도 하며, 대형으로 힘도 있으며, 전적으로 투견을 목적으로 사육되었다. 그 웅대한 체구는, 도

사견(佐犬)의 영향을 받았다고 한다. 일본견 보존회를 비롯하여 많은 견종 개량 단체가 강력하게 혈통의 등록을 시작하여 엄중 공정한 심사 대책을 밀어나간 결과, 대충 오늘날의, 한 견종으로서의 자격을 충분히 갖게끔 되었다.

〔성능〕 당당한 체구와 용모에서 받는 웅대 호쾌(豪快)한 감촉이 특성이라 하겠다. 원래 투견으로서의 경력이 잠재(潛在)되어 있으나, 그와 같은 편린(片鱗)을 나타내는 일은 없고, 외모가 엄숙한 개일수록 성질은 이외로 온화하다는 예(例)와 같이 아주 유순하다. 체고(体高) 63~67cm, 체중 32~48kg 전후, 두껍고 밀생(密生)한 속털과 딱딱하고 그다지 길지 않는 윗털을 가지며, 걷는 모습이 민활하고 빠르다.

□ 쬬오쬬오

〔원산〕 중국 광동(廣東)　　〔용도〕 번견(番犬)

〔연혁〕 스피츠 무리(群)에 속하는 북방견(北方犬)이라 하나, 현재 많이 있는 것은 남쪽의 광동 지방이다. 혀의 색깔이 청흑색(靑黑色)이 흑설견(黑舌犬), 또는 흑구견(黑口犬)이라 하며, 혀과 지극히 깊은 것은, 웅견(熊犬), 또는 광동(廣東)에서 태어났다고 하여 관동견 등이라고도 한다.

　견종명(犬種名) "쬬오쬬오"는 여러 가지 뜻이 있다. "맛있는 음식," "잡화," "자질구레한 물건" 등의 사투리 영어로. 엽견(獵犬)과 번견(番犬) 으로서의 용도(用途) 외에, 그 고기를 먹히고, 껍질을 가죽으로 쓰이게 된 것이다. 1895년 영국에서 클럽이 설립되었으며, 같은 무렵 미국의 견전(犬展)에도 출진(出陣)된 이후, 해마다 애육자(愛育者)가 불어나서 오늘날의 융성(隆盛)을 보게 된 것이다

아끼다견
体高　♂64~70cm　♀58~64cm
体重　35~54kg

쪼오쪼오
体高　46~51cm
体重　25~27kg

〔**성능**〕 후각력이 있으며, 몽고꿩 사냥에 쓰인다. 옛날에 도둑떼가 많은 중국 대륙의 농촌에서는 이 개를 많이 사육하여 그 방어에 사용하였다고 한다. 그리고 굶주릴 때에는 그 고기를 먹히었다고 한다. 약간 개로서는 유례(類例)가 없는 경제적 동물이라 하겠다.

〔**특징**〕 청흑색(靑黑色)의 혀, 치근(齒根), 입술 등도 검정 또는 거기에 가까운 색으로, 입, 코가 폭이 넓고 그 속에 암색(暗色)의 크지 않은 행핵형(杏核型)의 눈알을 갖추었다고 한다. 털색은 한색으로 검정, 빨강, 불루, 크림, 때로는 흰색으로 반(斑)은 없다. 털은 곧게 써 있으며, 누워 있지는 않는다. 풍부하게 밀생하여 속털은 특히 부드럽다.

귀는 작고 뚜껍게 곧게 세우고 있으나 끝이 둥글고 약간 아래로 늘어뜨린다. 체고(体高) 50 ㎝, 체중 25 ㎏정도.

□ 다루머찌언

〔**원산**〕 발칸 지방 일대 〔**용도**〕 가정견

〔**연혁**〕 승마(乘馬)나 만마(輓馬 : 수레를 끄는 말)로서, 말의 전성 시대에 그 말이 있는 곳에 반드시 이 견종이 있다고 할 정도로 항상 그 전후에 따라 다니며, 말이나 짐, 마구깐의 경계나 보호의 역할을 한 개로, 그와 같은 풍경의 하나의 액세서리(부속품)적 존재이기도 하였다. 따라서 본래의 그 작업 능력은 전연 필요 없게 되었으나, 가정견 또는 작업견으로서, 현재 크게 쓸모가 있게 되었다.

〔**성능**〕 중형이며 능률적인 움직임이 이 개의 특성이다. 가족과 잘 사귀며, 심중한 태도를 가지고 모르는 사람과 대한다. 세계의 어느 기후에도 익숙해지는, 강건(强健)한 체질이다. 하운드는 아니나 새를 사냥하는 데는 레트리바아와 맞먹으며, 추적(追蹟)할 수 있는 후각을 갖고 있다. 다재(多才)한 견종으로, 뜀뛰기경기에도 나갈 수 있을 정도이며, 목양견(牧羊犬)으로 또는 서어커스 등에도, 그 아름다운 모습을 볼 수 있을 정도이다.

〔**특징**〕 멋있고 눈부실 것같은 선명한 흰바탕에 검정의 소반(小斑)의 무늬가 두드러지게 들어나 있다. 이 소반은 신체 중심부에 크게 나타나 있으나, 말단, 얼굴, 귀, 네발, 꼬리 등에 가면 갈수록 작게 나타나 있다. 온몸에 골고루 퍼져 있으며, 크기는 10원짜리 동전보다 약간 크기도 하고 작기도 한 것이 원형에 가깝게 되어 있다. 표준점의 4분의 1은 털의 체점이 점유(占有)하고 있다. 두골(頭骨)은 모가 났으며, 귀가 아래로 늘어져 있고, 늠름한 가슴을 가지며, 강한 네발이 이를 받치고 있다. 처음 생겼을 때는 흰색

이나, 자라남에 따라 반점이 튀어 나온다. 중형견(中型犬)

◇ 개의 걸음걸이 ◇

개의 걷는 묘양이란, 개의 뛰어가기 (트롯팅그)의 상태를 말한다. 우리말로 '걷는 모습'이라고 하나, 그것은 결코 천천히 걷는 상태라고 하지는 않는다.

골격이 뛰어난 참으로 체형이 좋은 개는, 스므즈하며 아름답게 바르게 걷는 모습을 나타낸다. 반반대로 생각하면, 걷는 모습이 뛰어난 개는, 털이나 피부 살갗에 덮힌 내부의 골격이 모든 점에서 바르게 구성되어 있는 것이다. 거기에, 걷는 모습의 관찰이 중요한 이유가 있는 것이다.

〈앞에서 봤을 때〉

좋은 앞발을 가진 개는, 앞에서 봤을 때 바른
앞발의 움직임을 나타낸다.

〈뒤에서 봤을 때〉

좋은 뒷발을 가진 개는, 뒤에서 봤을 때
좋은 뒷발의 움직임을 보인다.

〈옆에서 봤을 때〉

어깨의 각도와 뒷몸의 각
도가 좋은 개는 옆에서
봤을 때, 머리를 높게 보
지 (保持)하며, 밟은 깊이
가 좋은 앞·뒷발의 움직
임을 나타내며, 스피드를
내어도 몸체 (胴体)는 옆
으로 흔들리지 않는다.

털 색 (毛色)

개의 털색이나 반점(斑點)은, 저절로 그렇게 된 것이 아니다. 사람들의 오랫동안의 꿈의 현실(現實)이다.

견종에 의해서, 색의 구성(構成)이 달라진다. 같은 검정이라 해도, 그의 가진 뜻이 같지는 않은다. 강아지 시대의 털색은 그대로 큰개(成犬)에 까지 이어지는 것은 아니다. 큰개가 되어도 시기(時期)에 의해서 차이가 오기도 하며, 병에 걸렸을 때도 또한 변화가 보인다.

털에는 상층의 털과 하층의 털이 있으며, 털의 길이나 색도 제법 다르다. 그러나 견종에 의해 어느 일정의 규칙이 있으며, 어느 것이나 그 규칙내에서 변하는 것에 지나지 않는다.

개의 털색 중에서 가장 많고 또한 원시적이라고 하는 것은 회색이다. 그러나 회색은, 가장 복잡한 혼합색이다. 투명한 햇빛의 광선이 한번 프리즘을 통하게 되면 복잡한 색체의 혼합이라는 것을 알 수 있듯이, 개에서는 회색이며, 개에 가장 많은 검정과 빨강과의 합색(合色)이다. 이러한 여러 털색에는, 그것을 지배하고 있는 유전 인자(遺傳因子)가 있다. 그러나 그 유전하는 힘에 강약이 있으므로, 완성된 색만 보고 그 양친(兩親)의 털색을 맞추는 것은, 언제나 성공한다고 볼 수는 없다. 그러나 일정한 규칙에 의해서 좌우되는 것이므로, 혈통서를 바르게 읽을 수만 있다면 그 자손의 털색의 기재의 잘못을 지적할 수 있을 정도이다.

털색 중에서 진한 색일수록, 좋아하며, 갈색이던지, 색소의 결핍에 까지 진행된 것은 대체로 경원(敬遠)되기 쉽다. 왜 그럴까?

□ **알피노** (태어날 때부터 온몸에 색소가 없는 짐승)

어느 견종에도 있을 수 있다. 특히 흰색의 털을 존중하는 견종에 많은것은 당연한 일이다. 색이 없는 물도, 폭포가 되든지, 파도가 되면 물에 공기가 들어가 희게 보인다. 흰털도 그 종류에 속하며, 색소의 결핍도 한걸음 더 나아가서 코, 눈, 발톱 등에 미치면, 알피노라 해서 싫어한다 장님이나 난청(難聽) 등 외에, 건강적이나 능력적에도 제법 뒤떨어지고 좋지 않으므로 작업견이나 수렵견에는 전연 문제가 되지 않는다. 그러나 애완견, 특히 흰색을 숭상하는 종류에는, 어느 정도는 할 수 없는 일이다.

스피츠종으로, 눈, 코, 발톱, 발바닥(趾裏)　등의 검은 것을 숭상하는 이유는, 그 견종의 건강과 능력을 유지시키고자 하는 노력에 지나지 않는다.

□ 갈색(褐色)

털색이 이상하게 희게 되어, 눈의 색은 파랑이라고까지는 하지 않으나, 보라색 비슷하게 되는 것을 갈색이라고 한다. 코는 빨간에 비슷하기도 하고, 검은 것이라도 이상하게 흰색에 가깝게 보인다. 퇴색(褪色)과 알피노와의 관계는 아직 확실히 해결되지 않으나, 어쨌던 퇴색은 싫어하는 털색의 하나이다.

□ 백색화(白色化)와　반문(斑紋)

가축화(家畜化)가 진행됨과 함께 백색화되어가는 것이 많다. 백색화 되어가면 여기에 반문이 나타나게 된다. 반문은 견종에 의해서 차이(差異)가 있으며, 그것이 나타나기 쉬운 부위(部位), 모양, 대소(大小), 배치 상태 등이, 어느 일정한 유전인자(遺傳因子)로 좌우되는 것은 홍미가 있다. 이를테면 반문의 화려함에 유명한 달루머치언종에는 확실한 유전의 알려저 있으며, 성(狌)의 반문도 예상할 수가 있다.

□ 대소(大小)의　백반(白斑)

색이 있는 털(有色毛)로서, 어느 부위(部位)에 백반(白斑)이 나오는 것이 아니고, 그것들을 지배하고 있는 인자(因子)가 다르기 때문이다. 보스턴바크, 코리의 칼러, 꼬리 네발 끝의 흰털, 복서 기타에 많이 볼 수 있는 가슴 앞의 백반이나 발가락끝(趾端)의 흰 것 등, 적당히 생각난 대로 나오는 것이 아니다.

□ 털색 기타의 부르는 법

털색에는, 같은 것을 몇 가지로 부르는 일이 있다. 그러나, 색채란 것은 꽤 복잡한 구성(構成)을 갖고 있으므로 할 수 없는 일이기도 하다. 검정이라해도 사실은 멜라닌계 세피야의 진한 것이며, 황갈(黃褐)이라 하지만 그 구성은, 적색계(赤色系)의 퇴색한 것과, 멜라닌계와 빨간과의 합해서 하나가 된 리바아(간장색＝肝臟色)가 있는 것과 같다.

같은 하나의 색이라 해도 등줄에서 꼬리에 걸쳐 조금 진한 것이　많으며,

신체 전부가 같은 상태란 것도 아니다. 코리종에 있어서 블루마루, 글레트
덴종에 있어서 할레크인의 작출(作出)에 흑색계의 강한 것이 선발되어 있는
현실을 한번 더 돌이켜 볼 필요가 있다.

〔아스코브〕 검정 이외의 한색이나 "블라크턴"을 총칭(總稱)할 때에 사용한다.

〔알 피노〕 색소의 결핍으로, 눈, 코, 발톱 등이 퇴색(褪色)한 것. 건강적으로
큰 결함이 있으므로 싫어한다.

〔이바벨라〕 노름스름할 갈색(褐色)

〔월어이〕 푸른눈이나 진주눈이라고 함, "글레트텐"의 할레크인종에 때때로
나타 남.

〔글리즈르〕 엷은 감색(監色)으로 밝은 회색이라고 할 수 있는 털색으로, 끝부
분은 검으스레하다.

〔서돌〕 말 안장을 덮은 모양, 에어데일 등이 그것.

〔서모마크〕 만체스터 테리어에서 볼 수 있는 발의 배부(擊部)에 있는 흑점.

〔선데이〕 모래색(砂色), 엷은 다색(薄茶色).

〔스패크타클〕 암색(暗色)의 털이 양눈의 둘레를 둘러싼 것으로, 눈에서 귀에
까지 미치는 것이 있다.

〔셋지〕 둔한 적갈색(赤褐色)이나, "텅색"

〔셀브 컬러〕 단색(單色)인 것

〔트라이〕 백(白), 흑(黑) "텅"의 삼색인 것

〔트레스〕 "파그종"에 있는 등줄기의 검은 선(黑線)

〔파아이〕 "파아튀"로서 새로이 가느다란 무늬의 것, "피이팔르드"라고도 함.

〔하운드마크〕 큰 흑반(黑斑)이 등에서 몸둥이(胴)에 걸쳐서 양쪽에 걸친 것으
로, 이 검정과 다른 색과의 경계점에 "텅"색을 이룬다.

〔바후〕 황갈 또는 카키색

〔파아튀〕 두색 또는 그 이상의 색의 반문(斑紋)으로 "코거"종의 흰바탕의 반
(斑) 등에 사용된다.

〔할레퀸〕 "글레이트덴"의 색조(色調)로, 흰바탕에 검정 또는 불루(파랑)의
점 및 반(斑)으로, 더구나 그 반은 원이 아니고 불규칙한 모양을 하는 것이
통례(通例)이다.

〔피이발드〕 "파아이"와 같음, 가느다란한 반점(斑占)무늬

〔파운〕 클림색에서 진한 금다(金茶)에 이르기까지,각종의 단계의 색조(色調)
를 말한다.

〔블린돌〕 범털(虎毛), 회(灰), 황(黃), 흑색 바탕에 암색(暗色)의 선(線)이

나 점 (點)이 있는 것으로, "복서"나 "불"의 범털 등과 같이 확실한 것은 "타이가블린돌"이라고 부르고 있다.

〔불〕 청회색 (靑灰色) 농담 (濃淡) 여러 가지의 단계가 있다. 쇠 (鉄)가 가진 푸르기라고 표현해서 좋다.

〔불마아루〕 청, 회, 흑색이 대리석 무늬로 혼합된 색으로, "코리"종에 볼 수 있다.

〔플렛크드〕 색을 띤 반점 (斑點)을 말한다. 특히 메밀껍질 모양의 소반점 (小斑點)을 가르킨다.

〔플레어〕 양눈의 한가운데를 닫리는 백반 (白斑＝플레이즈)이 머리의 증상 (頂上)에 감에 따라서 폭이 넓어가는 것, 화분형 (型)이다.

〔플레이즈〕 "보스턴," "센트·버나드"에 볼 수 있는 입술의 위부터 양눈의 사이를 빠져가는 흰무늬 중, 얼굴에 있는 부분.

〔플로쿤·칼러〕 한색에, 흰색 또는 또하나의 색이 섞인 것

〔벨루턴〕 흔히 말하는 "사라사," 흰바탕에 흑 (黑), 갈 (褐), 오랜지, 레몬 등의 조그만한 점 (點)이 되어 산재 (散在)하는 것. 오랜지벨루턴, 레몬벨루턴 등이라고 한다.

〔호이튼〕 소맥색 (小麥色), 연한 파운, 푸른 맛의 황 (黃),

〔포인트〕 좌우 (左右) 대칭 (對稱)에 있는 색반 (色斑).

〔호오'이트〕 코리에 있어서 온몸의 75% 이상이 희게 된 것을 말함.

〔마스크〕 입술에서 눈에 걸쳐서 펄쳐지는 검은털이며, "복서," "페키니즈," "마스차후," "포메라니언" 등의 특색이기도 하다.

〔마줄반드〕 색이 있는 입술 둘레에 있는 백반대 (白斑帶).

〔마아루〕 "불마아루"의 약칭 (略稱)

〔렛드〕 엷은 복숭아부터 시작하여 오랜지, 다 (茶), 금다 (金茶), 리바, 적갈색에 이르기까지의 총칭 (總稱)이며, 연지의 빨간을 말하는 것이 아니다.

〔론〕 흰바탕에 색털이 질게 섞인 것. "세터"와 "코커스파니엘"에 많다.

血統書의 이야기
혈 통 서

좋은 개는, 혈통서(血統書) 없는 개에께는 절대로 있을 수 없다. 그러나. 혈통서가 있는 *개의 새끼*라는 것만으로 좋은 개로 자란다고 단정할 수는 아니다.

□ 그 뜻(意味)

그 개의 순수성(純粹性)의 보증을 하며, 그 견종을 번식해 가는 방침을 정할 때의 참고가 된다. 어떠한 견종이더라도, 또, 어떠한 단체에서 발행하더라도, 그 기재(記載)하는 형식이 다르다고 하더라도, 나타내고 있는 뜻은 모두 같은 것이다.

그 구체적인 표현은, 다음과 같이 두가지가 있다.

첫째, 그 개가 다른 개와 틀리게 되는 일이없도록 서식을 갖추어져 있는 일

둘째, 그 개의 양친은 물론, 그 양친의 부모 등, 확실한 **계통이 알 수** 있도록 되어 있는 일의 두가지 점에 있다.

모든, 동물의 품종 개량은, 이 혈통서의 **확립**이 기초가 되어 **이루어진** 것이다.

□ 혈통서의 발행

이것은, 순수종에만 발행하는 것이다. 그 순수종도, 부모와 함께, 그 혈통서를 발행하는 견종 단체에 혈통 등록제(登錄濟)의 경우에 생긴 강아지에만 한하는 것이다. 만일에 다른 개 단체의 혈통서를 가진 개 같으면, 그 단체의 발행한 혈통서를 신용할 수 있다고 단정한 경우에 한해서, 그 단채에 이적(移籍)해서, 새로이 **혈통서를 작성할 수** 가 있다.

잡종견에서는, 그가 가지고 있는 능력이나 체형(体型)은 **전연** 유전되지 않고, 만일 유전이 있어도 새로이 전승(傳承)시키는 일은 **불가능하며**. 그 위에 때로는, 잡종이기 때문에 악성(惡性)인 성격이나 체형이 돌발(突發)하게 되므

155

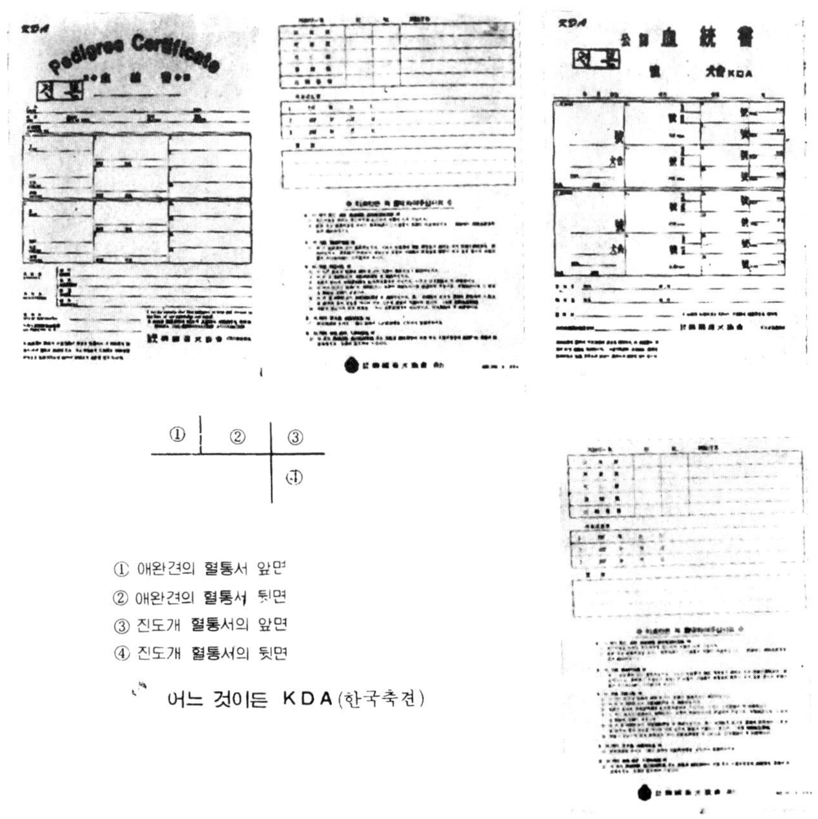

① 애완견의 **혈통서** 앞면

② 애완견의 **혈통서** 뒷면

③ 진도개 **혈통서**의 앞면

④ 진도개 **혈통서**의 뒷면

어느 것이든 **KDA**(한국축견)

로, 등록이 가진 뜻은 전연 없다.

□ 그 내용(內容)

(1) 그 개의 이름과, 소속하는 견사호(犬舍號)에 의해서, 사람에 있어서의 성(姓)과 이름이 명시되어 있다. 그리고 암·수컷의 구별, 생년월일, 번식자의 성명, 그 등록을 실시한 월일과 등록 수속을 한 사람의 성명이 기재되어 있어, 그 개가 가지고 태어단 털색이나 반(斑)의 모양까지 나타나 있으므로 다른 개와 틀릴 염려는 없는 샘이다.

(2) 양친을 주로하여 4대선(四代先)의 조상의 성명이 기재되어 있고, 그 개가, 어떠한 계통을 경과해 왔는가를 알 수 있으며, 이것과 그 개의 현상(現狀)과를 대조해서, 그 개의 장래, 어떠한 특징을 살릴 수 있겠는가? 그 방법·등

에 대해서 검토하는 재료가 된다.

개의 혈통서 발행은 영국이 처음이며, 잇달아 유명한 세퍼드견의 등록이 1900년부터 시작되었다. 이웃나라 일본은 1930년 경이라고 짐작되며, 우리나라에서는 몇해 전부터 실시 되었으나, 지금 시작하였을 뿐이라고 해도 좋을 정도이다.

혈통서를 보고 있으면, 그 조상의 견명(犬名)중에 주서(朱書)를 해서 챔피온이란 부호가 붙은 것을 볼 수 있다. 이것이 많이 있으면 있을수록 그 강아지는 가치가 있는 것이라고 생각이 드나, 실제는 그러한 뜻을 갖지 않는다. 물론 타견(駄犬)중에서 좋은 개가 나오는 기회보다는 훨씬 확실하게 좋은 개가 나오겠으나, 이 개가 그것이므로 강하게 된다는 보증은 없다. 챔피온 정도를 획득할 수 있게끔 생장하느냐, 못하느냐는, 그 개의 견전(犬展)에 있어서의 "생김새"이며, 혈통상의 부호는 참고에 지나지 않는다.

□ 견명(犬名)의 선택법

특정의 견사명(犬舍名)을 등록해 두면, 다른 사

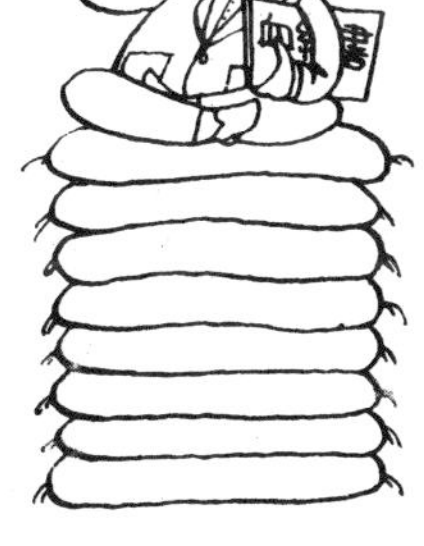

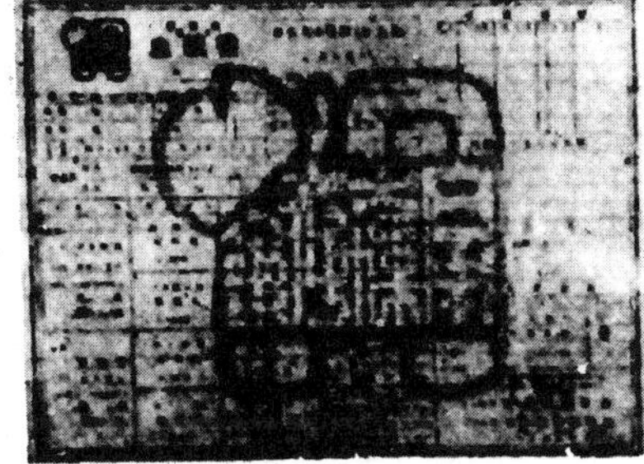

❶ KC의 혈통서(영국)

❷ AKC 의 혈통서(미국)

❸ 日本犬保存會의 혈통서

157

람은 이것을 사용하지 못하므로, 이것을 개의 성(姓)으로 하면 대단히 확실하게 그 개는 누구의 것이라는 것을 알게 된다. 이것을 기본삼아 등록하고자 하는 개의 이름을 붙이는것도 어떤 규정에 의한다.

개의 종류워 의해서 어느 정도의 차이가 생긴다. 이를테면 원산지가 독일인 세퍼드와 도베르만, 닥스·훈트 등에는 독일 이름이 잘 쓰인다. 우리 나라의 진도개는 물론 우리 나라 이름을 사용한다. 그 이름과 그 견종의 인상이 일치하게 되도록 한다. 또,

영어를 사용하는 것이 많다.

암·수컷에 의해서도 역시 그나름대로의 이름을 붙여 준다. 될 수 있으면, 견사호(犬舍號)와의 합치가 되도록 하는 것이 바람직스럽다.

일태자견(一胎子犬)의 명명 命名)의 경우는, 이를테면 그것이 몇마리가 되던, 같은 머리(頭) 문자를 사용하면 좋다. 그렇게 하면 얼핏 보는 것만으로 그 개는 언제 쯤의 분만(分娩)이며, 같이 태어난 것은 어느 것이란 것 등 펀리한 점이 많을 것이다.

또, 그 때의 수컷의 한자(一字)를 얻는다든가, 어미의 한자(一字)를 붙여 그 뒤는 이것저것으로 연구한다던 가 한다. 친한 사람이나 유명한 사람, 선배 예능인

도이취형 명명법(命名法)은 번잡하게 될 때도 있다.

등의 이름을 붙여서 좋은가 나쁜가에 대해서는 찬반(贊反) 양론이 있다.

발전에 노력하고 있으나, 그와같은 단체가 다수(多數) 통합해서 연합체가 되어, 그 연합체가 바르게 그 나라의 개의 대표란 것을 인정하게 되면, 국제 축견 연맹 FCI의 회원에 추천된다.

국제 축견 연맹은, 견학(犬學) 및 순수견종의 번식을 원조하고 옹호하며, 또한 이것을 유지해 나가기 위해서 다음의 사업을 한다.

(1) 등록 기타의 대장(台帳)을 상호 승인한다.

(2) 견사호(犬舍號)도 국제적 명부를 작성해서 보호한다.

(3) 여러 가지 규정은, 될 수 있는 대로 공통(共通)되게 한다.

(4) 국제 체형미(体型美)CACIB 및 훈련 CACIT 챔피온의 칭호(稱號)를 수여 (授與)할 수 있다.

犬舍號登錄申請書

希望飼犬所名   第一希望 _______________

                      第二希望 _______________

上記 犬舍號를 使用코저하오니 犬籍登錄規定에 依據 犬舍號 登錄簿에 登錄하여 주심을
仰望 하나이다

                     西紀 19   年   月   日

                     申請者 住所

                          姓名

     社團法人   韓國畜犬協會   貴中

交配證明書

牡犬名   KSZ

       生年月日   **19**   年   月   日

牝犬名   KSZ

       生年月日   **19**   年   月   日

交配時牝犬所有者姓名 _______________

                 住所 _______________

交配日字   **19**   年   月   日

上記交配 事實에 相違 없음을 證明함

          交配時牡犬所有者住所

                   姓名

     社團法人   韓國 세파드犬登錄協會 貴中

APPLICATION FOR PEDIGREE REISSUE

血統書再發行申請書

犬種		登錄　　　年　　　月　　　日	
犬名		性別	
毛色	毛種	特徵	
生年月日			
本協會登錄番號 KDA			
父（sire）			
母（Dam）			
保證人住所 姓名		保證人住所 姓名	
添付　및　備考			
上記犬은 純種으로 認定함 査定委員			

血統書再發行 申請書는 上記再發行 申請事項에 相違無함을 保證人連署로 署名捺印하여 確認하며 萬一申請事項에 不正이나 過誤가 有할 境遇에는 이미登錄된 事項이라도 効無 或은 取消하여도 異議가 없음

再發行申請者　住所
　　　　　　　姓名

社團法人　韓國畜犬協會　登錄部長　貴下

血統書發行日

(5) 가맹국에 의해서 국제 축견 회의를 실시한다.

□ 발행하는 단체

우리 나라의 국내에도 꽤 많은 단견종(單犬種) 단체가 있는 것 같다. 같은 견종에도 두낱, 세낱의 단체로 나누어져 있는 것도 있다. 또 여러 종류의 것을 합류해서 연합체를 형성하여 있는 것도 있는 것 같다. 그 어느 것이나, 혈통서를 발행하고 있다. 혈통서의 형식은 달라도, 그 표현하는 뜻은 모두 같은 것이다.

보통 교배가 행해지면, 그 숫놈의 주인부터 교배 증명서를 받아 두어야 한다. 그 견종, 수컷 이름, 암컷 이름, 그 암·수컷의 각 단체에 있어서 등록 번호 등을 기입하여, 어느 달 어느 날에 교배했다는 것을 증명해서 받아 둔다.

예정의 임기(姙期)로 분만(分娩)이 끝났으면, 생후 3개월 이내이면 일태 자견(一胎子犬)으로서 일괄 등록되는 특전이 있다. 이런 경우에 앞서 받아두었던 교배 증명서를 일태자견 등록 신청서에 붙어서 제출하면 대체로 수속은 끝마치게 된다.

단체의 등록 담당은, 그 신청서에 의해서 보존의 견적부(犬籍簿)를 토대로 하여 혈통서를 작성하여 이것을 교부할 수가 있다.

혈통서는, 그 개가 생존해 있을 동안은 보존된다. 분실의 경우에는 재발행의 신청을 한다. 또 개를 다른 사람에게 양도하고자 할 때에는, 그 단체에 대해서 양도계(讓渡届)를 내어, 그 개의 혈통서에는 어느 해, 어느 달, 어느 날에 어디의 누구에게 양도하였다는 것을 명기(明記)하여, 개에 붙여 준다든지 한다.

만일 그 개가 사망하였드라면, 혈통서는 단체에 반송하여, 견적(犬籍)을 말소(抹消)하는 수속을 한다.

□ AKC의 개략(概略)

미국의 축견 연맹은 월간(月刊)의 기관지 외에, 매월 등록된 혈통 대장을 발행해서 서어비스에 노력한다. 법인 조직 허가(1909년) 이래, 순수견의 연구, 번식, 출진(出陣), 경주, 혈통의 유지에 노력을 계속하여 오늘에 이르고 있다. 현재의 공인견종 130종 외에, 현재 미국에서는 그다지 수가 적기 때문에 등록을 실행하지 않은 견종이 상당이 있다는 것을 자인(自認)하고 있다.

견전(犬展)이나 훈련 경기를 주최하고자 하는 단체는 먼저 그 취지를 신청하여 기일의 인가를 받는다. 다음에 심사원의 연명(連名)으로써 허가를 받는다. 어느 것이나 규칙에 의해서 바르게 운영된다. 심사원은 어느 것이나 면허장을 가지고 있다.

견전(犬展)이나 경기가 끝나면 곧 그 관리자부터 상세한 보고서가 제출된다. 보고서는 신중하게 검토된 후 각각의 성적이 등록견 명부에 기재된다.

이 연맹의 운영은 거의가 등록료에 의해서 처리되며, 여기에 약간의 견식 인가료나 회원의 회비가 첨가되는 것 뿐이다.

각 단독 견종 클럽의 대표자는, AKC에 대해서 대의원이 되어서 거기에 의회를 구성한다. 이사회는 대의원 중에서 역원 12명이 선출된다. 이사의 임기는 4년이며, 해마다 25% 이상의 교체가 없도록 한다. 이사회는 회의 운영에 관하여 광범한 권한이 주어져 있으며, 행사의 대부분과, 회장, 부회장,기타 각 역원의 선출 결정을 취급한다.

□ AKC의 챔피온 제도

전부 15포인트를 획득하면, 비로소 챔피온의 칭호를 허가 받는다. 1회의 견전에서 획득할 수 있는 포인트는 5가 최고이며, 그 몇번에의 견전 중에서 2회 이상의 3포인트가 필요하며, 그런 경우의 심사원은 동일안(同一人)이어서는 안 된다. 즉, 챔피온이 되기 위해서는, 최고위상(最高位賞)을 적어도 3회, 그것이 모두 다른 심사원부터의 판정이 아니면 유효(有効)하지 않다고 한다. 대단히 엄중한 규정이다.

챔피온 자리는 그렇게 간단한 것은 아니며, 또 주어지지도 않는다. 모든 각도에서 보더라도 그 견종이 자랑이 될 수 있어야 하며, 또한 그 견종의 장래를 책임질 수 있을만한 가치가 있는 귀중한 것이 아니면 안 된다.

실내서 놀고 있는 개

챔피온 칭호는 편생 칭호

成犬을
성 견
購入할
구 입
境遇
경 우

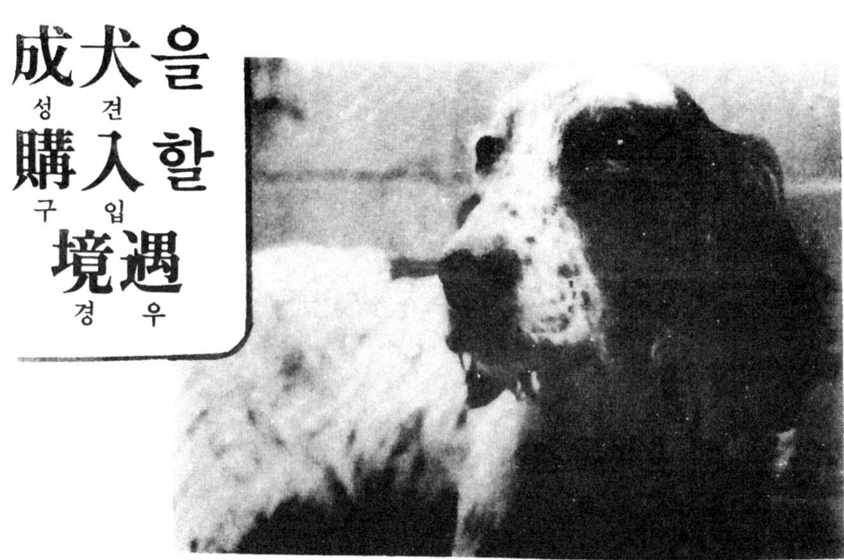

만일에 그 수명(壽命)이 다한다고 하면,
8년이나, 9년이나 함께 생활하게 된다.
선택에는 될 수 있는 한 신중을 기해야
하겠다.

□ 왜 큰개(成犬)을 사들이는가 ?

이유는 복잡하다. 대충 이웃이 떠들썩하기에 번견(番犬)으로서 곧 쓸모가
있기때문에, 굳이 큰개를 희망했을는지 모른다 만일에 번견이라고 하면, 거기
에 적당한 개가 있다. 작업견(作業犬)이란 부류(部類)에 들어가는 개 같으면
대체로 충족하다고 보겠다. 우리 나라의 진도개 같으면 더욱 좋겠다. 그러나
곤란한 일은, 이와같이 번견적(番犬的)인 소질이 있는 견종은, 어느 것이나
쉽사리 사람에게 간단하게 친해지지 않는다. 입수한 곳에서 집까지는, 그 개
를 돌봐주고 주선한 사람이 아무 탈없이 데려 와 주기는 하나, 그 뒤가 문제
가 된다. 도망가지 않게끔 확실한 사육을 할 필요가 있다. 그 개는 만일에 좋
은 번견이 될 소질이 있으면, 지금 알지도 모르는 집에서, 좋은 개집을 준비
해 준다든지, 또는 지금까지는 먹어 보지 못했던 맛있고 영양있는 음식을 준
다든지 해도, 그 개집에 친하지 않으며, 먹이도 입에 대지 않을 것이다. 오
직 원래의 집에서 향수(鄕愁)가 가시지 않고, 틈만 있으면 도망의 기회를 엿

163

보고 하루 하루를 지내고 있는 것이다. 꽤 완벽하게 만든 견사와 운동장의 울
타리가 없는 한, 당분간은 기분에 맞지 않아도 할 수 없다. 단단한 목걸이와
완벽한 쇠사슬을 달아 감시를 엄중이 해서, 언제 될지 모르지만 느긋하게 익
숙해 지는 것을 기다릴 수 밖에 다른 방법은 없다

□ 훈련의 정도는

　만일 그 개가 얼마만큼의 훈련이 되어 있으면, 그.일의 연습에 의해서 약간
의 낯익음이 빨라진다. 만일 훈련이 되어있으면 어느 정도의 일을 할 수 있는
가 상세하게 알아두어야 한다. 또 동시에, 무엇이 특히 주의해 두어야 할 버
릇이 있는가, 없는가, 이를테면 무는 버릇 등이 있으면, 꽤 정신을 차리지 않
고 교제를 해서는 안 될 것이다.

□ 번식(番殖)의 목적이 있는가 없는가

　강아지부터 기르는 데는 자신이 없으므로, 완성된 큰개를 입수해서 번식을
즐기려고 할 경우가 있다. 이런 경우 상당한 금액이 지불되어야 한다.
　강아지부터 기르는 것에 비해서, 벌써 완성된 것으로 확실히 실력도 알 수
있기때문에 안정성은 훨씬 높은 것이다 그러나 이런 경우, 면밀하고 상세한
조사와, 신용있는 상대이며, 더욱이 당신이 그 견종에 대한 지식이나 인식이
상당한 것일수록 좋다. 견종에 의하기도 하나, 이 정도의 것이라 할 정도의
훈련을 끝마쳐 두는 것이 바람직한 일이다.

□ 곤란하지만도

결점이 있나 없나가 문제이다. 누구든지 그 정도까지 훌륭하게 기르고, 또 앞으로의 예상도 어느 정도 예측될 경우, 어지간히 해서는 놓치기를 싫어한다. 이러한 것은 외국에서 수입하는 개의 경우에 잘 일어나는 일이다. 어떤 일인가 하면, 숫놈같으면 자종(子種)이 없다던가 암놈같으면 임신을 하지 않은다든가, 새끼 기르기를 하지 못한다든가, 젖의 분비(分秘)가 없다든가 하는 번식상의 치명적인 결함을 갖고 있는 개를 볼 수 있기때문이다. 상당한 이유가 없으면, 정성 들여 기른 개를 그리 쉽사리 놓치지 않으리라는 것은 당연한 일이기때문이다. 더 할 수 없는 조사를 해서, 오랫동안 신용을 갖고 있는 상대를 선택하라는 것은, 이러한 종류의 싫은 생각을 방지하기 위함이다.

□ 하나의 소중한 경험

만일 선택에 실패하여, 조사도 하고 신용도 좋다는 상대에서 당하게 되면, 공부하기 위한 하나의 소중한 경험이라고 단념하고, 그 개에게 까닭없이 화를 내지 않는 것이 좋겠다. 이름난 개는 실로, 살아있는 골동품적 가치가 있는 것이며. 더구나 개의 경우, 번식할 가능이 있고, 더욱이 보다 더 좋은 것으로 향상시킬 수 있는 가능이 있으므로, 실제에 있어서는, 보통의 골동품 따위와 비교할 수도 없는, 높은 인식과 경험이 없어서는, 되지 않은 어려운 일이라 하겠다.

□ 받고 주는 것은 분명하게

아뭏든 마음에 드시고 난 뒤에라도 좋습니다라는 말로서 확실한 수수(受授)의 증명도 교환하지 않은체, 거래하는 수가 있으나, 개도 또한 다른 물건과 같이, 주고 받는 것을 확실하게 해둘 필요가 있다는 것은 말할 필요조차 없다. 동시에 그 개가 열흘이나 2주일이란 기간은 건강하게 지내야 된다는 조건으로 받아 들이는 것이 좋다. 왜냐하면, 만일 봐서도 모르는 치명적인 전염병이 잠복하고 있어도, 대체로 열흘이나 2주일 사이에는 발병하기때문이다.

받고 주는 데는, 혈통서가 붙어 올 경우는, 그 혈통서에 사육주(飼育主)의 변경이 있는 사실을 기재하고, 또 광견병(狂犬病) 기타 전염병의 예방주사를 끝마친 증명서 등도 받아주는 것이 좋겠다.

개를 運搬하는 方法
운반 방법

□ 승용차 (乘用車)

　익숙하게 되면 즐겁게 타게 된다. 문을 열면 먼저 뛰어 들어간다. 그리고 시이트 (좌석자리)에 올라서서 창(窓)에 앞발을 받쳐 바깥을 내다본다. 움직이는 경치에 특별히 마음이 끌리는 것 같다. 자(車)에 익숙한 개를 운반하는 데는 아무런 걱정이 없다. 만일 처음 승차(乘車)하는 것 같으면, 개중에는 약간의 불안한 표정을 하는 것도 있으니, 대체로 어느 것이든, 곧 익숙하게 된다. 어떻게 해도 익숙해지지 않은 개성을 가진 것도 있으나, 정신안정제를 먹여 3,4분 지나면 흥분이 갈아 앉게 된다. 개의 크고 작음에 따라 내복량이 다르나, 대체로 어른들의 양이며 좋고, 소형견은 그 반량이 좋다.

　만일 그 개가, 주인과 익숙하지 못한 사이라고 보면, 무심히 함께 경치 등을 바라보고 있을 수는 없다. 창문에서 도망가기 때문이다. 항상　조심해서 개에 목걸이를 걸어, 줄로 묶어둔다든가, 적당한 쇠그물 상자 등에　수용해 두는 것이 안전하고 안심이 된다.

　흔히 짐싣는 곳에 개를 가두어, 몇시간이나 드라이브하는 사람이 있다. 좌석을 더럽힐 염려가 있어서 그러하리라고 짐작이 가나 그런 행동은 삼가해야 하겠다.

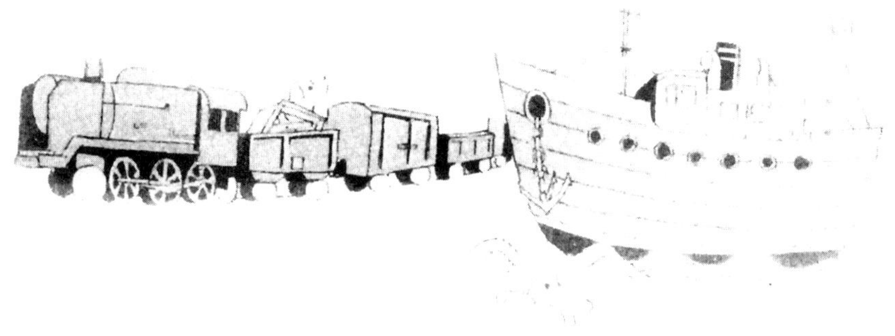

□ 항공편의 이용

  만일 수송해서 보낼 곳이, 공항(空港)에 편리한 장소일 경우에는, 서슴치 말고 항공편으로 수송해야 한다.

  빠르다, 싸다, 건강에 좋다는 3 박자가 갖추어 있다. 개를 보내고 싶을 때, 공항에 수송용의 상자가 비어 있는가 어떤가를 문의한다. 없으면 별도로 구해야 한다. 상자에 개를 넣은 전중량을 달아, 화물 운임의 율(率)로 거리를 가산한 것을 지불한다.

□ 차내(車內)에 가지고 들어 갈 때

  길이 0.7m 이하의 용기(석유통의 크기)에 넣은 개나 고양이는, 승차하기 전에 수화물계의 승인을 얻어서, 1 개에 대해서 얼마큼의 요금을 지불하고 꼬리표(荷札)을 붙이면, 그것을 차내(車內)에 갖고 들어 가서 100 km 이내는 운반하는 것을 허락하고 있다.

  이 운반이 될 수 있는 개는 극히 소형의 개나 강아지의 범위내이나, 한서(寒暑)의 심한 계절에는 종래와 같이 화차 수송만의 방법밖에 없을 때에 비교할 것 같으면 격단(格段)의 편리함이 있다.

□ 화차(貨車) 선박(船舶)으로 보내는 데는

  수송의 거리가 길어진다든지, 차내에 아무리 해도 갖고 들어가지 못할 정도의 크기이든지, 또는 항공편이 닿지 않은 지역일 경우는, 화차에 의해서 수송하지 않으면 안 된다. 수송 상자는 튼튼하게 만들어야 한다. 상자를 부수어 도망이라도 하면 큰일이기 때문이다.

  화차에 의한 수송은, 꽤 오랜 시간이 걸리게 되므로, 사전에 준비를 해야 한다. 화차에 싣기 24 시간 전부터 먹이를 멈추어야 한다. 12 시간 전부터는 전연

주지 않는다. 6시간 전부터는 물도 주지 않는다. 그리고 적당한 운동을 시켜 배설 등을 마치도록 해서 수송 상자에 넣는다. 공복(空腹) 등은 개에 있어서 배설 보다 훨씬 참기가 쉽기 때문이다.

□ 버스에는

개보다 훨씬 귀찮은 사람이 많은 데도, 개가 타는 것을 금지되어 있는 것은 우리 나라 사람들이 개에 대한 인식이 낮기 때문이다. 어떤 나쁜 버릇이 있는 개라도, 사람을 보면 눈을 힐긴다는 것은, 과거에 사람부터 심한 구박을 받았기 때문이다. 아이들이 혼이 개에게 돌을 던지는 것을 볼 수 있다. 동물원의 울타리 안에 있는 짐승을 보고도 그러하다. 아이들과 함께 있는 부모들이 그것을 보고 있으면서 말리지를 않는다.그 중에는 아이와 같이 그렇게 하는 어른들도 있다. 이러한 일들로 개쪽에서도 호의(好意)를 나타내지 않은 것은 당연한 일이다. 아직 당분간은 우리 나라에서는 버스 안에 개나 고양이를 갖고 들어가는 것을 인정하지 않을 것이다.

□ 수송에 필요한 건강 증명

지금 보내고자 하는 곳에 전염병이 있다는 것을 알았으면, 그 예방주사를 놓고 보내면 안심이다. 광견병의 유행기에는, 행선지에 관계없이, 끝마쳐 두는 것이 상책이다.

외국과의 거래에는 한층 더 주의가 필요하다. 상대편 나라에 광견병의 발생이 있나 없나에 의해서 수속도 달라진다. 발송에 필요한 서류는, 광견병의 예방주사가 행해진 후 1개월 이상 5개월 이내란 기한중에 있으며, 별도로 건강 증명서를 첨부하여, 서류가 완전하면 수출이 허가된다.

수송용 케이지

수송할 때의 배변(排便) 설비

168

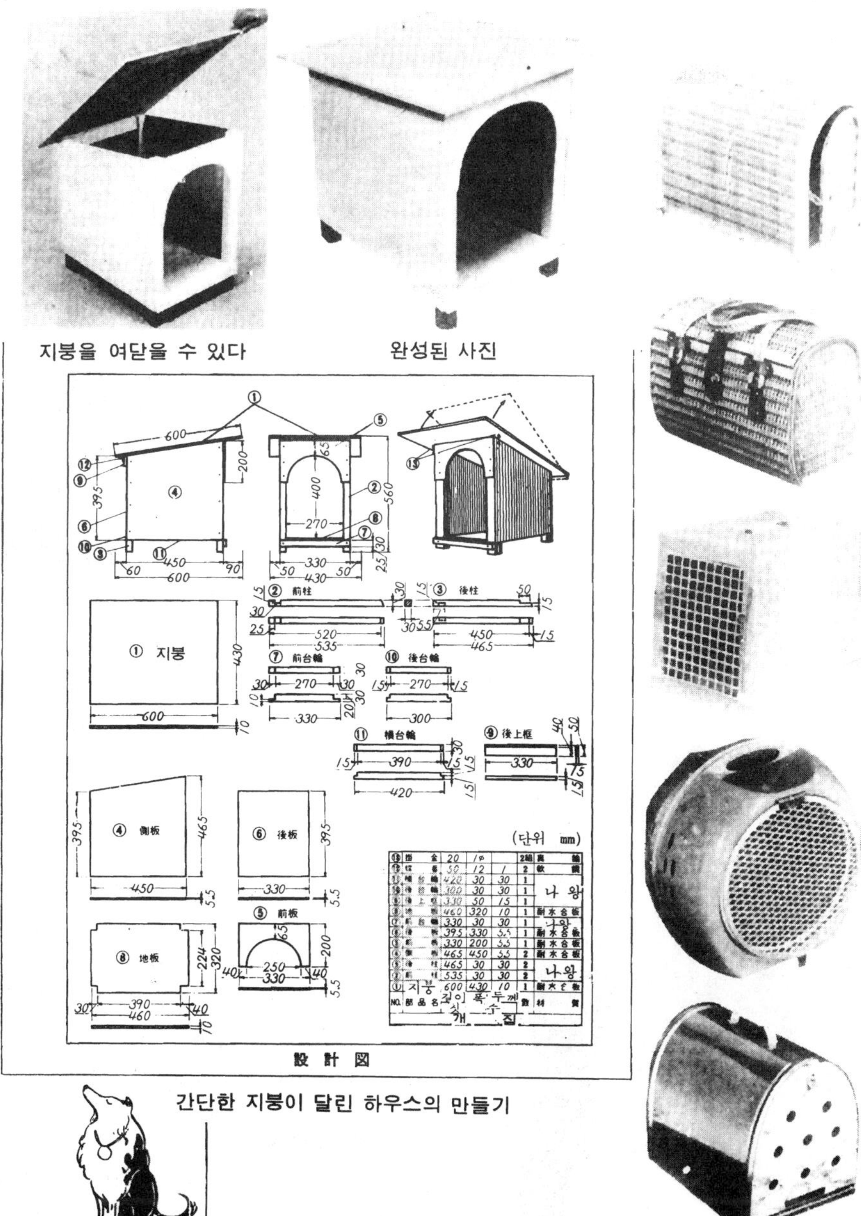

간단한 지붕이 달린 하우스의 만들기

169

애견이 행복하게 지낼 수 있는 것은 주인의 마음가짐에 달려 있다. 주인의 일거수(·擧手), 일투족(一投足)은 그대로 개의 마음구석에 세차게 찌른다. 개는 자고 있을 때도, 주인이 어떤 생각을 하고 있는가, 이를테면 괴로움이 있는 것 같다. 무언가 오늘은 좋은 일이 있었는 것 같다 등으로, 부탁도 하지 않은데도, 모르면서도, 걱정해 준다. 그 걱정이 실은, 실제에 있어서 아무런 소용이 되지 않으면서 ↗

成犬의 飼育法
성 견 사 육 법

개를 집에서 기르면 어딘가 사육주(飼育主)에 닮는다고 한다. 이상한 일이다. 발톱 두낱의 다른 개와도, 확실히, 어딘가 다른점이 있다.

□ 청결을 첫째로

육식(肉食)동물의 일반적인 통성(通性)으로서, 이외에도 청결을 좋아한다

는 것을 명심하여야 한다. 자연의 상태에서는, 풀숲에 몸을 문질러 겨울의 묵은 털을 떨어뜨리기도 하고, 딱딱한 먹이를 갉으므로써 이를 갈고 오물(汚物)을 없애며, 물에 들어가 오물을 씻어뜨리는 일도 한다. 그러나 사육되고 있는 짐승은 그러한 기회를 얻기가 어렵다. 사람이 손을 써서 개의 신체의 청결을 보존해 주지 않으면 안 된다. 더럽힌 그대로 해 두고 곁에 갔을 때 냄새는 사람 이상으로 개도 싫어하는 것이다.

□ 자유를 둘째로

방종의 자유를 주는 뜻이 아니다. 그와 같은 자유를 몸에 익힌 개는, 사람의 사랑도 잃어버리는 결과가 되므로 결국은 불행해진

도 그와 같이 언제나 보고 지키며, 무언가 쓸모가 있는 일을 할려고 하는 것이 애견(愛犬)의 모습이다 명견(名犬)이나 잡견(雜犬)이나, 모두 같이 사람을 생각하고, 주인을 생각하는 산 동물이다

그런 일을 생각하면, 어떤 사람이라도, 반드시, 어떻게 취급하면, 그와같이 마음 착한 개를 행복하게 할 수 있을까 하고 걱정하게 된다. 또 하지 않으면 안 되는 것이 누구나가 가진 공통적인 인간성이다.

다. 어떤 일정한 틀안에서의 자유란 뜻이다. 그 때문에 사람이나 아이나 같은 개들에게 전연 해방된 시간을 지낼 수 있는 장소가 필요하다. 배설을 참는 것도 어느 정도 이상이 되면, 도저히 견딜수 없으므로, 어느 정도 이상의 강요는 해서는 안 되겠다.

□ 불가능한 일을

다른 사람에게 자기의 개 능력을 자랑하고 싶어, 실력 이상의 평가를 선전하기 위해서 개에 있어서는 매우 귀찮은 액세서리(복장의 장식품)을 강요해서는 안 되다 "가지고 오너라"의 훈련을 잘하는 일로서, 필요 이상 몇번이고 되풀이 해서는 안 된다.

확실히 개에게는 개개의 능력의 차(差)가 있다. 이웃집 바둑이는 저러한 일을 할 수 있으니까 우리집 멜리도 안 될 이유가 없다고 생각하여 가르치는 데 지나쳐서는 안 된다. 이상하게도 여러 가지 일을 하는 개를 보면, 그렇게 가지 할 수 있는 개의 노고에 동정심이 먼저 울어나와야 한다.

□ 다른 사람의 개의 걱정도

나의 애견(愛犬)만 행복하게 지내면 그것으로 만족하다고 생각한 나머지 다른 개의 불행을 보고 방관하는 수가 있다. 그렇다고 해서 어려운 일이기는 하나, 잘못된 사육을

171

하고 있는 사람에게 하는 충고가 기분좋게 받아들이는 방법으로 충고를 해야 하겠다. 지나치게 짖는 개를 그냥 두는 이웃집 개는 반드시 무언가 잘못된 사육법을 하고 있는 것이다. 또 무는 버릇이 있는 개를 방사(放飼)하여, 피해자를 내는 일이 있는데, 미리 방지해야 하겠다.

이와같은 개의 존재가 나아가서는 선량한 다른 개에게까지 영향이 미친다. 전염병의 예방주사를 받지 않은 것을 자랑으로 하는 사람도 있다. 개에의 대우에 의해서, 그 사람의 성격도 어느 정도 반영(反映)되는 것이므로, 그 집의 개는 그 가족의 일원으로서의 자만(自慢)을 갖도록 해야 한다.

□ 개의 몸은 나의 몸

어느 사이에 개는 주인의 성격을 몸에 익히게 된다. 그 집 개는 그 집 주인의 분신(分身)이라고 보이게 된다는 것을 생각하여, 청결한 육체와 평정(平靜)한 마음을 가지도록 한다. 주인 자신이 그렇게 노력하면, 자연이 개도 그렇게 따라오게 된다. 병이라고 생각되면, 자기 자신의 병이라고 생각하여 곧 적절한 조치를 취하도록 한다. 추울 때는 보다 따뜻한 장소에, 더울 때는 시원한 나무그늘 밑에, 이렇게 언제든지 큰짐이 되지 않은 범위내에서 최선의 마음가짐을 가져야 한다.

■ 행복의 지름길

언제나 기분 좋게, 개와 접촉해야 한다는 것, 이 일만이 개의 행복이며, 산 보람이 있는 것이다. 그렇다고 해서, 하루종일 개에게만 있을 수 없다. 일이 있으며 생활을 해 나가지 않으면 안 된다. 그러나 그 사이에 개는 한숨 자기도 하고, 천성(天性)의 경계심을 일으키기도 하며 주변에 있는 여러 가지 물건을 상대로 장란 등을 하면서 주인의 돌아옴을, 주인이 개에 대한 관심이 있는 것을, 주의하면서 기대하고 있다. 지금이라도 반드시 자기에게 말이나 신호 등이 있지는 않은가 조용한 외면을 하고 기다리고 있는 것이다. 주인이 곤란하게 살고 있어도, 추위에 따뜻한 불기가 없어도, 주는 한 조각의 고기가 없어도 개는 조금도 보고 내버려 두지 않는다. 언제나 변함없이, 주인의 부드러운 사귐만을 희망하고 있는 것이 개이기도 하다.

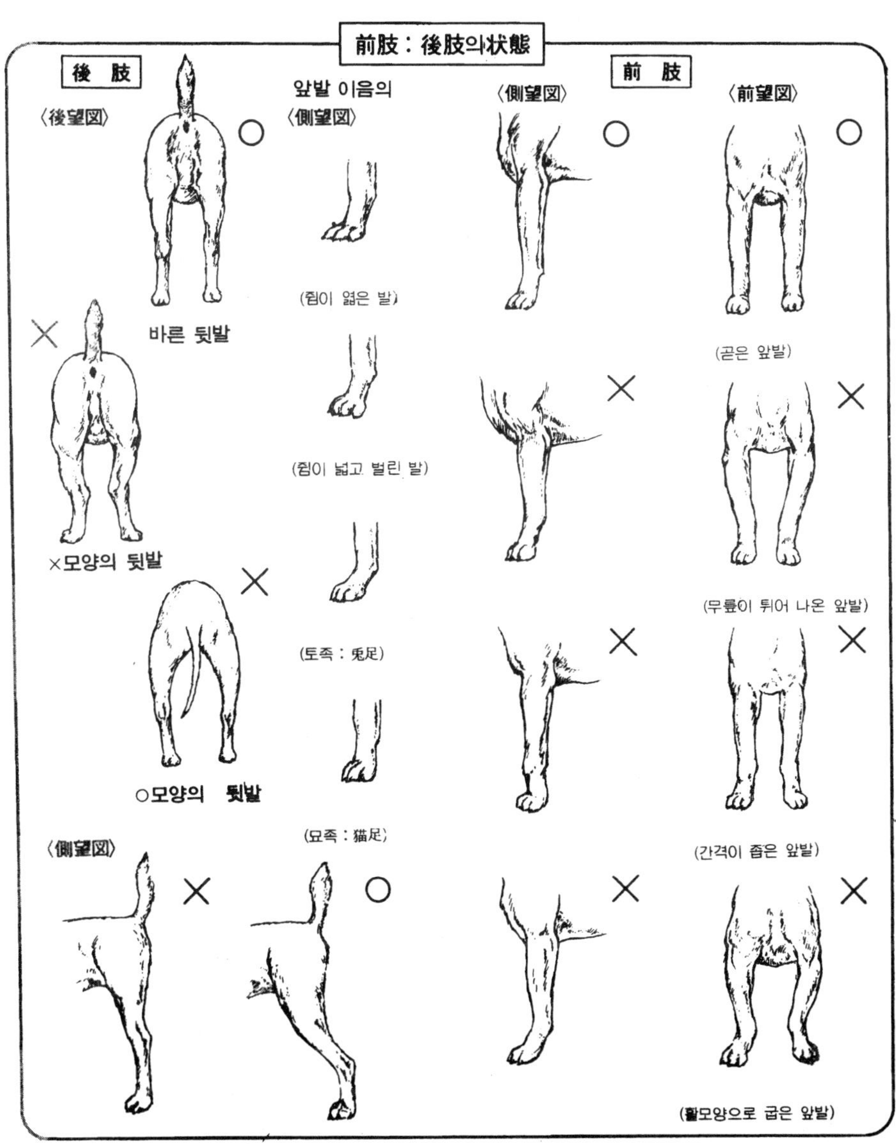

前肢：後肢의状態
後 肢
〈後望図〉
앞발 이음의
〈側望図〉
〈側望図〉
前 肢
〈前望図〉
바른 뒷발
(쥠이 엷은 발)
(곧은 앞발)
×모양의 뒷발
(쥠이 넓고 벌린 발)
(무릎이 튀어 나온 앞발)
토족：兎足
○모양의 뒷발
(묘족：猫足)
(간격이 좁은 앞발)
〈側望図〉
(활모양으로 굽은 앞발)

사람 수레가 시중(市中)에 넘쳐 흐르고, 모든 것이 가득하기만 하다. 그럼으로 운동도 극단(極端)으로 좁아져 가기만 한다. 개들의 안전을 위해서는 어떻게 하면 좋겠는가?

□ 운동의 뜻

여러 가지 종류의 개가 있으나, 이와같은 많은 종류는 그 어느 것이나, 오랜 세월을 사람과 개와의 유무(有無) 상통(相通)한 공동 생활에 의해서, 서로가 형편이 좋도록 개조(改造) 또는 개조를 한 결과의 산물(産物)이며, 오늘에서는 그 옛날과는 상당한 생활 양식이 달라졌다고는 하나, 개가 사람에게서 애육(愛育)된 이유는, 사냥 그외의 작업에 의해서 갖추어진 체형(体型)과 성격, 용모에 있으므로, 그 사랑받고 있는 아름다운 점을 보존해 가기 위해서는, 그 나름대로의 단련이 쌓이지 않으면 안 된다。

개의 종류에 의해서, 운동하는 방법과 의미(意味)가 다른 이유는 여기에 있다. 어느 개이건, 운동을 제일 좋아한다. 사육주인 주인과 운동하는 것이, 개들의 최대 행복이란 것을. 명심하여야 한다. 동시에 운동에는, 자칫하면 사고가 나기 쉽다는 것을 생각해야 한다.

□ 그 전에 이것만은

어떠한 환경이 개의 운동장이 되는가? 현재 우리 나라의 도시 주변에는, 안심이 되는 장소는 우선 없다고 봐야 하겠다.

차(車)는 넘쳐흐르듯 많으며, 또 빨리 달린다. 차(車)가 없는 전원(田園)에는 농약에 더럽힌 풀이나 돌조각이 있다. 공원이나 제방(堤防)은, 유일한 휴게 장소라고 생각되나, 가엾게도 여기는 많은 개들이 모이기 때문에, 뜻하지 않은 전염병의

보금자리가 되어, 사정에 어둡고 얼뜸함에는 들어가지 못하는 상태이다.

따라서 어느 개이건 목걸이를 다는 습관을 붙일 필요가 있다. 그 목걸이에는 반드시 당기는 줄을 달아, 사람의 유도(誘導)에 유순하게 따라서 달리기도 하고 걷기도 하는 훈련을 한다. 안전한 운동을 할 수 있도록 하기 위함이다. 그러나 좋아하는 운동이다. 곧 익히게 된다. 끈없이는 집밖에는 한걸음도 나가지 않는다. 나가서는 안 된다는 습관을 확실히 익히게 한다.

□ 애완견의 운동

삽아당긴 줄을 손에 잡는다. 개들은 좋아서 어쩔줄을 모른다. 따라서 어떻던 끌고 나와서 개를 즐기게 해 줄 수밖에 없다. 소형견은 여러 마리씩 함께 운동을 시킨다. 어느 것이든 앞으로 앞으로 머리를 한줄로 하여 나아간다. 배설을 위해서 도중에서 한마리라도 서게 되면, 다른 개들도 서서 기다린다. 한마리 마다 이와같이 하여 진행해 간다. 천천히 한다. 당황한다든지 달린다든지 할 필요는 없다. 바깥의 공기를 마시게 하고 경치를 구경시키며, 그네들의 생활의 변화를 주는 것으로 충분하다.

□ 잡아당기는 줄의 바로잡기(1)

잡아당긴 줄은 개와 사람과의 사이에 의지(意志)의 전달을 하는 도구(道具)이므로, 느슨하게 헐겁어서는 안 된다. 또 지나치게 강한 힘으로 개를 잡아당겨서는, 큰개 같으면, 사람이나 개나 위험하다. 이를테면, 돌에 부딪혀서 사람이 자빠져서 다친다든가, 자전거로 운동시키고 있을 때, 자전거와 함께 옆으로 자빠지는 경우가 있다. 개는 달리고 있으면서, 자기의 흥미있는 쪽에만 달린다. 사람으로서는 개의 의사를 알 턱이 없고, 앞쪽에만 정신이 팔려 있는 개를, 갑자기 옆으로 잡아 당겨서는 견디지 못한다. 큰개는 당기는 운동에도 어느 정도의 훈련이 필요하다.

□ 잡아당기는 줄의 바로잡기(2)

이와같은 훈련에는, 특별한 목걸이(스파이크 달린 훈련 목걸이, 졸라매는 목걸이, 체인컬러)가 팔고 있으므로, 적당하게 골라서 사용하면 된다. 그리고, 빠르게 사람의 자유가 될 정도의 당긴 줄의 긴장도(緊張度)가 언제든지 보존될 수 있지 않으면, 안심하고 운동시킬 수 없다.

운동 중에 달라들어 옷을 더럽힐 염려가 있으나, 아뭏든 더럽힌다는 것을 각오하지 못하면, 그렇게 못하도록 훈련을 해두어야 한다. 개는 달라붙어 아양을 떨고 싶은 버릇이 있으므로, 이것을 하지 않도록 하는 데는 약간의 시간이 걸리기는 하나, "안 된다"는 말을 이해만 확실히 시켜두면 **해결**은 빠르다.

개가 달리는 것은 대각(對角)의 앞뒷발이 동시에 땅에서 떨어져, 또 (持久力)이 풍부하다.

□ 심한 운동의 견종(犬種)

작업견에 속하는 견종에는 거의가 상당한 운동을 일과(日課)로 하지 않으면, 그 개 고유의 기질이나 체형 (体型)이 완성되지 않는다. 세퍼드, 코리, 에어데일, 도베르만 등은 모두 아침 식사전, 저녁 식사전에 한 시간 이상의 자전거의 의한 잡아당기는 운동을 실시한다. 한쪽 손에 줄을 능숙하게 탱탱하게 갖고 개를 유도해 가면 대단히 좋으나, 좀처럼 간단하게 되지 않는다. 약간 짧게 짐 싣는 곳에 메어두면, 다소 개가 좌우(左右)에 정신을 팔리더라도, 걱정할 필요는 없다. 세퍼드나 불도그 같은 중호종(重豪種)에는 각각 그 체형의 형성을 위해 특별한 잡아당기기가 있으며, 자전거는 일체 사용하지 않는다.

灌腸

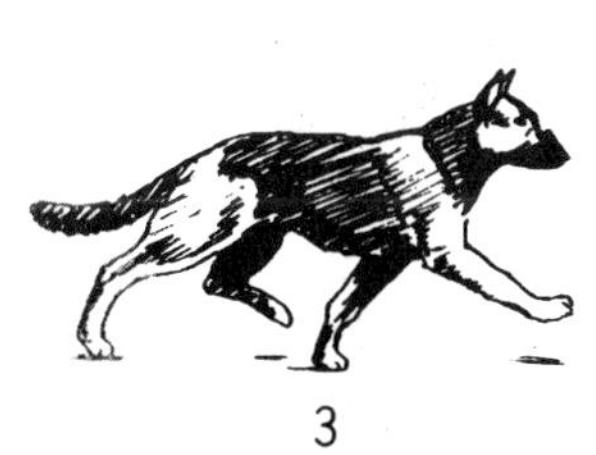

3

4

땅에 닿으므로, 몸이 평행으로 유지되며, 피로가 적고 지구력

□ 먹이의 기본적인 생각

개는 육식과(肉食科)에 속하는 동물이므로, 이리나 여우와 같이 고기만으로 사육하는 것이 본래의 모양이라고 한다. 또 어떤 사람은, 벌써 긴 세월에 걸쳐 사람과 함께의 생활에서 잡식(雜食) 생활에 익숙해 있으므로, 사람과 대체로 같게 하는 것이 옳다고도 한다. 확실히 두 가지 설(説)이 틀리지는 않으나, 잡식성이기는 하나, 제법 육식성에 가까운 잡식성이라 봐야 하며, 쌀 기타의 곡물(穀物)이 주가 아니고, 육류(肉類)가 주가 되며, 거기에 조금씩의 곡물을 섞는 정도라고 생각해야 한다.

또 활동력이 풍부한 동물이므로, 양이 많은 것보다, 충실한 먹이에서 필요한 영양분을 흡수되도록 해야 한다. 따라서 수분이 많은 조리(調理)는 부적당하다. 항시 연한 것보다 딱딱한 먹이를 조제(調製)한다고 생각하며, 대량으로 주지 않아도 되며, 영양분의 음식물을 주도록 한다

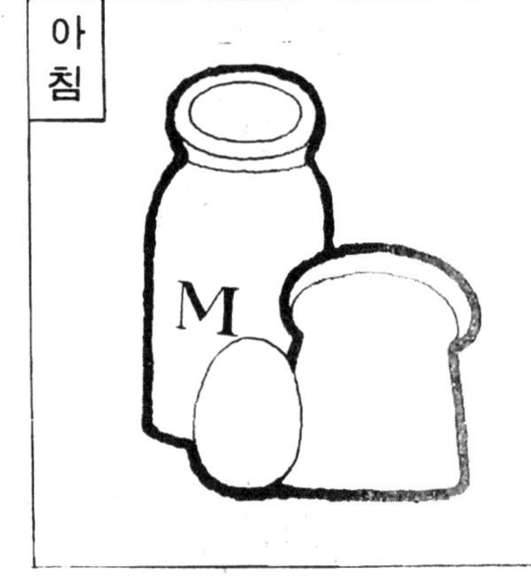

주는 회수에 있어서도 많은 의견이 있다. 밤에 한번만 준다는 의견이 점차 많아져 간다. 그 한 과정으로, 아침에 가벼운 먹이, 이를테면 비스켓이나 우유같은 손쉬운 것을 주며, 저녁 그것도 8시가 되어서부터 영양이 풍부한 것을 충분히 주는 방법이다.

□ 소화기 특징

타액(唾液) — 사람은 잘 씹어서 먹어야 한다고 어릴 때부터 가르치고 있으나,

개는 음식물을   위(胃)까지의 통과를 미끄럽게 하는 작용으로로만 봐야 하며 쌀이나 빵을 어느 정도 소화하고자 하는 작용을 갖고 있지 않다.

육식으로서의 하나의 특징이라고 봐야 하겠다.

구치(臼齒)—음식물을 갈아서 부수기 위한 것이 아니고, 목을 통과하는 크기의 먹이를 부수기도 하고, 찢기도 하는 작용을 한다. "고기 찢는 이"라는 별명이 있다. 이것도 식육형(食肉型)이다.

위(胃)—음식물이 들어오면 위액을 분부(分泌)하기 시작하나, 곡류(穀類)의 소화력은 없는 대신에 육류(肉類) 즉 단백질에 대해서는 강력하게 소화 작용을 발휘한다.

창자(腸)—잡식성인 사람이나 돼지에 비교하면 훨씬 짧다. 이것도 육식성의 특징이다. 작은 창자는 단백질 소화력은 강하나 곡류에 대해서는 약하다. 큰창자도 굵지도 않고, 육식성이므로 소화되지 않은 음식물은 잘 먹지 않는다. 이것 또한 육식성의 증명이다. 맹장도 또한 작고, 초식(草食) 동물의 크기에 비할바가 못된다. 이리나 여우와 같은 경향을 보인다.

이상과 같은 구조나 작용으로 보면, 어떻게 봐도 잡식성인 동물이 아니란 것은 명백하다. 그 외 식도(食道)의 주벽(周壁)이 뚜껍고 튼튼하기 때문에 **한**번 먹었는 음식물은 이외로 큰 것이라도 통과된다는 것과, 분비하는 위액, 장액, 단즙 등도 모두 육식성이란 점 등이 주목된다.

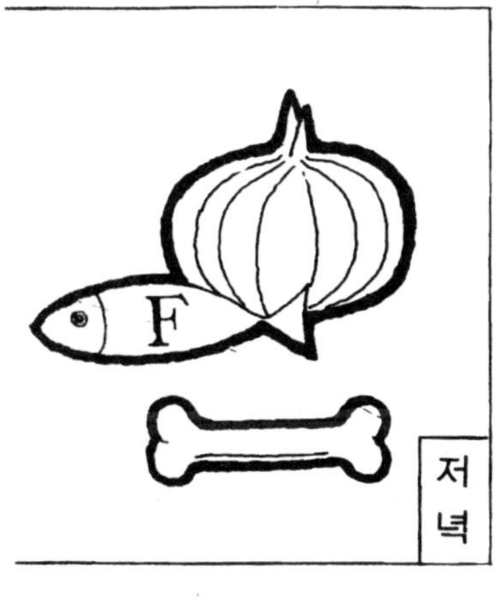

□ 먹는 버릇도 사람 흉내

개도 또한, 개개에 의해서 좋고 싫어하는 특징이 있다. 먹는 방법도 같지가 않는다. 그런데, 비만형(肥滿型)의 집의 개가 살찐 것이 많으며, 먹이로 인한 것이 아니나, 가시가 있는 듯한 성격의 사람의 개가 신경질이기도 하는 것은 어떻게 되어서 그러한가. 놀랄 일은, 어릴 때부터의 습관이 그 성질에 영향한다는 점, 참으로 분명한 사실이다.

☐ 조리(調理)의 방법

조리하는 사람이 맛있다고 생각되는 음식을 개에 주어야 한다. 개에 특별한 조리를 할 필요는 없다. 개의 음식을 조리하면, 반드시 시식(試食) 해 보고, 이것은 맛있다고 하면 반드시 개도 먹게 된다. 좋고 싫은 것을 개에게 있을 수 없고, 하루 하루의 것은, 그 집의 습관에 동조(同調)시켜야 한다. 극단으로 달다. 또는 짜다든지 하면 몰라도 개에게는 설탕이나 소금을 쓰지 않아도, 개의 먹이는 결점없이 조리가 가능하다.

쌀이나 그 외의 곡식류를 끓이는 것은, 그 식품의 이용도가 낮다는 이유에서 실 끓여서 소화하기 쉽도록 하지 않으면 흡수 이용이 되지 않으나, 육류는 그 성질이나 습관에도 따르나, 날것도 무방하다. 채소나 감자 따위는 말할 것도 없이 잘 끓여야 하며, 다 끓일 무렵에 고기와 잘게 썰은 채소를 넣어, 약간 삶는 정도로 한다.

조리한 먹이는 잠깐 그대로 두었다가, 뜨겁지도 않고 차지도 않은 것을 한마리씩 먹도록 분배해서 주도록 한다.

먹이의 각 성분은, 잘 섞어서, 개가 좋아하는 것만 먼저 골라 먹지 못하도록 한다. 그리고 수분이 많아서는 곤란하다. 수분이 많으면, 이를테면 배가 불러도 필요한 영양분이 섭취되었다고는 볼 수 없으며, 개의 소화기의 구조로서도, 소화나 흡수에 불편하다. 그렇다고 해서 수분이 많을 때, 그 수분을 버린다는 것도 영양상 아까운 것이다.

우리 나라 사람의 일상 주식(主食)이 쌀에 의존하는 수가 많으므로, 개도 또한 그런 경향이 있는 것은 할 수 없는 일이다. 그러나 이 문제는 참으로 냉정하게 생각해야 한다. 기본은 고기나 기타 단백질이며, 쌀과 빵은 부식이란 것을 개에게도 해당시켜야 된다.

☐ 먹이 구성의 비율

어떤 특별한 일을 하고 있지 않을 때 임신중 포유중(哺乳中), 수색 기타 중노동에 근무하고 있을 때에 따라서 체력의 사용 방법이 다르다. 그 보충은 먹이에 의해서 가감한다. 생장기의 개와, 큰개나 늙었는 개의 먹이도 물론 나르다. 체중에 의해서는 많은 차잇점이 있기는 하나, 그렇다고 해서 체중의 비례만으로 산출되는 것도 아니다.

개가 섭취한 영양분은, 섭씨 1도의 물 1cc를 섭씨 1도 데우는데 필요한 열량(칼로리)으로 나타내나, 단백 1g은 약 4칼로리. 낭분 4칼로리, 지방 약 9 칼로리로서 환산하면 다음 표와 같다.

| | 소요(所要) 칼로리의 양 | |
| | (체중 1 kg 마다에 대해서) | |
개의 체중 (kg)	큰개의 경우	발육기의 경우
2.2	5 0	1 0 4
4.5	4 2	8 4
6.5	3 5	7 0
13.0	3 2	6 4
22.0 이상	4 1	6 2

□ 식품(食品)의 배합(配合)

　개의 쾌적(快適)한 생활, 즉 적당한 일을 하면서 건강한 생활을　영위(營爲)하기 위해서의 소요(所要) 칼로리의 양은, 앞서의　표에서 표시한 것과 같다.　이 소요량을 획득하기 위해서는, 단백, 당분, 지방　외에　비타민이나 미네랄 등이 알맞게 섭취되어야 한다.

　그래서 육식성의 식생활의 실제적인 식품의 비율은, 어떻게　배합하여 가면 좋겠는가 참고로 하기 위해 시중(市中)에서 판매되고 있는　"도그푸드"(개의 식품)에 대해서 소개하여 그 회답으로 하고자 한다.

□ 도그(개) · 푸드(식물 : 食物)

　개의 생리, 특히 영양학이 진보된 결과. 개에 가장 적당한 먹이로서　새로이 등장한 것이 이 시판(市販) 도그 · 푸드이다. 각 생산 공장에서는　각각 좋은 설비로서 개의 생리학의 연구를 해서, 그 결과에 따라 생산된　제품이기때문에 그날 그날의 잡다(雜多)한 재료를 원료로 하여 조리한 것에　비해서 완전품에 가까우며, 단지 하나 하나의 개의 기호(嗜好)에 처음부터 합치하는가 어떤가가 문제이다. 그러나 이것은 할 수 없는 일이다. 이것도 익숙함에 따라 해결될 수 있는 것이다.

　도그 · 푸드는 대체로 어느 하나를 봐도, 개에 적합한 식품을 조리하여, 여기에 역시 개의 요구에 합치한 비타민의 여러 종류와 미네랄의 종합을 첨가하여, 단순히 깡통을 끊는다든지, 종이 봉지를 찢어서 비스켓　모양으로

만들어진 크고 작은 알맹이를 물이나 우유에 띄어서 준다는 것뿐이며, 종래의 먹이를 주는 것은 매우 어리석다고 생각할 정도로 편리하며 완전한 식품이다. 이것을 이용하지 않은 것은 약간 이상한 일이다.

그런데 여기에서 생각할 일은, 일본 제품인데, 종래의 습관인 밥찌꺼기에 의한 개나 고양이를 잘 기르고자 하는 천박한 전통적인 생각에 맞추고자, 영양분 보다 완전하게 보충하고자 하는 뜻, 즉 밥찌꺼기에 도그·푸드를 첨가하여 완전한 영양식을 만들려고 하는 방침의 제품이 많은 것 같다.

내용을 잘 검토하여, 신용있는 제품을 선택해서 주며, 많은 수고는 들었지만 개는 형편없이 되었다고 하는 일이 없도록 주의한다.

□ 도그·푸드 구성(構成)의 영양원(榮養源)

단백질 ─각 수육(獸肉), 조육(鳥肉), 어육(魚肉), 계란 등의 동물성 단백과 콩 기타의 식물성 단백으로 이루워진다. 개의 식품으로 이상적이기는 하나, 그렇다고 해서 대량으로 주어서는 이용도가 떨어지므로, 항상 최소의 필요량을 준다. 최소란 것은, 각 영양물 중에서 가장 값비싼 것이므로 이용되지 않을 정도의 대량을 줄 필요는 없으며, 때로는 해로운 일도 있기 때문이다.

당분 ─사탕, 쌀, 보리(빵), 감자, 토란, 고구마 등이며, 과잉(過剩)한 당분은 개 몸안에 지방이 되어 저장되어, 필요가 있으면 조금씩 소비된다.

지방 ─동물성 지방은 각종 동물에서 얻으며, 여러 가지 비타민(지방성)을 포함하므로 그 방면에 유용(有用)하다. 식물성 지방에는 콩, 참깨, 채종(菜種 ; 채소의 씨) 등이 있으며, 어느 지방(脂肪)도, 단백과 당(糖)의 2,3배의 칼로리를 갖고 있다. 따라서 칼로리의 보급면에서는, 비교적 소량으로 목적을 달성할 수가 있다.

이상과 같은 식품 원료를, 오랫동안의 보존에도 부패하지 않도록 가공한다든지 또는 배합해서, 습기나 열기(熱氣)에도 견딜 수 있는 포장을 한 것으로 통조림을 한 것과, 비스켓 또는 패렛 모양으로 하여 엄중하게 포장한 것과의 두가지 종류가 있다.

이 도그·푸드만을 수면 확실하게 건강이 보존된다는 완전 식품과 일상의 밥찌꺼기에 결합된 영양을 보급하는 것이 있으며, 어육(魚肉)을 주체(主體)로 한 것, 곡류를 기본이라 생각한 것 등 여러 가지가 있다.

□ 미국제(美國製) 도그·푸드

■ **게인즈·도그미일** 유명한 제품이다. 고기, 골분(骨紛), 가공한 옥수수, 밀, 밀기울, 어분(魚紛), 소맥배(小麥胚), 동물 지방, 건조(乾燥) 탈지유(脫脂乳), 이스트, 비타민 A, D, 리보플라빈, 기타 비타민의 첨화(添化) 비스켓 등 물, 우유, 스프 등을, 그에 대하여 이것을 5 의 비율로 준다. 단백 25%, 지방 5%, 전분과 회분 16% 이상의 합성(合成)이다. 약 100g 들이, 10kg 들이가 있다.

■ **밀크보온·비스켓** 강아지용으로 단백질 22, 지방 48, 전분과 회분 11, 수분 10이란 퍼센트로, 450g 들이 등이 있다.

통조림은, 건조한 먹이에 비해서, 부피가 커진다든지 뚜껑을 여는 수고가 있다든지 하며, 영양도 모자란다는 일로서 반드시 비스켓보다 애용되어 있는 것도 아니다. 그러나 영양소(榮養素)의 보존이라든가 저장하는 데에 있어 편리한 점이 많다.

■ **소사에뒤이** 쇠고기 및 부산물, 보리와 밀의 부순 조각이 주성분이며, 여기에 양파, 홍당무우, 염분이 1%씩 첨가되어 있다.

■ **헬소**(개, 고양이용) 쇠고기와 그 부산물이 주성분이며, 단백, 전분, 지방을 주로 하여, 회분 3, 염분 0.5, 석회 0.2, 인(燐) 1.3 등의 퍼센트로 구성된다.

■ **껜넬·레이숀** 신선한 지방이 없는 쇠고기에 곡식류와 뼈를 배합하여, 필수(必須) 미네랄나 비타민류를 배합되어 있다.

먹고 남게 된 원인은?

도그·푸드에 요구되는 성분

품 명	100분율	품 명	453g (1 폰드)붙음	품 명	453g (1 폰드)붙음
단 백	1.8%	코 린	560밀리	판트텐산	0.9밀리
지 방	4.5%	코발트	1 밀리	피로도끼산	0.4밀리
전 분	적당하게	동(銅)	2.5밀리	리보플라빈 (비타민B$_2$)	0.8밀리
회 분	적당하게	옥소(沃素)	0.5밀리	사이어민 (비타민 B$_1$)	0.3밀리
석 회	1%	철(鐵)	22밀리	비타민A	0.6밀리
인 (燐)	0.8%	막네슘	200밀리	비타민 B$_2$	0.01밀리
염 분	1.4%	망 강	2 밀리	비타민 D	0.003밀리
칼 륨	0.8%	나이어신 (니코씽산)	41밀리	비타민 E	20밀리

큰개 (成犬)의 표준 사료 (데짠비 씨)

역종 (役種) \ 체중 (kg)	5	10	15	20	27	40	50
휴식 때	520 칼로리	855	1,080	1,265	1,550	2,020	2,330
경역 (輕役)	680 칼로리	1,140	1,360	1,660	2,060	2,670	3,085
중역 (重役)	860 칼로리	1,440	1,680	2,120	2,620	3,400	3,930
휴식 때 1 킬로당	104 칼로리	85.5	72.0	63.3	57.4	50.5	46.6

비고

(1) 휴게시의 1kg 당 소요 칼로리는, 체중의 증가 와 함께 감소(感少)한다.

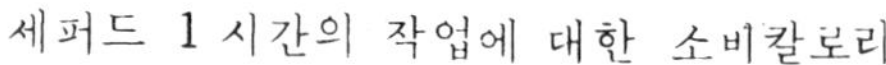

세퍼드 1 시간의 작업에 대한 소비칼로리

뛰는 걸음	510	칼로리
빠른 걸음	270	칼로리
자유 운동	210	칼로리
휴 게	100	칼로리
수 면	65	칼로리

분석치(分析値)는 100g 중의 수치(數値)를 나타낸다

식품별 \ 분석분	칼로리	수분	단백	지방	당질
우 유	59	88.6	3.0	3.2	4.5
전지방유	499	2.5	25.9	26.5	39.1
치 이 즈	360	39.8	25.2	27.2	3.6
뻐 터	734	10·9	0.6	81.2	0.2
라 드	899	0	0.2	99.8	—
쇠고기	133	72.9	20.1	5.7	0.3
돼지고기	145	71.0	21.4	6.5	0.2
간 장	125	72.8	19·5	4.4	1.8
닭고기	129	72.8	21·0	5.0	—
산양고기	117	74.2	20·6	3.8	0.1
고래고기	120	72.7	23·3	3.0	—
전계란	152	75.0	12·7	11.2	—
계란의 노른자	357	49.5	16·1	32.5	—
전갱이	110	75.0	20.0	3.0	0.7
고등어	142	65.0	25.2	4.2	0.9
으깬 생선	94	79.3	10.1	3.3	5.6
고구마	118	69.3	1.3	0.2	28.5
감 자	78	79.5	1.9	0.1	17·7
사탕 (중백)	390	2.5	0	0	79.4
쌀 (정백)	345	13.5	7.2	0.6	78·1
밀국수	113	72.0	2.8	0.4	24.6
비스켓	405	5.6	10.2	6.1	77.4
간장 (단것)	179	49.0	10.0	1.7	31·8
밤호박	70	81.2	1.8	0.4	16·0
홍당무우	41	87.8	1.9	0.4	9·1
김 (중)		11 1	34.2	0.7	45·3

통조림의 도그·후드

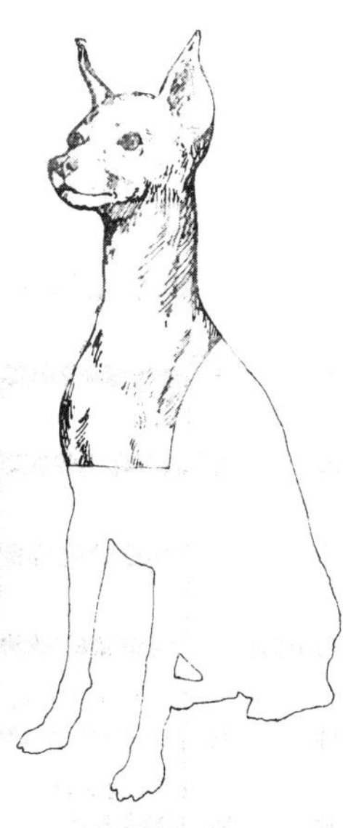

먹이 중의 영양의 배분 (%)

용역 (用役) \ 영양소	단 백	당 (糖)	지 방	미네랄
큰　개	22	70	7	7.5
젖 먹이 개	30	40	25	6.0
일하는개	23	56	14	3

유해(有害) 무익(無益)한 먹이 제한

비고 (1) 단백을 얻기 위한 쇠고기는 여러 가지 단계가 있다. 그러나 대체로, 그 75 %는 수분이다.

(2) 고기에서 단백을 22g 얻으려면 $22 \times \dfrac{100}{100-75} ≒ 88g$의 고기의 양이 필요하다.

(3) 쌀밥에는 수분이 20 % 포함되어 있을 뿐이나, 쌀에서 당(糖)을 70g 얻으려면 $70 \times \dfrac{100}{100-20} ≒ 87g$로서 처리할 수 있다.

(4) 즉 쇠고기와 쌀을 50g씩 혼합한 먹이의 단백 : 당(糖)의 비는 약 3 : 10에 해당하며, 마치 개의 먹이의 비율에 합치된다.

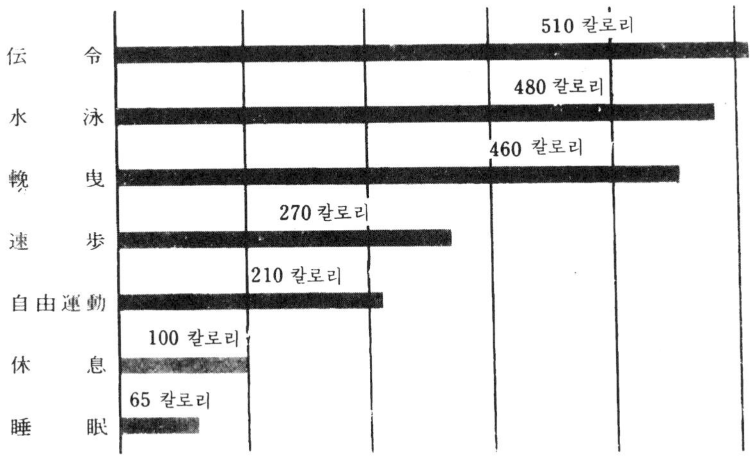

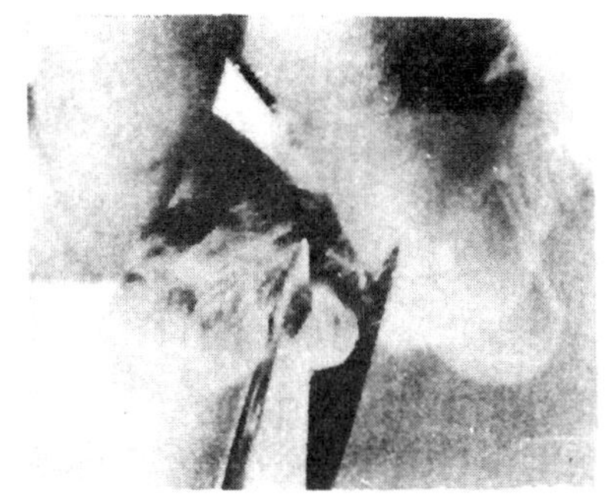

개의 손질

□ 고모(枯毛 ; 묵은털) 는 안녕

　어떠한 단모종(短毛種) 이라도, 털의 신진대사(新陣代謝) 는 항상 계속되고 있다. 체내(体内)에서 양분을 받아들이지 못한 노폐(老癈)한 털을 고모(枯毛)라고 일컫는다. 이러한 털은 일찌감치 없애버려야 한다. 아침 저녁의 빗질이니 브러시는 이 목적을 위해서 필요하다. 브러시는 주로 단모종용(短毛種用)이고, 돼지털이 가장 좋으며, 나일론제 기타 등도 있다. 피부를 자극하여 혈액의 순환을 잘 하도록 하는 작용도 있으므로, 단순히 개의 청결이나 멋을 내기 위한 것 뿐이 아니다. 대개 어느 개든지 브러시를 손에 들고 서면, 좋아서 곁에 오게 된다. 브러시나 빗을 손에 들면 도망가는 것이 있으나, 그것은 전에 무언가 상처를 줬는 경험이 있기 때문이다. 개를 조용히 안심시키고 난 뒤에 브러시질을 하게 되면, 개쪽에서도 하나의 즐거움이 될 수도 있는 것이다.

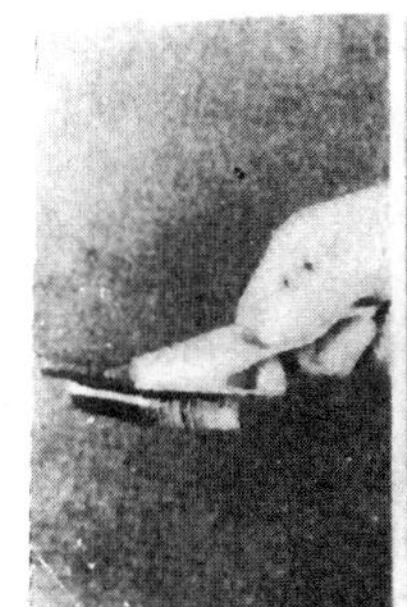

슬리카

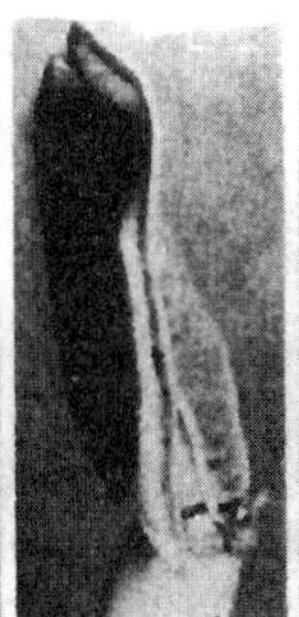

슬리카

쿠션브러시

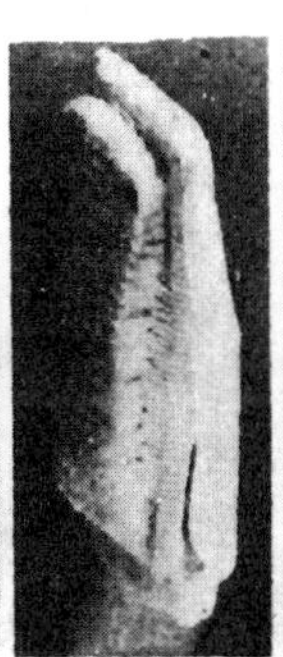

털브러시

브러시와 슬리카

187

장모종(長毛種)에는, 피아노선을 도금(渡金)한 철사로 만든 쇠빗이 좋다. 사람이 사용하는 것을 쓰면, 털이 부러지기 쉽고, 고모(枯毛)를 빼낸다는 중요한 목적은 달성하지 못한다.

□ 손질하는 연모의 여러 가지

손질하는 일을 "글루밍그" 즉 차림을 단정히 한다는 표현을 하는 일이 있으나, 이렇게 되면 단순히 브러시나 빗질만 하는 것이 아니고, 발톱깍기나 또는 털을 정돈한다든지, 개 몸의 세탁까지도 포함되는 것이다. 그리고 또 개 전람회의 "글루밍그"가 되면, 그 개 전람회 날에 개의 모든 조건을 최고로 갖고 가기 위해서 운동을 시키는 일도 있으며, 이러할 때는 1주일이나 2주일 전부터 시켜야 "글루밍그"에 포함된다.

일상의 "글루밍그"에 필요한 것은 개의 협력을 얻어야 한다. 빗질은 항상

▷ 요크셔·테리어의 손질

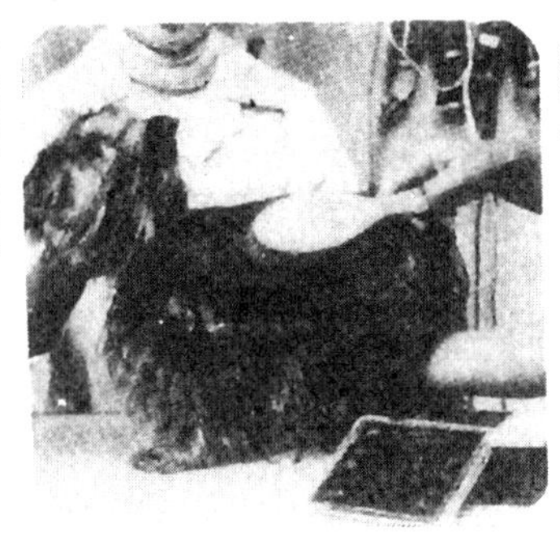

❶ 털브러시로 블럿싱그한다　　❷ 쇠빗을 온몸을 빗는다　　❸ 등의 털을 나눈다

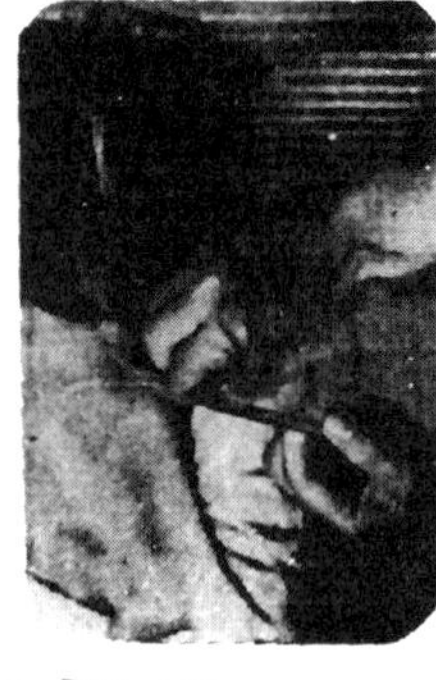

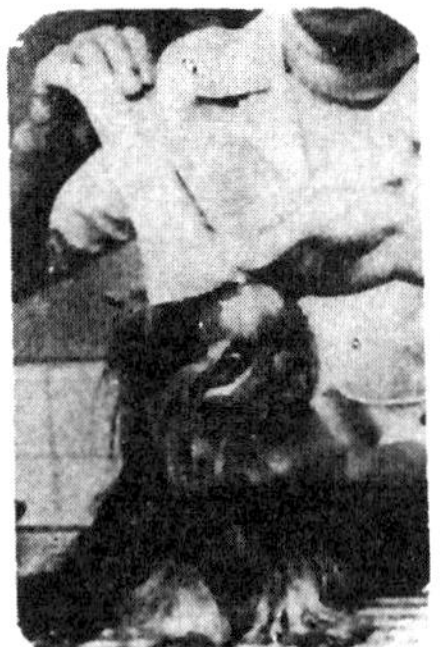

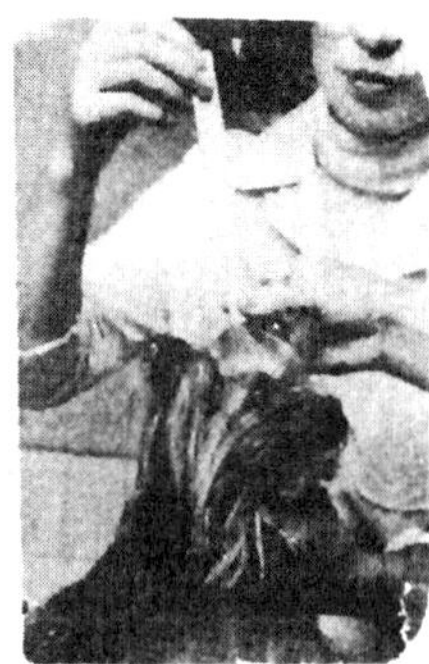

❶ 털을 쇠빗으로 빗는다　　❷ 간추려서 솜을 감는다　　❸ 종이를 감는다　　❹ 종이를 감았는 상태

아래에서 위로, 뒤에서 앞으로, 털이 가지런히 나 있는 방향에서 거슬러 올라가지 않도록, 털의 길이 정도를 단위로 하여 잘게 진행해 간다. 이것은, 털의 엉킴을 최소한으로 줄어들게 하고, 개에게도 싫은 생각을 갖지 않게 하기 위한 수고이므로 부득히한 일이다. 빗질이 끝나면 브러시를 한다. 광택이 나고, 털빠진 것은 완전히 없어진다. 긴털은 발가락 사이나, 밑바닥에 삐죽이 나온 털의 깎음도 잊어서는 안 된다

□ 목욕은 어느 정도로

어떤 개든지 그다지 좋아하지 않는다. 사람의 아이들과 같다. 매일 손질이 잘 되어 있으면 더러움이 잘 나타나지 않으므로, 한달에 한번 목욕으로 청결이 보전된다. 더러움이 심하다고 하더라도 한달에 두세번은 해롭다. 더러움을 없애기 위해서 비누를 사용한다. 그 비누가 개의 털이나 살갖의 지방(脂肪)을 녹이게 하여, 영양상. 지융성(脂融性) 비타민의 손모상(損耗上)

❹ 털을 럿프한 상태

❺ 털을 두날으로 꺾음

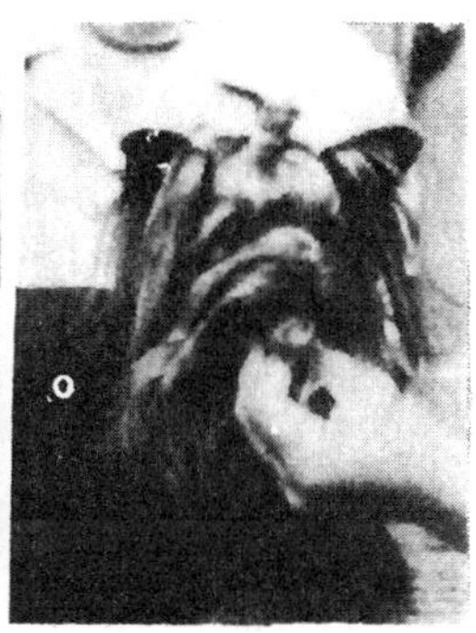

❻ 고무로 고정시켜 완료

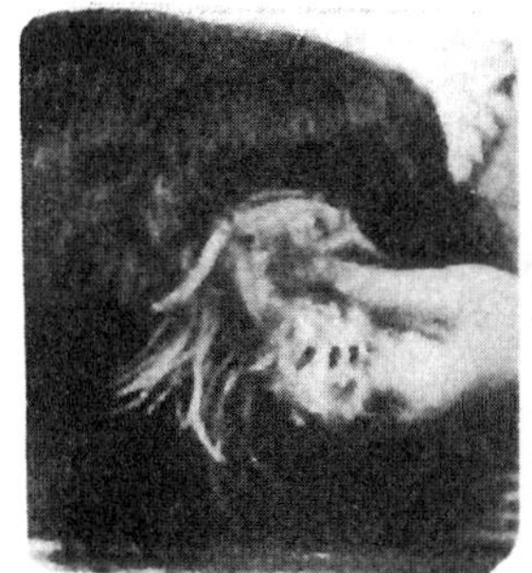

❶ 발의 털이 자란 상태

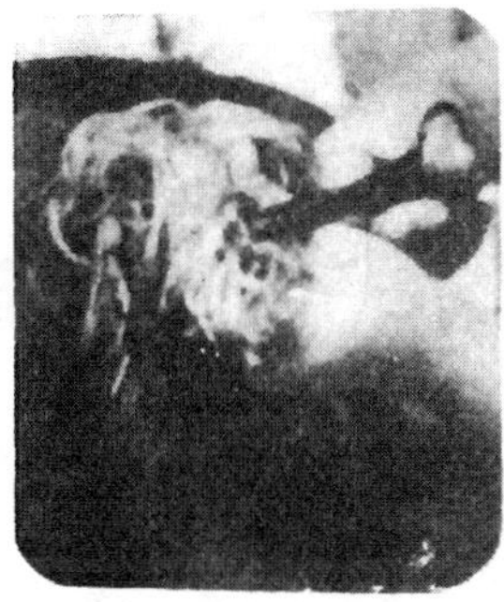

❷ 발뒤의 털을 깎는다

닷핑그 용구 (왼쪽부터 사린 둥근 고무, 솜 화지: 제베)

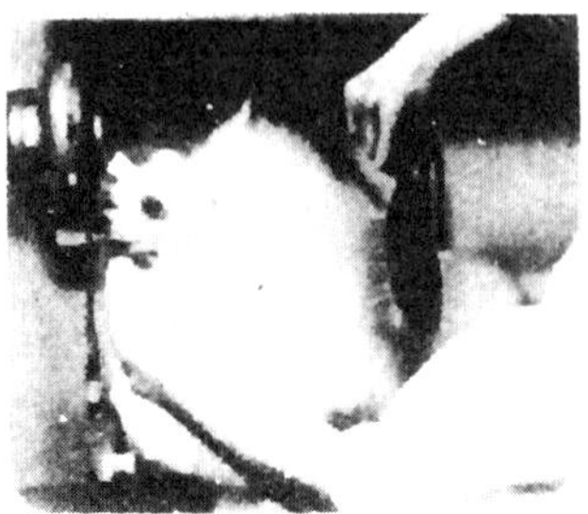  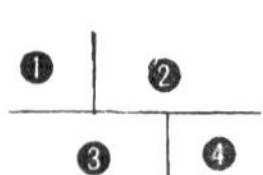

❶ 털을 간추린다
❷ 꼬리가 붙은 원뿌리 쪽의 털을 깎는다
❸ 뒷발의 털을 간추린다
❹ 둥글게 잘라 들어간다

 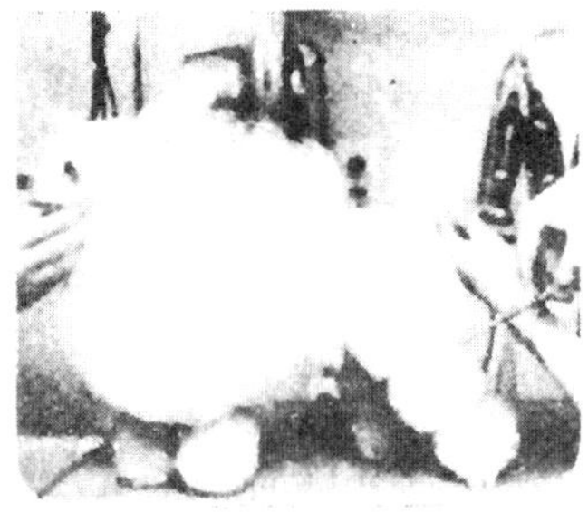

❺ 앞가슴의 털을 간추린다
❻ 털을 깎아 간추린다
❼ 사돌의 털을 깎아 간추린다
❽ 폰폰을 둥글게 간추린다

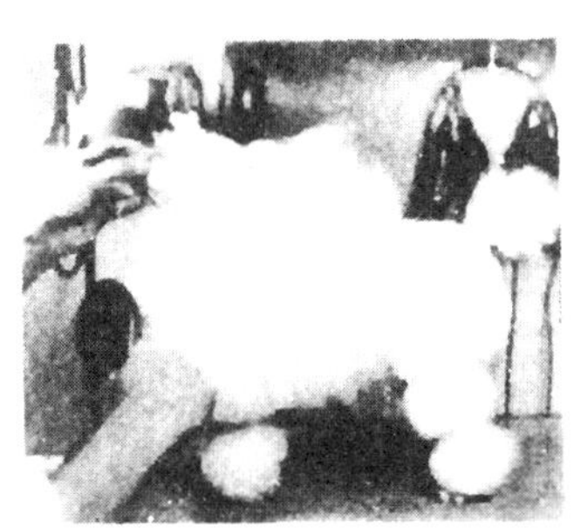 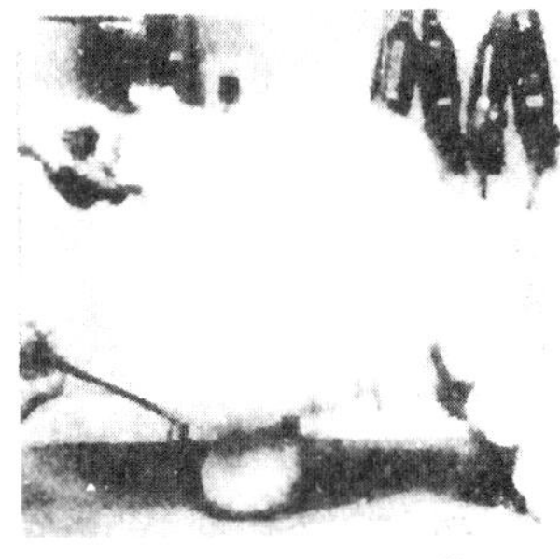

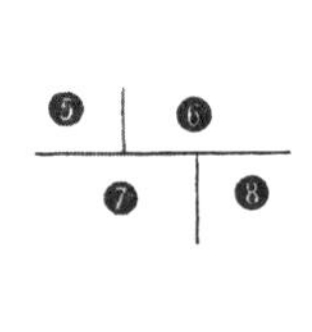 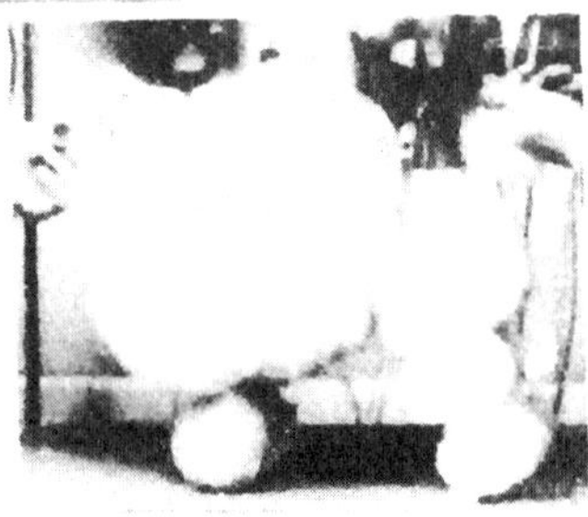 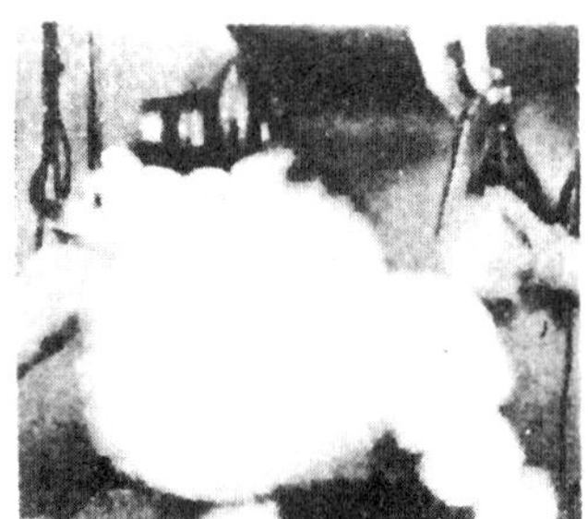

의 해를 나타내기 때문이다. 지나치게 신경질이 되어 개를 정도에 넘치는
청결 상태로 만들어서는 안 된다. 이를테면, 어떤 순백을 자랑으로 하는 개
일지라도 ………

　정성들어 털가꾸기와 브러시로, 목욕 회수를 줄이는 연구를 한다.　생후
5, 6 개월까지의 강아지에는, 목욕은 시켜서는 안 된다는 설(說)도 있으나,
때로는 더러움을 없애기 위해서는 해도 무관하다. 이 때 주의해야 할　일은
젖은 살갗이나 털을 완전히 닦아서 빠르게 건조시켜　줘야 하겠다.

　긴털 종류는 짧은털 종류에 비교해서 목욕 회수가 많아진다.　흰털의 개
는 색있는 개에 비교해서 빈번하게 목욕하게 된다　더러움이 눈에 띄기 때
문이다.　또 고모(枯毛；묵은 털)을 씻어 낸다는 뜻도 있다. 때로는 피부병
에 걸려서, 그 환부의 치료를 하기 위해서 몸 전체를 청결히 하기　위해서
목욕을 시킨다. 또 벼룩을 잡지 못해서 벼룩잡는 약액을 탄 목욕을　시키는

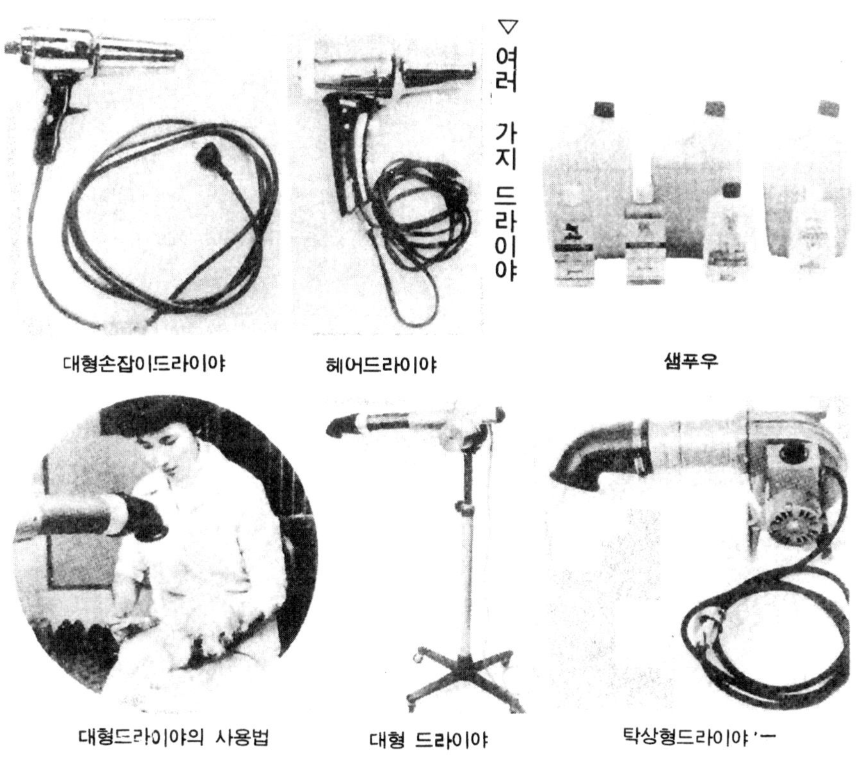

대형손잡이드라이야　　헤어드라이야　　　　샘푸우

대형드라이야의 사용법　　대형 드라이야　　　탁상형드라이야 'ㅡ'

191

귀언저리를 간추림

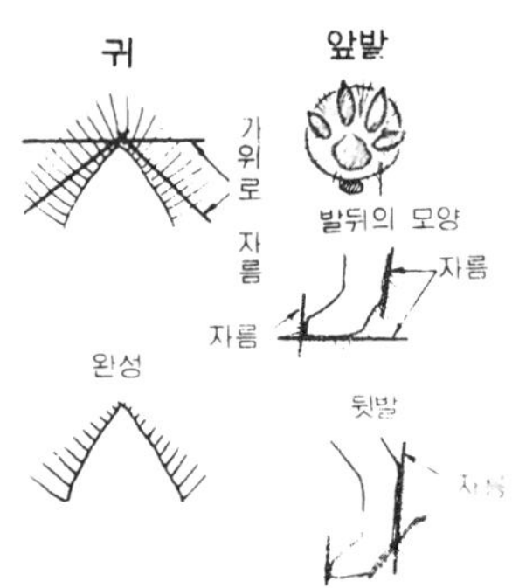

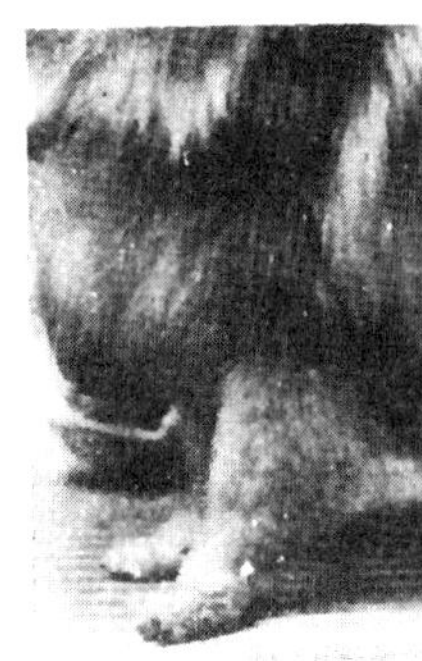

앞발 뒷부분의 털의 상태

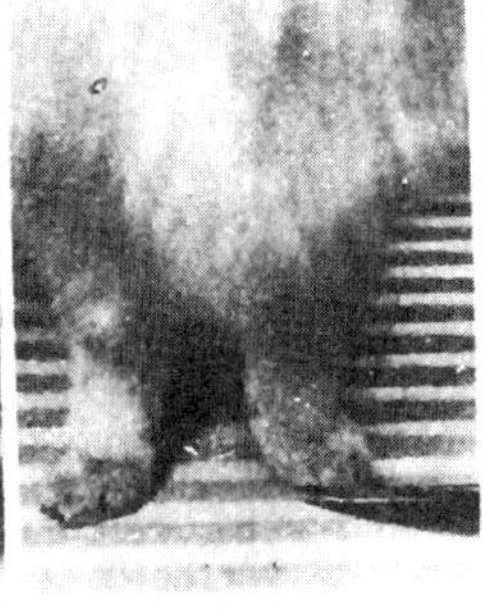

발끝의 털을 간추림

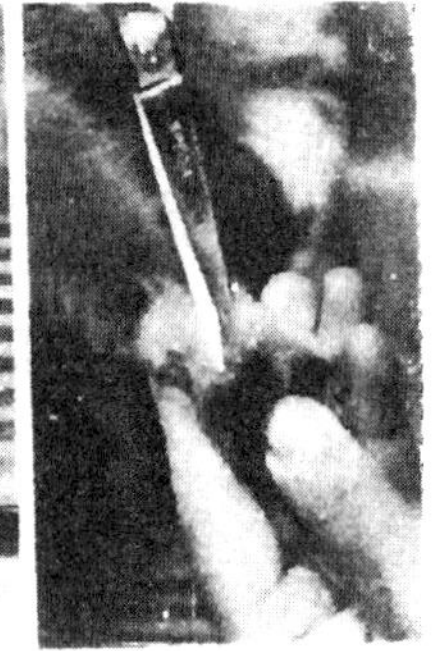

발뒤의 털을 자름

뒷부분의 모양

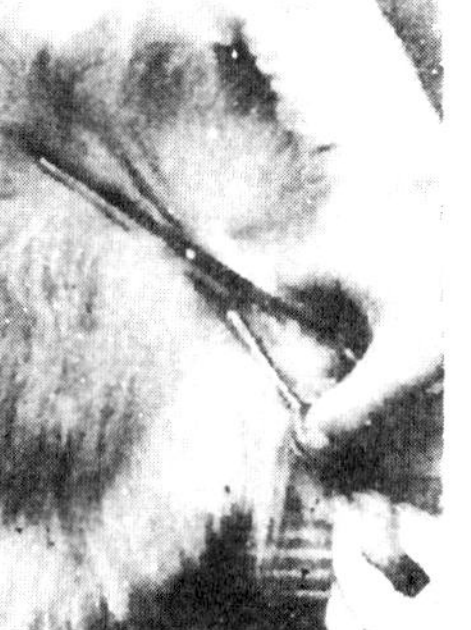

항문 부분의 털을 간추림

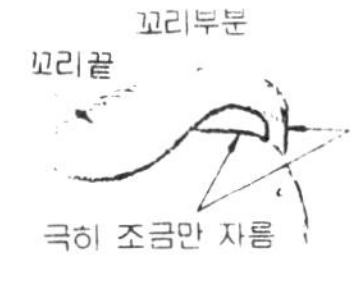

수도 있으며, 만성 또는 넓은 범위의 피부병의 치료를 목적으로 하는, 상
당히 오랜 시간, 때로는 개를 조용히 담가두기 위해서 마취약을 뿌려서 몇
시간이나 계속해서 약목욕을 시키는 수도 있다.

□ 목욕의 순서

　샤우어가 있으면 안성 맞춤이나, 개가 서서 어깨 높이 정도까지 담글 수
있는 깊이의 통이 있으면 좋다. 대형의 세면기로서 임시 변통도 되나 물뿌
리개가 있으면 편리하다.

　목욕하기 전에, 가는 눈의 쇠빗질을 해서 빈통 등에 넣는다. 도중에서 달
아나지 못하게 둘레를 젖지 않게 하기 위해서는, 끈으로 묶어 둘 필요가 있
다. 눈에 비눗물이 들어가지 못하게 하기 위해서 안용(眼用) 유성(油性)점
안제(點眼劑)를 넣기도 하고, 귀에는 귀마개를 하는 수도 있으나, 그 정도

▷ 목욕시키는 방법

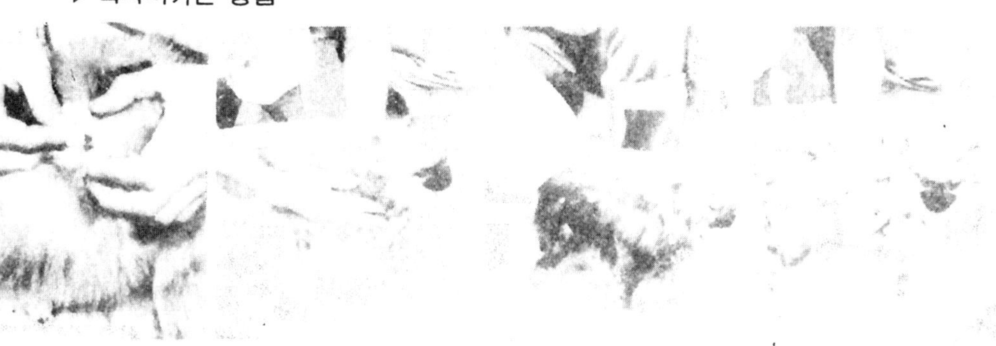

❶ 귀막이를 한다　　*193*　❷ 털을 물에 적신다　❸ 물에 녹은 샘푸우물 뿌린다　❹ 몸을 씻는다

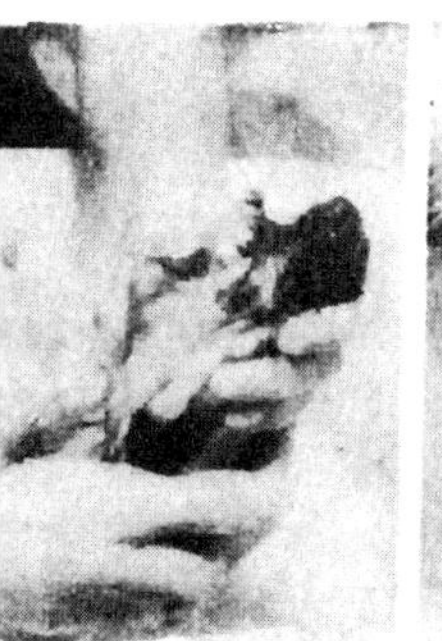

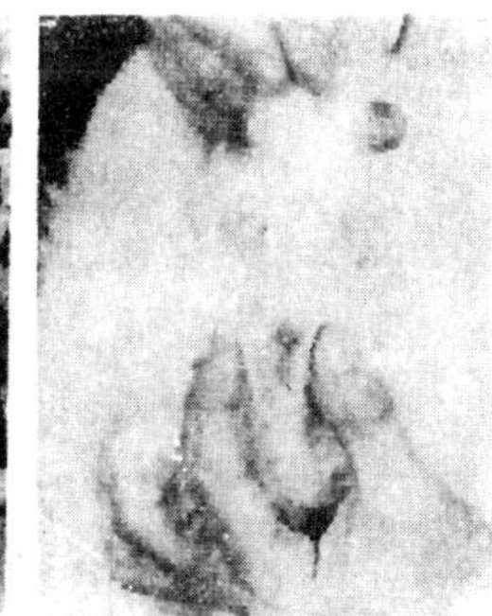

❺ 머리를 씻는다　　❻ 샘푸우물 씻어내림　　❼ 수건으로 몸을 닦음　❽ 코를 눌러 오물(汚物)을 낸다

까지의 걱정은 할 필요가 없을 것 같다. 목욕한 뒤 잘 닦아주면 된다.

다음에 샤우어나 물뿌리개로 뜨뜻한 물을 조용히 뿌린다. 머리에 뿌리는 것은 맨 나중에 하면, 도중에서 몸의 떨림을 당하는 염려가 없다. 젖어서 살갗까지 스며들었으면 여기부터 목욕용으로 특히 만든 샴푸우(세발제 : 洗髮劑), 또는 보통의 질이 좋은 비누 등을 거품을 내면서 손으로 문질러 겨드랑 밑이나, 꼬리 붙은 곳, 귓전, 목 밑 등은 특히 공들어 주물러준다. 이 때쯤이 되면, 개도 차차 기분이 좋와지는 것 같으며, 때때로 생각난듯 약간 몸을 떨리는 정도며, 순조롭게 거품이 나온다. 얼굴까지 거품이 나도록 하는 사람이 있으나, 얼굴에 손을 대는 것은 좋지 못하다.

대체로 이 정도로 되었다고 하면, 다음은 거품을 씻어 내어야 한다. 샤우어나 물뿌리개로 몇번이나 씻는다. 완전하게 씻어내는 것이 중요하며 비눗물이 남아 있으면, 뒤에 습진 등의 원인이 된다.

여기에서 한차례, 마음껏 몸을 떨도록 하면 좋다. 그 뒤에 건조한 수건을 몇장이나 써서 닦고 또 닦는다. 드라이야를 사용하면, 더욱 좋으나 그렇게는 못하면 살갗 까지 마르도록 닦아준다. 그 다음은 일광욕(여름 같으면 그늘진 곳)으로, 조그만한 통 등에 넣어 두어도 좋다. 너무 오랜 시간은 해가 되므로, 지껏 1시간 정도로써 다음에 빗질을 하게 된다. 눈 둘레, 귓전의 안쪽 등, 잘 보고 닦아야 할 곳은 전부 깨끗이 닦는다. 발톱깎는 것도 이 때하면 비교적 쉽게 할 수 있다.

여름이나 비가 계속 내리는 때에는, 가을이나 겨울에 비해서 목욕하는 도수를 많이 한다. 벼룩 잡는 가루를 처음에 몸에 뿌려두었다가 그 벼룩의 죽

▷ **건조시키는 방법**

❶ 수건으로 수분을 닦음　　❷ 털끝부터 건조시킴　　❸ 털뿌리까지 건조

음과 해가 되는 약제를 없애기 위해서 목욕이 필요하게 되므로 할 수 없다. 벼룩이나 약제의 해는, 목욕을 지나치게 하는 해보다 더욱 심하므로 어느 정도 할 수 없는 일이다.

□·드라이·샴푸우 등

목욕하는 대신 겨울에는 특제의 분말을 잘 쓴다. 먼저 대체로 뿌려서 잘 스며들도록 하고, 그 뒤는 정성들여 빗질을 한다. 개의 몸냄새를 없애는 것도 좋고, 또, 벼룩 기타의 해충을 없애는 데도 좋다. 여러 가지 종류가 시판(市販)되어 있으나, 어쨌던 목욕의 대용에 지나지 않으며, 세번의 목욕은 한번의 샴푸우로서, 겨울은 말리는데 시간이 걸리므로 이 분말로서란 정도로 사용하면 좋다.

벼룩 잡는 것을 겸한 화장용 분말이 판매되고 있다. 이 분말을 사용할 때에는, 먼저 머리부터 목에 충분히 문질러 놓고 난 후에 다른 곳으로 옮긴다. 그렇지 않으면 벼룩은 귀구멍이나 입 언저리에 피난하여 잡기가 어렵게 된다.

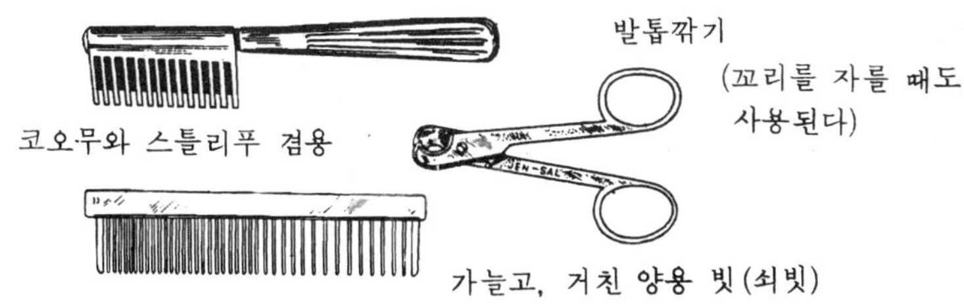

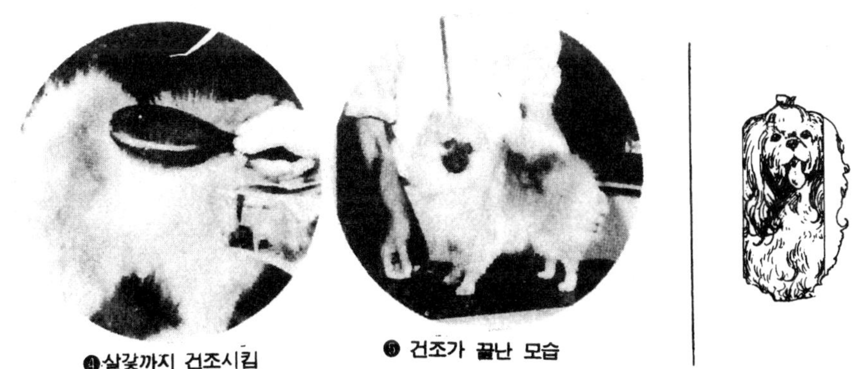

❹ 살갗까지 건조시킴

❺ 건조가 끝난 모습

▷ 마르티즈의 손질

발의 털을 쇠빗으로 빗는다

귀언저리를 깎아 간추림

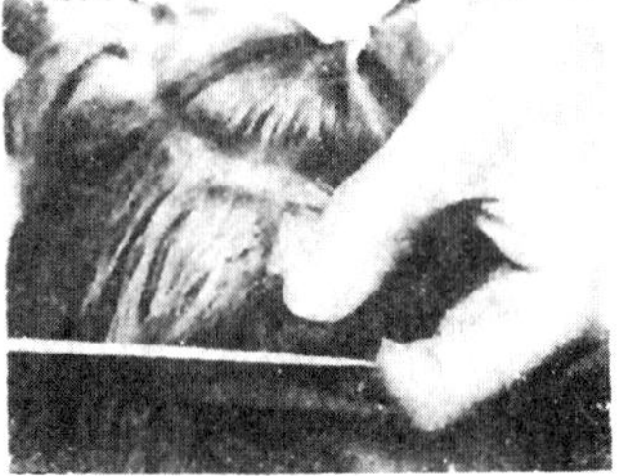

꼬리 끝을 간추림

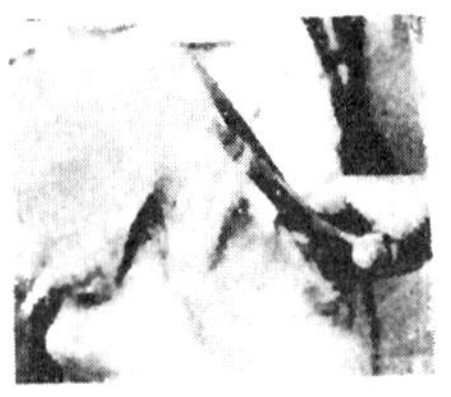

뒷부분의 털을 간추림

발의 털을 자름

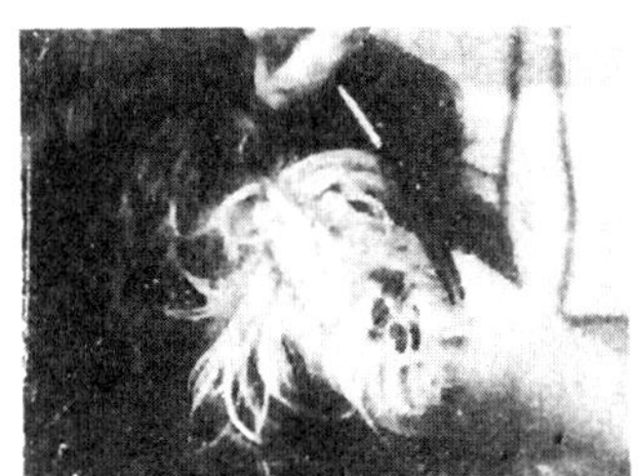

귀바깥쪽의 털을 자름

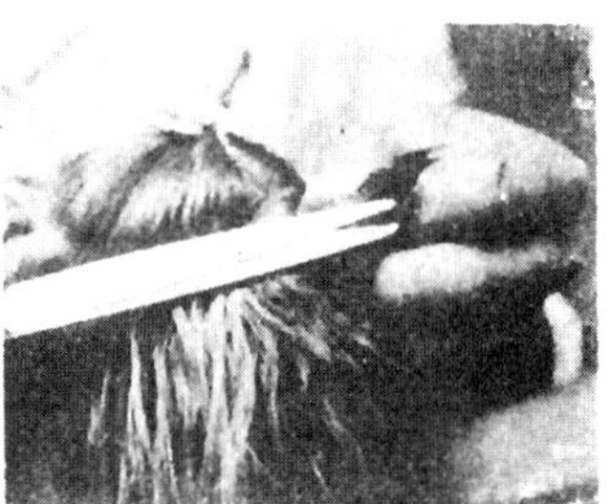

털끝을 간추림

발의 털을 간추림

귀안쪽의 털을 자름

얼굴 부분을 간추림

□ 개의 훈련

뭐 특별하게, 이것은 하고 행실을 가르치지 않아도, 사람과의 협동 생활이
잘 되게끔 개쪽에서, 어느 정도는 순응(順應)해 준다. 이것으로 족한 것이
다. 아니 이 정도로 멈춰두는 것이, 개를 대접하는 길이라고 믿고 있는 애견
가도 있다. 그러나 개도 또한 주인과 함께, 사회 구성의 일원으로서 몸을
단정히 하는 예의를 갖추어 있어야 하며, 어느 개에도, 서어커스개와 같은
과잉한 재주를 요구하지 않아도, 방문하여 오는 사람에게 불유쾌한 생각을
시키지 않은 정도의 행실만큼은 최저의 선으로 몸에 익혀두고자 하는 것이
좋겠다.

개의 예의 범절은 사육주 자신이 하는 것이 옳은 일이다. 그러나, 예의

범절은 어디까지나, 개가 가진 고유(固有)의 성능을 기초로 하여, 그것을 살리고, 키워나가는데 있는 것이며, 기초적인 방법이 있는 것이다. 사육주는, 이 개의 본성(本性)을 납득해서 해야 할 것은 말할 필요도 없다. 그러나 거기까지 요구하는 것은 무리인지도 모른다. 여기에 훈련사(訓練士), 조교사(調敎師)란 전문의 직업인이 있어서 개를 훈련시키고 있는 것이다.

□ 훈련견의 아름다움과 즐거움

바빠서 개의 훈련을 할 수 없을 경우에, 개를 훈련사에 맡기지마는, 거기에서 익힌 여러 가지의 기능은 언제나 반복 연습 복습을 해야 한다.

경험에서 체득한 것이기 때문에, 항상 복습시킬 필요가 있다.

훈련의 기초는, 사람에 대해서의 복종, 그것도 절대적인 복종이다. 사육주 자신이 하는 유리함은 여기에 있는 것이다. 너무 오랫동안 훈련사에 맡겨 두면, 사육주와 개와의 관계가 약해져 오므로, 이를테면, 초등 훈련이 끝마치면 대충 가까이에 다리고 와서 체득한 훈련이 사육주에 명령에 의해서 자유자재로 발휘되게끔 연습을 한다. 그렇게 함으로 다음의 중등 훈련을 받기 위해서 또 다시 훈련사에게 맡기게 된다. 그렇지 않으면, 확실하게 훈련은 몸에 익히게 되었으나 사육주의 명령에는 잘 움직이지 않는다고 한다. 직접 훈련사의 개가 되었다는 꼴이 되어버릴 염려가 있다.

개에 있어서는 싫은 일이라도, 명령만 있으면 담담하게 여기에 따른다는 풍경은 훌륭한 것이다. 어떠한 아름다운 털을 갖고 있는 개라도, 사육주의 명령에 따르지 않는다면, 이것은 결코 개라고 할 수 없는 것이다. 개의 조건은, 사육주의 의사에는 항시 따르지 않으면 안 된다. 특히, 많은 암개에 교배(交配)를 하지 않으면 안 될 가치가 있는 숫놈은, 특히 이 일에 대해서 강하게 요구하고 싶다. 제 멋대로 자라 사람의 명령에 따르지 않는 개 같으면 종견(種犬)의 이름을 박탈당해야 한다.

□ 훈련하는 일의 기초

이 책의 군데군데에, 개란 동물은 이상하게도, 사람을 가장 좋아하는 타고난 성질을 갖고 있다고 설명하고 있다. 그리고 사람에게 무언가의 모양으로 서어비스한다. 그 서어비스가 사람들을 즐겁게 해준다. 그 즐거움을 갖고 무상의 즐거움이라고 하는 이상한 동물이라 하는 숙명을 갖고 있다는 것도 말하였다. 간단한 일이라도 좋다. 그것을 개에게 요구하면 개는 그것을 받아 들여 충실하게 실행한다. 사람은 만족한다. 그 만족을 보고 개도 또한

만족하는 것이다. 빈부(貧富)라든가 존비(尊卑), 그러한 사람의 이(差異)
등에는 관계없다. 사랑해 주는 사람을 개도 또한 사랑한다는 것 뿐이다.

　가정에서 사육되고 있는 어떠한 개도, 또는 바보라고 불리는 개라도, 항
상 그 가족의 사람들과 다른 사람들과를 구별해서 쳐다본다. 가족 중에서도
어느 특정한, 그 개에 대해서 관심의 경중(輕重)에 따라, 무거운 사람에 대
해서는 보다 많은 관심을 갖고 있다. 그 개에게 먹이를 준다든가, 잠자리를
준비해 준다는 일로서 척도(尺度)하는 것은 아니다. 미묘한 "개에의 관심"
의 깊고 얕음에 의해서, 특별한 친근감을 일으키며, 절대적인 충실성을 가
지며, 애정과 신뢰, 그와 더불어 "존경"에 비슷한 감정조차 체득하는 것 같
이 보일 때도 있다.

　개는 생각이나 연구는 없다. 경험과 습관이 개의 태어난 성능에 보탬이 되
는 것 뿐이다. 그 성능은, 75%를 야생 시대의 조상부터, 15%는 가정화(家
庭化)된 조상부터, 나머지 10%가 그 개 자신의 경험에서 체득한다고 한다.

□ 성능의 확인

　개 종류에 따라 많은 차이가 있는·것을 보면, 개의 성능이 있는 부분은 유
전한다고 봐야 한다. 따라서 좋은 성능이 있는 혈통도 있는 것은 틀림 없으
나, 다른 가축만큼의 결정적인 것은, 개에서는 볼 수 없다.

　많은 순수(純粹) 견종(犬種)이 있으나, 그 성능의 특징은 어떤 견종에도,
그 체형(体型)이 다른 것과 같이, 독특한 것이며, 이를테면 새 사냥의 성능
은, 다른 어떤 견종의 조렵적(鳥獵的) 성능보다 우수하다는 것과 같이, 다른
견종의 추종을 절대로 불허(不許)할 정도로 명확한 것이다.

　잡종견(雜種犬)의 성능은, 확실한 유전이란 것이 없으므로 그 한마리 한마
리가 모두 다르다. 공통된 그 무엇을 발견하기가 어려우므로, 그 가치가 인
정되지 않는다. 때로는 젓가락이나 막대에도 들어가지 않은 귀찮은 것이 있
다. 그러나 많은 경우는, 그 일대(一代)만으로 끈나는 것이며, 좋은 성능의
것이 드물기는 하나 태어나는 수도 있다. 이와같은 잡종 개는 자주 서어커스
등에 그의 이상스러운 곡예가 피로(披露)되기도 한다.

　훈련이란 특별한 재주나 기능을 길들이기 위한 것이 아니다. 그 개가 갖고
태어난 성능을 펴고 끌어 내는 것이다. 훈련에 의해서 사람과 개와의 연결은
한층 더 가까와지는 것이다. 따라서, 훈련하는 사람이란 것은 그 개의 사육
주가 되었으면 이상적이다. 사육주는, 개의 일반적인 본성을 알고 있어서,
책을 읽기도 하고 선배에게 묻기도 하여, 개의 훈련에 들어가야 하겠다.

嗅覺訓練 (후각훈련)

① 足跡追求 (발자취를 뒤쫓아 구함)

② 物品拾得 (물품을 발견하여 갖고 옴)

③ 物品選別 (출발점에 두었든 물품을 골라 갖고 옴)

④ 地形搜索 (투입물품을 수색 발견하여 갖고 옴)

③ 犯人의 身体檢查 (지도하는 사람이 범인의 신체검사를 하는 동안 거동을 감시)

④ 犯人의 護送 (지도하는 사람과 함께 범인을 목적지까지 호송한다)

⑤ 犯人의 監視 (범인이 도망가지 못하게 감)

⑥ 攻擊의 抛棄 (범인을 지도하는 다른 사람에게 넘길 때까지 지킴)

⑦ 對位禁吠 (범인에게 물어 뜯지 않고 체포하도록 위협한다)

⑧ 方向指示에 의한 搜索 (지도하는 사람의 지시에 의해서 범인을 찾아 못가도록 짖음)

⑨ 倉庫의 監視 (창고나 가옥 등의 건물 주위를 순회하면서 경비한다)

⑩ 地域의 監視 (일정한 지역을 순회하면서 순찰한다)

警戒防衛訓練 (경계방위훈련)

① 物品監守 (물품을 감시하며 지킨다)

② 襲擊 (방어옷을 입은 범인을 습격한다)

④ 足蹟起點 (발자취를 뒤쫓아 감)

⑤ 物品監守 (줄없이 물품을 감시)

⑥ 身体檢查 (범인을 주목하며 그 거동을 감시)

과 그 說明(설명)

① 脚側行進(줄없이 발 곁에서 행진)

② 物品갖고오기(물품을 물고 오기)

③ 板壁通過(아령 덤벨을 물고 판자 벽 통과)

服從訓練(복종훈련)

① 停止座 — (앉게 한다)

② 脚側停座 — 지도자의 왼쪽발 곁에 개를 앉힌다

③ 脚側行進 — 지도자의 왼쪽 발 곁에서 개가 나란히 걷는다

④ 踞座또는待座 — 기다리게 한다. 서서 기다리게 한다. 또는 앉아 기다리게 한다.

⑤ 招呼 — 불러서 지휘자가 있는 곳에 오도록 한다

⑥ 物品갖고오기 — 물품을 지도자가 있는 곳에 갖고 오도록 한다

⑦ 伏臥또는伏座 — (엎드리게 한다)

⑧ 休止또는單獨踞座 — 편안하게 엎드린 자세로 오랜 시간을 기다린다

⑨ 障害物넘기 — 장해물을 뛰어 넘고 또는

⑩ 板壁通過 — 장해물인 판벽을 기어올라 통과한다

⑪ 前進 — 앞으로 가게 한다

⑫ 方向變換 — 앞으로 가게 하여 좌우로 돌아 가게 한다

⑬ 吺哮 — 짖도록 한다

⑭ 拒食 — 땅이에 떨어져 있는 것 다른 사람이 주는 것은 먹지 않음

⑮ 射擊 — 쉬어 정지시켜 발한다

訓練用具와

훈련용구

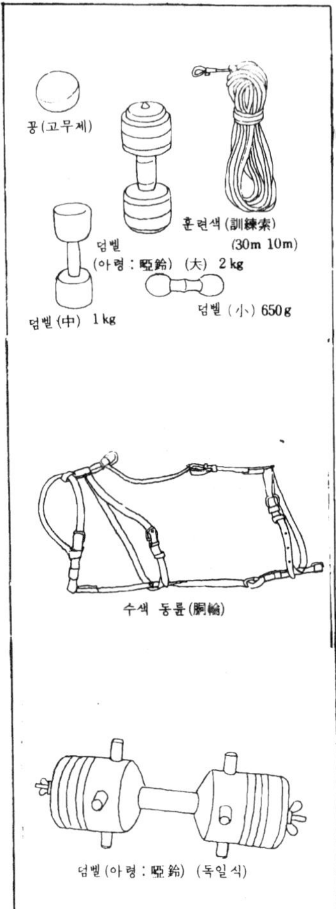

출발점의 스타아트용 신호에 사용하고 있는 피스톨과 지뢰관(紙雷管)을 사용한다.

비틀어 넣는 항(抗) —야외에서 개를 계류(繫留)할 때 사용한다.

훈련색(訓練索) —훈련줄은 보통 十미터 정도를 사용하나 전진 방향 변환 등일 때는 三十미터 정도의 것을 사용할 때도 있다.

공(고무제) —개가 좋아하 때에 사용.

높이뛰기틀 보통 높이 一미터 정도

판벽(板壁) 장해 —보통 높이 二미터이다.

높이뛰기 틀이나 판벽 장해는 높이가 조절 되게끔 판을 때어내는 장치를 한다. 그리고 운반에 편리하게끔 조립식

훈련용 가방 —훈련 용구를 넣기 위한 것과 물품 감수 때에 사용.

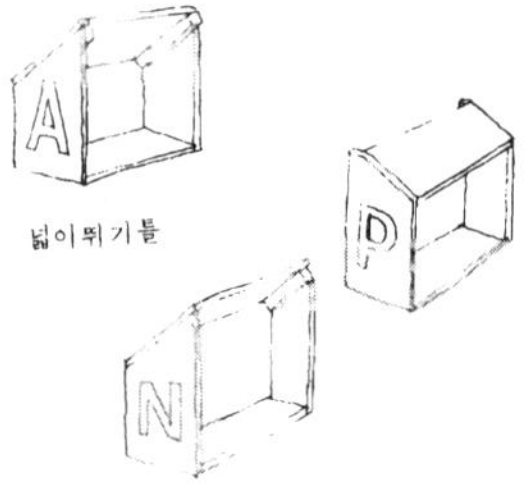

넓이뛰기틀

넓이 뛰기 (1m)

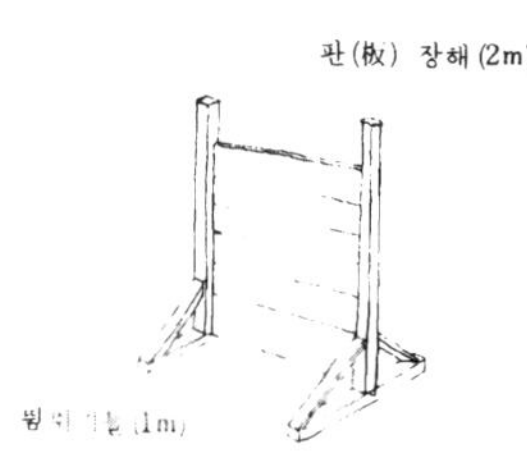

판(板) 장해(2m)

그　解說
해　설

목걸이 — 보통의 목걸이, 핸들용 목걸이, 스파이크 목걸이, 금속제 목걸이 졸라매는 목걸이 등 여러 가지가 있다.

스파이크 목걸이는 흔히 강제목걸이라고도 하며, 침(針)이 붙어 있다.

줄 — 가죽제, 로우프, 쇠사슬 등이 있으나, 당긴 줄로서는 가죽제가 좋으며, 맬 때에는 쇠사슬을 사용한다. 또 습격의 기초 훈련을 할 때에는 로우프를 사용한다.

덤벨 — 六五〇그램, 一킬로 二킬로 등이 있다.

방어옷(防禦衣) — 본격적인 방어옷과 편추(片抽) 방어옷 등이 있다. 방어옷은 경계방위 훈련 때에 쓴다.

마대(麻袋) — 습격이나 물품 감수(監守) 때에 사용한다.

수색동류 — 수색 훈련을 가르칠 때 사용한다.

넓이뛰기틀 — 개의 발에 걸리지 않도록 비스듬이

피스톨 — 보통 운동회 등에

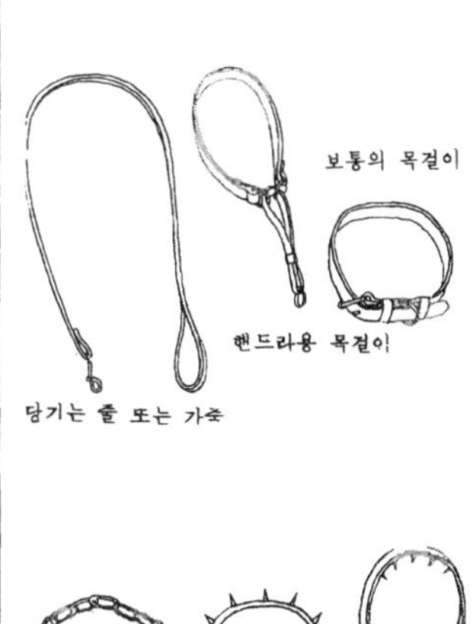

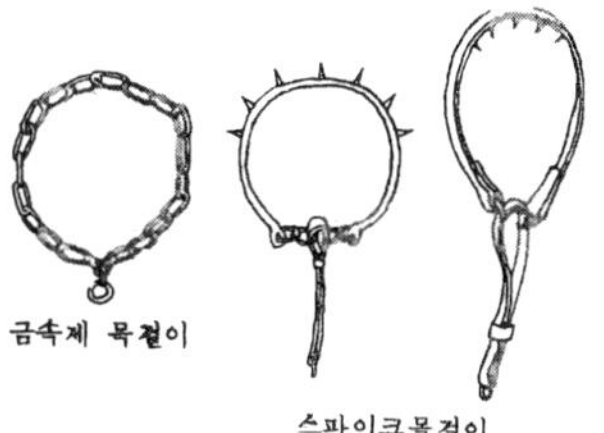

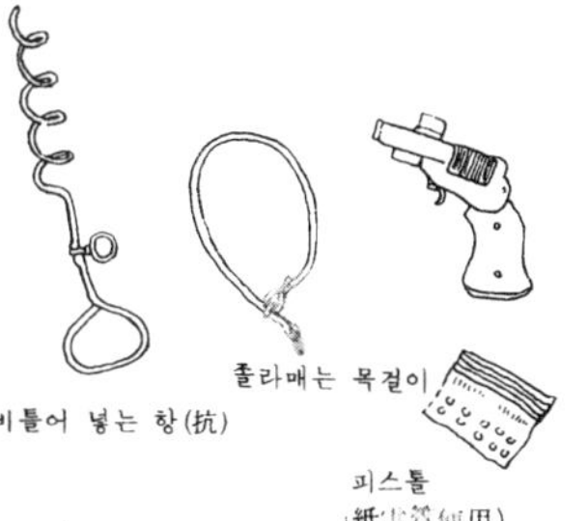

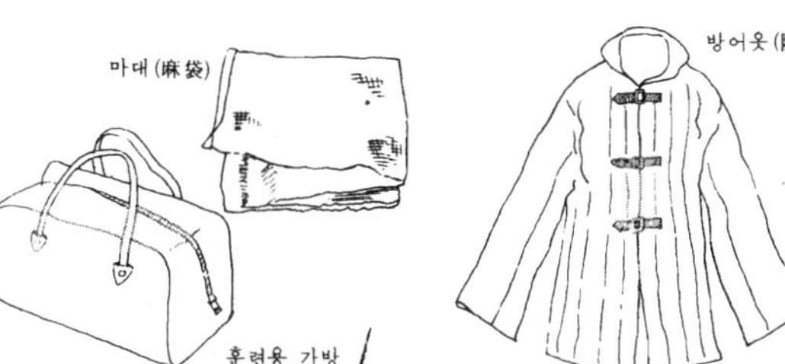

訓練에 使用 하는 聲·視符
훈련 사용 성 시부

훈련에 사용하는 성·시부는 항상 동시에 사용한다. 개는 말의 뜻을 이해하는 것이 아니고 액센트를 이해하는 것이니까 알기 쉽게 똑똑하게 성부하지 않으면 안 된다. 시부도 크게 개의 눈에 비치도록 동작한다.

각측(脚側)에 붙인다.

성부(聲符)
"붙어" 또는 "뒤에"
시부(視符)
왼손으로, 왼쪽넓적다리를 두들긴다.

기다려

성부(聲符)
"기다려"
시부(視符)
오른손 손바닥을 펼쳐서 개 위쪽에 올려, 개의 얼굴을 누르는 것 같이 "기다려"한다

이리와

성부(聲符)
"이리와"
시부(視符)
오른손을 앞으로 내어 개를 부른다. 서서도 좋고 앉아도 좋다.

엎드려

성부 (聲符)
"엎드려" 강하고 짧게 발음한다.
시부 (視符)
오른손을 아래쪽을 내리는 것같이 나타냄.

앉 아

성부 (聲符)
"앉아"
시부 (視符)
오른쪽   집게 손가락을 펴 올린다. 행진중 "앉아"는 개쪽을 보고 명령한다.

서서   기다려

성부 (聲符)
"일어서"
시부 (視符)
개를 바로 대할 때는, 오른손 을 옆으로 개가 밝엮 위치에 있을 때는 개 앞쪽에 올린다.

가지고 와(1)

성부 (聲符)
"기다려"
시부 (視符)
덤벨을 가지고. 개에 보이며 "기다려"를 명한다.

가지고 와(2)

성부 (聲符)
"가지고 와"
시부 (視符)
앞쪽에 던진 덤벨을 가르킨다.

뛰어(1)

성부 (聲符)
작게, 천천히 "뛰어"라고 함 뛰어의 예비 지식을 준다.
시부 (視符)
먼저 앞쪽의 장해물을 가르킨다.

뛰어(2)

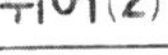

성부 (聲符)
"뛰어"
시부 (視符)
뛰는 장해물의 상하를 가르킨다.

앞으로(1)

성부 (聲符)
작게 천천히 "앞으로"하며 명한다.
시부 (視符)
반 정도 앉아, 오른손을 약간 들어, 앞쪽을 가르킨다.

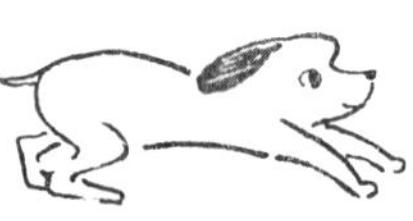

앞으로(2)

성부 (聲符)
힘있게, 크게 "앞으로"
시부 (視符)
오른손을 똑바로 앞으로 든다.

전진 중에 "기다려"

성부 (聲符)
"기다려"
시부 (視符)
양손을 들어 손바닥을 앞쪽에 향하도록, 개를 정지 시키는 것 같이 앞으로 내민다.

방향 전환

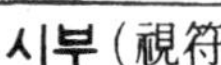

성부 (聲符)
짧게 발음　　　　"우로" 약간 길게 발음 "좌로"
시부 (視符)
"우로" (또는 "좌로") 손을 들어서, 옆으로 가르킨다.

짖 서

성부 (聲符)
"짖 서"
시부 (視符)
오른손의 집게 손가락을 펴고, 다른 손가락은 가볍게 쥐고, 입술쪽 가깝게 댄다.

습격⑴

성부 (聲符)
"습격"
시부 (視符)
오른쪽으로 습격하게끔 가상 (假想) 범인을 가르킨다.

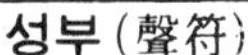

습격⑵

성부 (聲符)
"그만" 강하고 짧게 발음
시부 (視符)
양손을 펼쳐서 위쪽에서 아래쪽으로 내린다.

물품감수 (監守)

성부 (聲符)
"지켜"
시부 (視符)
오른쪽으로 감시하여 지킬 물품을 가르킨다.

수 색

성부 (聲符)
"찾아"
시부 (視符)
취선 (臭線)의 기점 (起點)을 오른손으로 가르킨다.

□ 출장 훈련과 예탁 (預託) 훈련

훈련사에게 훈련을 시켜달라고 부탁하는 데는 출장 훈련과 예탁 훈련의 두가지 방법이 있다.

출장 훈련은 훈련사가 출장해 와서 가르쳐 줌으로, 개와 떨어져서 생활하는 외로움도 없고, 요금도 예탁하는 경우에 비해서 싸다. 그리고, 사육주가 훈련사와 접촉하는 기회가 많으므로, 개에 대한 지도를 받기 쉽고 편리하다. 그러나, 그 반면에 훈련사와 개와의 친화(親和)가 어렵게 되며, 익숙하기가 곤란하므로 훈련까지에 많은 날짜가 걸린다. 거기에다, 훈련하는 장소나 설비가 제한되기 때문에, 고도의 훈련은 어려우며, 또 가까운 곳에 희망하는 훈련사가 보이지 않는 결점 등이 있다.

예탁 훈련은 개를 훈련소에 맡겨버리므로, 비교적 고도의 훈련을 시킬 수 있고, 일상 생활의 조그만한 훈육까지 할 수가 있다. 거기에 어떤 지방에 살고 있는 사람이라도, 자기가 희망하는 훈련사에 부탁할 수가 있다. 그러나 나중에 자기(사육주)의 손으로 훈련을 가르치고자 할 때에는, 역시 출장 훈련쪽이 좋을것 같다.

□ 훈련사의 선택

훈련사를 선택하는 데는, 신중에 신중을 기해야 한다. 말을 하지 못한 동물을 맡기는 것이므로, 십분 신뢰할 수 있는 사람에게 의뢰해야 한다. 수의사(獸醫師)나, 또는 사역견(使役犬) 단체 등에 문의하기도 하고, 될수 있으면 많은 사람에게 평판을 듣고, 잘 조사한 연후에 결정한다. 그리고 사전(事前)에, 그 훈련사가 훈련하고 있는 장면을 보고 하는 정도의 마음가짐이 필요하다.

□ 훈련사에게 부탁할 때

훈련사가 결정되면, 한번 개를 보이고, 사육주인 자기의 희망을 먼저 말해주면 좋겠다. 대체로 어느 정도의 기간 훈련을 받아야 하는가. 어느 정도의 훈련 자격을 얻어야 하는가, 어떤 훈련을 주로 가르쳐 주면 좋겠다는 등 될 수 있으면 상세하게 설명한다. 그러나 아무리 훌륭한 훈련사라고 하더라도 개가 좋지 못하면 안 되므로, 이것은 어디까지나 희망 사항이지, 희망 그대로 될는지는 모른다. 따라서 어떻게 하든 이 기간에 이 훈련 자격을 반드시 따야 되겠다고 해서는 안 된다.

□ 훈련을 시키기 전에

훈련을 시키면, 어느 정도 정신적으로나 육체적으로나 부 이 많이 가게 되므로, 이것에 참아나갈 수 있는 정도의 건강한 개를 길러두어야 한다. (생후 6개월 이상 경과하지 않으면 훈련은 힘드는 일이다) 개가 건강치 못하는 것은 기생충에 의한 일이 많으므로, 반드시 수의사에게 검사를 받아야 한다. 또 훈련할 때는, 집단적으로 개를 취급하므로. 전염병의 질환에 걸릴 위험성도 있다. 따라서 디스텐퍼어나 유행성 간염(肝炎) 등의 예방주사도 맞아 두지 않으면 안 된다. (광견병의 예방주사는 말할 것 없이 끝마쳐야 한다)

□ 훈련을 하기 시작하면

훈련을 시작하면, 여러 가지 기생충의 발생율도 지금까지보다 많아지므로 항상 수의사에게 검변(檢便)을 해야 한다. 거기에, 필라리아증의 주사 등을 했을 때는, 훈련을 쉬도록 해야 하기 때문에, 사전(事前)에 훈련사에게 말해 주어야 한다.

훈련의 처음은, 개도 피로하며, 훈련사에게도 낯익지 않으므로 불안감을 느끼는 수가 많다. 1개월 정도 지나면 스무우즈(순조롭게)하게 된다. 그러나 2, 3개월이 지나도 훈련사에 낯익지 못할 경우에는, 단념하고 훈련사를 바꿔야 한다. 성격이 맞지 않는다든가, 또는 강제 훈련을 시키기 때문이다.

□ 훈련 자격을 얻으면

현재보서는, 훈련은 훈련사에게 마끼는 상태이나 이렇게 되어서는 아무것도 안 된다. 훈련사가 말하는 것은 듣지마는, 사육주의 말은 듣지 않는다. 이렇게 되어서는 개가 나쁜 것이 아니고, 사육주가 나쁘기 때문이다. 초등의 훈련 자격을 얻었으면, 사육주는 훈련사에게 잘 배워서, 자유롭게 개를 움직일 수 있도록 연습을 해야한다. 개를 훈련하는 데는 이 일이 첫째이며, 이것 없이는 개의 훈련은 있을 수 없다.

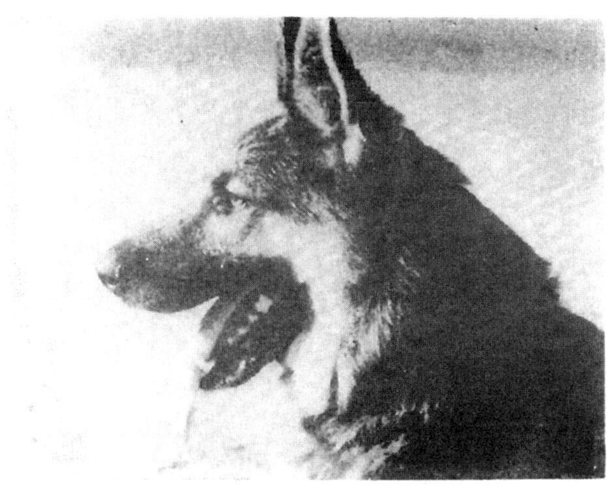

개가 갖고 있는 후각(嗅覺)의 예민함에는, 우리들
사람들이 믿기 어려울 정도의 놀라운 일이 있다.
이 훌륭한 개의 성능을, 잘 이용한 것이 경찰견이다

개는 고대(古代)부터 인간의 반려
(伴侶)로서 애육(愛育)되어, 인간
사회에 공헌하고 있음은 헤아릴 수
없을 정도 많다. 그 중에서 가장
현저한 것은, 경찰 방면에서의 눈
부실 정도의 활약이다.

경찰견을 애용하기 시작한 것은
프랑스에서 1757년 경부터이며, 범
인의 발자취 추구(足追求 = 搜索犬)
나, 범인의 체포, 또는 감시(保安犬)
등에 이용되어 있었다. 그리고 경
찰이 경찰견을 채용해서 사역(使役)
하는 경찰견 제도란 것은 1770년경
벨기에의 센트마로시에서 조직되어,
이것이 경찰견 제도의 세계에서의

최초의 것이라고 한다. 벨기에에 이어 프랑
스가 경찰견 제도를 채용하였다. 그 후 영
국, 도이취, 이탈리아, 소련, 미국, 캐나다,
인도 등의 여러 나라에 있어서 경찰견의 유

능함이 인정되어 그 필요성을 느껴, 차례 차례로 제도가 실시되어 왔다. 특
히 도이취에서는 플러스스윗크시가 처음 경찰견 제도를 채용하고 난 뒤부터
힐데하이므, 벨르린,드레스덴 등 순차로 이에 따라 도이취 전국에 대대적
으로 경찰견 제도가 실시되어, 지금은 세계에 으뜸가는 경찰견 왕국을 세
워 확고한 경찰견의 기초가 완성된 것이다.

경찰견의 용도는 여러 가지가 있으나,그 필요한 것은 **경라견(警邏犬 ;** 경
찰 순찰개)과 수색견 등이 있다. 경찰견은 대개 야간(夜間)의 근무에 경찰
관과 동행하여, 그의 임무를 보조하는데 종사한다. 순찰할 때의 불심 심문,

이상자 (異常者)에 대한 경계, 도주 범인의 포촉 등이다. 수색견은 범인의 발자취 뒤따르기 (足蹟追求)가 주된 임무이며, 남기고 간 물품 (遺留品)의 발견이나 흉기의 탐색 (探索)에도 종사하고 있다. 남기고 간 물품에 의한 범인의 판별에도 사용된다.

경찰견이라 하면 범인을 수색하는 개라고, 누구나 말하듯 후각 (嗅覺)이 우수하다. 그럼 어느 정도 예민하는가 하면, 사람의 코와 비교하여 버터산 (酸)의 취기 (臭氣) 원소를 예를 들면, $1\,cm^3$의 공기중에 70억의 분자가 없으면 사람의 코는 냄새를 맡을 수 없으나, 개 같으면 $1\,cm^3$의 공기중에 불과 7천의 분자가 있으면 냄새를 맡을 수 있다고 실험으로 증명되어 있다. 참으로 놀라울 정도의 많은 차이가 있다. 개의 후각이라 하는 것은, 얼마나 사람과 다른 특별한 능력을 갖고 있다는 것을 알 수 있다. 이 특수한 후각이 있으므로 사람의 발자취와 같은 어려운 것도 잘 맡아서 틀림없이 수색을 추급 (追及)할 수가 있는 것이다.

자동차 강도다, 살인이다. 가출 (家出)한 사람이다. 시체 수색이다. 아이가 행방불명이 되었다는 등 경찰견은 과학 수사의 한 보조 기관이 되어서 당당하게 수색면에 활동하며, 눈물겨운 공적을 올리고 있는 것이다. 범인의 발자취를 추구 (追求)하여, 범인의 숨은 장소를 발견하여 체포까지 경찰견이 하지 못한 것은 하나도 없다. 이를테면 도

중에서 범인의 발자취가　끊어져　추구 못할 일이 생겼어도 도주 경로가 판명되면 수사의 방침에 크게　기여(寄與)하게 되는 것이다. 그와 동시에 범인의 남기고 간 물품(遺物品)이나　흉기의 수색도 경찰견에 배당된　중요 임무에 하나이다. 그 외 예민한　후각(嗅覺)에 의해서　인간 개인취(個人臭)의 판별 훈련이 근래 크게　진행되어, 이것을 이용해서　범인이 남기고 간 물품이 있었을 경우, 범인 확인의 참고에 이 개인취의 판별이 잘 쓰이게 되어 폴리그래프와 함께 최근에 그　효과가 현저하게 인기를 떨치고 있다.

범죄 현장에는　범인의 취기(臭氣)와 발자취(足跡)가 남아 있다.

범죄가 차례 차례로 교묘하게 되어, 지문(指紋)은 거의 남기지 않는 현상(現狀)이나, 범인의 발자취 냄새만은 범인 수사의 하나의 얻기 어려운 실마리가 되는　것이며, 이것만은 경찰견에 의해서 유효하게 이용되는 것이다.　그만큼 경찰견의　임무는 전에 보다 상당히 무겁게 되었다고 하지 않을 수　없다.

자동차에 의한 범인의 도주는 많아지고 있는 현실에 경찰견의 후각에 의한　타이어의 취적(臭跡)의　판별도 실험에서는　가능하게 되어 있으므로, 이것도　보다더 연구해서　응용하면, 자동차에서의 범인 도주 경로도 가까운 장래에는　탐지(探知)할 수 있으리라고 본다.

어쨌든, 경찰견의　용도는 그 사용하는 법과　연구에 의해서, 금후 점점 앙양되며, 중요성이 늘어날 것으로 본다.

여기에서 사회에 공헌하고 있는 이탈리아의 유명한 경찰견 돗크스호에게 꽃을 선사한다. 그 개는 로마 기동 탐사대(探査隊)의 경찰견으로서 지금까지 약 160 건의 형사 사건에 출동하여, 그 임무 수행중에 몸에 받은 탄혼(彈痕)만 하더라도 일곱 군데, 그 상처가 그 공적을 말하고 있으며, 27 개의 은메달과 4 개의 금메달의 영예를 받고 있다.

이 개야말로 의심없는 경찰견으로서의 세계의 챔피언이다. 작곡가인 오드 엄드·스파다로의 만든 독크스의 노래로 명성은 더욱 더 높고, 개의 사후(死後)는 로마의 아름다운 보르게이지공원에 동상을 세운다는 계획도 있다는 등 참으로 즐거운 이야기다.

▷ 체중과 체고의 측정

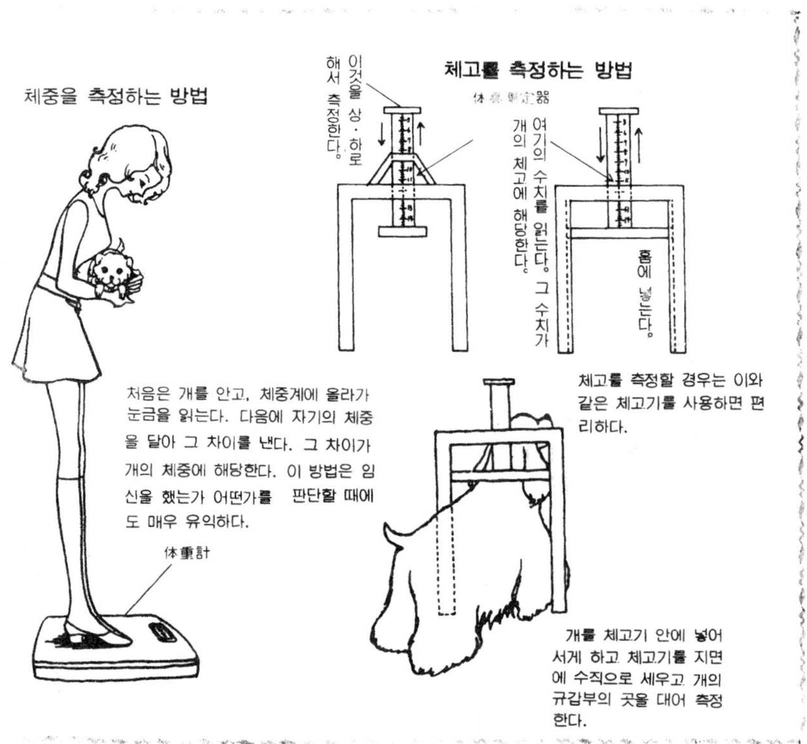

215

첫째 개,   둘째 발,   세째 총 (一犬, 二足, 三銃)이라 할 정도로, 수렵
에는 엽견(獵犬)이 큰 역할을 하고 있다.

엽견의 역사는, 수렵(狩獵)의 방식, 즉 획물(獲物)이나 무기(武器)나, 목
적 등의 변천에 의해서 달라지고 있다. 결국 엽법(獵法)에 적당한 종류의 엽
견이, 사람에 의해서 만들어 지게 되는 것이다.

개는 사람에게 사육되는 당초(當初)부터 수렵에 사용되어 왔다.   수렵은
현재로서는 특수한 직업, 또는 스포오츠로서 행하게끔 바꾸어졌으나, 먼 원
시 사회에 있어서는, 식량을 얻기 위한 중요한 수단이었다는 것이,   로마나

이짚트의 유적에 남은 조각이나 회화에 의해서 알 수 있다. 중세기에 이르러서는 영국이나 소련, 기타의 북유럽 지방에서 특히 성했으며, 더구나 귀족들은 화려하고 대규모적인 유렵(遊獵)를 즐기고 있었던 것이다.

우리 나라에서는 예로부터 진도개가 사용되어 왔으나 서구 문명의 수입과 함께 여러 가지의 엽견이 수입되어, 포인터, 세터, 스파니엘, 비이굴 등이 많이 사용하게 되었다.

엽견의 품종을 그 용도에 의해서 분류하면 조렵견(鳥獵犬)과 수렵견(獸獵犬)으로 나눌 수 있다

□ 조렵견(鳥獵犬)

조렵견은, 공중에 떠도는 약간의 조취(鳥臭)나, 지상에 남아 있는 조취(鳥臭)를 더듬어서 그 소재를 발견하여, 재빠르게 획물(獲物)에 접근하여, 날아 오른다든지 도망한다든지 하지 못하게 겨누며 움츠린다. 이것을 "포인트한다"고 한다. 사냥하는 사람은 개가 포인트하는 것을 보고 획물(獲物)의 소재를 알게 된다. 이 때, 개는 획물에 뛰어 들어가고 싶은 강한 욕망을 눌르고 포인트 자세를 계속하며, "습격"이란 신호가 나오면 비로소 뛰어들며, 새를 날라가게 한다. 날라가는 새를 사냥하는 사람이 쏘아 떨어뜨리게 하여, 개가 이를 갖고 오게 한다.

조렵견의 대표적인 것은 잉글리쉬·포인터, 도이취·포인터, 잉글리쉬·세터, 아이리쉬·세터, 골든·세터, 그리폰, 와이말라너, 스파니엘 등이 있으며, 쏘아 떨어뜨린 새의 운반 전문에는, 레트리바가 사용되고 있다.

■ **잉글리쉬 · 포인터** —광범위한 사냥들에서 재빠르게 처리하며, 그 걸음의 빠르기, 예민한 감각, 폭넓은 탐색, 확실한 포인트, 지구력(持久为) 등의 뛰어난 능력이 특징으로 되어 있다.

■ **도이취 · 포인터** —수렵(水獵)이나 산렵(山獵)에 활약하며, 쏘아 떨어뜨린 큰 획물을, 운반되게끔 체격이 만들어져 있다. 조식(粗食)이나 한기(寒氣)에 견뎌 낼 수 있는 지구력이 있으며, 말하자면 수렵(狩獵)의 만능견(万能犬)이라고 할 수 있다.

■ **세터** —획물을 발견했을 때의 세트(빈틈 없는 준비), 즉 배를 땅에 대고 기며, 포인트하는 일부터 이와 같이 불리게 되었다고 하나, 이것은 약간 억지로 이론을 붙인 것 같다. 포인터의 남성적인데 대해서, 뛰어나고 아름다운 포인트 자세에 매력이 있으며, 그 아름다운 털과 함께 여성적이라고 한다

■ **스파니엘** —포인터나 세터 등에 비교하면 약간 후각이 뒤떨어지며, 정확한 포인트가 되지 않은 일도 있으므로, 대체로 운반에 좋다고 한다. 그러나 현재 상태는, 그 아름답고 사랑스러운 자태, 얼굴 모양부터 애완용으로서 사육되는 쪽이 많아지게 되었다.

□ **수렵견** (獸獵犬)

수렵견은, 짐승의 발자취 냄새를 따라 획물의 소재를 확실히 알아 내며, 도망치는 획물을 짖으면서 뒤쫓기도 하고, 매섭게 쏘아 보며, 달라들기도 하여 도주를 방해한다. 대개는 집단으로 행동하나, 단독 또는 페어(한쌍)로 행하는 경우도 있다. 사냥하는 사람은 개의 짖는 소리에 의해서 획물의 소재를 알고, 통로에 기다리고 있다가 사격하든지, 획물에 가깝게 가서 사살(射殺)하기도 한다.

수렵견(獸獵犬)에는 그다지 많은 종류는 없으나, 획물을 뒤쫓는데 후각(嗅覺)에 의지하는 형과, 시각(視覺)에 의지하는 두 종류가 있다. 후각에 의지하는 것은 볼랏드 · 하운드, 비글, 닥스 · 훈트 등이며, 시각에 의지하는 것은 그레이 · 하운드, 보르조이 등이 있다. 그리고 우리 나라에서는 진도개가 시각, 후각이 함께 우수하여 사냥개로서 활약하고 있다.

개는 태어나면서 수렵(狩獵)을 좋아하는 성질을 갖고 있다. 움직이는데 흥미를 가지며, 겨누면서 뒤쫓기도 하는 본능을 갖고 있다. 그 성능을 수렵(狩獵)하기 좋도록 피어 내어 성하게 해줌으로써 좋은 엽견이 태어나는 것이다. 따라서 좋은 관리와 애정, 인내심이 강한 훈련, 그리고 그 견종에 적합한 먹이 등이 중요한 요소가 된다는 것은 말할 필요조차 없다.

다른 사람의 손을 빌리지 않고, 언제든지 자기가 좋아할 때에 가고 싶은 곳에 갔으면……… 이것은 실명자(失明者)에 있어서, 아마도 최대의 희망의 하나일 것이다.

언제나 사람이 손을 붙들어 주지 않아도, 혼자서 휜 지팡이에 의지해서 걸어가지 못할 것도 없다. 그러나 맹도견(盲導犬)에 한번 끌리어 걷게 되면, 그 걸음걸이가 빠르게 되는 일과, 위험이 적어진다는 것 등, 보통 사람과 변함없이 활동할 수 있으므로, "앞으로는 지팡이에 의지하는 것 따위는 뜻대로 되지 않아 못하겠다"라고 맹도견을 사용한 맹인(盲人)들은 말한다.

개가 맹도견(맹인 유도견이라고도 함)으로서의 정식적인 훈련을 받게 된 것은, 1800년경의 일이며, 도이취의 맹(盲)학교에서 맹인 교육의 일과정으로서 행한 것이 처음이라고 한다. 그러나, 보다 실제적인 공적을 남긴 것은, 1916년에 도이취의 세퍼드 협회가 세퍼드를 사용해서 맹인을 위한 맹도견의 특수 훈련을 시작한 때이다.

그 후의 발전은, 제1차 세계 대전 후, 도이취의 포스탐에 전상(戰傷) 실명자(失明者)를 위한 대규모적인 맹도견 훈련소가 설립되었다. 1929년에는 미국에도 생겼으며, 1년간에 90사람부터의 맹인에 도움을 주고 있다. 그 후는 영국, 스위스, 프랑스, 이탈리아 등에 훈련소가 생겨서 실명자를 위한 성스러운 사업으로서 국가적인 원조를 받게끔까지 되었다.

맹도견에는 세퍼드, 복서, 레트리바, 코리, 하스키(취·교견 : 橇犬＝썰매개) 등이 사용되나, 현재까지의 90％가 세퍼드의 그것도 암놈이 사용되고 있다. 그러나, 세퍼드는 두뇌가 예민하고 활동성이 풍부하나, 체격이 크므로. 체중이 가벼운 사람이나 부인에는 잘 다루지 못하는 경우도 있으며, 근에는 레트리바종(라브라돌, 레트리바, 골덴 레트리바 등)이 다수 맹도견으로서의 훈련을 받고 있다. 개의 체중은, 사용하는 맹인의 체중의 약 반 정도가 이상적이라고 한다

우리 나라에서는 1923년에 미국의 하아바아드 대학의 학생 존·F· 골든군이, 맹도견 올뒤·포오쭈네이트·필드를 다리고 세계 일주를 할 때 잠깐 들린 것이 처음이다. 그 후 제2차 세계 대전 등으로 맹도견의 일은 잊고 있었던 것이다.

우리 나라의 복잡하고 무질서한 도로 상태로서는 맹도견의 사용이 어려우며, 6·25사변으로 인한 전상실명자(戰像失明者)를 위해서도, 이러한 훈련소가 있어야 되지 않겠는가 생각된다.

맹인과 개——양자 사이는 실로 미묘한, 더구나 긴밀한 관계로 이어져 있다. 암개가 주로 사용되는 이유는, 맹인을 위험에서 지킨다는 그 모성애적(母性愛的)인 본능이 필요하기 때문이며

(위의 사진) : 도로의 좌측에 붙어서 걸으며
(밑의 사진) : 사다리의 밑 등은 개 자신은 천천히 통과할 수 있어도. 주인에게는 무리라 것을 알아, 일부러 피하여 바깥 쪽으로 돌아가고 있다.

————————

앞페이지 사진 : 길을 횡단할 때, 위험이 없어질 때까지 앉아서 있다.

이것은 훈련에 의해서 가르치게 되는 것은 아니다.

맹도견의 훈련에 있어서 가장 최초에, 주인이 말하는 것을 듣는다고 하는 복종 훈련이 있는 것은, 다른 개의 훈련의 경우와 같으나, 맹도견에서는 새로이 그 다음의 단계로써 "이지적 불복종(理知的不服從)"이란 것을 가르친다. 이것은 주인인 맹인이 명령을 해도, 거기에 위험이 있다고 느낄 때는, 그 명령을 무시해서, 개 자신이 다른 안전한 방법을 발견해서, 주인을 유도해야 하는 것이다.

유도한다고 해도, 개는 복적지에의 도순(道順)을 알고 있는 것은 아니다. 신호도 알 수 없다. 따라서 주인인 맹인이 행선에의 도순(道順)을 알고 있지 않으면 안 된다는 것이다. 개는 어디까지나 "눈"이며, "주의력"이다. 신호의 변화는 사람이나 수레(車)의 흐름을 느껴서 그것이란 것을 알아, 위험할 때는 앉아서 주인의 걸음을 제지한다. 그리고 길 모퉁이에 올 때마다 멈추어 서서, 주인부터 다음의 지시를 받는다. 또 계단이 있으면 그 직전에서 앉아, 주인이 계단이란 것을 알 때까지 정좌(正座)를 계속한다.

개는 동륜(胴輪 ; 유도륜이라고도 함)이란 것을 달아서, 주인의 좌측, 그리고 도로의 좌측에 꼭 붙어서 걷는 것을 배워왔기 때문에 맹인은 왼손에 전하는 동륜의 움직임으로, 개가 어떠한 방향으로 다리고 간다는 것을 안다.

약간 상상한 것만으로도 알 수 있듯이, 이와 같은 맹도견의 훈련 기술은, 실로 오랜 경험에서 얻어지는 것으로, 이것을 4년간 배워, 비로소 맹도견의 훈련이 완성되는 것이다. 훈련의 최종 기간에는 맹인도 개와 같이 훈련을 한다. 그리고 거기서 양자 사이의 약속과 함께 정해지는 것이다.

현재 미국에서는 100종류에 가까운 여러 가지 직업의 사람들이, 맹도견에 의해서, 부자유스럽지 않게 일하고 있다. 신문 배달, 교사, 변호사, 피아노의 조율사, 타이피스트 등으로 헤아릴 수 없으며, 금후도 더욱더 번창해 갈 것으로 보인다. 그러하나 우리 나라에서는 앞서 설명한 것과 같이 복잡한 도로 상태가 있으며, 차도와 인도와의 구별이 확실히 되어 있지 않기 때문에, 개가 자주 정지하게 되는 것이다. 특히 외국에서 훈련을 받고 우리 나라에 수입된 개 등은, 불쌍하기 이루 말할 수 없다. 역시 우리 나라에서는 우리 나라에서 자란 개가 알맞으며, 지금부터라도 이러한 환경에 잘 익숙한 맹도견이 생겨서, 활약할 수 있도록 해야 하겠다. 금후의 하나의 사회 문제이기도 하다.

□ 엄숙한 의의 (意義)

지금 세계에서 알려지고 있는 300 수십종에 달하는 순수견(純粹犬) 중에서, 그 나라에서 애육되어 상당수가 되면 공인견(公認犬)으로 지정된다. 어떤 나라에서는 100 수십종, 또는 80 수종, 30종과 같이, 공인의 견종 수는 그 나라에 사육되고 있는 개의 사정으로 일정하지 않으나, 해마다 몇회란 것을 결정해서, 그 공인견을 한곳에 모아서 전람회 즉 "도그·쇼오"를 개최한다. 그리고 한 종류의 공인견이 수십두(數十頭) 모였는 중에서, 심사에 의해서 선발하여, 우수한 순위를 결정해 간다. 이 일이 "쇼오"의 최대의 일이며, 그 의의(意義)는 극히 엄숙한 것이며, 수많은 순수견이, 사람들의 이상(理想)으로 하는 성격이나, 외모에 가까워져가는가 어떤가, 그 견종이 향상해

도그 쇼오

쇼우란

즐거움

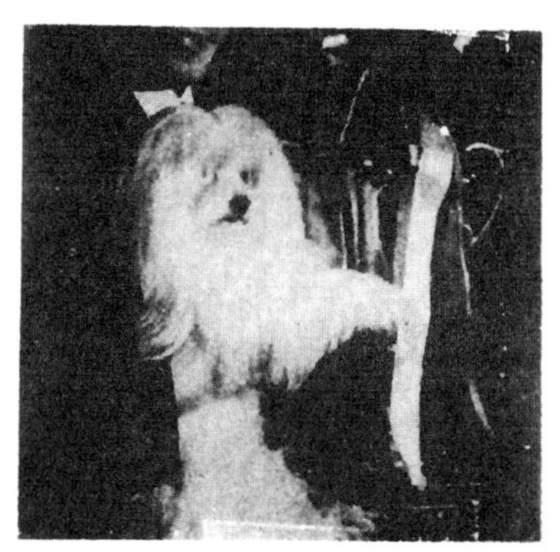

가는가 타락해 가는가는 모두, 이 "쇼오"에 있어서의 심사에 있다고 단언해도 좋을 것이다.

각 견종마다 단체가 만들어져 있다. 어떤 견종에서는 두낱이나 세낱으로 분립되어 있는 것도 있다. 시와같은 단체가 주최하는 "쇼오"가 기초가 된다. 이와같은 단독견 단체가 연합체를 만들어, 연합 "도그·쇼오"를 실시하면, 여기에 총합전(總合展) 즉 "내셔날 쇼오"가 성립되는 것이며, 거기에 출진(出陣)되는 각각의 견종과 견수(犬數)와 그 질(質) 등에 의해서 일정한 단계가 생긴다. 그리고 그 "쇼오"에 있어서 엄정한 심사가 실시되었는가 어떤가에 따라 "쇼오"의 가치(價値)란 것이 결정된다.

□ 도그 · 쇼오의 시스뎀

옥외전 (屋外展) 광경

도그·쇼오는 자기의 애견과 다른 사람의 애견과 비교가 된다.

223

어떤 견종 단체의 회원으로서의 자격이 있는 사람은, 어느 달, 어느 날, 어디서 몇시부터 어떠한 "쇼오"가 개최되므로, 소유(所有)의 애견을 출진시켜 주십시오란 통지가 온다. 당신은 단연, 애견의 평가를 받기 위해서 자진하여 출진을 신청한다고 하자. 통지와 **함께 보내온·출진 신청서**에, 각각 소정의 사항을 기입하여 규정의 출진 요금과 함께 우송해 둔다.

단체측에서는, 이 출진 신청서를 토대로 하여, 심사별로 구별한다. 이를테면 유견조(幼犬組)의 숫놈 부분, 암놈 부분, 강아지, 성견조(成犬組) 각각의 암·수 부분이나 참고 출진의 부분 기타 등, 사전(事前)에 정해진 방법으로 구분하여, 당일 회장(會場)에서의 심사장은 몇 군데 설치하면 잘 정리가 되겠는가, 따라서 심사원은 몇명이 필요한가와 같이, 회(會)의 운영을 원활하게 운영하도록 준비한다.

각 단체의 규정에 의해서 동일(同一)하게는 되지 않으나. 그 견전에서 최종에 각반(各班)의 우승견(일석)을 모아서, 새로이 심사를 실시하여 우승(챔피온) 자격을 결정한다. 그 견종에 정해진 표준에 대해서, 그날의 출진견 중에서 최우수의 영예란 것이다. 이 자격이 몇번이나 거듭되면 비로소 챔피온의 칭호가 허가된다는 순서가 된다.

견전 구성의 규모에 의해서, 1 급전(一級展), 2 급전, 지부전(支部展) 등의 등급으로 나누키며, 같은 챔피온 자격에 있어서도, 그 얻은 견전에 의해서, 뒤의 취급이나 생각이 달라진다.

도그·쇼오의 종류

分　　　類	名　　　称
開催場所에 의한 分類	Ⓐ屋　外　展 Ⓑ屋　内　展
出陳犬種別에 의한 分類	①全犬種展 ── (i)支　部　展 / (ii)支部連合展 / (iii)本　部　展 ②그루우프展 ③單独犬種展 （單独展）

단독전(單独展)은 인기 있는 견종에만 한한다.

□ 국내, 국외 쇼오의 여러 가지

우리 나라에 있어서는 헤아릴 수 있을 정도의 단독 견종 단체와 총합적인 것이 있을 뿐이다. 최대의 "쇼오"는 해마다 봄, 가을, 서울 기타 지방에서 몇번 실시하며 2,300마리에 미치는 출진(出陣)이 있다. 1973년 10월 14일 서울 장충단 공원에서 실시한 한국 지이거전에는 255마리나 출진하는 대성황을 이루었다. 이러한 곳에 출진할려면 회원의 애견은 물론이거니와 비회원도 출진료만 지불하면 출장(出場)할 수 있다. 공인견이란 제도가 아직 정해져 있지 않으나, 많은 순수견이 모인다. 견종별로 심사장을 설치하여, 각각의 견종에 전문적인 심사원이 있어서, 각반마다 우승견을 결정하며, 최후에 가 견종의 대표가 한 곳에 모여 그 중에서 최우수견을 결정한다.

영국의 "클라후트쇼오"는, 출진하는 개가 무려 10,000마리나 된다고 하며, 세계 최대의 "쇼오"라고 한다. 미국의 "웨스트민스타"전과 함께 세계의 견계(犬界)에 있어서 가장 중요시 되고 있다.

"웨스트민스타"전은, 회장(會場)에 "마지손스 쿼어가아든"을 배당시켜, 이틀간이나 계속되나, 회장의 넓이나 형편으로 2600마리 이상은 수부(受付)를 받지 않는다고 한다. 따라서 마리 수에 있어서는 다른 "쇼오"에 뒤지기는 하나, 질(質)에 있어서는, 미국 제1, 즉 세계 제1이라고 해도 과언이 아니다.

각 "쇼오"에 있어서는, 개의 외모만이 아니고, 그 성격에 대해서도 심사를 실시하기도 하나, 이것은 충분하다고는 할 수 없다. 작업을 중요시하는 견종은 별도로 훈련전이 설치되어 있다.

□ 올바른 "쇼오"의 성립

훌륭한 심사원에 의해서 실시되는 평가가 쇼오의 전체이다. 심사원의 선정은 누가 하는가하면 그 쇼오의 주최하는 단체에서 한다. 단체의 역원은 회원의 선거에 의해서 결정된다. 따라서 좋은 쇼오, 즉 순수견종의 자질이 향상책임은, 심사원의 평가에 달려 있으며, 즉 회원 전부의 자각(自覺)에 있다

도그·쇼우에 出陣
하기 爲한 準備

쇼오의 신청서를 냈다. 드디어 출진 (出陣)해서 평가를 받아 볼 기회가 왔다. 대성황을 이룰 것이다. 전문가는 어떻게 비판을 할까, 다른 개와 비교해서 나의 개는 어떠한가.

□ 출진의 기분이 있으면

기다리고 있었던 이 통지서를, 앞으로 1개월이 있으나, 벌써 몇달 전부터 출진할려고 마음의 준비를 갖추고 있었다. 준비는 대체로 되어 있으며, 개의 상태도 앞으로 5개월이면 충분할 것 같다. 심사원의 성명도 신청서와 함께 통지되어 왔다. 이 사람같으면, 우선 나의 개의 특징을 인정해 줄 것 같다.

당일까지의 털이 자라는 형편은 어떠하겠는가. 살이 지나치게 찌면 운동을 좀 더 시켜야 하겠다. 대충 건강 진단을 받아 두고, 필요한 예방주사는 전부 마쳐야 하겠다.

만일에 트리므를 필요로한 견종같으면 1개월 전에 대충의 모양이 완성되어 있을 것이다. 그와같은 견체(犬体)의 고려(考慮)와 동시에, 심사장에 있어서 수십(交審) 매너(태도)에 대해서도, 대체로 반복 연습을 해두지 않으

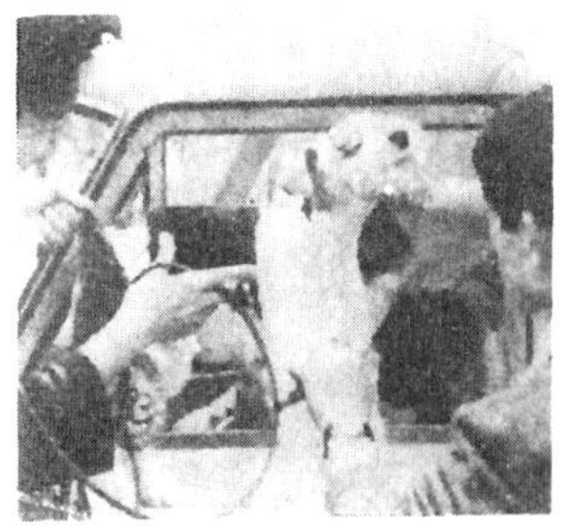

면   안 된다. 그렇지 않으면 크게 감점(減點)될 염려가 있기 때문이다

□ 쇼오·매너(犬展態度)

목걸이에 익숙하도록 한다. 여기에 줄을 달아서 잡아 당기며 걷는 연습을 한다. 왼쪽발 앞의 위치에 멈추어 서는 것도 가르친다. 달릴 때는 어느 정도의 빠르기일 때에 가장 좋은 모양을 하는가를 조사해 둔다. 약간 흔들리는 받침대 위에 얹는다. 차차 회수가 늘어남에 따라 안심하게 된다. 받침대 위에서, 그 견종에 알맞는 모양으로 서게 한다. 몇번이나 발을 고치고 꼬리를 고쳐서, 그 받침대 위에 올라가면 곧 그 모양을 하도록 습관을 붙인다.

복을 들고, 부끄러워하거나 머뭇거리는 일이 없는 긴장한 모양을 갖게 한다. 입술을 손가락으로 열게 한다. 꼬리에 닿는다. 발에 손을 닿는 것과 같은 행위에도, 신경질이 될 필요가 없다는 것을 익히도록 한다.

다른 개를 봐도, 점잖게 있을 수 있는 데까지 훈련해 둔다. 거리의 소음 (騷音)에도 익숙하게 하다. 여러 가지 준비가 필요하다

出陳準備風景

227

入賞犬을 보는 눈의 眼目을 넓힌다

그 견종(犬種)에 정해진 표준(스탠다아드)만을 기준으로 하여, 견전의 출진견(出陣犬)의 평가가 실시되며 순위가 정해진다. 심사원의 책임은 중차대(重且大)하다.

□ 출진견(出陣犬)의 평가(評價)

모든 출진견은, 그 견종에 요구되어 있는 특징을, 어느 정도까지 몸에 익히고 있는가에 대해서 검사를 받는다. 잠깐하는 개의 움직임 중에서, 그 성격을 삽으려고 하는 노력을 기울린다. 완전한 것은 있을 수 없으나, 그 결점을 시인(是認) 시켜야 하는가. 그 견종의 특징에 대해서 지장이 없는 결점인가 어떤가에 의해서, 결점에 대한 감점(減點)이 정해지며, 총평점 100점 부터 순차 감해져 간다.

□ 챔피온 제도

나라마다, 또는 단체마다, 그 방법이 다르다. 챔피온개는, 모든 각도에서 검토해서, 그 견종의 전형(典型)으로서 자랑하지 않으면 안 됨과 동시에, 그 견종의 장래를 짊어지는 자질을 갖추어 있지 않으면 안 된다. 그러므로, 챔피온의 위치를 획득한 개는, 몇번이고 엄중하고 공평한 관문(關門)을 통과한 것에 한한나.

이를테면 와이어 헤어드폭스테리어 클럽의 챔피언 제도는 다음과 같나, 즉 다음의

각 견전의 포인트 표에 의해서 7 포인트 이상을 획득하면 챔피온의 자리를
신청할 수 있는 자격이 있는 것으로 하여, 신청에   의해서 새로이 심사하여
그 칭호를 허가한다.
    본부전(本部展) = 베스트인쇼오 5 점, 베스트포짓트 4 점, 위나아 3 점,
              에크쎌레트 2 점
    지부전(支部展) = 베스트인쇼오 3 점, 베스트오포짓트 2 점,에크쎌렌트 1점
    본부전의 점수가 많은 것은, 출진 견수가 많으므로, 그만큼 우의(優位)
를 획득하기가 어렵기 때문이다. 또, 4 점 이상의 좋은 성적이 한번 있으면,
뒤의 3 점은 어떻게 따도 자격의 7 포인트가 되나, 3 점의 경우는 반드시 그
3 점을 두번 따야 하며, 그 중 한번은 본부전에서 획득한 것이라야   뇌나는
귀찮은 조건이 붙어 있다.

☐ 견종의 표준

    많은 견종 중에서 그 견종의 자랑으로 하는 독자성(獨自性)을 규정한 것이
그 표준이며, 그 견종의 성견(成犬)이 갖추어야 할 조건이다.   그러므로 그
견종의 표준서(標準書)와, 심사에 있어서 체점표를 대조하면, 그 견종의 대
강의 성립(成立)된 과정을 알 수 있다. 또한 결점이 있을 경우의 감점표도
붙어 있을 경우에는, 더욱 좋으며, 그 견종의 "있어서는 안 될" 결점을 알게
되어, 이해는 더욱 확실해 진다. 견전에 있어서 출진견이 성적순으로   나란
히 서 있는 것을 볼 수 있는 것은, 견종 이해의 좋은 기회이기도 하다.

휴대용의   개바구니

챔피온·포인트의 기준 일람표

全 犬 種 展				単 犬 種 展			
種類 / 賞	本部展	連合会展	支部展	種類 / 賞	本部展	連合会展	支部展
BIS	5	4	4	BIS	5	4	4
BOG	4	3	3	BOV	4	3	3
BOB,BOS	3	2	2 BOB.	WD,WB	3	3	3
1席	2	1	1	1席	2	2	2
2席以下	1	1	1	2席以下	1	1	1

(JKC 가정견을 참고로 작성)

DOG SHOW
도그·쇼우에 出陣했을 때
출 진

> 번식가(蕃殖家)가 쇼오에 출진(出陣)하는 것이야말로, 순수견이 보지(保持)되며, 향상해 간다. 번식가가 아닌 출진자(出陣者)도 또, 그 견종의 향상에 소용되리란 것을 생각하기 때문에 감히 출진하는 것이다. 쇼오는 이와같은 사람들에 의해서 융성(隆盛)해 간다.

□ 쇼오의 출진

　단순하게 쇼오를 보러 가는 것만으로도, 완전하게 이상(理想)에 가까운 순수종을 다수(多數) 볼 수가 있다. 그리고 개에의 이해가 깊어간다는 것은 좋은 일이다.

　쇼오에 있어서 가장 귀한 것은 번식가 스스로의 출진함에 있으나, 번식가부터 양도 받은 애견가가, 그 개를 양육(養育)시켜서, 이것을 쇼오에 출진하는 일도 제법 뜻이 있다. 아무리 훌륭한 혈통의 개라도 적부적(適不適)이 있다. 그와 같은 속의 한마리를 골라서, 이것을 쇼오에 출진하기까지에는, 오랫동안의 단련과 예의 범절을 가르친 끝에, 쇼오에 있어서는 훌륭하게 취급을 할 필요가 있어서 손쉬운 노력으로서는 만족한 수확을 얻기 어려울 것이다. 만일에 이와 같은 개가, 쇼오에 있어서 좋은 평가를 얻었다고 할 것 같으면, 그 영예는 그 사육주는 물론이거니와 번식가에게까지 미치는 것이다.

　어느 것이든 번식가는 쇼오에 있어서 스스로의 대(代)를 되풀이 하여 향상해 가는 자기의 작품을, 스스로의 이미지(꿈의 映像)에 가까워져 가고 있는 우상(偶像)을 곧 볼 수가 있을 것이다. 그 중에 몇개 정도는, 좋은 평가를 받아도 교만하지 말 것이며, 패배(敗北)에도 굽히지 말며 끊임없는 애정과 열의를 그 견종에 바치는 일로서 기쁨과 즐거움을 맛 볼 수 있을 것이다 때로는 평가에 대해서 의문이 생기는 수도 있겠으나, 심사원도 또한 보통의 사람이며 잘못의 추궁에 지나치게 가혹해서는 안 된다.

□ 심사(審査)하는 방법

직접이 아니라도, 심사원의 임명은, 회원인 당신들의 의사(意思)에 의한 것이다. 쇼오의 중심은 심사에 있다. 따라서 심사는 공평하게 실시해야 한다는 것은 당연한 일이다. 당신들은, 훌륭한 심사원을 선출할 필요가 있으며 또 그렇지 않으면 쇼오의 가치가 실추(失墜)하게 된다.

심사원은 출진된 개의 심사에 있어서는 자기의 좋고 나쁨을 빼고 실시하지 않으면 안 된다. 각 견종에 정해져 있는 표준에 비추어 표준의 특징을 얼마만큼 갖추어 있는가를 중심으로 하여 심사를 해서, 등급을 붙여 가지 않으면 안 된다.

그러므로 출진자는, 그 견종의 표준을 목표로 하여, 특징을 될 수 있는 대로 강조하며, 모자라는 곳을 줄여서 보인다는 점에 노력을 집중하게 된다. 심사 당일까지의 긴 시일(時日)의 애육이나 범절, 당일 당시의 교묘한 개의 취급법의 연구도, 그 목적은 여기에 끝난다. 그러므로 익숙한 출진자는, 당일의 심사원의 성명 발표와 함께, 어떠한 착안으로 평가되는가의 대강을 알아서, 그 형(型)에 맞도록 연구를 한다.

심사는 개체(個体) 심사와 비교 심사의 두가지로 성립된다. 출진견 한마리마다에 먼저 전반의 인상을 쥐고부터 세밀검사를 하여, 전부가 마칠 경에는 대체의 순위가 완성된다. 비교 검사는 그 반 전부의 출진견이 나란히 해서 비교 되므로, 개체 검사의 순위를 수정해서 정확을 기한다.

각 견종의 비교 심사

비교 심사

선 자세의 심사

□ 핸들라란 것은

어떠한 완전한 명견(名犬)이라도, 그 심사 때의 상태로서 평가되는 것이므로, 건강, 손질, 수심(受審) 태도 등에 결점이 있어서는 좋은 평가는 얻지 못한다. 이를테면 피부병에 걸려 있어서는 문제가 되지 않는다. 첫째 입장을 시켜주지 않는다. 심사는 당일 당시의 상태만으로서, 그 품성(稟性), 외모, 구성에서 평소의 훈련이나 손질까지 보고 평가하는 것이므로, 혈통이나, 지금까지의 상력(賞歷)이나, 누가 갖고 있는 개니까 하는 것은, 문제가 되지 않으며, 또 그와같은 일을 사전(事前)에 심사원에 누설시켜서는 안 된다.

개를 끌고 심사원에 보인다. 그 끈의 인도(引導)가 핸들라이며, 심사원에 그 개의 좋은 곳을 충분히 인정시켜, 나쁜 곳은 될 수 있는 대로 적게 보인다고 하는 기술가이다. 그러므로 핸들라는 그 개에 대해서 충분한 이해를 갖고 있지 않으면 불가능하며, 가장 좋은 것은, 사육주인 당신이 직접 핸들라의 기술을 습득하는 일이다. 만일 직업적 핸들라에 의뢰하는 것 같으면, 사전(事前)에, 몇번이고 되풀이하여 그 개와 함께 연습해 둘 필요가 있다. 갑자기 회장에서 임시 조치로 의뢰해서는, 사람과 개와의 사이가 잘 어울리지 않는다. 그러한 일로서는 개가 좋은 컨디션을 표현하지 못한다.

쇼오는, 출진견에 있어서, 일생 최대의 공식이므로, 그 개의 최고 컨디션을 심사받지 않으면 안 되나 그렇다고 해서 핸들라의 복장은 상관없다는 것은 아니다. 개는 항상, 핸들라와 함께 있으므로, 핸들라의 태도나 복장도 또, 개의 평가에 미묘한 영향을 가진다는 것을 명심해야 한다.

이를테면, 횐털색의 개 같으면 그 핸들라도 새하얀 복장으로 단장하면, 그 횐개의 모습은 잘 나타나 보일 것이다. 쇼오의 주역은 개이다. 그 주역이 잘 보이도록, 핸들라도 또, 태도나 복장을 연구하지 않으면 안 된다. 개의 걷는

232

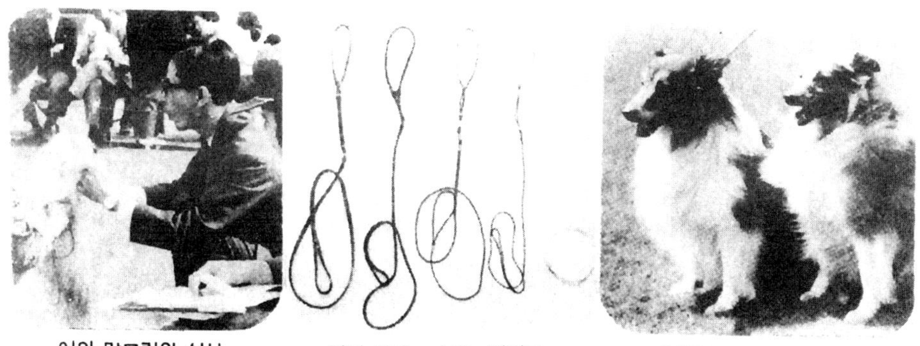

이의 맞물림의 심사　　　　여러 가지　쇼오·리이드　　　출번을 기다리는 출진견

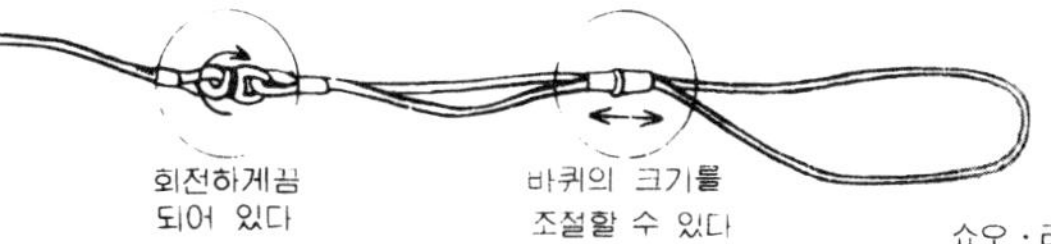

쇼오·리이드의 끝부분

모습을 보인다. 그 일을 하고 있는 동안에, 심사원은 그 개의 예의 범절이나 품성(禀性)을 간파(看破)하는 것이나, 하이히일 때문에 그 개의 최상의 자세(姿体)를 나타내는 속도로 달릴 수가 없었다고 해서는, 모처럼의 그 때까지 애쓴 노력도, 수포(水抱)로 돌아갈 것이다.

핸들라의 분발(奮發)은, 그대로 확실하게 개에게도 전하게 된다. 그 전부터의 연습으로, 어떤 신호가 있으면, 목을 자랑스럽게 들어 포오즈를 취해야 한다는 것을 알고 있다. 긴장에 넘치고 있으면, 눈은 생생하게 빛나며, 귀도 근청(謹聽)해 있다는 모양을 취하며, 얼굴 전체가 생기에 넘치는 표현이 된다. 꼬리도 또한 치솟아야 될 꼬리 같으면 그대로 치솟고 있으며, 또한 긴장 때문에 약간 떨기도 하는 절호(絶好)의 컨디션을 자연히 나타내고 있다.

우리 나라에서는 아직, 직업적인 핸들라가 없다. 또 거기까지 갈 정도의 견계(犬界)의 발전이 없었다고 하는 증명이다. 따라서 우리 나라에서는 당분간, 사육주 즉 핸들라라하는 시대가 계속되리라 짐작되나, 개에 있어서는 사실은, 그것이 몇배나 좋은 것이다. 그것은 평상시와 같이 연기가 되며, 그것으로 충분하기 때문에, 모든 것이 원활하게 자연적으로 실연(實演)되기 때문이다. 그러나, 사육주의 경우는 언제라도 좋아할 때에, 애견을 냉정하게 심신(心身)이 함께 긴장 상태하에 두고, 또한 상당한 시간 그 상태가 유지될 수 있는 상태의 훈련이 필요하다.

즐거운 도그 쇼오를 하기 爲해서는 (개 展覽 会)

몇개월 전부터, 오늘 이 시간을 위한 준비에는 하등의 실수도 없을 것이다. 뒤는 도마 위(俎上)의 고기, 태연하게 평가를 받도록 한다. 그래서 회장에 도착하였다. 많은 개가 있다. 어느 것이나 충분히 준비하고 기다리고 있니. 심사 번호도 긴깅됐다. 한번 더 나의 애견의 손질을 한다. 당기는 줄보시 조금 걷는다. 용변을 시켜 안정시킨다. 힘차게 **짠** 타월로 털을 가볍깨 닦아순다. 개싱사에 넣는다. 앞으로 20분이면 자기의 개체(個体) 심사가 있니. 한번 더 딩기는 줄을 달아 개상자 둘레를 약간 걷게 하여 진정시킨다.

차례가 왔다. 찗게 쥐고 지정한 자리에 왼쪽발 앞에 서게 한다. '입술을 만져도, 다리 사이(股間)를 수탐(搜探)해도, 꼼짝도 하지 않는다. 시종(始終) 좋은 긴장을 나타낸다.

참고견의 피로

도그·쇼오의 하루

쇼오·포오즈를 취하는 참고견

회장(會場)으로 **향한다.**

도그·쇼오 출진의 좋은 날씨다. 개에게
는 아침 일찍 가벼운 먹이를 조금 준다.
시간은 엄수. 잊어버리는 것 없도록 주의
한다.

회장(會場)에 도착

회장에 도착하면, 먼저 개에게 대·소변
을 시켜서, 지정된 위치에 가서 개 상자에
넣어 둔다. 사육주는 될 수 있는 대로 개
상자에서 떨어지지 말 것.

수부(受付)에

출진견(出陣犬)을 다리고   출장(出場)
번호나 목록을 받는다.   혈통서, 광견병 예
방주사를 끝마친 증명서를 보이고, 개의 건
강 진단을 받는다.

손 질

부르기 전에 빗, 브러시로서 피모(被毛)
를 정돈시켜, 아름답게 완성시켜 둔다.
눈, 귀, 입 등 한번 더 봐 둔다.

개체심사(個體審査)

개체 심사는 대체로 오전 중에 한다. 각
각의 개의 각부분에 상세하게 심사 된다.
심사 순서는 계원의 지시에 따른다.

휴계와 식사

먹이는 많이 주지 않은 것이 좋다. 그것보다 조용한 곳에서, 천천히 쉬도록 하여, 신경을 쓰지 않도록 주의한다.

준비(準備)

링크 안에서 부증(不淨)한 일을 시키지 않도록, 대·소변은 **충분히** 주의한다. 제차 털이나 기타를 손질한다. 나갈 차례의 아나운서를 기다린다.

링크에

드디어 비교 심사이다. 명견들이 많이 나란히 하여 링크를 돈다. 여기에서 평가 (秀·優·良·미)가 결정된다.

입상(入賞)

조별에 따른 비교 심사의 결과, 1등, 2등, 3등 등 입상이 결정된다. 그리고 그 최후에, 그날의 최고 우승견이 선발되는 것이다.

집으로

즐거웠던 쇼오도 끝났다. 입상에 구애되지 않고 다음 기회를 위해서 집으로 돌아온다. 회장을 지저분하게 해서는 안 되겠다.

□ 드디어 비교 심사

삽아 당긴 줄을 가진 나의 복장도 정돈되었다. 한번 더 주의를 시키기 위해서 근처를 거닐게 한다. 배설도 없는 것 같다.

앉게 한다. 15분 기다리면 시작한다. 조금 긴장을 풀기 위해서 어루만져 주게 한다. 개의 털색은 다색(茶色)일 때는 나는 검은 복장을 한다.

□ 차차 앞으로

드디어 시간이 됐다. 심사원의 순서로 반 원을 그리다. 15마리 가 모두 한곳에 모였다. 지금부터 비교 심사, 나의 개는 바로 중간 정도에 있었으나, 얼마 되지 않아 3번째의 자리에 왔다. 개는 태연하게 긴장을 계속하고 있다.

약 20분, 결국은 선두에 섰으나 최종은 2위에 끝났다.

□ 수고했다

이런 좋은 성적이 있으리란 것은 꿈에도 생각지 못했다. 정말인가 의심이 가나, 사실이다. 링크매니의 좋음이, 반 이상은 효과가 있었는 것 같다. 심사원에 달려들어 물려고 하는 개는, 미숙한 나의 눈에도 빼도 좋다고 생각하고 있었으나 매너(태도)로 실격되었는 같다.

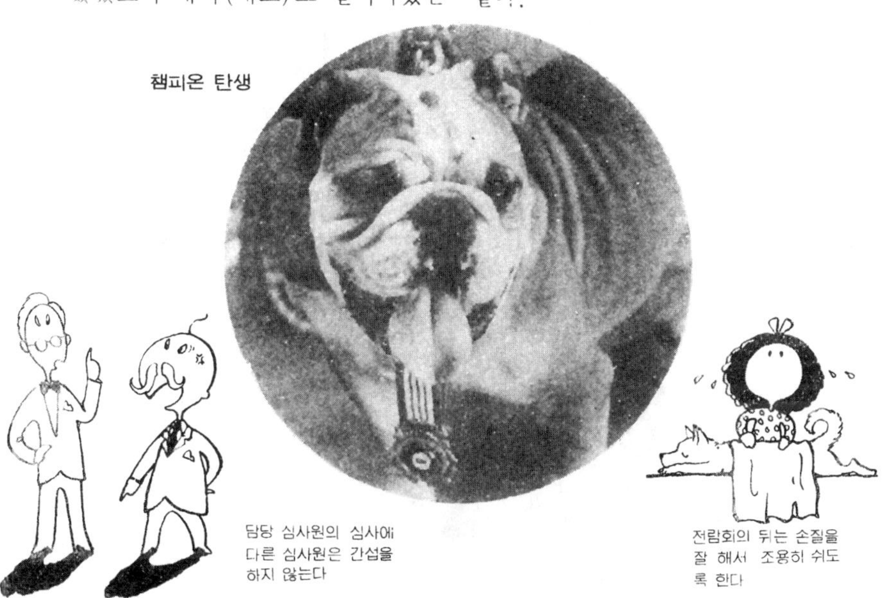

챔피온 탄생

담당 심사원의 심사에
다른 심사원은 간섭을
하지 않는다

전람회의 뒤는 손질을
잘 해서 조용히 쉬도
록 한다

美國(AKC)의 優勝犬 選出方式 —푸들의 경우—

- 犬種最優勝犬 Best Of Breed (BOB)
  - 反対性最優勝犬 Best Opposite Sex (BOS)
    - **Toy Poodles**
      - 베스트·오브·바라이어티 (Best Of Variety (BOV))
    - **Miniature Poodles**
      - 베스트·오브·바라이어티 (BOV)
    - **Standard Poodles**
      - 베스트·오브·바라이어티 (BOV)

- 牡牝総合優勝犬 Best Of Winners (BOW)
  - 牡組総合優勝犬 Winner Dog (W.D)
    - 6～9個月幼犬牡組 Puppy Dogs, 6～9 months
    - 9～12個月幼犬牡組 Puppy Dogs 9～12 months
    - 初心犬牡組 Novice Dogs
    - 自家繁殖犬牡組 Bred by Exibitor Dogs
    - 美国内産犬牡組 Amerian Bred Dogs
    - 一般犬牡組 Open Dogs
  - 牝組総合優勝犬 Winner Bitch (W.B)
    - 6～9個月幼犬牝組 Puppy Bitches, 6～9 months
    - 9～12個月幼犬牝組 Puppy Bitches, 9～12 months
    - 初心犬牝組 Novice Bitches
    - 自家繁殖犬牝組 Bred by Exhibitor Bitches
    - 美国内産犬牝組 American Bred Bitches
    - 一般犬牝組 Open Bitches
- 特別犬組牡牝 Special Dogs & Special Bitches

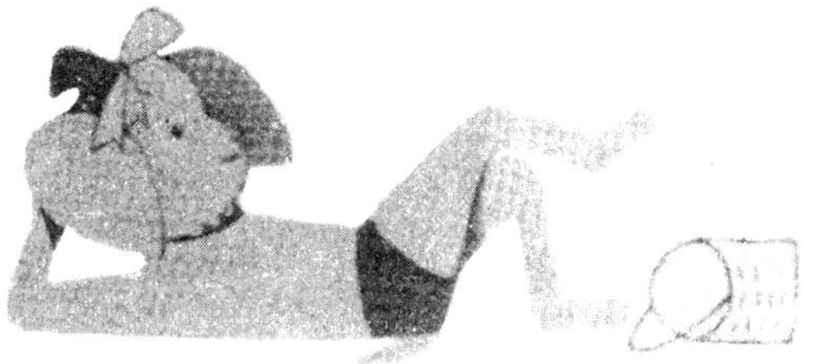

□ 사치(奢侈)란?

사람과 생활을 함께 하는 개에 있어서, 항상, 그 정도에 높낮음은 있어도,
차림이 있다. 나쁘다, 싫은 느낌을 주지 않을 정도의 잠깐의 걱정을 해줄 마
음가짐으로, 여기에, "차림"이나 "사치"란 말을 쓰게 된다.

지나치게 길어지지 않도록 발톱을 깎는다. 귀가 붙어 있는 곳을 잘 보면
흔들어진 긴털이 있는데 이것을 깎아 간추린다. 발가락 사이의 긴털이나,
발가락 뒤에 삐죽이 나온 긴털 등을 깎는다. 귀의 구멍 속의 소제, 길게 자
란 입언저리의 수염의 커트(切斷), 꼬리를 잘라야 할 견종에 대해서는 규정
에 따라서 꼬리를 자르며, 또 단이(斷耳) 등도, 차림이라고 봐야 하겠다. 단
미(斷尾)나 단이(斷耳)는, 그 견종에 의해서 절단 정비를 요구되어 있으며,
그로 인해서 그 개의 아름다움이 한층 돋보이게 되므로. 각각의 규정을 엄중

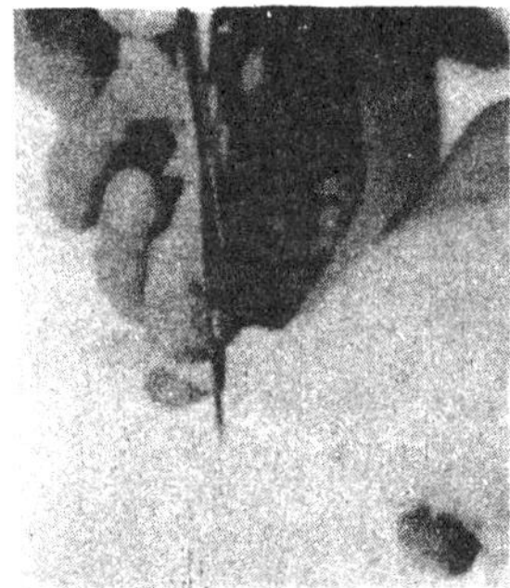

❶ 꼬리를 자름

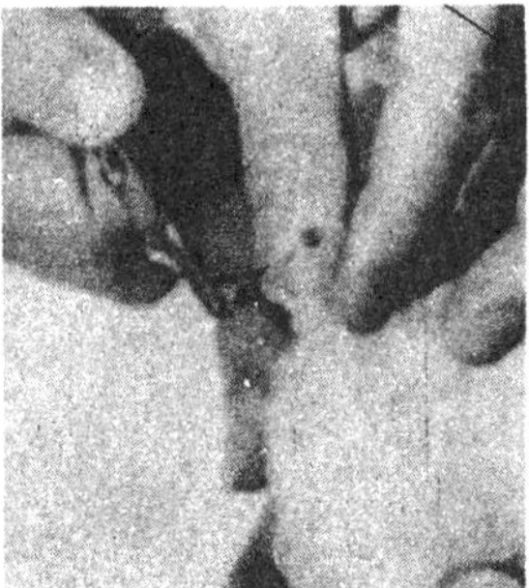

❷ 실로 꿰멤

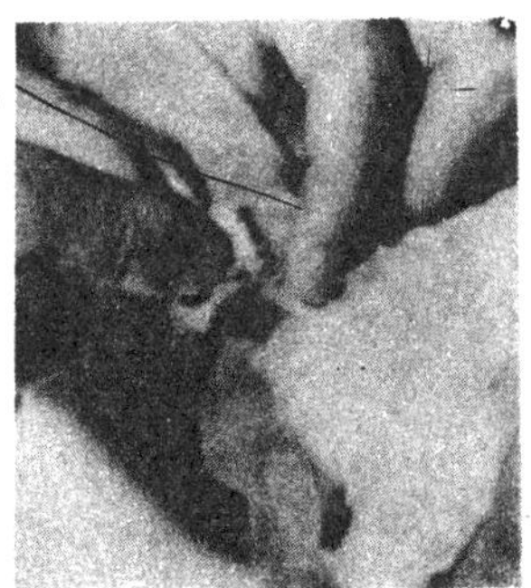

❸ 옥도정기를 바름

이 지킨 것이 아니면 전연 그 뜻이 없다.

한달에 몇번 목욕도 그러하다. 매일 아침 저녁의 빗질이나 브러시도 같다. "푸들"종을 필두로 해서, "코커스파니엘", "와이어", "스코티쉬", "베들링턴", "에어데일"종 등에는, 당연한 일로서 트리므가 요구되어 있으며, 또 트리므 없이는, 도저히 이러한 견종은 우리가 보는 그 상태가 아니다.

실내견(室內犬)이나 노견(老犬)에 싫은 입냄새가 많이 있으나, 이것은 치조농루병(齒槽膿漏病)이므로, 수의사(獸醫師)의 손으로 치석(齒石)을 제거해야 한다. 시술(施術)한 그 때부터 악취(惡臭)가 없어지며, 제차 사람들의 "싫은 냄새"란 비난이 없어질 것이다. 또, 털이 많아서 드리운 귀의 개에 많은 외청도염(外聽道炎)도, 손질에 의해서 악취나 개의 조급한 마음이 없어질 것이다.

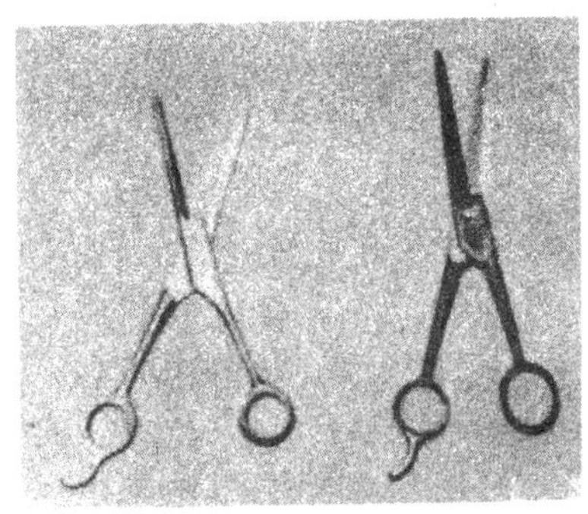

톱가위

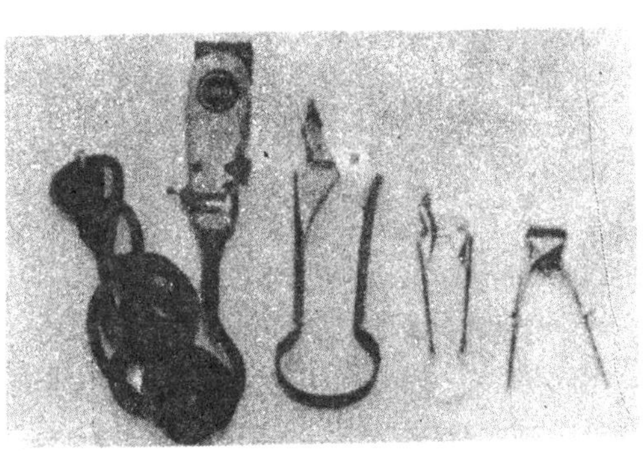

바리칸

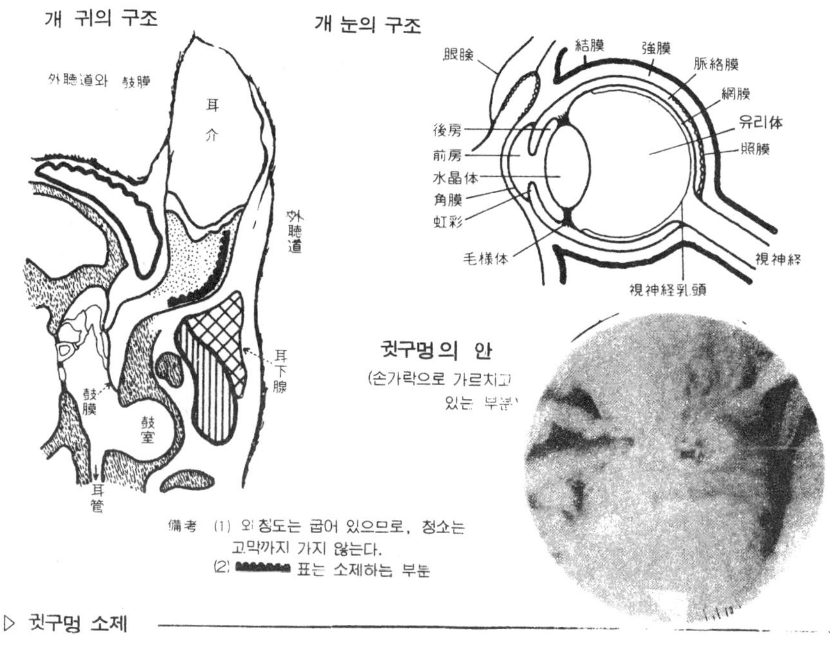

備考 (1) 외청도는 굽어 있으므로, 청소는
고막까지 가지 않는다.
(2) ▬▬▬ 표는 소제하는 부분

▷ 귓구멍 소제

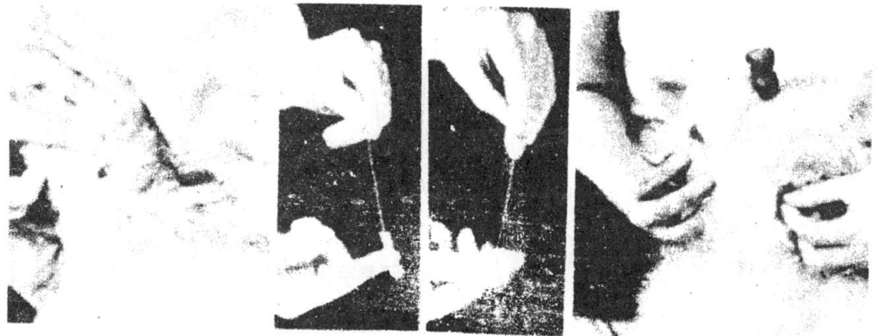

☐ 액세시리(부속품)

　작은 개가 굵은 쇠사슬에 매달리고 있던지, 목이 굵은 개가 가는 목걸이를
붙여서 있어서는, 조리에 맞지 않는다. 사실인즉, 견종에 의해서 대체로 거
기에 잘 어울리는 줄이나, 목걸이나, 그 외에 몸에 붙이는 것은 정해져 있는
것이므로, 이러한 점을 무시해서는, 모처럼의 개의 품위는 떨어지게　되며,

사육주인 당신에의 존경에도 관계가 없다고는 할 수 없다.

□ 트리므 또는 트리밍그

 털의 정돈, 마무리, 깎는 것 등을 말한다. 빗이나 손가락을 사용해서 고모 (枯毛)를 빼내는 블록킹그 이것으로 되지 않은 부분을 철저히 하기 위해서 스느립나이프나 드레사에 의한 스트립 또는 트리므, 가위나 바리칸을 사용하는 클립의 3단으로 나누어진다. 견종 또는 평소의 손질 여하에 따라, 이 3단 중의 어느 것을 중섬적으로 사용해야 하는가가 정해진다. 따라서 넓은 의미의 트리므는 모든 개에 실시하고 있는 것이며, **발톱깎기나 아침 저녁의브러시, 목욕 등을 포함한 넓은 뜻의 차림을 글루우밍그라 한다.**

글루우밍그 (차림)

 도베르만의 보기이나, 복서, 그레이트덴, 잉글리쉬포인터와 같은 단모종(短毛種)에도 필요한 손질이며, 특히 번호의 가까운 곳의 털은 깎아서 정리한다.
 1. 귀의 둘레 2. 목의 양쪽 3. 목
 4. 눈섭 5. 입수염 6. 꼬리의 뒤
 7. 다리가랑이 뒤쪽 8. 배 9. 무릎의 상하 주변 10. 발톱

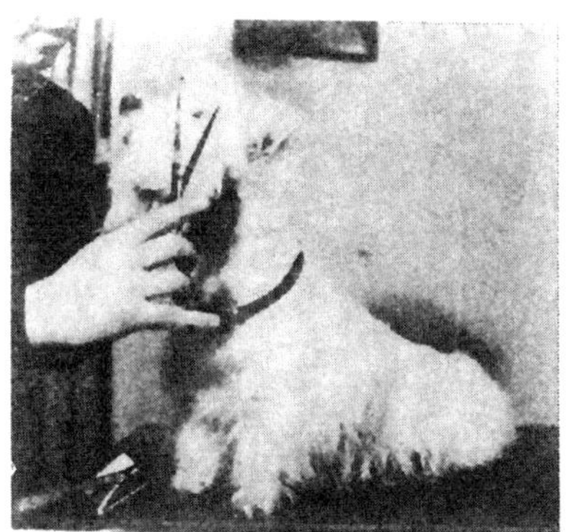

웨스트하일란드 · 호와이드 · 테리어

푸 · 들

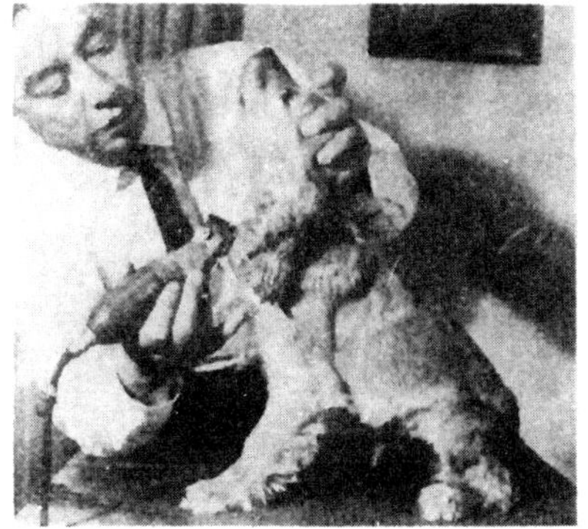

코커 · 스파니엘

□ 와이어, 에어테일의 경우

트리므에 의해서, 어느 개도 그 견종의 가진 품성(稟性)과 체형의 미(美)를 더더구나 발휘되는 것으로, 동시에 그 기술은 그 개의 결점을 될 수 있는 대로 보이지 않도록 표현할 수 있다.

와이어의 표준에 될 수 있는 대로 맞출려고 하는 기술이므로, 근본에는 그 표준을 어떠한가를 충분히 납득하고 난 뒤에 하지 않으면 무양을 성는해노 성신(精神)이 살리지 않는 것이 된다.

빼낸 털이 경신되어, 새로운 털이 나서, 어느 일정한 길이가 되기 까지의 날수, 앞페이지 그림의 A는 3개월 걸려서 마치 와이어로서의 길이가 되고, B는 2개월, C는 1개월, D는 3, 4주란 날수가 걸리면 알맞게 보기 좋은 시기가 된다. 그리고 전체의 형편이 정말로 생각해도 와이어 같이 되어 간다. 귀의 안쪽과 바깥언저리는, 가위나 드렛사로 짧게 자른다. 동시에 E의 부분을 베어 들이면 약 20일 후에는 보기 좋게 된다. 그 후 각 부분의 경계점을 정리하면서 견전(犬展)의 다가옴을 기다린다.

□ 스코티쉬의 경우

스코티쉬는 와이어와 같이 1년의 두번이라는 확실한 환모기(換毛期)

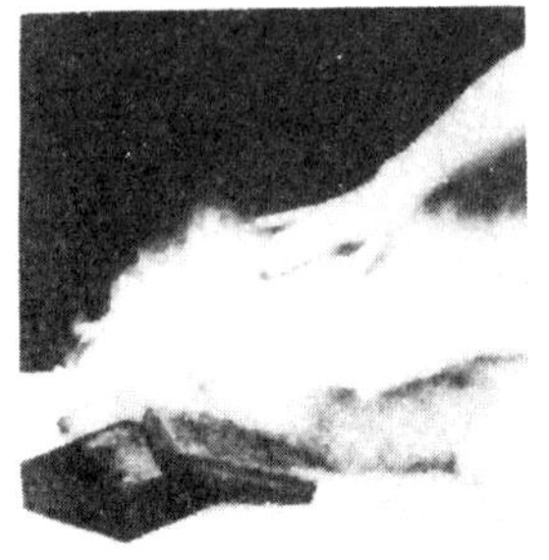
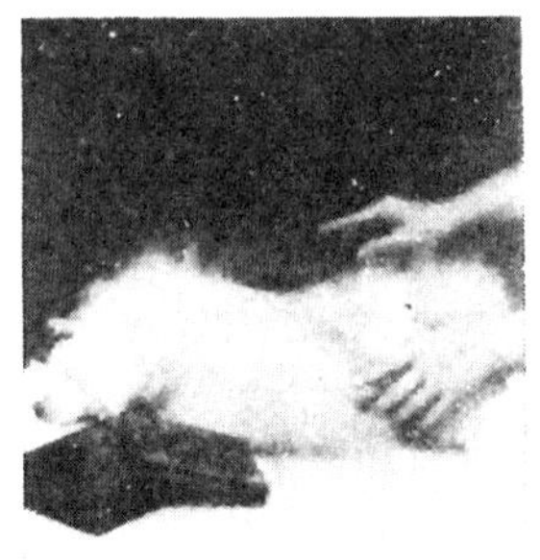

❶ 헤어·크림을 손에 바른다　❷ 털에 에어 그립을 바른다　❸ 브러시로 털을 몇번이나 빗는다

가 오지 않으므로, 특히 스트립을 하지 않아도, 자연의 털로 상당히 아름다운 모습을 보전할 수 있다. 정한 규칙의 트리므는 A 는 3 개월 반, B 는 2 개월, C 는 1 개월, 그 뒤는 3, 4 주라 할 정도의 깎는 법이 전체가 좋은 밸런스가 집힌다. 마무림은 어떤 경우에도 항상, 머리, 귀, 눈섭부터 시작해서 목, 목 밑으로 옮겨간다. 눈섭은 뿌리쪽은 굵고, 끝은 가늘게 해서, 삐죽이 나온 신털을 정리한다.

□ 푸들의 경우

생후 2 개월 경 파피클립을 실시한다. 견전용 (犬展用)에는 콘티넨탈 형과 상아지에는 파피형이다. 지금의 유행은 로오얄닷찌형과 잉글리쉬 사돌루형이 이에 따른다.

푸들의 털이 질은 딱딱하고 감는 성질이며, 그다지 털이 떨어지지 않아, 매일의 빗질은 중요하다. 트리므의 전에는 대체로 목욕을 시켜서 청결하게 한다.

□ 아메리칸 코커스파니엘

귀, 목, 목아래부터 등에 걸쳐서의 털을 정리하여, 차차 연하게 하면서 몸둥이부터 사지 (四肢＝네발)에 걸쳐서 긴털에 옮긴다. 귀의 뒤는 털을 짧게 가위 로 잘라 떨어뜨려서 특징 있는 봉지귀로 완성시 킨다.

꼬리자름의 길이를 틀리지 않도록

파피형

콘티넨탈형

아메리칸 코커의
손실 ABC 순으
로 드렛사한다.

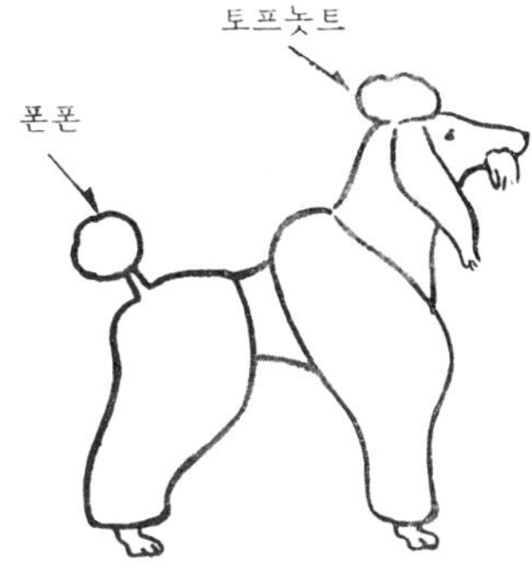

로오얄닷찌형

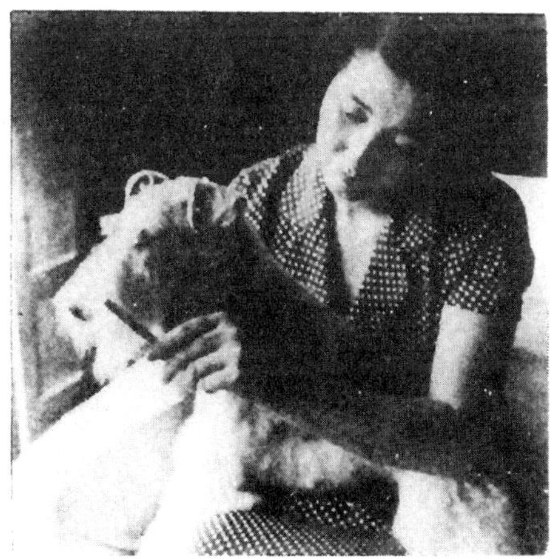

개의 액세서리 (部屬品)

목걸이

튼튼한 것이므로, 가죽 제품이 가장 많다. 둥근형, 평형(平型)이 있으며, 각각의 굵기나 폭 색에 특색을 나타내고 있다.

이 밖에, 가는 크로움 또는 금색의 체인(쇠사슬), 아름다운 색의 끈을 나일론관 속으로 통하게 한 것, 체크모양을 팽팽하게 한 아름다운 스코티쉬종용 목걸이 등이 있다.

개의 털색 크기 등에 알맞는 것 선택

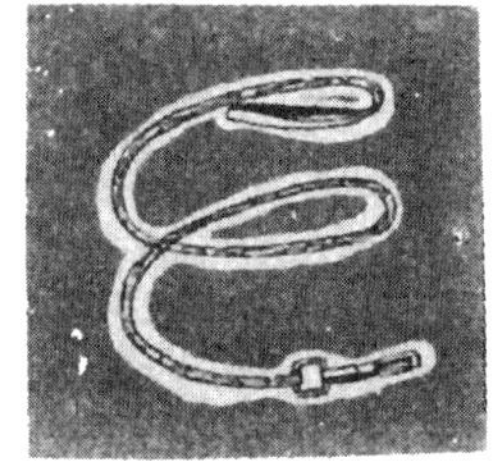

당기는 줄

목걸이와 관계가 깊은 것이므로, 역시 그 견종, 크기, 털색 등에 알맞는 것을 선택해야 한다.

재미있는 일은, 진도개에는 역시 한국식의 목걸이와 당기는 줄이 아니면 어울리지 않는다. 기름진 털색같으면 화려한 색조(色調)가 이외에도 알맞으나 진도개는 그러한 것보다 목면끈이 좋다. 거기에 빨강, 파랑의 염색을 한 것이 있다.

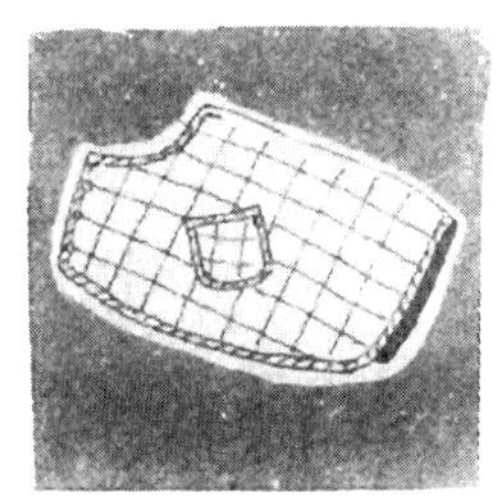

방한구 (防寒具)

어느 개이던, 추워지면 아랫털이 나와 자연의 외투를 형성하게 되므로, 특히 방한구로서의 의류를 준비해 주는 종류는 적다. 닥스, 치와와, 찡, 데리어 등은 추위를 잘 타므로, 무언가 만들어 주어야 한다. 털실로 짠 것이 가장 좋으나 여러 가지의 천을 골라 재단해 준다 익숙하면 개들도 의외(意外)에도, 즐겁게 따뜻함을 만끽(滿喫)하고 있다.

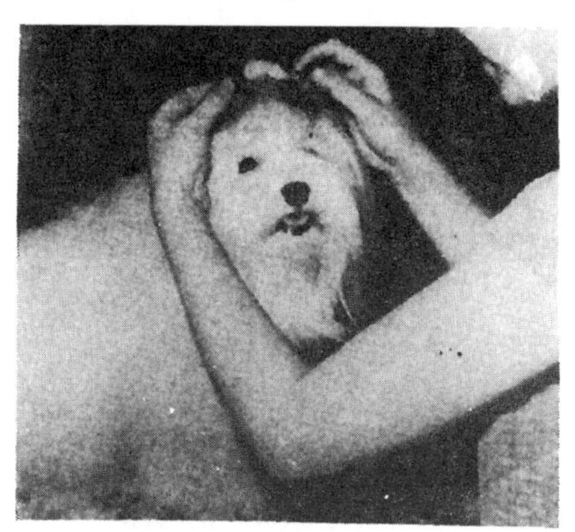

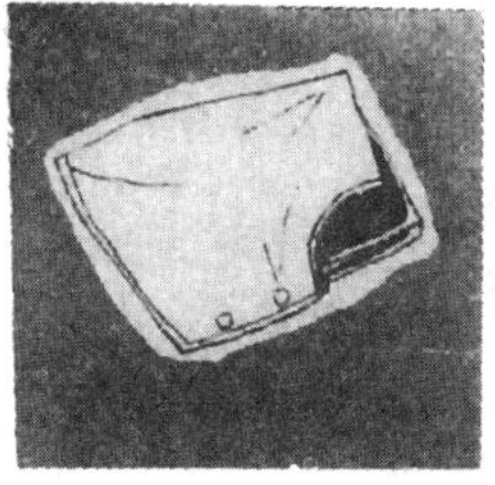

우구 (雨具)

닥스·훈트와 같이 다리가 짧은 종류에는 배의 부분의 튀어 오르는 것이 심하므로, 다리가 긴 종류의 레인코우트에 비하면 구조가 다르다. 비닐, 나일론 등으로, 방한의와 같은 요령으로 귀까지 덮이도록 재단한다. 위에서 덮어씌워, 배쪽에서 붙들어 매도록 하나, 닥스는 반대로, 배쪽에서 감아올라 등쪽에서 이것을 붙들어 매도록 한다.

리본

긴털 종류는, 그 훌륭한 털을 상하지 않기 위해 리본으로 매어 보호한다. 리본이 달린 견종에는 요크셔나 테리어 마르티즈테리어종이 있다. 대다수는 머리 위에 하나 매고 있으나 눈을 덮는 긴털을 뭉치로 해서 매어 둔다. 먹이를 줄 때는 절대로 필요하다. 그렇지 않으면 먹이에 붙어 곤란하다. 식기 안에 귀끝이 들어가기 때문이다.

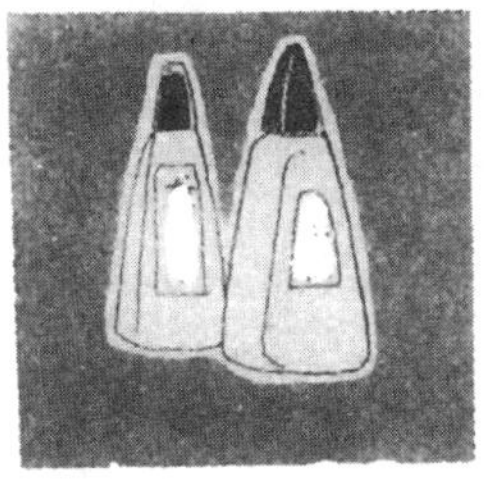

매니큐어

순백(純白)의 토이 푸들이 새빨갛게 발톱을 매니큐어되어 있는 것은, 조금도 아니꼬움 느낌이 들지 않는다. 이것은 또 어떻게 된 일인가?

푸들종에서는, 발의 끝쪽은 짧게 깎이게 되므로, 발톱은 그대로 나타나게 되어 매니큐어할 가치가 있다.

흰 바탕의 개는 대체로 빨강색

발톱은 잘 깎아서 하도록 한다.

어느 정도가 애견가란 말을 듣게 되겠는가? 그 내용을 잘 조사해 보면, 차례차례로 의문이 생긴다. 그러나 개들은, 어떠한 운명에도 초연(超然)하게 있는 것 같이, 사람에게는 따르고 존경하며, 사람과의 생활을 즐겁게 해준다.

□ 애견가란?

개를 좋아하는 사람에는 여러 가지 형(型)이 있으며, 반드시 그 사람의 버릇이 그러하다고 처리해서는 안 될 일이 많은 것이 사실이다.

개와 같이, 먹이를 얻기 위해서 사람의 기분을 맞추는 비굴한 동물은 싫다고 하는 고양이 좋아하는 사람이 있다. 고양이는 항상 태연하게 있으며, 사람에게는 신세를 지지 않는 훌륭한 것이라고 한다. 그러나 이 사람도 한번는 어떠한 기회에 개를 사육하면, 갑자기 앞서 말한 것은 어디에 갔는가 할 정도로 애견가로 변모하고 만다.

챔피온급의 개를 자기의 소유물으로 크게 자랑을 하는 사람이 있다. 그래도 좋다. 좋아하는 것은 아무 것도 없다. 어쨌던 돈을 써서 최고의 것을 입수한다. 그 개는 언제나, 훈련소나, 견사에 맡겨

둔 체, 맡겨 둔 요금만 지불하
여 그 명견의 주인이란 것만을
자랑으로 한다.

단 한 종류의 개만을 열중하
여 른 견종을 애육하고 있는
사람들을 이해하려고 하지 않는
사람도 있다. 그런가 하면 곧
싫증이 나서, 길어서 6개월,
번번히 다음에서 다음으로 그
때마다 다른 견종을 바꾸어 사
육하는 사람도 있다·

잡견이면서 그 개 자체에 하등의 가치가 없다. 그러나 크게 마음을 먹고,
사치한 생활을 시켜, 귀여워 하는 것도 적정(適正)하게 하며, 함께 즐겁게
지나고 있는 사람이 있다. 또 엄하게 다루어 어떤 기능을 가르치나, 언제나
그 개는 주인의 얼굴색만 살피며, 겁에 질린 모양으로 침착한 태도라고는
엿볼 수 없는 그러한 사육법을 하는 사람도 있다.

개를 번식해서 돈을 벌어보겠다는 그런 사람도 있다. 그러나 개로서 이러
한 성공을 하기란 어려운 것이다. 상당한 햇수가 걸려도 마음대로 되지 않
는 것이 보통이다.

□ 사람에게 맡기는 것이 개의 운명

열에 열사람이라 하나, 사람이 시키는 대로 하는 것이 견족(犬族)의 하나 하나의 운명이며, 그 운명은 가지 각색이다.

어떤 음식점을 경영하는 사람이 많은 개를 사육하고 있었다. 생활은 결코 풍부한 편이 아닌데, 왜 그렇게 무리해 가면서까지, 개를 사육하고 있는가. 개없이 생활할 수 없다고 하면, 한마리나 두마리 정도 기르면 어떤가 하고 물었다. 그랬더니 답은 이렇게 대답하였다.

아니 나는 개가 좋아서 개를 기르고 있는 것이 아니다. 우리들의 장사는, 사람들이 버리는 것을, '그냥 버릴 수 없지 않으냐는 것이다. 이래도 얼마쯤 은 사회 정화(淨化)에 노력하고 있다는 말투다. 이들 개도 사람들이 떨어뜨 린 것을 그냥 둘 수 없어서 이렇게 모우고 있다는 표정을 하고 있다.

그러나 이 많은 개들은 그 음식점 주인에 잘 따르고 있다. 그와 같은 모 양으로 봐서, 반드시 귀여움을 받고 있는 것이 틀림없다고 생각이 드는 것이다.

이 세상에는 아마도 없으리라고 생각되는 초소형견(超小型犬)을 창조해서 자랑 으로 하고자 하는 사람에게 사육된 개, 도대체 그러한 생각을 일으킬 것 같은 잘 못된 초소형에 태어난 개, 이와 같은 개에 분만(分娩)을 강요한다는 것은 벌써 무리한 일이기 때문에, 분만할 때마다 제왕절개(帝王切開)를 실시한다. 인 공(人工) 만출(娩出)은 벌써 이것으로 열 여덟번째라고 한다. 매우 수고스 러운 일이다. 그러나 보다 더 훌륭한 견종의 향상에는 이것에 비슷한 고통 과 노력이 경주되는 것은 사실이다.

꼬리를 자른다. 귀를 정비하면 규정되어 있는 견종도 또, 사람들에게 관 상되어 애육되기 위해서는, 이중의 고통이 따른다. 그러나 인도적으로 취급 하는 노력을 해서, 개들에게 만족하게끔 해야 하겠다.

일광욕을 시킨다 (바깥에서 자유스럽게 놀게 한다)

250

■ 푸들의 클립의 종류

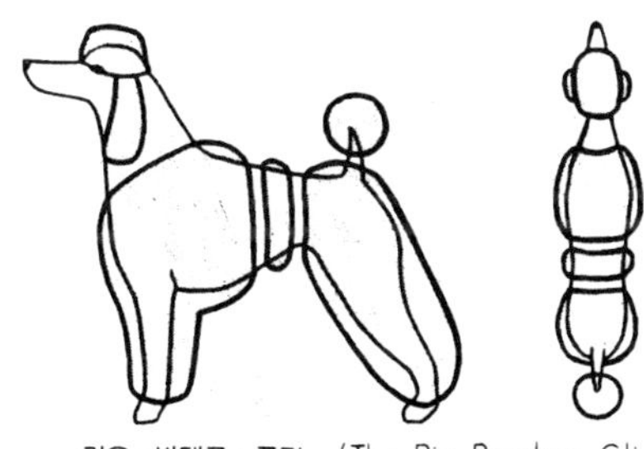

켄넬·클립　(The Kennel Clip)

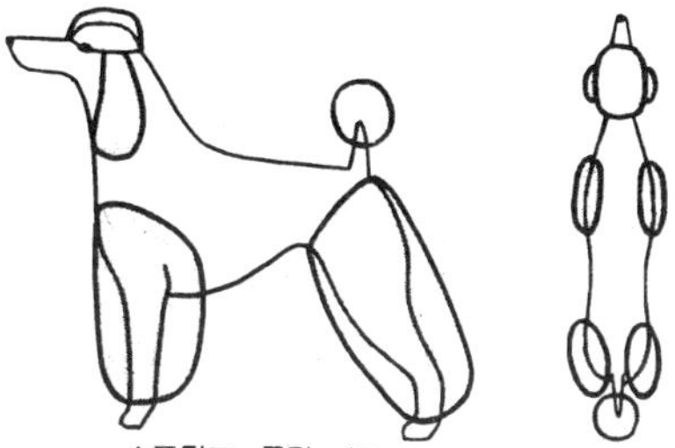

스포팅그·클립　(The Sporting Clip)

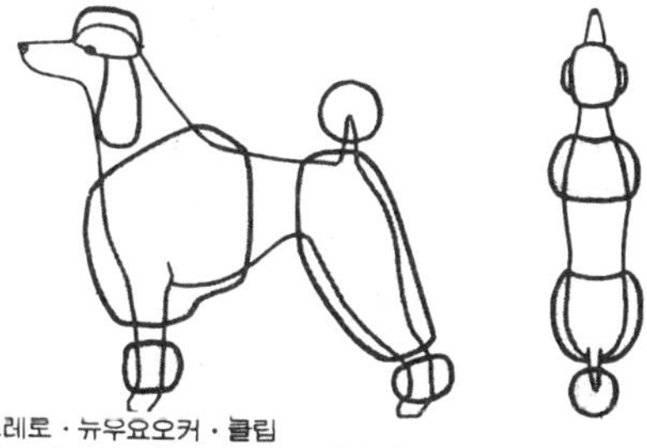

보레로·뉴우요오커·클립
(The Bolero New Yorker Clip)

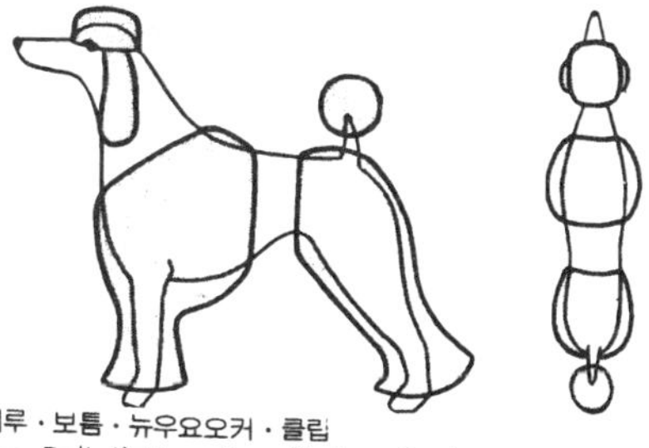

베루·보톰·뉴우요오커·클립
(The Bell-Bottom New Yorker Crip)

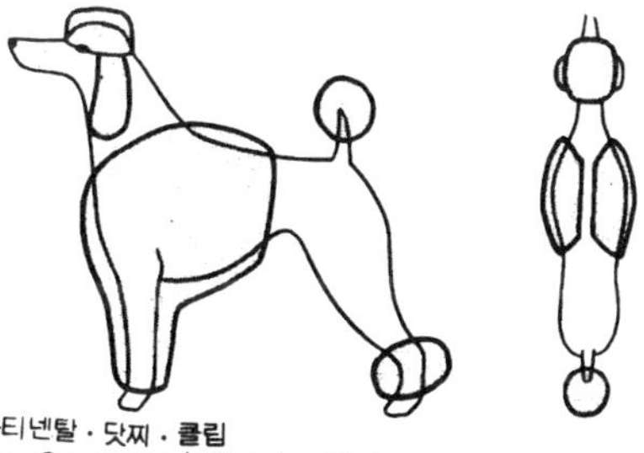

콘티넨탈·닷찌·클립
(The Continental Dutch Clip)

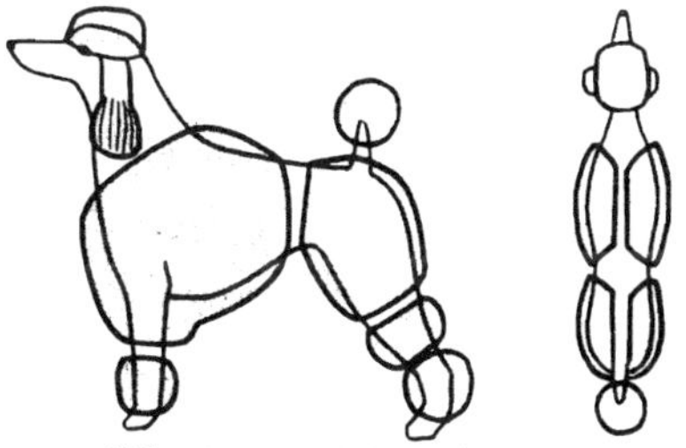

사돌·닷찌·클립 (The Saddle Dutch Clip)

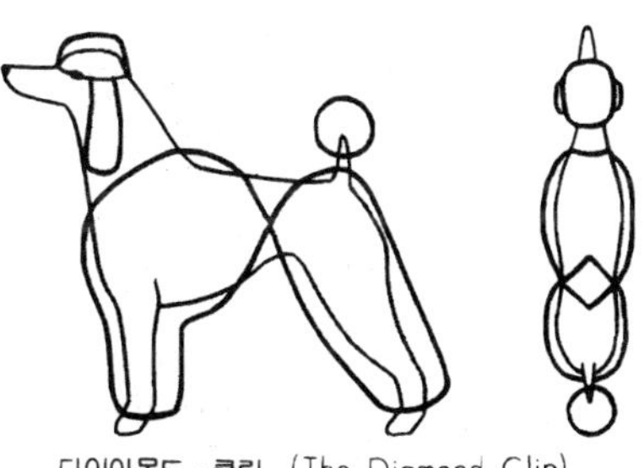

리오·반데로·클립　(The Rio Bandero Clip)

다이아몬드·클립　(The Diamond Clip)

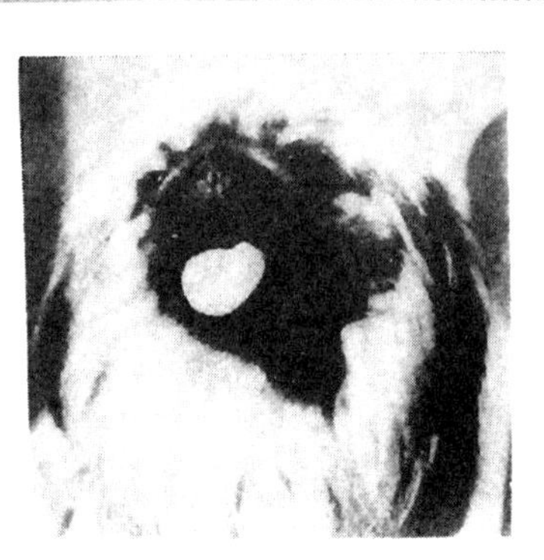

신견종 창조형(新犬種創造型)

유전학의 실제적인 기술이 필요하다. 많은 개는 상당한 기간, 건강하게 기르는데 자신(自信)이 있는 사람도 있겠으나, 적어도 50년 이상은 어떤 일을 해도 걸린다. 이러한 일로서 성공하는 것은 정말로 기적 이외에 의지하는 수 밖에 없다. 어떤 견종을, 그렇게 좋지 않는 것 부터 차차 향상시켜 가겠다는 생각은, 개에 있어서는 전연 의미가 없다.

호령 대용형(呼鈴代用型)

이것은 참혹한 일이다. 개는 하루종일 쉴사이도 없다. 그리고 이와같은 장소에는, 이상한 일이지만, 침착하지 못한 견종이 쓰이고 있다.

이웃 근처는 대단히 귀찮은 일이나, 본인은 모르는 것 같다. 아니 모른다. 느끼지않기 때문에 이 시끄러움을 태연하게 지낼 수 있는 것이다. 초인종의 역(役)에서 해방해야 한다.

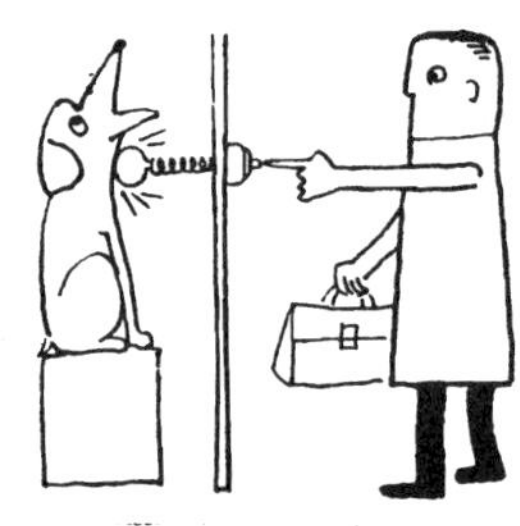

나이트 (밤) 서어비스형

겨울의 따뜻함을 취하기 위해서의 개는 좋은 생각이다. 개도 사람과 함께 자는 것을 좋아한다. 그러나, 개에 의해서는,조용히 해주는 것도 있으나, 뛰어다니는 것은 질색이다.

따뜻한 것 뿐이 아니고 개를 성적(性的) 기교(技巧)의 하나로서 중요하게 취급하는 것도 있다. 외국에서는 흔히 있는 일이라고 생각하고 있으나, 우리 나라에서는 그렇지 못하다.

주입식(注入式) 주의형(主義型)

과연 잘 훈련되었다. 탐복한다. 그래도 또 새로운 기능을 가르치려고 하는가. 서어커스에라도 팔려면 몰라도 이제는 좋지 않겠읍니까. 보서요. 당신의 개는 언제나 섭에 질려, 당신의 손발이나 입의 움직임을 마음에 두고 있지 않습니까? 방문객이나 이웃 사람에게 신세를 지지 않을 정도 이상의 예의 범절은, 특별한 재능이 있는 개에만 한한 것이 좋겠다.

의인형 (擬人型)

자기가 좋아하는 것은 말할 것 없이 개도 좋아하며, 싫어하는 것은 개도 싫어한다고 한다. 개가 태어남과 그 생리적 조건은 전연 무시한, 개쪽에서는 귀찮은 자기만이 좋은 형(型)의 애견가이다.

담배는 싫어도, 술 정도는 교제하는 개가 있다. 춥다고는 생각지도 않는데 두꺼운 천의 방한의(防寒衣)를 입힌다. 사람과 대등한 대우를 받는다.

과대취청형 (誇大吹聽型)

"확실히 당신의 그 개를, 그만큼 양성해 내는 고심(苦心)을 인정합니다.
그러나. 그렇게 뽐내지 마셔요. 아직 챔피온이 되지 못했으니까, 지금부터 부지런히 해서 출진할 때마다 우승을 해도 일년 이상은 걸리니까요. 크게 잡아서 무슨 이상한 병 등이 걸리지 않도록 부탁합니다." 정도의 야유를 받기도 한다. 미완성인 재능은, 자랑하지 말아야 한다.

사치형 (奢侈型)

카스텔라 따위도 아주 고급 카스텔라가 아니면 이 개는 거들떠 보지도 않는다고 한다. 비스킷! 이것도 그러하다. 그것은 그렇게 되었는지 모르겠으나, 어떤 사람에게도 이러한 어리석은 말을 하지 말아야 한다. 남 몰래, 자기의 개가 고귀(高貴) 무비(無比)하다는 것을 자기 스스로 즐기는 것만으로 해두는 것이, 그야말로 현명한 방법일 것이다.

이식축재형 (利殖蓄財型)

계산을 해보면 주권(株卷)이상의 이윤 정도라고 한다. 수의학(獸醫學)의 진보로, 절대로 죽는 일이 없게 되었으므로, 약간 번식을 해보고 싶다. 팔기 위해서 하는 것이면, 약한 강아지나 싫어하는 털색까지도 기른다. 그 때문에 이상한 순수종이 번식해 가고 있다. 그 위에 개에 대한 깊은 애정과 경험이 있는 번식이라도, 기껏 식비나 의료비가 나오는 정도

개에의 誤解
오 해

1. 코끝의 습기

개의 코는 건강의 바로미터(표지 ; 標識)라고 하며, 코가 뜨거우면, 그 개는 열병에 걸려 있는 증명이라고 한다. 이것에는 과학적인 근거가 없다. 코의 건조나 열은, 그 실내의 온도나 습도에 영향되는 것으로, 그것이 항상, 병과 직접 관계가 있다고 단정할 수는 없다. 개의 땀은, 코끝과 발바닥에 대량 분비(分泌)한다.

발바닥을 육지(肉趾)라고 하나, 확실이 여기에는 땀샘(汗腺)이 풍부하다. 그러나 다른 부위(部位), 이를테면 피부 등에도 없는 것은 아니다. 거저 심하게 땀샘이 적다는 것이다.

주위의 기온이나 습도가 높게 되면, 그대로서는 체온의 평현(平衡)을 유지하지 못하게 되므로, 이것을 조절하기 위해서, 심한 호흡이나, 입밖으로 침을 흘러내리게 해서 반사적으로 체온을 내리고자 한다. 이것이 개의 땀을 흘리는 것이다. 더울 때에, "하아, 하아"와 같은 심한 호흡을 하고 있는 개는 결코 병이 아니다

2. 털을 깎으면 시원하게 되는가

256

　장모종(長毛種)에는, 여름을 시원하게 지나게 하기 위해서 털을 짧게 깎아주는 사람이 있는데, 과연 이 참견은 타당한 일일까.

　사실은 시원하게 되지는 않는다. 짧게 깎으면 오히려 더워진다. 직접 피부에 더위가 닿기 때문이며, 동시에 모기나 벼룩의 공격을 유리하게 해주는 것이다. 그러므로, 빗질을 충분히 해서 겨울의 솜털이나 잘린털을 남기지 않도록 해주는 그것만으로 충분하다.

3. 개는 비타민을 좋아하는가

　비타민이 영양이란 것보다 다른 영양분을 유리하게 체내에 소화　이용하는 뜻에서 중요하므로, 그것도 극히 적은 양으로 충분하다. 그 중에는　비타민 자신(自身)의 결핍때문에 병도 있겠으나, 그렇다고 하더라도 병에 걸리지 않게 하기 위한 양은, 아주 적은 양이다.

　개가 건강하며 영양이 좋은 먹이를 먹고 있으면, 특별한 경우 이외에는 일부러 이것을 쓸 필요는 없다. 특별한 경우란 임신하고 있을 때와 발육을 왕성하게 하고 있을 때(강아지 시대)이다. 그렇더라도 아주 적은 양이면 되고, 많이 주는 것 보다 오히려 아무 것도 하지 않은 것이 무난하다.

　또 같이 미네랄류(類)에도 말할 수 있다. 이것 또한 많은 양을 주면 중독을 일으켜서 회복되지 않을 경우가 있다. 이러한 물질은. 그 개개의 성분보다는 서로의 밸런스가 잡히는 것이 중요하다.

4. 개의 악식(惡食)

　당신 집의 개가 시궁창의 물이나, 썩은 고기를 찾아다닌다고 하면　어떻게 하겠읍니까. 그것은 싫다고 하며 팽개칠 수는 없을 것이다. 무언가　올바른

먹이만을 흥미를 갖게끔 해 줄 필요가 있다.

손톱을 무는 사람이나, 벽토(壁土)나 분식(糞食)을 한다고 하는 어린아이와 같이, 개의 악식도 또한 무언가 광물질의 불평형(不平衡)이나 결핍에 의한 것이다. 살기 위해서 할 수 없는 욕구라고 봐야 하겠다.

남몰래 군고구마를 탐내 먹는 부인과 같이, 개도 때로는 이상하게 보통 먹지 않을 것을 즐겨 먹는 일이 있으나, 이러할 때에는 우선 먹는 먹이를 바꾸어 본다든가 비타민이나 미네랄 등을 이것 저것 바꾸어 가면서 시식해 본다.

어느 것이 부족하는가 하면서 사물을 밝히기 전에, 먼저 실제 시험 삼아 반복해 본다. 일주일이나 열흘을 하는 동안에, 어느 것이 맞아들어, 개는 아무 일도 없는 것처럼 평상으로 되돌아 와 있는 것이다.

환경을 바꾸어 성공하는 일도 있다.

5. 분(糞)을 먹는 개

개에 기생충이 있으면 풀이나 분(糞)을 먹게 되므로, 곧 구충(驅虫)을 해야 한다. 그러나 그렇게 하면 이 싫은 나쁜 버릇이 없어지나 하면 그렇게 되지 않는다. 영양소나 비타민의 부족이라고 해서, 비타민 B 체(複合体)나 골분(骨粉), 또는 석회를 주는 사람도 있으나, 이것 또한 해결되기까지의 효과는 없다. 구충(驅虫)이나 비타민의 복용도 때로는 좋은 것 같이 느껴지나, 아무런 효과가 없는 것이 많다.

분(糞)을 할 때는, 자고 일어난 뒤라든가 먹이의 뒤라든가 대체로 정해져 있다. 가장 좋은 것은 곧 소제해 버리는 것이다. 여러 마리를 한곳에 기르고 있으면, 한마리가 시작하면 나머지도 뒤딸아 한다. 결국 개들의 여가 선용

258

의 놀이에 지나지 않는다. 풍부한 먹이와 마음껏 운동, 사람과의 함께 놀이의 시간이 충분히 있으면, 언젠가 모르게 잊어버리게 된다.

3개월 정도의 강아지들이, 서로 성(性) 행위의 흉내를 하면서 놀고 있으나, 이것 또한 개들의 하나의 여가 선용의 놀이이며, 분(糞)이나 풀을 먹는 것과 같다고는 할 수 없으나, 어쨌던 생활의 환경이나 먹이의 변경에 의해서 어쩐가는 모르게 잊어버리는 것이다.

사육하는데 익숙한 사람들은, 개를 꾸짖는다던가 지금 말한바와 같이 여러 가지 연구를 해나가는 동안에 잘 고쳐갈 수 있으나, 처음 개를 기르는 사람은 그렇게 되지 못하고 놀라기만 한다.

6. 풀을 먹는 개

풀이 개의 위(胃)에 들어가면, 유해(有害)한 식물이나 잘못 삼킨 돌이나 나무조각을 토하게 하는 구실을 하게되므로. 얼마든지 먹어도 괜찮다고 보는 사람이 있다. 그러나 그 중에도, 많은 풀을 먹어도 아무것도 토하지 않으며, 맛이 있으니 먹는다는 얼굴 표정을 하는 개도 있다.

또, 먹이 중에는 무엇이 부족한 비타민이나 영양소가 있으므로, 그것을 개 자신이 보급하기 위해서 풀을 먹는다든가, 놀이의 하나로서 풀 등을 집어서 삼키는 것에 지나지 않는다 등의 생각도 있다. 그러나 안타까운 일이나 아직 이것은 해결못하고 있다.

7. 안락사 (安樂死)는 참혹한가

늙을 때까지 원기 왕성하게 지내다가, 불과 이틀이나 사흘의 앓음으로써 쇠약사 (衰弱死)하는 개나, 자고 있을 동안에 죽었다는 행운의 개도 있다. 그러나, 그 중에는, 벌써 살아갈 즐거움을 잃은 늙은 개나 도저히 회복하기 어려운 큰병에 걸린 개도 있다. 주인에게 오랫동안 신세를 진 개로서는, 이 이상 더 번거러운 치료를 받아가면서, 그것도 2주일 3주일이나 연장되어 그 가족에게 정신적, 경제적인 타격을 주면서까지 해서 기쁘다 만족 하다고 생각하고 있는가, 어떤가, 그것까지는 알 수 없으나, 만일 구하기 어려운 개의 생명이, 친절한 마음에서 고통을 하루 빨리 덜어주겠다는 생각에서 하는 것 같으면 또, 참혹한 기분이 없을 것 같으면 당신이 준 죽음을 기쁘게 받아늘일 것이다.

다행히도 근래는, 마취제의 좋은 약이 많이 있으므로, 개들은, 병마 (病魔)의 괴로움에서 피하며, 피한 그대로 기분 좋게 죽음을 택할 수가 있는 것이다. 감히 안락사를 시킬 것인가, 그렇게 해서는 안 될 것인가는 모든 것이 수의사 (獸醫師)의 양식 (良識)에 있다. 병견(病犬)의 진단과 그 주인의 기분의 추이 (推移)를 감정해서 일찌감치 단행 (斷行)해야 한다.

8. 마늘의 구충 (驅虫) 작용

마늘의 냄새에는, 소독력이 조금 포함되어 있다는 것이 증명되어 있다.
그러나, 기생충이 이 냄새 때문에 약해진다던지 죽는다던지 하는 일은 없다.
마늘에는, 비타민의 체내 (体內) 합성에 관계한다는 작용이 알려져 있으며, 그것 때문에 식욕이 있고, 건강하게 된다는 것이다.

9. 궁둥이를 땅에 문지르면서 미끄러져 가는 돛단 주견 (舟犬)

항문이 간지러워서, 지면(地面), 잔디 등의 위에 항문을 접촉시킨 체, 앞발만을 사용해서 기분 좋게 미끄러져 가는 풍경이다.

간지러운 원인에는 여러 가지 있다. 항문선(肛門腺)의 종창(腫脹)과 견조충(犬條虫)의 체절(体節)이 스멀스멀하게 직장(直腸)에서 기어나오는 것 등이 주원인(主原因)이다. 전문의와 빨리 의논하여 그 원인을 제거해야 한다.

10. 물거품을 내뿜는 개

강아지가 입에서 물거품을 내뿜으므로 깜짝 놀라는 일이 있다. 그 중에는 옆으로 자빠져서 심한 경련을 일으키는 것도 있다. 광견병이 아닌가, 지랄병인가 무엇인가 하여 상당히 걱정한다. 그러나 얼마 되지 않아, 그런 걱정을 시키는 것은 전연 모른듯이, 흔적도 없이 회복하여 평상대로 되돌아 온다.

강아지에 있을 수 있는 병으로 회충의 독소에 의한 것이 가장 많다. 또 디스텐퍼어에 걸렸을 때에는 뇌염(脳炎)에도 걸리며, 그 뇌염을 원인(遠因)으로 하여 지랄병 등도 있다. 회충을 원인으로 한 것 같으면 회충의 구제(駆除)가 쉽게 해결되나, 뇌염성일 때는 약간 어렵게 된다.

그외 선천적인 지랄병도 있으나, 어떤 특별한 계통에 한한 유전성의 일이 많다. 또, 갑작스러운 추위, 열사병(熱射病), 독물(毒物), 파상풍(破傷風)에도 일어나며, 많은 강아지에 젖을 먹이고 있는 어미개에게도 일어나는 수가 있다.

물거품을 내품고 있을 순간은, 의식이 전연 없으며, 발작이 차차 심하고 빈번하게 되며, 앞으로의 희망이 나쁘다고 봐야 하겠다.

261

생후 8, 9개월의 교배는 피한다

11. 개는 안산(安產)의 수호신(守護神)인가

개는 순산한다고 안심하여 대실패한 예(例)가 잘 있다. 개는 순산한다고
만 생각해서는 안 된다. 대형견(大型犬)이나 소형견(小型犬)에는 오히려 난
산(難產)의 경향이 심하다. 중형견의 경우는, 작게 낳아서 크게 자라게 되
므로 이러한 점에서 보면, 대체적 안산적(安產的)인 요소가 있으나, 그래도
지나치게 다산(多產)하면, 뒤의 분만 때는 진통력(鎭痛力)이 약해지며, 모
견(母犬)의 기력이 쇠약해지기도 하여 난산(難產)하게 된다.

12. 개의 번식율은 높은가 어떤가

암개의 임신율은 3 년이 최고이며, 그 뒤는 나이가 먹음에 따라 저하하며,
그 위에 발정 주기도 6 개월에서 7 개월, 8 개월으로 연장해 간다. 또 출산
에 있어서는 4 년에서 5 년을 경계로 하여 차차 시간이 길어진다. 즉 진통력
이 약해져 간다. 임신 회수도 줄어든다.

강아지의 사망은, 기형(畸形), 모견의 무관심, 추위와 더위, 회충의 기생,
선천적인 발육의 불량 등이 주된 원인이나, 출산 직후와 이유기(離乳期)의
사망율이 높다. 포유중(哺乳中)의 사망은 사고 이외는 비교적 적다고 봐도
좋다.

이와같은 강아지의 사망도, 연령이 많아짐에 따라 많아지며, 3 살 전후의
암개의 경우가 가장 적다. 계절의 영향은 그다지 없으나, 늦가을(晩秋)에서
겨울에 걸쳐서의 한냉기(寒冷期)가 비교적 많고, 더위는 새끼 기르는 데는
그다지 장해가 안 되는 것 같다.

개는 새끼를 잘 낳는다고 하나, 실제 발정이 있어서 교배가 행해져도 임신

율로서는 60% 이하이며, 태어난 강아지가 생후 2개월까지 생존될 수 있는 율은 그의 60~70%, 거기서 디스텐퍼어에 의한 손상이 50% 이상에 달한다.

13. 교배 시간은 오래 갈수록 좋은가?

이번의 교배는 15분이 걸렸으므로, 많은 강아지가 생길 것이라고 하며, 기쁘게 생각하는 사람이 많다.

교배 시간이 긴 것은, 숫놈의 구두부(龜頭部)의 둥근 것이 암놈의 음술(陰戶)에 꺼안기어 놓지 않기 때문이며, 개에 따라서 이 시간에 제법 많은 차이가 있다. 어떤 특정한 시간이 경과해서 구두(龜頭)의 울혈(鬱血)이 가시지 않으면 빠지지 않는다는 구조로 되어 있다.

진정(眞正)의 사정(射精)은 교배의 초기에 실현되나, 그럼에도 불구하고 오랜 교배 자세를 계속하고 있는 것은, 자궁각(子宮角)에서 난관(卵管)까지의 정자(精子) 수송을 실현시키기 위해서, 자궁 경부(頸部)의 펌프 모양의 흡인력(吸引力)이나 자궁 힘살의 구물거린(蠕動 : 연동) 운동 등을 도우기 위해서, 빨리 난자(卵子)의 가까운 언저리(近緣)까지 정자를 보내주기 위한 작업의 한 도움으로서의, 오랜 시간의 자세를 유지한다는 뜻을 가지고 있다.

교배 시간이 길수록, 보다 확실하게 정자를 보내주는 데 도움이 되는 것은 사실이나, 수태(受胎)의 증진(增進)의 주된 조건은 아니다.

그럼 수태를 위해서 가장 중요한 조건은 무엇인가 하면, 배란(排卵 ; 난소에서 성숙한 난자가 튀어 나오는 일)해서 난자(卵子)가 수란관(輸卵管)속에 들어갈 그 때에, 벌써 많은 정자가 그 장소에 대기해 있어야 한다는 것이다. 배란했는데 그 장소에 또 정자가 있지 않을 경우는 난자의 생존 기간은 불과

263

몇시간도 되지 않은 짧은 시간이므로, 수태가 성립되지 않는다는 일은 있을 수 있다. 그러한 뜻에서, 될 수 있으면 빨리, 정자의 한 무리를 보내 주어야 할 필요가 있다.

14. 잡종과 교배한 순수 암개의 경우

분만이 행해지면, 그 분만의 원인이었던 숫놈의 모든 영향을 없애버려야 한다. 어떠한 잡견의 강아지를 낳아도, 그 암개의 다음의 분만은, 그 발정기에 교배한 숫놈만의 영향을 받는다. 순수종끼리의 교배 같으면 당연 순수종 이외의 강아지가 태어날 수가 없다. 단 그 발정기에, 그 한마리의 순수종 이외의 숫놈과 교배하면, 태어난 강아지에 대해서는 혈통을 보증받지 못하게 된다. 또 순수종이라고도 해도, 그 혈통에 거짓이 있어서는, 이것 또한 이상한 새끼를 낳게 된다.

15. 인공 수정(授精)은 가능한가

벌써 실용화하고 있다. 사람의 손 또는 전류를 사용해서 자극을 주어 정액 (精液)을 채집하여, 이것을 묽게 하여 자궁내의 주입한다. 물론 세심한 소독과 무균적(無菌的)인 손재주(手技)가 필요하다. 사정은 여러번 행하나, 처음 사정한 곳에 정자가 포함되어 있으며, 뒤의 것은 전립선액(前立腺液) 뿐이다.

16. 임신수(姙娠數)나 자웅(雌雄)의 구별은 할 수 있는가

분만하는 1주일 전이 되면, 몇마리 정도 임신하고 있는가 확실히 알게 된

다. 그 이전에는 몇마리인가 확실이 알기는 어렵다. 대강의 짐작은 할 수는 있을 정도이다.

  자웅(암컷·수컷)의 구별을 알 방법은 없다. 발정의 전기에 교배하는가, 후기에 하는가, 평상시의 먹이의 가감(加減)이라든가, 자웅의 영양상의 차이 등은 어느 것이나, 태어난 새끼의 자웅의 비율에는 영향을 갖고 있지 않는다. 단 암놈을 많이 낳는다든가, 숫놈을 많이 낳는다 등의 경향이 있기는 하다.

17. 임신의 감정 방법

  배의 털이 앞쪽으로 누워 있다는 것은 임신이라고 한다. 식욕의 왕성, 때때로 있는 구토(입 덧이라고 하는설), 체중의 증가, 유방의 부풀음, 짜면 젖이 나오는 것 등이며, 이것은 임신이라고 하며 좋아한다. 그러나, 그것만으로 근거로 해서는 부족하다.

  라고 하는 것은, 임신하지 않아도, 그와같은 징조가 항상 있기 때문이다. 보통, 만일에 임신이 성립되지 않으면 20일이나 4 주일이란 간격으로 발정이 되풀이 되는 것이나 개에게는 이런 일이 없다. 한번 시기를 놓치면 반년 이상이나 기다리지 않으면 안 된다. 그 이유는, 임신하지 않아도, 임신한 것과 같은 상태의 난소(卵巢)나 자궁을 갖고 있기 때문이다. 즉 개는 임신하지 않아도, 유방이 부풀어 오르고 젖이 나오기도 한다. 이러한 일은 임신의 증명에는 되지 않는다는 이유이다.

18. 핥으면 상처에 좋은가 ?

개의 타액(唾液)은 상처를 고치는 성분이 있으므로, 약간의 상처 같으면 그냥 핥도록 해주는 것이 좋다고 한다. 그 상처가, 피부의 조금이라는 정도 같으면, 특히 이것을 말릴 필요도 없을 것이다. 그러나 큰 상처 같으면 그렇게는 되지 않는다.

혀는 먹이를 먹고, 여러 가지를 핥는 것이므로, 청결이라고는 있을 수 없는 것은 확실하며, 또 타액 중에는 특히 상처에 좋다는 성분은 증명되어 있지 않다. 중대한 상처는, 단단히 붕대를 하여서 핥지 않도록 보호해야 한다

19. 강아지 키우는 데는 어미젖만이 좋은가?

대체로 어미젖은 좋다고는 한다. 그러나 어미개의 젖이라도 항상 가장 이상적이라고 맹신(盲信)해서는 안 된다.

최근의 인공 포유(哺乳) 방법은 대개 완전에 가까운 것이므로, 주는 방법

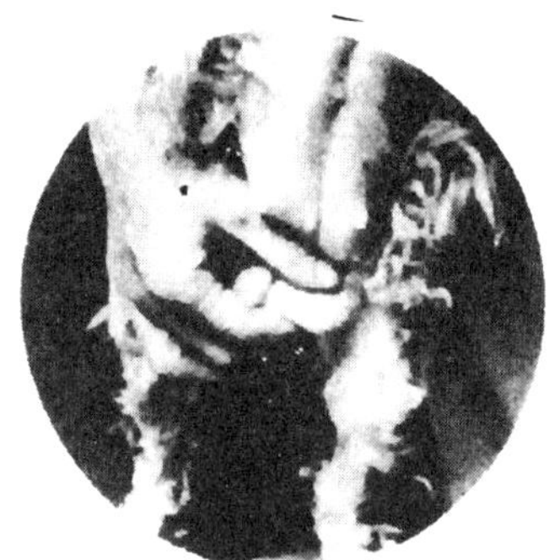

어미젖을 수눌러 부드럽게 한다

강아지와 어미개

젖을 먹고 있는 강아지

만 좋으면 어미젖보다 훨씬 좋다. 특히 어미개가 편식(偏食) 버릇이 있던지 영양이 좋지 못할 경우, 그러한 어미젖은 완전하다고는 할 수 없을 것이다.

어미젖은, 강아지들이 젖꼭지에서 빨아 들인다는 자극의 다소(多少)에 의해서 젖의 양이 증감(增減) 된다. 갓 태어난 강아지는 그다지 많이 빨지 못하므로 거기에 맞는 유량(乳量)만 분비(分秘)하며, 자라남에 따라 유량이 불어간다. 강아지의 수(數)에는 관계가 없다. 낳았으니까 젖이 많이 나는 것이 아니고 빤다는 자극의 다소에 의해 증감된다.

어미개는 그 새끼의 수를 외운다고 하는데 이것 역시 우스운 이야기다. 하나나 둘의 증감(增減)이 있어도 아무렇지도 않은 것이 보통이다.

그러나, 어미개 중에는 이상(異常)도 있다. 새끼를 낳을 당시부터 지나치게 젖이 많이 나는 것이나, 반대로 비유(秘乳)가 극히 적은 것도 있다. 너무 많이 나는 것은 인공적으로 짜서 젖의 양을 줄어 주지 않으면 젖의 팽창으로 견디지 못할 때가 있다. 또 반대로 젖이 적을 때는 강아지를 키우는데 곤란을 느끼므로 인공 포유(哺乳)나 유모개를 찾치 않으면 안 된다.

① 유모개를 하고자 생각하는 개의
오줌을 강아지에게 칠한다.

② 강아지를 유모개의 유방에 갖다 대고 유모개가
이상한 거동을 하지 않은가 감시한다

유모개에게 갖다 대는 방법

임신한 개의 취급은
신중하게

비타민제와 칼슘제

개의 繁殖
번 식

창조(創造)란 것은 평범하고 용렬(庸劣)한 사람에게 허용되는 것은 아니다. 그런데 순수견종의 번식에서는 의외로 쉽게 수행 (遂行)할 수가 있다. 보다 더 좋은 것의 창작과 만족감을 맛볼 수 있다.

□ 왜 잡견의 번식을 싫어하는가 ?

잡견(雜犬)끼리의 교배로서는, 어떠한 악질(惡質)이 숨어 있는지 예상을 하지 못한다. 때로는 도저히 손을 쓸 수 없는 성질의 것이 태어나기도 한다. 하나도 정해진 유전질(遺傳質)을 갖고 있지 않는다. 따라서 이것을 번식해도 사람들이 희망하는 성격이나 형태를 갖지 못한다. 잡견이 좋다고 추장 (推獎)하는 사람도 있다. 사람들의 손쉬움과 부주의의 소산(所産)이므로, 그 사람 나름의 일방적인 주장을 반박할 수도 없으나, 가냘픈 자기 변호에 지나지 않는다.

└ 순수종의 번식은 반드시 좋은 것을 기대할 수 있는가?

그렇지도 않다. 그러나 혈통서를 잘 읽음으로서 대강의 짐작을 할 수 있는 것이다. 태어난 새끼 강아지는 냉정한 도태를 필요로 한다. 도태를 계속한 결과, 오늘날에 볼 수 있는 호화스러운 견종이 작출되어 왔으며, 앞으로도 이러한 일은 계속해야 한다. 실제에는 오늘날에 세련된 견종에 있어서는 그렇게 자주 도태가 필요한 것도 아니다.

많은 여유가 있는 사람이 아닌 이상, 진기(珍奇)한 견종의 번식에는 착수할 수가 없다. 곧, 새로운 혈액을 구하는 곤란을 겪게 된다. 의논할 상대는 적다. 중도에 포기하게 된다.

계통 번식은 계속해야 한다

□ 수컷과 암컷의 다름

번식자는, 그 견종의 표준 즉 특징을 잘 알고, 또한 자기의 생각을, 여기에 가미(加味)해서 이상적(理想的)인 상(像)을 그린다. 지금 집에 있는 이 종류의 암컷에 대해서는, 그 혈통, 체형(体型), 성질 등을 감정해서, 어떤 씨(種)의 수컷을 선정하면 좋은가 예상이 된다. 즉 씨(種) 암컷의 소유자에게는, 어떠한 씨(種)의 수컷이라도 선택이 된다. 그리고 이상적(理想的)인 것을 창조할 수 있다는 자유와 즐거움이 있다.

수컷 쪽은 약간 사정이 다르다. 수컷은 그 상대가 되는 암컷을, 자유로이 선택된다는 기회는 거의 없다. 그것이 얼마나 좋은 유전적 소질을 가지고 있다손치더라도, 교배에 의해서 반드시 이상(理想)에 가까운 것이 기대된다고는 할 수 없다. 이 점 수컷은 오히려 암컷에서 공격을 받는 쪽에 있는 것이 된다.

수컷은 유전적 소질의 제공자에 지나지 않은데 비해, 암컷은 태어난 새끼 강아지에게 자신의 유전 소질을 그대로 주어, 그 위에 일정한 기간 기르며,

강아지에게 주는 영향도 제법 깊고 넓다.

혈통서에 의해서, 그 암컷이 가진 우성인자 (優性因子)와 열성인자 (劣性因子)를 읽을 수 있다. 이것을 재료로 하여, 먼저 수컷으로 같은 우성인자의 것을 주서, 그 중에서 암컷의 열성인자와 일치하지 않은 열성인자를 가진 수컷과, 좁히는 선정을 한다.

이계 (異系) 번식은 전연 새로운, 대단히 귀중한 개를 만들 수 있다

[주] 여기에서 우성 (優性)이라, 열성 (劣性)이라 하는 것은, 사람이 봐서 호감이 간다든가 뛰어났다든가 하는 것이 아니다. 유전력이 강한 것과 약한 것이라는 뜻이며, 그 유전력이 그 견종의 표준에 호감이 가는 것과 반드시 그렇지 않을 경우가 있는 것이다. 그 중에 호감이 가는 쪽의 유전이 강하게 표현되는 것이 바람직하다. 그 견종에 호감이 가는 열성도 있는 것이므로, 그와같은 열성의 유전을, 어떻게 표현하는가가, 교배상의 어려움이며, 즐거움이기도하다.

개체 (個体)로서 극히 좋다고 보증할 수 있는씨 (種)의 수컷도, 태어난 새끼가 나쁘다는 평판이 있기도 하다. 그 교배 상대의 암컷과 합치하지 않했을 경우, 즉, 호감이 가지 않은 유전형질 (遺傳形質)을 갖고 있어서, 그것이 열성인자로 표현되었다고 봐야 하겠다. 태어난 새끼가 나쁠 경우의 하나의 생각이다. 쇼오 (견전)에 있어서 좋은 성적을 얻었다는 것은, 당연, 번식적인 가치가 있다는 것을 나타내는 것이나, 유전학적으로 그 개와 소질이 적합 (適合)하는 것 만이라고 하는 조건이 붙었다는 것을 잊어서는 안 된다.

□ 교잡번식 (交雜繁殖)

암·수의 혈통서에 공통적인 조상이 없는 끼리의 번식을 말하며, 근친 번식 (近親繁殖) 그 외의 결과에 호감이 가지 않은 점을 수정할 때만, 상세하게 검토한 결과, 전문가가 행하는 방법으로 좋은 점도 있으나, 중대한 결함도 나오게 되므로, 섣불리 손을 대지 못한다. 보통 사람은 해서는 안 된다.

☐ 근친번식 (近親繁殖)

부모와 자식, 형매(兄妹), 이부모(異父母) 형매간의 교배로, 혈연이 가까운 끼리의 번식을 말한다. 장점(長點)에 집중하기 쉬으므로 좋은 새끼가 생기는 가능성이 강하나, 동시에 결점의 집중도 있을 수 있다. 허약한 새끼나, 열등 새끼가 생겼을 때는 즉시 도태하는 결심만 있으면, 안전한 방법이며, 양친이 함께 건강하고, 또한 우수하며, 공통적인 장점이 있는 것 같으면 조금도 주저할 필요가 없다.

☐ 계통번식 (系統繁殖)

생질간(甥姪間), 숙부와 숙모와 같이 그다지 가까운 인연(因緣)이 아닌 교배로, 번식 방법으로서는 가장 틀리는 일이 적으므로 보통, 가장 많이 사용되고 있다. 경험이 적은 사람은 특히 이 방법으로 하는 것을 권장하고 싶다.

各繁殖法의　目的과　特色

繁殖法	目　的	特　色
交種繁殖法	新犬種의 創造	新犬種의 創造·固定은 數十年의 持續的인 努力이 必要 途中에서 中止하면, 雜種犬을 亂造하는 것으로 끝난다.
近親繁殖法	美點의 強化·固定	美點을 強化·固定하는 反面, 缺點을 強化·固定하기 때문에 짜임의 適否 綿密한 檢討가 必要
系統繁殖法	短點의 固定을 避하고, 長點을 強化·固定	같은 系統의 개끼리의 交配 長点의 強化는 着實하며, 短点의 固定은 避하기 쉽다. 타이프나 質의 均一化 他系統의 美点을 받아들이기는 不可能
異系繁殖法	2 系統의 美点을 받아들이는 新系統創造	新系統作出의 可能性이 있는 反面, 失敗하면 不完全한 개가 되기 쉽다.

근친(近親) 번식은
장점과 단점이 고정된다

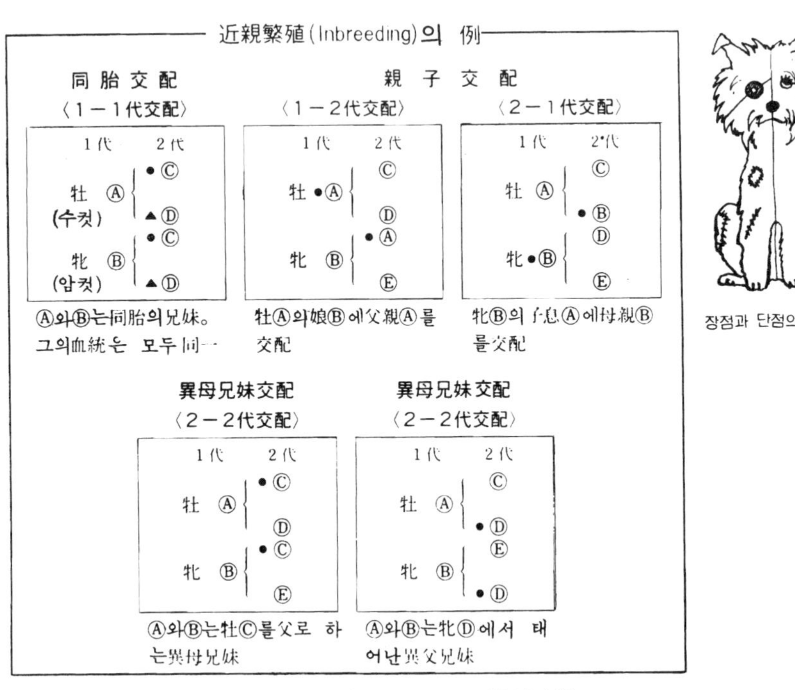

장점과 단점의 파악

개의 年齡区分과 그 時期의 特徵

幼犬				成犬	
初生仔	幼犬前期	幼犬中期	幼犬後期	未成犬	成犬
出生　　3개월	6개월	9개월	1年	1年6개월	
水生免疫의予防注射의接種	体長·体高比가完成時 밸런스에 가깝게 된다 / 이(齒)가 빠지고 바뀜 / 展覧会「幼犬C組」에出場 / 불균형의 体型을 나타냄	展覧会「幼犬B組」에出場	牡犬은交配可能하다 / 牝犬은最初의発情 / 展覧会「幼犬A組」에出場	개의優秀度는거의確定 / 展覧会「未成犬組」에出場	完全한成犬이 된다 / 展覧会「成犬組」에出場

 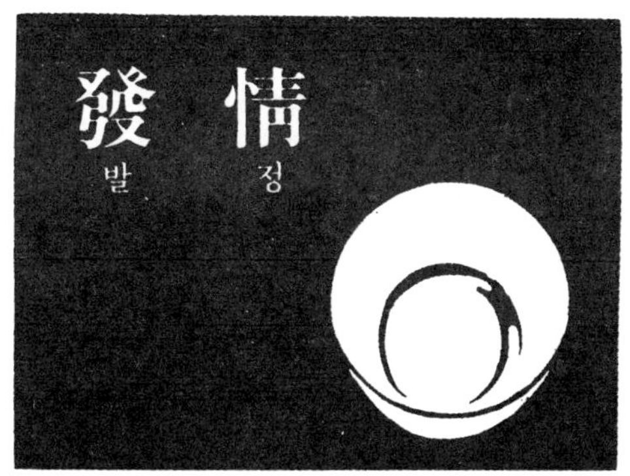

일년에 한번이나 두번만이 찾아오는 개들의 짧은 청춘,
그 실정을 잘 이해하여 그네들의 보다 좋은 발전을
축원하자.

□ 괴로움의 청춘인가

그렇다. 틀림없이 괴로움인지 모른다. 잡견당(雜犬黨)에는 하등의 의미가
없는, 임신하고 출산하면 그 처분에 고통을 앓는 것은 아는 사실이나, 교배
가 절대로 실현(實現)되지 않은 엄중한 관리(管理)의 괴로움이 있다.

보다 좋은 견종으로 향상시킬 수 있다고 하는 희망과, 꿈의 실현(實現)을
목전(目前)에 두는 순수종 사육주에 있어서는, 그럼 어떤 종웅(種雄)을 선
정해 줄까, 그 상대의 혈통을 조사해서 그 태어난 새끼의 특징과 결점을 주
서서, 나의 개의 혈통과는 어떤가, 이렇지도 않고 저렇지도 않다고 할 때에는
선정에 괴로움이 온다.

□ 발정 (發情)의 시기

견종에 의해 다소의 차이가 있다. 보통 건강한 경우는 생후 8개월부터 1
년 사이에 첫번째의 발정이 온다. 암컷만의 일이며, 수컷은, 이 암컷의 발
정에 자극되어 흥분하는 것 뿐이며, 암컷의 끝남과 함께, 당연히 수컷도 끝
나게 되는 것이다.

개의 청춘 기간은 이 발정기뿐이며, 1년에 한번이나 두번, 그것도 일주일
이나 열흘 계속하는 것으로 끝이다. 4살을 넘으면, 발정(發情)도 다음의 발
정의 간격이 차차 길어지며, 6살 이후는 더욱더 드물게 되며, 있어도 임신

의 실현은 불가능이란 경우가 대부분이며, 언제까지나 다산(多産)이란 것은
예외인 것이다. 짧은 기간이기는 하나, 이 기간에 그 종족의 번영을 수행하
고 있는 것이므로, 임신하는 율은 매우 높다. 그렇지 않으면 종족의 발전은
꿈속이야기에 지나지 않을 것이다.

小·中·大型犬의 繁殖開始의 年齡

種類\年齡(月)	(1年) 0 1 2 3 4 5 6 7 8 9 10 11 12	(2年) 1 2 3 4 5 6 7 8 9 10 11 12 1 2 ………
小型犬		
中型犬		
大型犬		

□ 첫번째의 발정 (發情)은,

이것을 빠뜨리라고 하는 설(説)과, 골격이 부드러울 때 어쨌던 첫번째의
분만을 경험시키라고 하는 설(説)이 있다. 대형종이건 소형종이건 첫번째는
빠뜨리는 것이 좋다. 임신, 분만에는 아직 준비 완전이라고는 할 수 없기 때
문이다. 결과적으로는, 분만의 총수(總數)에서 볼 때나, 생긴 강아지의 건
강상으로 볼 때나, 첫번째는 빠뜨리는 것이 성적이 좋겠다.

□ 발정 (發情) 이야기

사철을 통하여 임신과 불임(不姙)에 관계없이, 언제든지 수컷을 받아들이
는 것은 사람뿐인 것 같다. 다른 동물에 있어서는 분명히 임신이 가능한 시기
가 아니면, 수컷을 받아들이지 않는다. 따라서 동물에서는, 발정기 즉 수컷
허용기(許容期)라고도 한다. 어디까지나 그 주도성(主導性)은 암컷에만 있
고, 수컷은 단순히 맹종(盲從)되어 가는 것에 지나지 않는다.

발정은, 결코 제멋대로 마음 먹은 대로 되는 것이 아니다. 그 동물에는 덫
개월이란 임신기가 있으며, 태어난 강아지가 대체로 독립할 수 있는 것은 몇
개월 몇년 걸린다는 계획이나 예측이 기초가 된다. 이 기초를 기본으로 하여
태어났을 뿐인, 환경에 저항하는 힘이 약한 새끼가 자라가는데 있어서 가장
형편이 좋은 시기, 그 시기부터 환산해서 발정기가 성립되는 것이다.

이를테면 양(羊) 발정은 늦가을(晩秋)에서 첫겨울에 걸쳐서 있으나, 그
이유는 임기(姙期)가 5개월. 태어난 새끼양이 부드럽고 어린 풀을 먹을 수

274

있는 늦봄에서 첫여름에 걸쳐서의 출산이 예상된다는 것을 알아 차릴 수 있을 것이다. 이 양을 오오스트레일리아나 남아프리카 즉 남반구에 갖고 간다. 여름과 겨울이 반대인 남반구에서는 갑자기 발정을 북반구의 봄에 할 것이다.

말 11개월, 소 9개월 반이란 임신기는 역시, 초여름의 어린풀이 나는 무렵의 출산을 위해서, 발정은 각각 전년의 한여름(盛夏)에 일제히 일어난다. 육식동물도 예외(例外)는 있을 수 없다. 야생(野生)의 이리나 여우 따위는, 해마다 한번 한겨울에 발정이 있으며, 임신기 약 2개월로서, 따뜻한 4월경에 출산한다.

이 시기가 되면, 그네들의 항상 먹는 들토끼나 다람쥐나 들쥐들이 활발히 움직이기 시작하므로 먹이의 포획(捕獲)이 편리하다. 육아(育兒)에 필요한 젖을 내기 위해서의 재료가 입수하기 곤란해서는 안 되기 때문이다. 그 위에 또 하나는 추위에 약한 새끼 짐승들에게는 따뜻한 봄이 절호(絶好)의 기후이며, 해(害)가 있는 곤충 따위도, 또 그 발생에는 시기가 빠르다는 것을 알 수 있다.

만일에 이러한 야생의 이리나 여우 등을, 동물원에 갖고 와서 사람의 비호하(庇護下)에 양육한다고 하면 어떠한 성(性)생활을 하게 될까. 야생 시대 그대로를 계속할 것인가.

언제나 안전하게 먹을 수 있고, 살 수 있으며, 추위 더위도 견디기에 알맞게 되는 환경이 되면, 멀지 않아 1년에 두번이란 발정을 한다. 지금 우리들이 가정에 있어서 경험하고 있는 개들의 그것과 같은 발정을 하게 될 것은 틀림없다.

단 개와의 차이(差異)는, 과연 한겨울의 출산은 피하고 있다는 것이다.

□ 개 발정의 가지가지

과연 개는, 오랫동안 사람의 비호(庇護)에 의한 생활때문에, 야생 짐승에서 볼 수 있는 것과 같은, 계절적인 영향을 받지 않는다. 한겨울에도 한여름에도, 먹이의 입수(入手)나 기후의 부적(不適) 등을 도외시(度外視)한 출산을 하게끔 발정을, 빈번하게 발현(發現)한다. 그러나 역시, 봄의 출산은 무엇이라 해도 가장 많은 것은 틀림없는 사실이다.

견종에 의해서 발정 즉 성(性)의 성숙기에 다소의 차이가 있다. 대체로 대형종이나 비대종(肥大種)에서는 늦게 되는 경향이 있다. 또 비대를 존중하는 견종의 발정의 표현은 불규칙하며 또한 둔한 것이 보통이나, 그것은 아마 인위적(人爲的)으로 그와같은 체격으로 개량한 결과 호르몬적으로 어느 정도의 비뚤어진 것이 나온 것이므로, 꽤 많은 주의를 해서 교배의 적기를 잘못하지 않도록 할 필요가 있다. 진기(珍奇)한 소형종에도 같은 말을 할 수 있다.

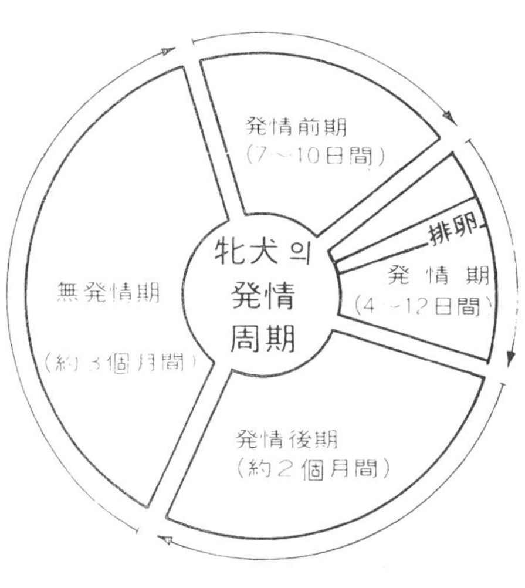

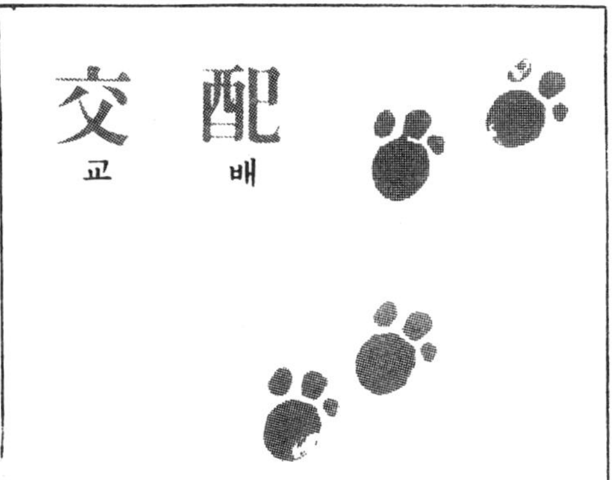

□ 교배 (交配)　적기 (適期)의 선정 (選定)

개의 하나하나에 따라 다르다, 같지는 않다. 대체의 표준으로서는, 처음의 국부 (局部) 출혈 (出血)부터 헤아려서 12~16일의 사이라고 한다. 이것으로 좋으나 그렇지 않을 경우도 상당히 있으므로, 그런 계산을 해둘 필요가 있다. 1~4일 정도 빨라서 좋을 때도 있고, 3일이나 1주일이나 늦는 것이 좋을 때도 있다. 또 하나는 출혈 (出血)하기 시작한 날을 잘못 보는 일도 당히 있다고 봐야 하겠다. 하루나 이틀 지나서 비로소 깨달았으며, 그 때문에 가장　좋은 날을 무심히 2,3일 전에 보냈다는 일도 있다.

□ 무엇이 결정적인 수는

결국은 암놈이 숫놈을 받아들인다는 기간, 숫놈 허용기 (許容期) 라고　할 수 밖에 없는, 다른 좋은 표현이 없으나 이것도 가까운 데에 숫놈이 있으면 간단하게 알 수 있으나, 그렇지 않으면 경험이 적은 사람들에게는 약간 무리하다. 따라서, 만일 숫놈을 마음대로 쓸 수 있으면, 허용 (許容) 기간 중, 하루걸러 몇번이라도 사용하는 것은 나쁘지 않으나, 그와같은 일은 억지로 되기란 어렵다. 기껏 두번, 보통 한번으로 끝마치지 않으면 안 되므로 임신이 확실이 되는 날을 선택하는데 고심 (苦心)하는 것이다.

사람의 눈에, 이 때라고 생각한 날을 교배시키고자 해도, 암놈의　받아들이는 태도에는 아무런 걱정이 없으나, 숫놈이 상대를 하지 않을 **때가 있다.**
여기에 숙련된 숫놈은, 무언가 신비적인, 임신 가능한 날을 알고 있는 것
같은 인상을 받는다. 이와같은 숫놈은   극히 드물기는 하지만.

허용기(許容期)가 되면, 암놈은 이 때까지 숫놈을 옆에도 오지 못하게 하
던 태도를 갑자기 바꾸어, 꼬리를 뿌리 쪽에서 옆으로 돌려 국부를 노출시켜
숫놈의 앞에 갖고 가는 행위를 열심히 한다.   이 때쯤은 벌써 출혈은
전연 없으나, 있어도 극히 적으며, 그져 부풀어진 국부가 되어, 그 항문(肛
門)과의 경계 근처를 손가락으로 약간 누르면, 국부를 열심히 떨게 한다. 처
음 출혈한 날에는 관계없이 판단할 수 있다.

□ 적기(適期)의 검토(檢討)

임신 실현을 위해서는 말할 것 없이, 숫놈의 정자가 암놈의 난자 속에 침

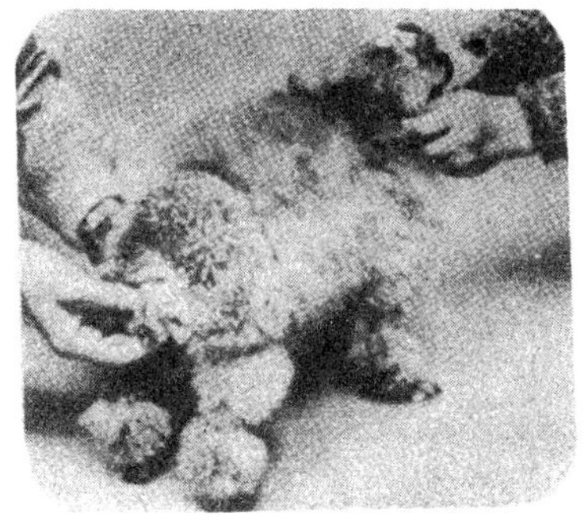

입한다는 조건이 필요하다. 그러나 정자쪽
은, 암놈의 생식기내에 들어가면, 상당한
기간 생존할 수가 있다. 그 때의 상태에 의
해서 그 생존 기간에도 장단(長短)이 있으
나, 보통 이틀 정도 같으면, 또, 난자에 돌
입해서 임신의 실현이 가능한 상태로 있다.

그런데 암놈쪽의 난자는 그렇게 수
명이 길지 않다. 숫놈 허용기란, 이 난

교배 때 암놈의 몸을 고정시킨다

▷ 교배 때 암놈이 숫놈에 달려들어 무는 것은 아래와 같이 한다

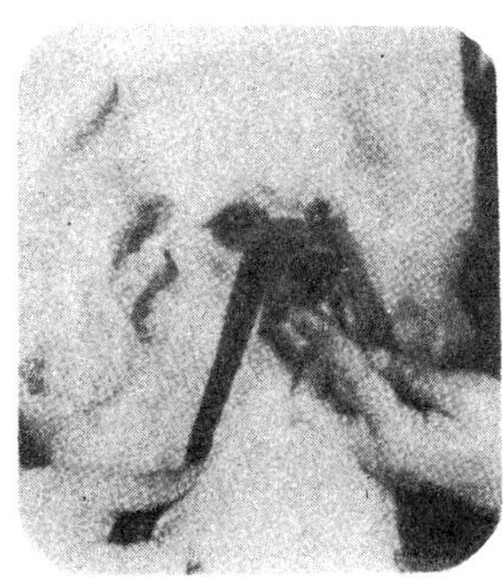

❶ 콧등에 줄을 걸친다

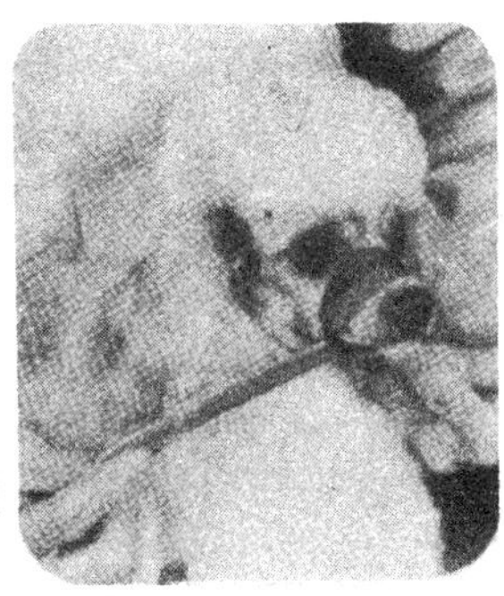

❷ 줄을 한번 묶은다

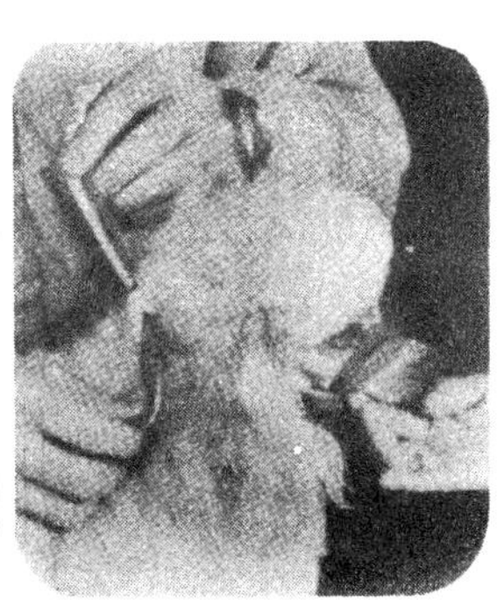

❸ 머리부분 뒤에서 맨다

자를 난소내(卵巢內)에서 난관내(卵管內)에 보내는 기간, 즉 배란기(排卵期)을 말하며, 나온 난자는 길어도 10시간도 못되는 수명이므로, 실제에 있어서 정자는, 난자가 튀어나왔을 때는, 수정(受精)의 장소인 난관내(卵管內)에 대기하고 있어야 한다.

거기서 확실한 임신이 되면, 언제쯤 이 배란 현상이 일어나는가를 해결할 수만 있다면 유익한 교배가 되는 것이다. 그러나 배란은, 그다지 확실한 규칙이 없는 것 같다. 그겨 숫놈 허용기가 6일이며, 6일 계속한다고 하면, 그 후반의 기일에 비교적 많다고 할 수 있다. 그러므로 익숙하게 교배를 시키는 사람은, 조금만 더 있으면 발정이 끝난다고 하는 이틀이나 삼일 전에 교배를 실시해서, 좋은 성적을 올리고 있다고 한다.

排 卵 期 와 交 配 日 의 결 정

日数		1回 만의 交配의 경우	2 回 交 配 의 경 우	
			①	②
1 2 : 9 10 11 12 13 14 15 16 : 31	出血開始日 (출혈 개시일) 排卵期＝交配適期 (배란기＝교배적기)	交 配 (교배)	첫번째의 교배 두번째의 교배	첫번째의 교배 두번째의 교배

□ 교배의 신청(申請)

전에 발정이 언제 있었으니까, 다음의 발정은 대체로 언제쯤 있다는 것을 짐작할 수가 있다. 암놈측은, 혈통의 형태부터 조사해서 어떤 숫놈과 교배 시키면 되겠다는 것을 알고 있다. 그러면 그 일을, 즉 언제쯤 당신의 개와 교배시켜 주십시오. 하며, 연락을 해놓는다. 출혈이 보이거든 즉시, 며칠 경에 잘 부탁합니다, 하고 제차 확인해 둘 필요가 있다.

씨를 삼을 숫놈의 관리는 약간 귀찮다 왜냐하면, 언제라도 최상의 컨디션을 갖게 하여, 교배 때에는 **확실하게 수태 (受胎)** 시킬 수 있을 정도의 체력을 양성해 둘 필요가 있기 때문이다. 어떻게 기운이 있는 수컷이라도 일주에 두번 이상의 교배를 계속하고 있으면 수명이 짧아지는 것은 확실한 일이다. 더구나 발정은, 대개 같은 시기에 일어나게 되므로, 신청과 그 수락은, **확**실하게 해둘 필요가 있다.

보통 교배는 오직 한번으로 끝나는 것이다. 좋은 시기를 선택하면 이것으로 충분한 것이다. 배란이 가장 많은 시기에 이틀이나 사흘 생존해서 대기해 주는 건강한 정자 같으면, 이것으로 **충분하다.** 그러나 정자의 생존기란 것은 암놈측에도 책임이 있다. 난관의 **상태가,** 특히 정자가 싫어하는 염증 (炎症) 등이 없는 상태로 있지 않으면 곤란하다.

☐ **교배료** (交配料) **란**

단 한번의 교배를 위해서의 숫놈의 **체력 소모료** (消耗料) 이다. 숫놈을 보관하고 있는 사람은, 그 요금에 의해서 숫놈을 건강하게 보전할 수가 있으며, 또한, 다음 대 (代)의 숫놈을 사들이는 준비를 하게 되는 것이다. 잘 있는 일이나 한번의 교배로서 불임 (不妊)일 것 같으면 다음은 무료란 습관이 있다. 이런 경우, 임신시키는 일을 확실하게 하는 숫놈 같으면, 불임 (不妊)의 책임은 암놈에게 있는 것이므로, 반드시 응락 (應諾)할 필요는 없다.

또 새끼가르기라고 해서, 생긴 새끼를 몇마리 교배료로서 지불하는 방법도 있다. 어떤 방법을 하던지간에, 처음에 잘 납득이 가는 결정을 해두지 않으면, 이것 저것, 분쟁 (紛爭)의 원인이 된다.

이를테면, 강아지가 한마리밖에 생기지 않을 경우, 그 한마리는 숫놈측인가, 암놈측인가, 어느측에 속해야 되는가 등의 문제가 있다.

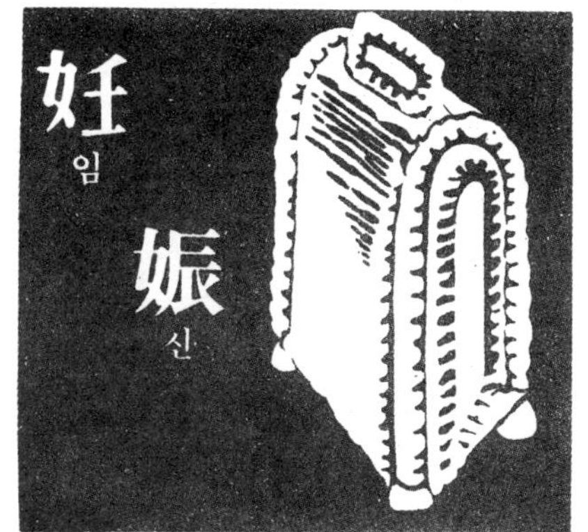

대망(待望)의 교배에 성공하였다. 그 뒤는 분만(分娩)을 기다릴 뿐, 그러나 이 기간은 보통 때와 같이 지내도 되는가?

□ 임신의 징조

고심(苦心)의 교배를 한 것이니까, 그 결과를 하루라도 빨리 알고 싶은 심정은, 당연한 일이다. 무리도 아니다.

갑자기 식욕이 왕성해 진다든가, 이상한 먹이를 찾아 다닌다든가, 토기(吐氣)가 있다든가 하며, 임신을 아는 재료에 따르나, 그다지 신용이 있는 조건이 아니다. 왜냐하면, 당분간은 모르는 것이 연한 일이기 때문이다. 따라서 아무리해도 2개월 정도면 분만이 있나 없나를 확실히 알 수 있으므로, 무리하게 배를 눌러보던지 하여 유산(流産)시켜 버렸다는 실패를 하지 말아야 하겠다.

□ 왜 확실히 하지 못할까

사람을 포함해서 보통의 동물은 임신이 있으면, 임신을 계속하는 농안은 불필요한 호르몬을 왕성하게 오줌 등으로 배출한다. 이 오줌의 성분을 검사하여 그 호르몬을 증명하면 이를테면 어떠한 조기(早期)라도 진단을 내릴 수 있다. 그러나 개는 임신하지 않은 개까 지도, 임신한 경우와 같은 모양으로 이 필요없고 방해가 되는 호르몬을 배출한다. 이래서는 임신, 불임의 구별이 할 수 없다는 것이다. 개에 흔히 있는 위임신(僞妊娠)이라든가 상상(想像)임신은, 이 불임의 개의 호르몬 작용이 약간 과잉(過剩)하게 발현(發

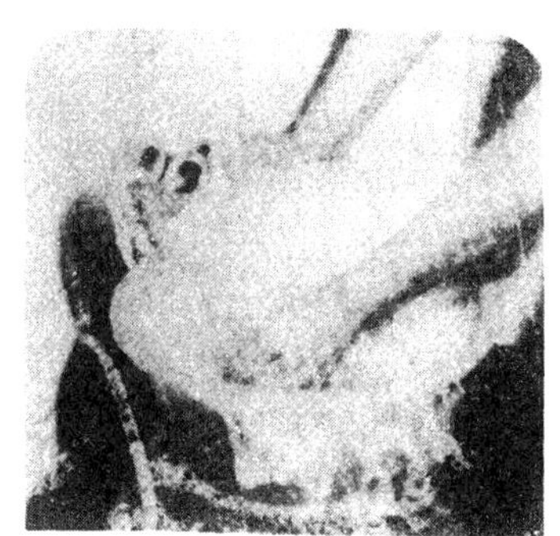

배를 눌르지 말 것   온몸을 목욕시키지 말 것

現)되기 때문에 일어나는 현상이며, 가끔 속아 넘어가는 수가 있다.

□ 그 호르몬은

임신의 지속에 필요한 것은 황체 (黃体)호르몬이다. 임신이 아니면, 이 호르몬을 내는 황체는, 일찌감치 없어지는 것이 보통이나 개는 임신을 하지 않아도, 이 황체로 임신한 때와 거의 같은 기간 남아 있어서, 왕성하게 황체 호르몬의 분비를 계속한다. 이 호로몬이 항상 활동하고 있으면 발정호르몬을 오줌 속에 배출한다. 발정호르몬이 있어서는 임신이 방해되며 유산을 일으키기 때문이다. 보통의 임신 진단은, 그 발정호르몬을 증명하고 행하는 것이나, 개는 불임 (不姙) 일 때에는 이 호르몬을 배출하므로 진별 (診別) 불능 (不能)이 된다.

□ 언제쯤 되면 알겠는가 ?

임신 기간은 평균 63일이며, 그 중기 이후, 즉 교배해서부터 1개월 정도 지나면 얼마쯤 분명해 진다. 그러나 확실히 안다는 것은 아니다. 특히 처음 임신이라든가, 한마리라든가 두마리의 임신으로서는 어렵다고 봐야 하겠다.

유방이 부풀어오르는 것으로 알 수 있는 것도 있다. 그러나 불임 (不姙)의 개라도 황체 (黃体)가 남아 있으므로, 이 호르몬에 의해서 유방은 부풀어 온다. 역시 알쏭달쏭하여 결정할 수가 없다.

어느 정도의 마리 수, 네마리라든가 다섯마리의 태자 (胎子)가 있으면, 교배후 6주일 경에, 복부라 해도, 가슴에 가까운 부분이 부풀어 오므로 대체로 알 수 있다. 이것이 식별할 수 있는 가장 안전한 방법이며, 그것도 약간 익숙하지 않으면 확실하지 않는다. 분하지만, 아무리 해도 이 이전의 일은 무리이며, 확실치 않다.

위임신(僞姙娠)이라도 이 정도의 부풀음이 있을 수가 있으며, 여기에 대해서도, 점점 모르게 된다. 따로 분만한 경험이 있는 개 같으면, 임신할 수 있다는 것을 재료로 해서 약간 결정적인 말을 할 수 있다. 교배후 7주일 정도가 되면, 확실한 진단을 내릴 수 있는 단계가 된다.

오직 하나, 뇌파계(腦波計)을 이용할 것 같으면, 극히 초기에 몇마리 있다는 것까지 진단할 수 있다.

□ 임신중의 관리

운동을 시키는 것이나, 먹이를 주는 것 등, 평상시와 특별히 바꿀 필요는 없다. 많은 운동을 시켜서 충분히 먹도록 한다. 단 태자(胎子)의 건강을 위해서, 영양이 좋은, 비타민이나 미네랄의 밸런스가 잡힌 먹이가 필요하다.

안산(安産)을 위해서는, 먹이를 충분히 주지 않고 영양가가 적은 것을 준다든가 절대로 운동을 시키지 않는다든가, 전연 과학적 근거가 없는 방법을 취하는 사람이 있는데, 이것은 모두 잘못이다. 만일 친지(親知)에 이와같은 사람이 있으면 충고를 해야 하겠다. 또 영양을 불량하게 하면 태자의 생장이 늦어지고, 따라서 소형견을 보다 소형화할 수 있다고 믿고 있는 사람이 있으나, 이것 또한, 바람직한 일이 못된다.

어미개를 어떻게 영양 불량으로 하고자 해도, 본능적으로, 어미의 육체를 깎아서라도 태자의 건전한 발육을 할 수 있도록 구성되어 있는 것이 어미개이다. 또 임신중에, 어미의 영양이 떨어진다고 하면, 분만후의 유즙(乳汁) 분비에도 많은 영향이 오므로, 어쨌던 어미개에는, 완전한 영양식을 주어야 한다. 임신에 의해서 식욕이 왕성해 지는 일이 있다. 그러나 그것은 분만이 앞으로 15일이 나 아 올 때의 현상이다.

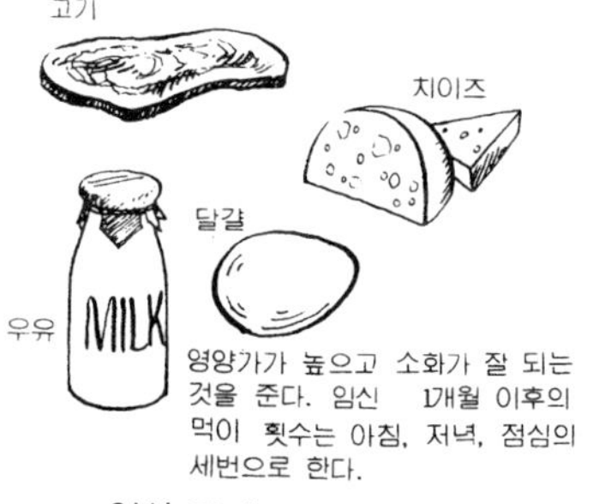

영양가가 높고 소화가 잘 되는 것을 준다. 임신 1개월 이후의 먹이 횟수는 아침, 저녁, 점심의 세번으로 한다.

임신 중의 어미개의 먹이

55일 지나면 의사에게 연락한다

283

□ 임신의 중절(中絶) 기타

이러한 일은 좀처럼 없으나, 부주의로 인해서 원치 않는 숫놈에 의한 수태(受胎)가 되었다고 하자. 이것은 빨리 중절시키면 좋다. 중절하는 방법은, 임신해 있는 자궁이 임신을 계속하는데 방해가 되는 호르몬, 즉 발정호르몬을, 될 수 있으면 임신의 초기에 주사를 하면, 충분히 또한 간단하게 목적을 달할 수 있다.

보통의 상태로 관리하고 있는 이상, 유산 등은 좀체로 없다. 1 년에 한번이나 두번의 임신 기회를 잡았는 것이니까, 사소한 일로서 유산되는 것과 같은 그러한 구조는, 개의 경우 되어 있지 않다.

전에 사용한 씨앗 숫놈의 영향이, 다음의 다른 씨앗숫놈에 의한 새끼들에 어떤 영향이 있는가 잘 문제가 되나, 과학적으로는, 전연 있을 수 없는 현상이다. 새끼를 낳는데 좋지 못한 숫놈은 주저할 것 없이 도태해야 한다.

분만이 다가 온다

정상적(正常的)인 생리 현상이라고 곧잘 사람들은 말하나, 모처럼 여기까지 겨우 도착한 것이다. 어떻게 안전하게 안심이란 상태로, 이 빛나는 좋은 날을 지나고 싶다.

□ 산상 (産箱)

낯익은 것을 이용한다. 미리 준비해 두면 더할 나위 없으나, 지금까지의 견사(犬舍)라도, 새끼강아지도 떨어지지 않은 장치만 있으면 그것으로 충분하다. 베니어판세가 많다. 비닐판제의 아름다운 색깔이 들은 것도 시판(市販) 되고 있다. 약간 값은 비싸지만.

개의 어깻죽지에서 엉덩이까지의 길이가 나비(폭)의 칫수로, 그 한배 반이 길이, 개의 머리(섰을 때)가 높이라고 하는 설계가 일반적이다.

강아지가 나오지 못할 정도의 높은 곳에, 어미개의 출입구를 만든다. 출입의 한기(寒氣)를 생각해서 커어튼을 장치한다. 헝겊으로 발처럼 친 막(暖簾)의 구조가 딱 들어 맞을 것이다. 체중이 무거운 견종은, 강아지가 밟혀

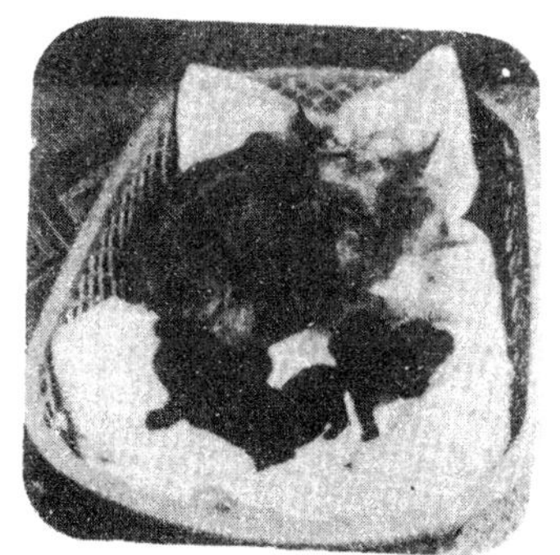

애완견의 육자상 (育仔箱) 안의 어미개와 새끼강아지

시판(市販)의 실내(室內) 하우스

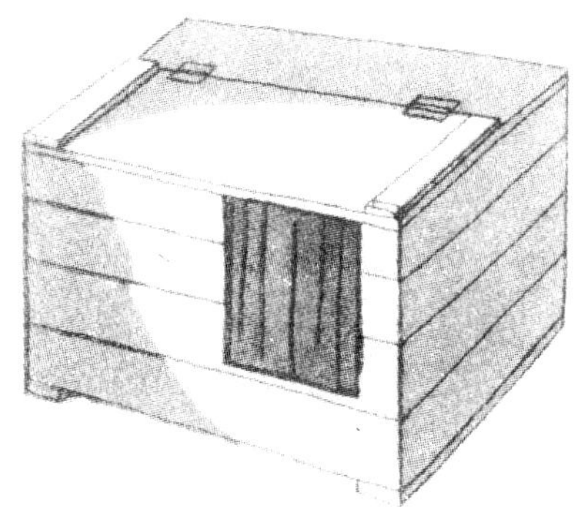

산상겸포유육자상 (産箱兼哺乳育子箱)
⑴ 강아지가 바깥으로 나가지 못할 정
　도의 출입구
⑵ 출입구에는, 커어튼을 들이어, 한풍
　(寒風)이 직접 불어옴을 피한다.
⑶ 출산의 도와줌은, 위의 반뚜껑을
　열어서 한다.
⑷ 생후 2주일 정도는, 어두운 곳에
　둔다.

죽지 않도록, 산상(産箱) 둘레 벽에 어미개의 팔꿈치 높이의 선반을 만들어
붙인다. 만일 어미개의 체중이 위로부터 넘치면, 그 선반 밑에 임시 피난히
면 된다. 강아지의 압사(壓死)란 사고는, 중량급의 견종에 많다.

　여름에는, 강아지의 시원함을 생각하지 않아도 된다. 단, 지나친 습기가
많으면 좋지 않으나, 이 때는 뚜껑을 연다든가 상자의 밑을 쇠그물로 하여
공기의 유통을 꾀해 주면 이상적이다. 강아지의 상자 속의 온도는 30～32도
정도가 좋다는 것을 잊지 말도록 해야 한다.

　단, 이 온도로서는, 어미개가 견디지 못한다. 따라서 어미개와의 함께 생
활이며, 동시에 강아지가 원활하게 생장하는 것 같으면, 특히 보온 등에 정
신을 쓸 필요가 없다는 것이 보통이다. 이 온도는, 약한 강아지, 그것도 태
어나서부터 열흘 정도까지의 이상(理想) 온도이다. 그 시기의 강아지는 자
체의 체온을 주위의 기온의 상하에 가감할 수 있는 정도의 조절 능력이 없으
므로, 거기에 따른 위험을 피하기 위해서이다.

　춥게 되면, 사람은, 피부에 좁쌀 같은 것(鳥肌)이 돋아 나와 자체의 열의
방산(放散)을 방지한다. 또는 살갗의 색이 나빠진다. 즉 몸의 표면에 있는
혈관을 수축시켜서 체온의 방산(放散)을 막는다 이와같은 자기방위상의
자동 장치(체온 조절 중추 : 体温調節中樞)의 작용이 갓태어난 강아지에게
는 결함이 있기 때문이다. 차가워지면 차가워지는대로, 그대로 동사(凍死)
하는 수가 많다. 개는 결코 추위가 좋다는 동물이 아니다.

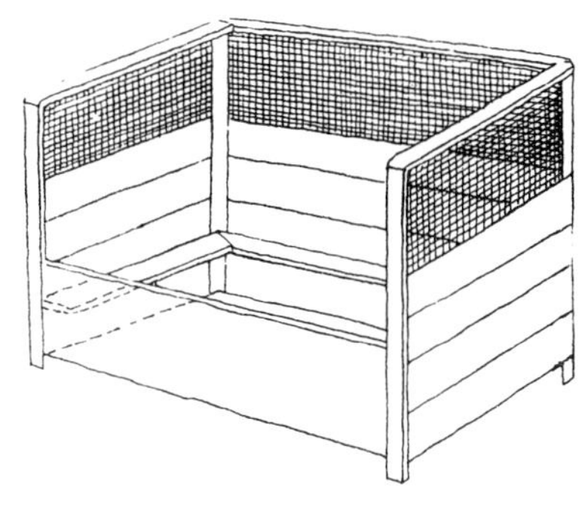

포유용상(哺乳用箱)

(1) 둘레벽에 선반이 있어, 어미개가 새끼 강아지 위에 덮쳐도, 강아지는 선반 밑에 피할 수 있으므로, 압사(壓死)를 면할 수 있다.

(2) 강아지는 바깥으로 나가지 못하게, 앞면에 간막이 있으며 어미개도 가두고자 할 때는, 그 간막이 위에 송판을 끼어 넣는 구조이다.

□ 갓난 새끼강아지를 씻어 주는 더운 물 (산탕 ; 産湯)

갓 태어난 새끼강아지에는, 더운 물을 사용하는 것이, 빠르게 몸이 마르므로 좋다. 사람이 목욕할 수 있는 정도의 온탕(溫湯)이 좋고, 조금 뜨거울 정도로 해 두고, 사용할 때마다 물을 넣어 가감(加減)한다.

태내(胎內)에의 태자(胎子)의 생활은 액체 생활이며, 한결같이 어미개 부터의 영양분 보급에 의지하고 있었으므로, 신체의 표면에는 지방의 진한 점액(粘液)이 착 달라붙어 있다. 코나 입에도 막혀 있다. 출산 때는 산성(産聲;태어날 때 우는 소리)를 내는데, 이것은 처음으로 공기가 허파에 들어가기 위한, 허파와 기관내(氣管內)의 방해된 액체를 배출시키기 위한 자연의 작용이므로, 어떻게 하더라도 강아지가, 빨리 산성(産聲)을 내도록 조치를 취해야 한다. 산탕(産湯)을 사용할 때에는, 머리부터 전부 담가도 좋다. 가아제로 닦는 것만으로 대체로 점액을 떨어지니까, 곧 마른 수건, 탈지면 등을 바꾸어가면서, 콧구멍을 맨먼저 닦는다. 물론, 눈 귀는 엄중하게 닫혀 있으며, 발가락도 하나하나가 나누키지 않고 있는 상태로 10수일에서 2주일을 지낸다.

산탕(産湯)을 사용하지 말아야 하는가 어떤가에 대해서는, 자연에 맡긴다는 생각이 있으나 그렇지는 않다. 개는 벌써 사람손에 익숙한 동물이므로, 어미개의 부담을 생각해서, 역시 사용해야 한다는 것이다. 이것은 후산(後産;胎盤)을 어미개에 먹도록 하는가 어떤가의 문제와 같은 것이며, 과학적으로 분명하게 하고 싶다.

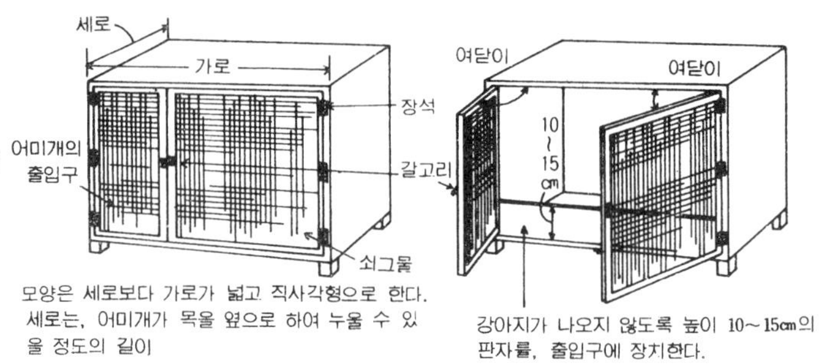

모양은 세로보다 가로가 넓고 직사각형으로 한다.
세로는, 어미개가 목을 옆으로 하여 누울 수 있
을 정도의 길이

강아지가 나오지 않도록 높이 10~15cm의
판자를, 출입구에 장치한다.

실내용 하우스를 이용한 육자상의 만들기

□ 건포(乾布) 기타의 소모품, 약품

건조하고 청결한 베조각, 보통의 세면용수건의 크기의 것 10수매 전후 신문지, 탈지면, 신생자(新生子)를 일시적으로 수용해서 두는 보오드 상자나 나무상자, 크기는 개의 크고 작음에 따라 다르나, 한 타 넣는 맥주 나무상자 크기로서 뚜껑이 되는 것, 빈병의 위스키 병, 핀셋, 옥도정기와 같은 준비가 있으면 보통의 출산에는 충분하다.

□ 보통의 정확한 방법

자연에 출산이 있다. 어미개는 태어난 태자(胎子)의 신체를 전부 자기가 핥아서 건조시킨다. 배꼽띠(臍帶)는 어미개의 이로 끊는다. 많은 출혈이 있다. 그러나 걱정을 할 필요가 없다. 얼마 되지 않아 건조되며, 어미개도 소제한다. 후산(後産) 즉 태반(胎盤)은 전부 어미개가 먹어 버린다. 주위에는 오로지 출혈 때문에 빨간색이 있을 뿐이며, 힘찬 강아지만 남게 된다. 강아지는 재빠르게 유방을 찾아 헤맨다.

어미개는 진통(陣痛)이 온다. 어미개는 차례차례로 같은 방법으로 처분해 간다. 10분이라든가 15분 간격으로 때로는 연속으로 출산이 계속된다.

새끼 강아지들은 어느 것이나, 어미개의 고통 등은 모르는 체 유방에 늘어

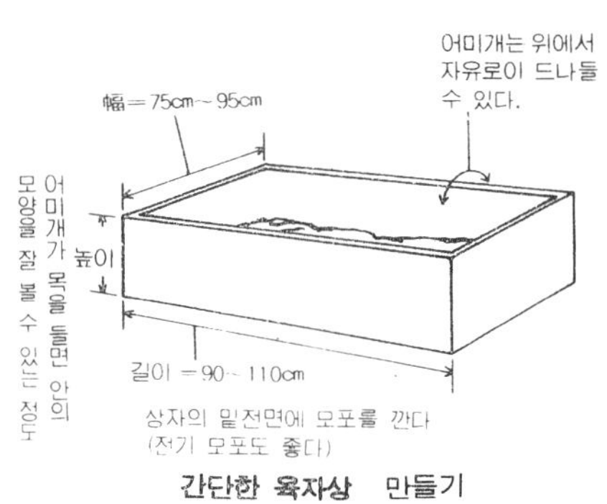

간단한 육자상 만들기

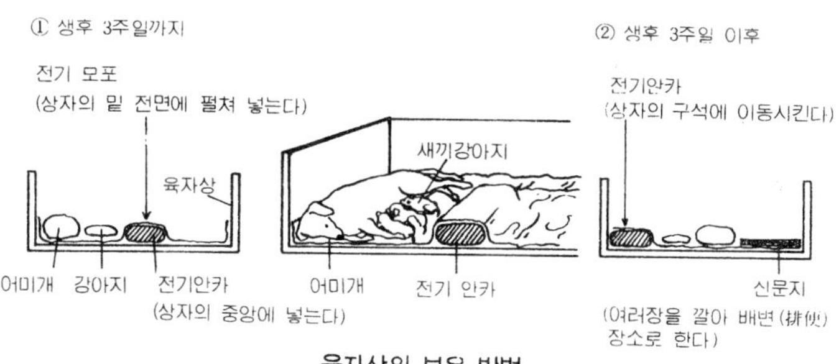

육자상의 보온 방법

진다. 어미개에서 떨어지려고 하는 새끼강아지는, 입으로 물어 몸가까이 갖다 놓는다. 자지도 않고 보살핀다. 만족하게 나의 새끼를 보면서 지킨다. 배설을 호소할 여가조차 없다.

□ 수의사 (獸醫師)에의 연락

언제 어떤 곤란이 닥쳐 올지 추측할 수가 없다. 언제나 신세 지는 수의사에는, 벌써 전부터, 오늘 있음을 연락제 (連絡濟)이며, 전화로 연락만 하면, 어디에 있어도 곧 달려올 수 있는 수속이 되어 있다. 구급용의 의약품이나 기구 기계는 실수없이 만단 준비로 해서 간추려 두었을 것이다. 될 수 있으면 선생님의 신세를 지지 않고 끝마치면 좋겠다. 전부 마친 뒤의, 확인을 위해 자궁 청소용의 지혈(止血) 호르몬과 베니실린 조치만을 부탁하면 되도록 한다.

□ 그 외의 설비나 준비

산상 (産箱)의 준비는 염려없다. 더러워져도 곧 바꿀 수 있는 베조각이나 오물(汚物) 처리용의 신문지도 충분하다. 끓은 물을 넣어서 따뜻하게 하는 기구 (湯湯婆)와 세면기의 준비도 완료하였다. 배꼽띠 (臍帶)의 절단은, 손톱으로 한다고 하고, 입속의 진득진득을 닦기 위한 핀셋과 탈지면도 준비되어 있다. 새끼강아지를 일시 (一時) 수용할 수 있는 작은 상자는, 안에 끓는 물을 넣어서 따뜻하게 하는 기구를 넣을 정도의 여유가 있으며, 따뜻함을 보존하기 위해 둘레를 감아서 포장하는 베조각도 있다. 상자 뚜껑에는 구멍이 있어서, 뚜껑을 닫고 있어도, 안에 공기는 충분히 유통 (流通)되게끔 되어 있다. 뒤는 순조로운 순산만 기다릴 뿐이다.

289

빠뜨리는 일이 없는가
注意에 注意를
주 의 주 의

□ 일어나기 쉬운 돌발 사고

처음의 진통이 일어난다. 극히 약하고 잠간의 것이며, 자칫하면 빠뜨릴 정도의 것이나, 점점 강하게 되고, 모견(母犬)은 불안하게 상자안을 잡아당기기 시작한다. 진통은 더욱더 심하며, 시간도 점점 짧아졌으며, 7, 8회나 그렇듯한 기색이 보였으나 태어나지 않는다. 또는 새끼강아지는 벌써 산도(産道)에서 입끝이 보이고 있다. 그럼에도 불구하고, 진통의 반복이 있어도 조금도 진전되지 않는다. 그러는 동안에 어미개의 진통이 약해져 간다. 이래서는 절대로 만족한 출산을 바라기 힘든다. 무엇보다도 진통이 약해서는 곤란하다. 대지급, 수의사(獸醫師)에 연락하여 응급 조치를 할 필요가 있다.

이런 경우, 진통 촉진 호르몬을 사용해서 약해진 진통을 강하게 하는 방법을 먼저 실시하며, 이어서 조금이라도 모습을 보이고 있는 강아지를, 어떻게 능숙하게 잡아 당겨서 인공 산출(産出)을 시켜주는 방법이 있을 뿐이다.

어미개의 복부를 압박 하는 위치

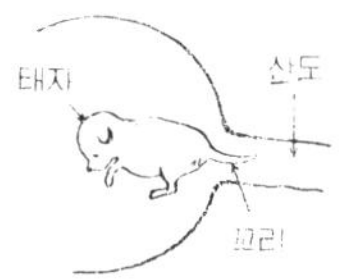

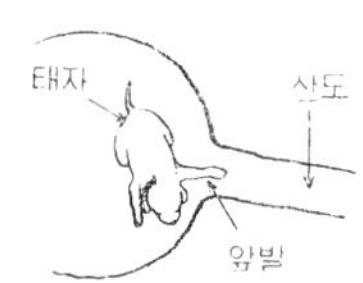

역자(逆仔)의 상태

◉ 난산(難産)의 최종적인 구급법

진통이 있어서, 그래도 결국 출산되지 않았을 때, 복부(腹部)를 절개(切開)해서 태자(胎子)를 꺼내지 않으면 안 된다. 이와같이 되는 데는, 모체(母体)의 진통이 약하다. 태자가 지나치게 크게 자라서 산도(産道)의 통과가 되지 않는다. 태어날 때부터 어미개의 산도가 좁다는 등 주요한 이유가 있다.

진통이 약해지는 것은 다산계(多産系)의 종류에 곧잘 있다. 10마리 11마리째가 되면 어미개는 약해져 오기 때문이다. 이와같은 징조가 보이면, 길게 시간이 걸리지 않도록 하며, 그렇게 하기 위해서는, 처음부터 진통촉진제를 사용해서 재빠르게 처리하면 이런 걱정은 없다. 첫번째의 강아지가 나왔으니까 뒤의 것은 염려없다고 해서는 안 된다.

한번 절개(切開) 출산(帝王切開라고도 한다.)을 하면 습관이 된다고 해서, 잘 하지 않은 습관이 있으나, 그런 일은 없으므로, 할 수 있는 일 같으면 해야 한다. 시기를 놓치지 말고 곧 해야 한다.

제왕 절개에는, 될 수 있는대로 전신 마취를 피해서 한다. 이런 경우의 마취는 꽤 어렵다. 제왕절개란 이름은, 실로 2중 절개 즉 복벽(腹壁)과 자궁벽(子宮壁)의 두 벽을 절개하는 수술이란 것이다.

복부를 압박할 때는
진통에 맞추어

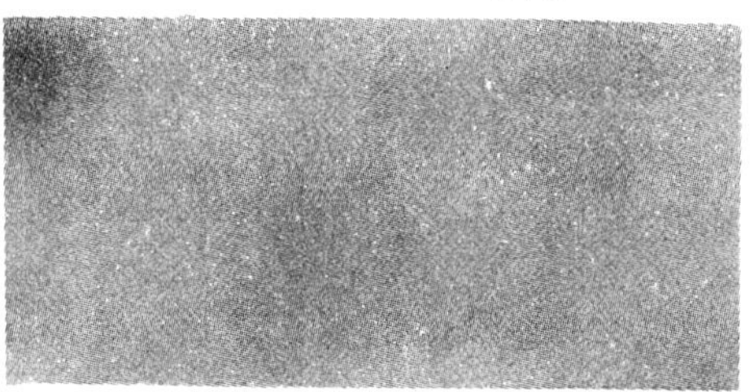

강아지를 선택할 때는

出 産 予 定 早 見 表

交配日	1月 1 2 3 4 5 6 7 8 9 10 11 12 13 14 15 16 17 18 19 20 21 22 23 24 25 26 27　　28 29 30 31
出産日	3月 5 6 7 8 9 10 11 12 13 14 15 16 17 18 19 20 21 22 23 24 25 26 27 28 29 30 31　　4月 1 2 3 4
交配日	2月 1 2 3 4 5 6 7 8 9 10 11 12 13 14 15 16 17 18 19 20 21 22 23 24 25 26　　27 28 (29)
出産日	4月 5 6 7 8 9 10 11 12 13 14 15 16 17 18 19 20 21 22 23 24 25 26 27 28 29 30　　5月 1 2 (3)
交配日	3月 1 2 3 4 5 6 7 8 9 10 11 12 13 14 15 16 17 18 19 20 21 22 23 24 25 26 27 28 29　　30 31
出産日	5月 3 4 5 6 7 8 9 10 11 12 13 14 15 16 17 18 19 20 21 22 23 24 25 26 27 28 29 30 31 6月 1 2
交配日	4月 1 2 3 4 5 6 7 8 9 10 11 12 13 14 15 16 17 18 19 20 21 22 23 24 25 26 27 28　　29 30
出産日	6月 3 4 5 6 7 8 9 10 11 12 13 14 15 16 17 18 19 20 21 22 23 24 25 26 27 28 29 30　　7月 1 2
交配日	5月 1 2 3 4 5 6 7 8 9 10 11 12 13 14 15 16 17 18 19 20 21 22 23 24 25 26-27 28 29　　30 31
出産日	7月 3 4 5 6 7 8 9 10 11 12 13 14 15 16 17 18 19 20 21 22 23 24 25 26 27 28 29 30 31 8月 1 2
交配日	6月 1 2 3 4 5 6 7 8 9 10 11 12 13 14 15 16 17 18 19 20 21 22 23 24 25 26 27 28 29　　30
出産日	8月 3 4 5 6 7 8 9 10 11 12 13 14 15 16 17 18 19 20 21 22 23 24 25 26 27 28 29 30 31 9月 1
交配日	7月 1 2 3 4 5 6 7 8 9 10 11 12 13 14 15 16 17 18 19 20 21 22 23 24 25 26 27 28 29　　30 31
出産日	9月 2 3 4 5 6 7 8 9 10 11 12 13 14 15 16 17 18 19 20 21 22 23 24 25 26 27 28 29 30 10月 1 2
交配日	8月 1 2 3 4 5 6 7 8 9 10 11 12 13 14 15 16 17 18 19 20 21 22 23 24 25 26 27 28 29　　30 31
出産日	10月 3 4 5 6 7 8 9 10 11 12 13 14 15 16 17 18 19 20 21 22 23 24 25 26 27 28 29 30 31 11月 1 2
交配日	9月 1 2 3 4 5 6 7 8 9 10 11 12 13 14 15 16 17 18 19 20 21 22 23 24 25 26 27 28　　29 30
出産日	11月 3 4 5 6 7 8 9 10 11 12 13 14 15 16 17 18 19 20 21 22 23 24 25 26 27 28 29 30　　12月 1 2
交配日	10月 1 2 3 4 5 6 7 8 9 10 11 12 13 14 15 16 17 18 19 20 21 22 23 24 25 26 27 28 29　　30 31
出産日	12月 3 4 5 6 7 8 9 10 11 12 13 14 15 16 17 18 19 20 21 22 23 24 25 26 27 28 29 30 31 1月 1 2
交配日	11月 1 2 3 4 5 6 7 8 9 10 11 12 13 14 15 16 17 18 19 20 21 22 23 24 25 26 27 28 29　　30
出産日	1月 3 4 5 6 7 8 9 10 11 12 13 14 15 16 17 18 19 20 21 22 23 24 25 26 27 28 29 30 31 2月 1
交配日	12月 1 2 3 4 5 6 7 8 9 10 11 12 13 14 15 16 17 18 19 20 21 22 23 24 25 26 27 (28)　　28 29 30 31
出産日	2月 2 3 4 5 6 7 8 9 10 11 12 13 14 15 16 17 18 19 20 21 22 23 24 25 26 27 28 (29)　　3月 1 2 3 4

〔주〕 임신 기간을 63일로 해서 작성,

출산 예정일을 사이에 두고, 전후 3 일간 정도를 출산　예정 기간으로 생각할 것

292

 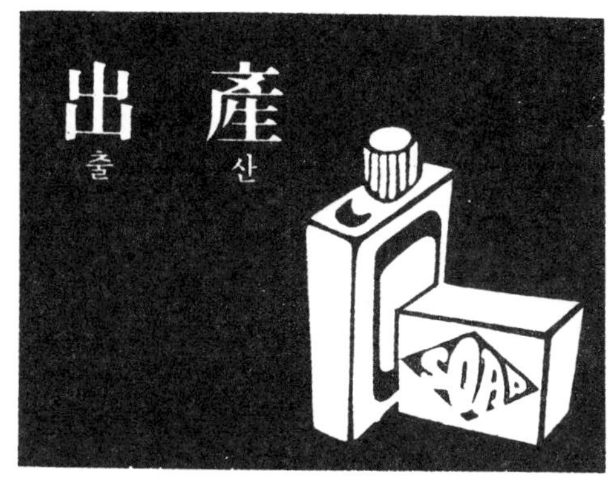

빛나는 탄생이다., 어쨌던 건강하고 씩씩하면 말할 필요도 없다. 어미개의 만족도 더할 나위 없이 기쁜 모양이다.

□ 출산의 예정일

첫번째 교배일을 기준으로 하여. 바로 63일째가 정규의 예정일이 된다. 그 전후 하루의 어긋나는 정도는 하는 수 없다. 그 이상의 어긋남은 절대로 없다. 빠른 것은 하는 수 없다고 하고, 늦은 것은 약간 서두르는 것이 안전하다. 63일을 이틀이나 삼일 지나도 어떤 기색이 보이지 않을 경우, 전문 수의사의 진단을 받을 필요가 있다.

출산에는, 어떠한 돌발 사고가 일어날는지 모른다. 견족 (犬族)은 안산 (安産)·의 신 (神)이라고는 절대로 없는 것이므로, 우리집 개는 어느 날이 예정일이니까 연락하면 곧 오시도록 수의사에게 부탁을 해 둔다.

□ 유산 (流産)

어떻게 간호를 해 봐도 구할 수 없는 태자의 출산은 유산이라고 한다. 어미개가 전염병에 걸렸다든가, 식중독이 되었다든가 하는 것이 주된 원인이다. 만일 유산을 면했다고 하더라도, 그와같은 자극을 받은 강아지의 대다수는, 허약한 강아지나, 기형 (奇形) 강아지로 되는 수가 많다. 초기 유산의 대다수는, 사람 눈에 띄지 않고 처리되는 수가 많이 있다. 특히 교배후 3주간 이내의 경우에는, 태자의 모양도 거의 되어 있지 않으며, 또 자궁내에 흡수되어버리는 일도 많고, 임신은 했는데 아무것도 태어나지 않는다는 불임 (不姙)의 느낌을 주는 일도 있다.

□ 조산 (早産)

치료만 충분하면 어떻게 구할 수 있다고 한다. 예정일보다 7일 전까지의 출산은 조산이라고 한다. 털이 생겼는 모양이 조잡하다는 등이 주된 징후(徵候)이며, 물론 발육도 불충분하고, 유방에의 흡착 (吸着)도 시원찮다. 어지간히 주의하지 않으면 죽게 되나, 가장 중요한 것은 보온 (保溫)이다. 여름에도, 강아지 수용 상자의 온도는 32도 전후 정도가 바람직하다. 그렇지 않으면 살아나기가 힘들 것이다. 포유 (哺乳)도 필요하나, 보다 더한 배설이 중요하다. 만일 모견(母犬)의 젖이 나오는 것이 나쁘던지, 강아지에의 관심이 적을 경우는 일찌감치 단념하는 것이 좋다.

허약한 강아지를 기르는 방법

□ 지 산 (遲産)

예정일을 지나도 산기 (産氣)가 없는 최대의 원인은 태자 (胎子)의 죽음이다. 그러나 대형종이나 어떤 특정 (特定)의 개체 (個体)는 태연하게 4, 5일의 지산 (遲産)을 하는 수가 있다. 뭐라고 해도 위험이 따르게 되므로, 대체로, 무엇이 원인인가를 진단을 해 봐야 한다. 정상인 예정일에 진통이 와도, 태자 (胎子)가 지나치게 크면 출산이 어려워지며, 시간이 지남에 따라 어미개의 생명이 피로 때문에 위태롭게 된다. 기형자 (奇形子)의 경우도 같은 이유로 지산 (遲産)이 된다. 어쨌던 예정일이 가까워지면, 언제든지 주의해서 지켜봐야 한다.

□ 전 증 (前徵

많은 경우, 먹이를 먹지 않게 된다. 운동을 시키려고 해도 따르지 않는다. 침착하지 **못하고**, **찔끔찔끔** 자주 오줌을 눈다. 산실(産室)에 드나듬이 빈번해 진다. 열심히 이불이나 모포를 잡아 당긴다. 애써 만든 침상(寢床)을 형편없이 만든다. 때때로 위를 쳐다보고 목덜미를 버티며 심각한 눈초리를 한다. 가볍게 신음한다. 불안한 신음이다. 왜 이렇게 배가 아픈가 하며, 이상하게 견디지 못한 태도를 보인다. 이 신음과 불안은, 20분에 한 번, 10분에 한번으로 그 간격이 짧게 되며, 통증도 점차 심하게 된다. 배를 쓰다듬어 주면, 시원한 얼굴 모양을 한다. 조용히 손을 배벽(腹壁)에 대어 잠깐 가만히 있으면, 태자(胎子)의 손발의 움직임이 닿게 된다. 제법 산도(産道)에 가까워져 오는 것 같다. 진통은 계속된다. 아픔의 호소는 점점 심해간다.

□ 출 산(出産)

모든 것이 원활하게 진행되면, 이것은 생리적인 형상의 하나로 병이나 아무것도 아니므로, 아무런 걱정도 할 필요가 없다. 그러나 하나라도 약간의 실수가 있으면 새끼 강아지는 전멸되며, 어미개도 위태하므로, 경과는 항상 주시하지 않으면 안 된다.

진통의 극기(極期)에 이르면, 자궁(子宮) 외구(外口)가 넓어지며, 동시에 외부 즉 산도(産道)에 태자를 밀어내려고 하는 자궁 힘살의 운동이 일어나며 그리고 그 결과, 출산이 성립된다.

많은 **경우** 제법 **뚜껍고 튼튼한** 태포(胎胞)라 하는 막(膜)을 덮어 쓴체 나온다. 어미개는 본능적으로 이 막을 이로 찢어 또한, 이 막과 태자와 이어져 있는 배꼽띠(臍帶)를 이로 잘라, 태자를 알몸으로 하여, 몸둘레의 점액(粘

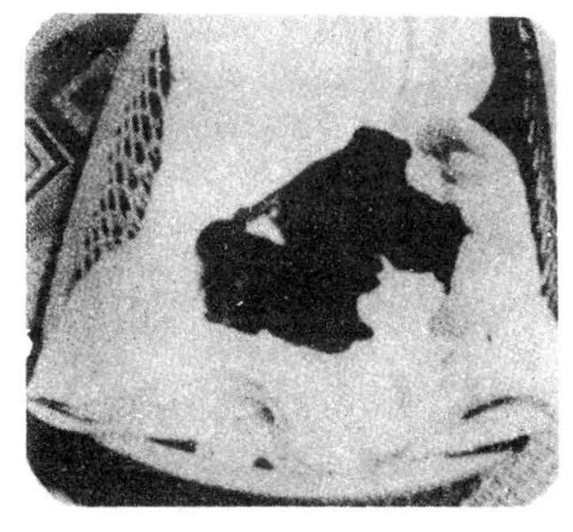

육자상(育仔箱)의 초생자

어둡게 하여 조용히 해 둔다·

295

液)을 핥는다. 코나 입의 점액도 핥아 없앤다. 새끼강아지는 여기에서 비로소 공기를 빨아들인 생활을 하며, 지금까지의 태내(胎內) 생활이었던 액체 중의 생활과 인연이 끊긴다.

□ 사람의 보조

"불"과 "찡" 등의 견종은, 이가 꼭 들어맞지 않으므로, 태막을 찢는다든지 배꼽태를 잘라내는 일을 못하는 경우가 있다. 그래서 사람의 손톱으로 찢는다든지 잘른다든지 해 줘야 한다. 입이나 코의 점막을 빨리 없애주기 위해서, 특히 탈지면 등으로 닦아주는 일도 있다. 산탕(産湯)을 사용하는 것도, 몸이 빨리 건조하기 때문에 해주어야 한다. 지나치게 뒤이어 많은 새끼강아지가 태어나기 때문에 어미개의 진통이 약해져서, 출산과 출산의 사이의 시간이 길어지는 수가 ·있다. 이것은 위험을 내포하기 때문에 진통촉진제를 주사해 둘 필요가 있다. 이 촉진제는 뇌하수체(腦下垂体) 후엽(後葉)호르몬이며, 한마리 낳을 때 마다. 대강 다음의 출산의 시간을 예정해서 그 5분 정도 전에 주사해 준다.

한마리마다 새로이 수사해 준다.

분만 직후의 어미개의 먹이

□ 예측할 수 있는 사고에 대해서

어미개의 관리가 좋지 않으면 사고는 많아진다 완전한 영양의 보급과 적당한 운동이 일상 생활에서 되어 있지 않을 경우, 태자의 허약, 어미개의 진통 미약 즉 분만하는 힘이 없어지며, 태어난 새끼강아지의 허약, 젖이 나오지 않는다. 나와도 질이 나쁜 것이 나온다. 이와같은 경우 다행히도 사람의 도움에 의해서 어떻게든 견딜 수 있었다손치더라도, 그 도움의 효력은 그리 길게는 계속하지 못한다. 결국은 보람이 없게 된다. 이 위에 그 어미개의 계통상의 문제가 상당히 얽히어 온다. 허약체의 계통이나 골반공(骨盤孔)의 좁나는 유전도 거늘어 온다. 또 태어난 새끼 강아지와 어미개와의 혈액형의 극단적인 상이(柤異) 때문에 젖을 먹으면 죽는 새끼강아지가 극히 드물기는 하나 있는 사실이다. 선천적으로 발육 호르몬 결핍의 새끼강아지도 있다.

□ 어디까지나 어미개의 엄숙함에 맡기며, 인력(人力)으로 무리를 하지 말아야 한다.

출산은 자연의 묘체(妙諦 ; 말할 수 없이 훌륭한 진리)라고도 할 현상(現象)으로, 아무것도 경험이 없는 임신개라도, 아연(俄然), 자체(自体)의 출산이 되면 겨우 잠시의 망설임은 있어도, 곧 이것을 극복해서, 몇번 이나 숙련해 있었던 것 같은 태도로, 어떻게든 능숙하게 결말을 지어가는 것이다. 본래 같으면 이것이 보통이기 때문에, 옆에 있는 사람들이 필요없는 참견을 하지 말아야 하며, 뒤에 돌이켜 생각하면, 참으로 그렇던가 할 정도이다. 어미개의 엄숙함에는 머리가 수그러지지 않을 수 없다.

그러나, 어려운 문제는 견종(犬種)에 의해서, 또 어미개 하나 하나에 의해서, 상당히 사람의 힘을 주지 않으면, 선연 말이 되지 않을 정도의 매우 귀찮은 일이 있다. 자연 현상으로 진통이 왔으므로 확실하게 출산은 실현되었다. 단, 그것만의 일로서 어미개는, 배꼽띠(臍帶)를 끊지도 않고, 후산(後産)을 처리하지도 않고, 심한 개는 깜짝 놀라 달아나는 것도 있는 것이다. 이와같이 모견적(母犬的) 가치를 심하게 떨어뜨린 원인은, 사람의 책임인지도 모른다. 그와같은 어미개의 새끼 강아지도 또 그러한 경향이 있으므로 도태(淘汰)를 게을리 했다는 뜻에서, 확실히 사람쪽에 실수가 있다.

애완견에 많으나, 사역 견(使役犬)에도 비렵견(非獵犬)에도, 최근에는 법 많아져가고 있다. 이런 경향이 장래 더욱 극단(極端)이 되지 않도록, 될 수 있는대로 그네들의 본능을 살리며 존중해 갈 필요가 있다. 그렇지 않으면 개의 장래 발전이란 문제에 있어서 상당한 장해가 될 것 같다.

출산은 최대한 개들의 자기 스스로의 힘으로 해결해 가도록 한다. 드디어 그 한계라고 판단될 때에만, 겨우 약간의 최소한도에 조력을 한다는 방법으로 개선해 가야 하겠다. 그러나, 그 한계를 판단한다는 점을 어디에 두는가. 이것은 아무리 해도 경험으로 계산해 낼 수 밖에 다른 방법은 없을 것 같다.

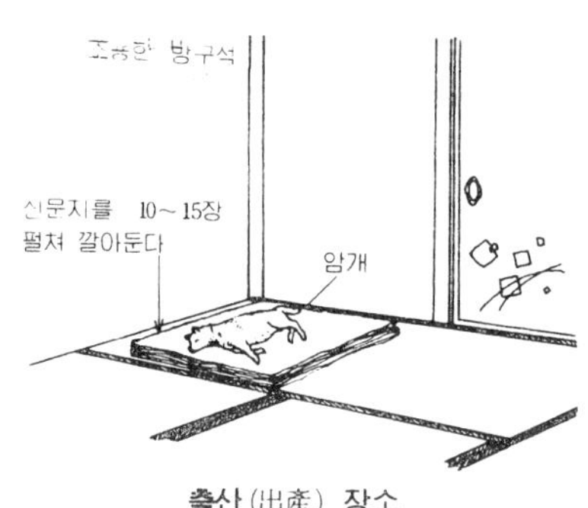

출산(出產) 장소

□ 후산 (後產) = 태반 (胎盤)의 뜻 (1)

태반은, 어미개쪽과 태자쪽의 합작의,

❶태막이 나온다

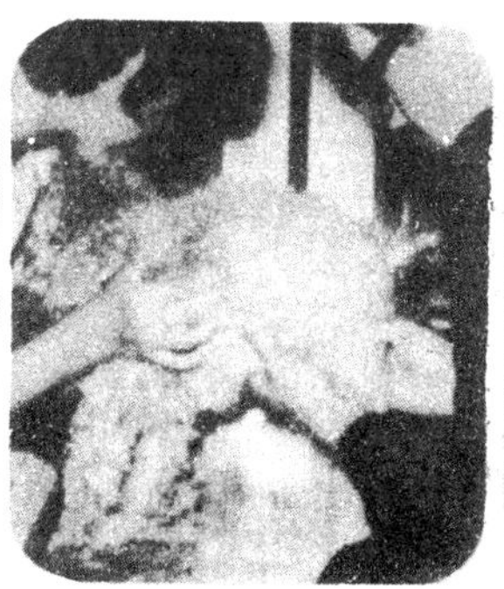
❷태자를 밀어낸다

❸태자가 나온다

태자의 생장을 위해 영양공급용의 기관이다. 어미개의 혈액이 여기에 모여, 태자쪽은 그 속의 영양분을 받아서, 배꼽태에 이것을 모아서 태자에게 운반한다. 진통은, 이 태반이, 어미개의 자궁의 벽에서 벗겨져 가는 것으로 시작된다. 아픔의 주체는 이 박리 (剝離)와 자궁의 출구 (出口)가 크게 벌어지는 것과, 자궁 전체의 밀어내기 위한 수축력 (收縮力)에서 성립된다. 자궁벽에서 벗겨지면, 그 이후의 영양의 공급은 태자 자체에서 영위 (營偽)하지 않으면 안 되므로, 될 수 있으면 빨리

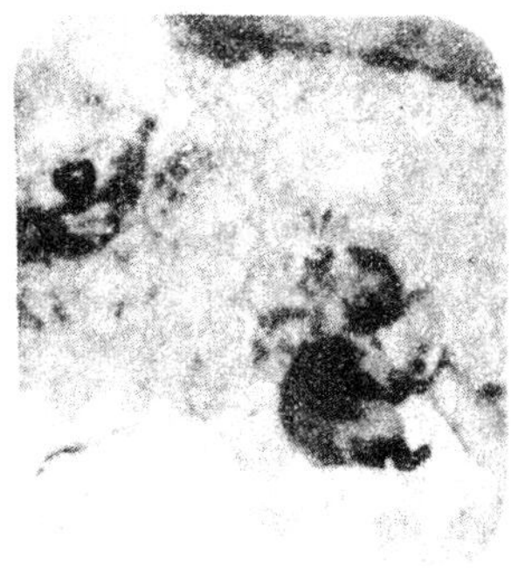

❸ 어미개의 젖꼭지에 붙인다

출산해서, 먼저 공기중의 산소를 빨아들어 자활 (自活)의 첫걸음을 밟아야 한다. 그러므로 출산이 너무 오래 끌게 되면 태자의 질식사 (窒息死)를 뜻하게 된다. 진통에는 몇 계단이나 순서가 있으므로, 이것을 처음부터 지나치게 강요해서는 안 된다. 그러나 벌써 산도 (産道)에 들어간 상태로서, 진통이 약하기 때문에 그 이상의 진전을 볼 수 없을 경우는, 염려할 것 없이 강력한 진통 촉진 방법을 강구해야 한다.

□ **후산** (後産) =**태반** (胎盤)의 뜻 (2)

보통의 출산에서는, 개의 배꼽띠 (臍帶)는 자르기 힘들므로, 배꼽띠에 계속되어 파라쉿을 잡아당기는 것 같은 모양으로 배출되어 온다. 잘라져도 또는 어미개가 물어끊어도, 다음의 출산 때에 밀려나오게 된다. 최후의 태자

❹ 코나 입의 둘레를 닦는다

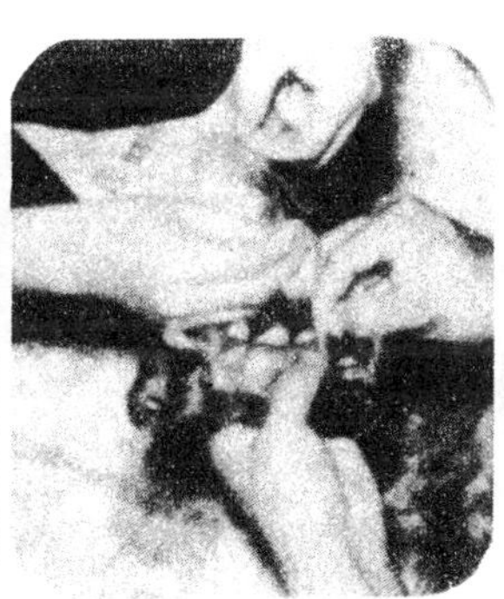

❺ 배꼽띠 (臍帶)를 자른다

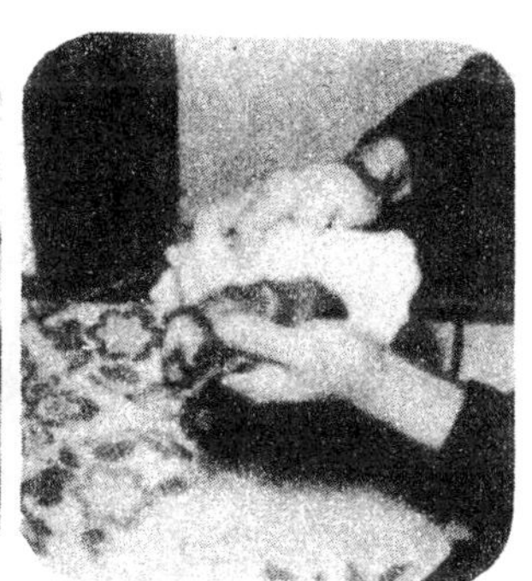

❻ 등을 닦는다

것이 절단되어서 나오지 않을 경우는, 진통촉진제로서 이것을 배출해야 한다.

　개의 태반의 구조는, 동물중에서는, 사람이나 원숭이에 다음 가는 복잡한 부(部)에 속해 있다. 그러므로, 출산후의 출혈은, 상당량 있는 것으로 하고, 그런 예정으로 방에서 기르는 개 등의 조치를 취할 필요가 있다.

　개는 그 태반의 구조상, 태내(胎內)에 있어서 어미개가 갖고 있는 전염병에 대한 저항력을 몇 % 받아 태어난다. 그러나 동시에 회충도 얻어 나온다. 그리고 전염병에 대해서의 항체(抗体)는 그 대부분을 첫 젖에서 받는다. 그러므로 신생자(新生子)에는, 어미개 자신의 젖을 먹이는 일이, 그 이후의 건강을 위해 제법 필요하다는 것을 알 수 있다.

　태반에는 젖을 내는 호르몬이 대량 포함되어 있으므로, 이것은 꼭 어미개

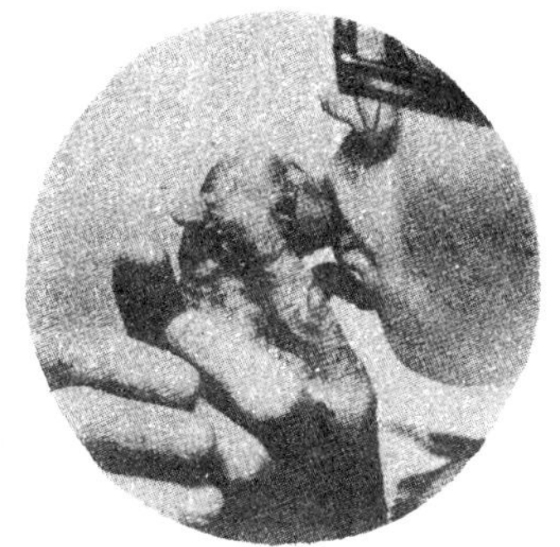

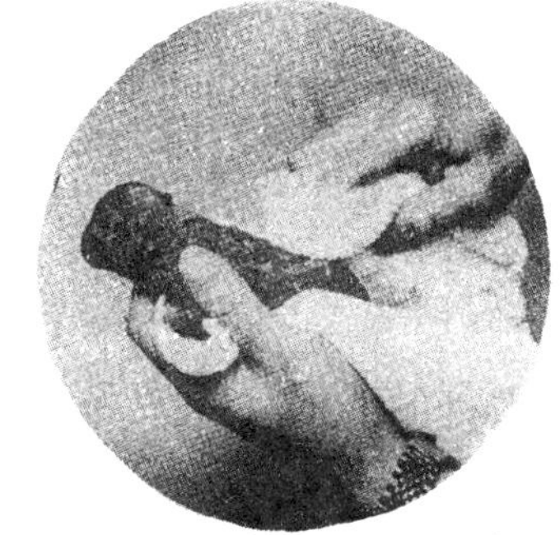

❶ 입끝을　강하게 빤다　　　　❷ 등을 강하게 문지른다

▷ **가사**(假死) **상태일 때의 소샌시키는 방법** ─────────────

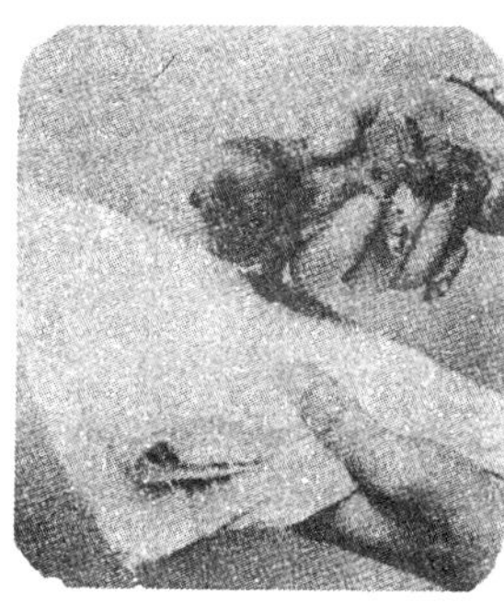

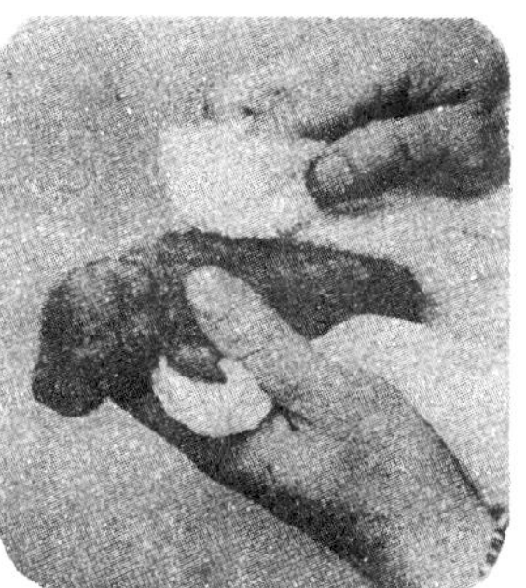

❶ 코나 입 둘레를 닦는다　　　❷ 등을 강하게 문지른다　　　❸ 세면기로 더운물을 사용한다

에 먹이지 않으면 안 된다고 한다. 그러나, 먹이지 않아도 젖이 나오는 대는 조금도 영향이 없다. 만일 먹고 싶은 어미개가 있으면, 하나 정도 주 는 것은

나쁘지 않으나, 지나치게 많이, 자유롭게 먹도록 하면 토하기도 하고 설사하기도 한다. 태반은, 양질(良質)의 단백성 먹이이며, 적어도 야생 시대에는, 포유(哺乳)나 강아지의 포옹(抱擁)에 바쁜 기간의 영양식의 의미(意味)의 쪽이 강하고, 최유적(催乳的)인 의미는 적다.

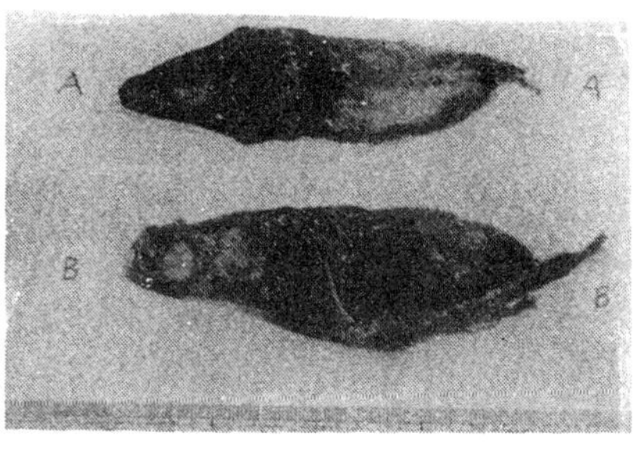

대상 태반(帶狀胎盤)

(1) BB′의 안에 태자가 싸여 있다. B′쪽에서 태자가 꺼낸 뒤의 사진이며, 배꼽띠의 잘라진 끝이 있다.

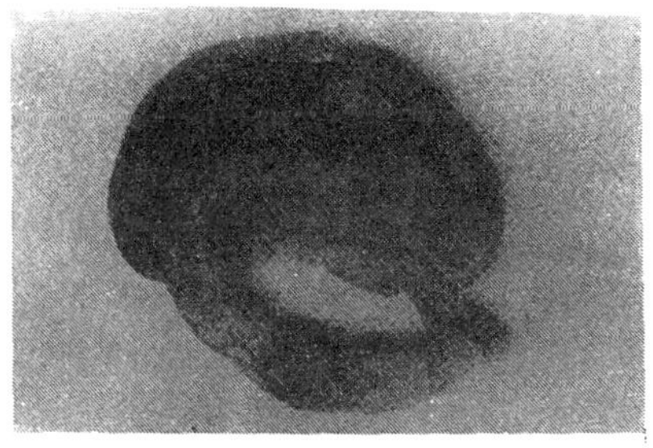

(2) AA′는 BB′를 뒤엎은 것이며, 중심부 띠모양의 태반은, 완전하게 태자쪽에 속한다.   A 의 가느다란 잘라진 끝은 배꼽띠이다.

태자의 중도사(中途死)   정상 발육의 태자는 분만전 5 일 경의 것이며, 하나는 역자(逆子)로 되어 있다. 개는 봉지 그대로 만출(娩出)되는 일이 많으므로, 역자(逆子)가 . 난산(難産)의 원인이 되는 것은 적다.

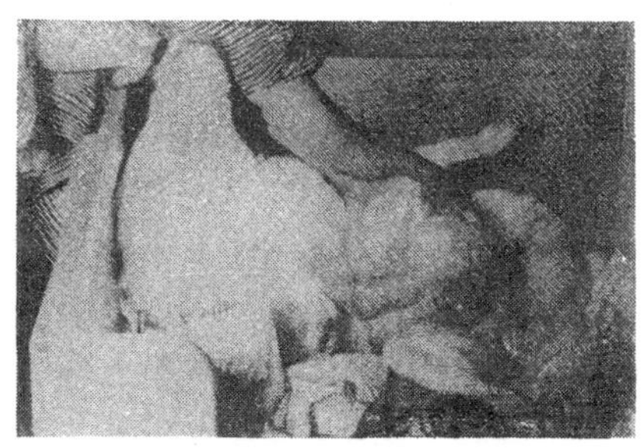

↑최후의 진통 뒤로 젖히어 고통에 견디고 있다.

←그리고 출산 그 만족한 얼굴

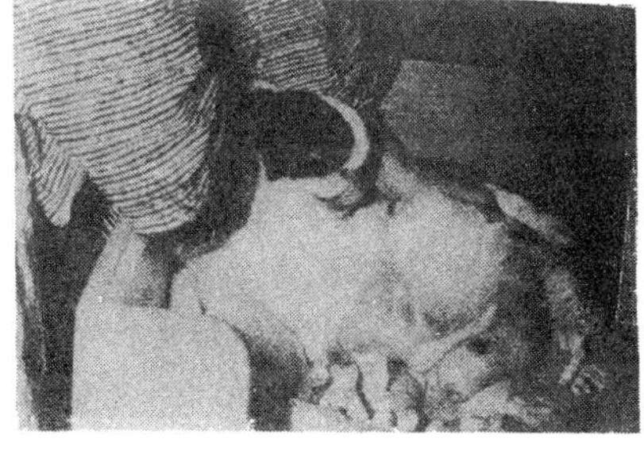

대체로 어느 어미개나, 본능적으로 새끼강아지를 잘 보살펴 주고 있다. 그 중에는 다른 강아지까지도 욕심을 내어 보살피려고 하는 개도 있다. 그러나, 때로는, 새끼를 낳기만 하고 모르는체 하는 놈도 있다.

□ 보통의 모성애의 경우

떨어져 나가려고 하는 새끼강아지는 자기 곁에 한군데로 모우며, 차워지지 않도록 자기 배밑에 껴안는다. 보통의 경우 같으면, 추울 시기에도 포육상(哺育箱)만 한풍(寒風)에 그대로 내버려 두지 않으면, 안심하고 어미개에 맡겨 두면 된다. 초생자(初生子) 최대의 적은 추위다. 추위를 막는데 대해서는 약간의 연구를 해두는 것으로 충분하다. 대형견(大型犬)의 강아지는 태어날 때부터 상당한 크기이므로 추위에 대해서도 저항력이 있다. 특히 약한 새끼강아지가 없는 이상, 보온(保溫)의 걱정은 우선 할 필요가 없다. 그러나 소형견(小型犬)이나 진견(珍犬)의 대다수는, 80g나 90g라 할 정도의 작은 강아지로 아무리 어미개가 껴안아 줘도, 도저히 추위에 견딜 수 있는 힘이 없다. 어떤 방법으로, 특히 야반(夜半) 이후 아침까지의 보온(保溫)을 생각해 주지 않으면 순조롭게 자라지 못한다.

많은 강아지 중에는 하나 둘의 체격이 나쁜 것이 섞이기 쉽다. 그러한 강아지에 대해서는, 철유(啜乳=젖을 먹는 것)하는 모양을 잘 봐서 빨아 먹는 힘이 약한 것은 어떤 수단을 강구해 주지 않으면 잘 자라지 않는다. 다른 발육이 좋은 강아지가 빨아 먹는 유방은 그 약한 강아지를 위해 양보해 주도록 한다든가, 태어난지 4, 5일 정도의 사이 같으면, 하루에 3회 정도 시간을 정해서 인공포유를 해서, 부족한 젖을 보충해 주도록 한다. 배설은 어미개가 맡아 해 준다. 어미개가 국부를 핥아서 자극을 주면 반사적으로 배설을 하게 되므로, 생후 20일간 정도는, 아무것도 사람의 소제할 것도 없이 냄새도 나지 않고 지낼 수 있다. 이것이 보통의 경우이다.

□ 이유 (離乳)까지의 관리

3～4주간, 이유할 때까지는, 어미개에, 영양이 좋은 먹이를 주어, 적당한 보건적인 운동을 과하는 것만으로 좋다. 어느새에, 강아지는 무럭무럭 잘 자라고 있다. 그러나, 어떠한 뜻하지 않은 일이 돌발할지 모르므로, 주의를 게을리 해서는 안 된다.

깔개는 더러워지는 정도에 의하나, 하루나 이틀만에 바꿔야 한다. 습기가 끼게 쉬우니 햇볕에 잘 말린다. 단 강아지에 직접 햇볕을 쬐서는 안 된다.

강아지의 철유(嗷乳)가 심하게 되는 것은 생후 4, 5일 지나서이다. 따라서 어미개는 그 때까지 그다지 많은 양의 비유(泌乳)를 하지 않는다. 젖이 모자라는 걱정은 할 필요가 없다.

□ 이유 (離乳) 전후의 어미개

산후 4, 5일간의 강아지의 젖을 먹는 양은 많아 봤자 얼마 되지 않는다. 그 때쯤은 많은 젖이 나오지 않은 곳이 좋다고 하는 사람도 있다. 만일에 지나치게 많은 젖이 괴이면, 괴는 젖이 되어 강아지에게는 부패한 것을 주게 된다고 한다. 그 때문에 먹이는 삼가하며, 젖의 양을 가감해야 한다고도 한다. 특히 대량의 영양식을 줄 필요는 없으나, 자극해도 안 된다. 보통으로 좋다. 4, 5일 경부터는 양을 많이 줘도 좋다. 이 때쯤의 젖이 나오는 것은, 그 개의 평상시의 영양이나, 임신중의 영양이 관계하는 것이므로, 포유기 (哺乳期)가 되어서부터 갑자기 특별 대우를 해 줘도 아무런 효과가 없다.

잘 먹는 개는 젖이 잘 나온다. 그와같은 개의 새끼강아지는, 살찌게 되고, 울음을 퍼뜨리는 것은, 한패 끼리의 장난할 때 이외는 없을 것이다. 무언가 이상하게 높은 소리로 울 때는, 어미개 밑에 깔려 있었다든가, 또 떨어졌을 때라든가, 무엇인가의 사고에 의한 것이므로, 빨리 그 현장을 봐서 어떠한 조치를 취해 줘야 한다.

젖이 나오는 것이나, 포유자 (哺乳子) 견수 (犬數) 등으로 여러 가지 있으나, 빠르면 3주일 경에 이유식 (離乳食)으로 옮기는 준비를 한다. 젖의 형

편에 의해서는 2주일째, 즉 겨우 눈이 뜨기 시작한 무렵부터 이유식에
옮기는 준비를 하는 수도 있다.

□ 이 유(離乳)

만일 그 어미개의 다음의 발정을 조금 이르게 기대하고자 할 때에는, 어미
개가 포유(哺乳)하는 것을 싫어하기까지 길게 (대체로 1개월 반) 강아지의
성가신 일을 시켜서는 안 된다. 1개월로서 일단락을 지어도 된다. 어미개
의 유방은 2, 3일 지나면 젖은 말라서 나오지 않게 된다.

만일 괴어서 딱딱하게 되었을 경우는, 빨리 눈치 채야 하나, 따뜻한 수건
으로 무덥게 하여 젖을 짜내야 한다. 2, 3일 계속해서 하지 않으면 안 될 때
도 있다. 동시에 수의사에 의뢰해서, 젖이 나오는 것을 정지시키는 주사를
놓아야 한다.

강아지의 수가 적든지. 또는 도중에서 죽어버렸기 때문에 유방에 굳어진
근육 (응어리)이 생기는 수가 있다. 이것도 역시 일찌감치 발견하여 처리를
위와 같이 해야 한다.

포유중(哺乳中)의 개의 먹이는, 양을 증가시키지 말고, 회수를 증가시켜
준다. 한번 줄 것을 아침 저녁 두번 준다. 물론 단백질이 풍부한 비타민이나
미네랄이 알맞게 포함된 먹이가 좋겠다. 계란이나 우유도 당연이 이 때는 좋
다. 그러나 많은 양은 좋지 않다. 이를테면, 어떻게 대형견이라도 하루에 계
란은 다섯개가 한도이다. 소형견 같으면, 기껏 한개, 그것도 흰자질은 주지
않은 것이 좋다.

□ 모성애가 모 자라는 경우

이와같은 어미개의 대다수는, 유방이 부풀지 않는다. 따라서 젖이 잘 나
올 수 있는 호르몬으로 처리할 것 같으면 젖의 굳어진 근육의 통증으로 강아
지에게 젖을 빨리는 것을 좋아하는 수가 있다. 또, 때로는, 트랜키라이자아
등을 주어서 젖에 붙어 주면, 이것을 기회로 하여 지금까지 기색이 나빴던
강아지들을 가까이 하는 수가 있다.

그렇다고 하더라도, 그와같은 경향의 개에 부딪히면, 돌 봐주는 사람쪽에
서는 피로가 겹치고, 어떻게 주밀하게 돌봐줘도, 20일 30일이나 그렇게 계
속되는 것이 아니다. 특히 추울 때는 먹이를 주는 외에 보온(保溫)이나 인
공적인 배설까지 돌봐주지 않으면 안 되므로, 어지간히 완비한 보육상(保育

箱)을 준비하지 아니한 이상은 성공하기가 확실치 않다고 생각하는 것이 좋다.

단, 많은 개가 있어서, 마침 그 새끼강아지를 기르는데 바람직하지 못한 암개의 교배와 일주간 정도의 전후가 있어서, 새끼 때문에 마음이 시달리어 괴로워하는 암개의 교배가 있다고 할 경우, 이런 경우 같으면 대체로, 유모견의 준비가 있다고 하는 이유로, 잘 될지도 모른다.

그러나 어쨌던 새끼 때문에 시달리어 괴로워하지 않은 암개의 번식은 하지 말아야 한다 많은 노력(勞力)과 너구나 결과가 좋지 않은 것이 보통이다. 지나치게 털이 많은 어미개의 경우는, 유방 부근의 털을 깎아 줘야 할 때도 있다.

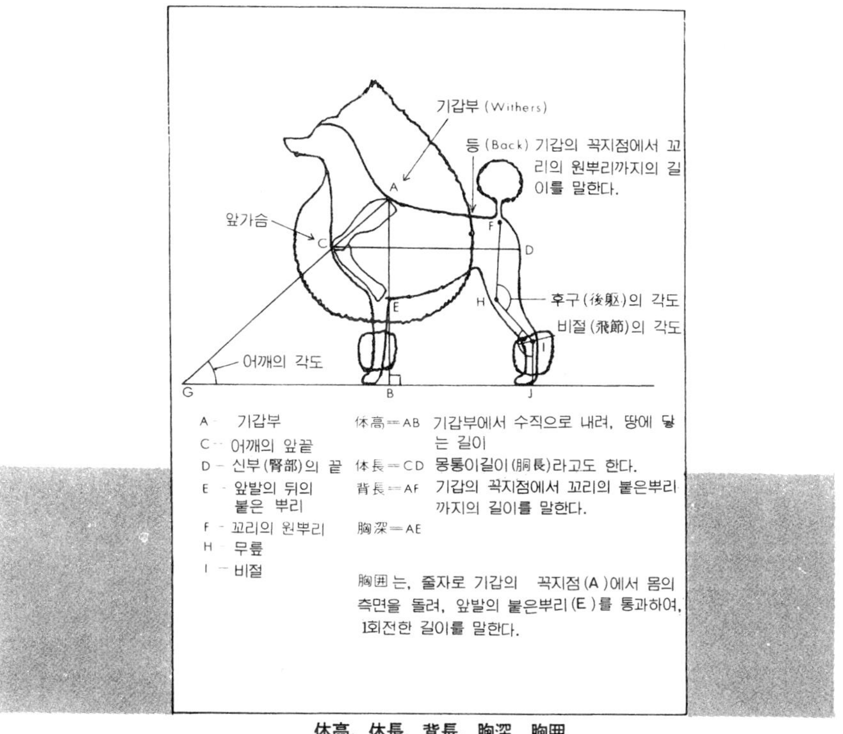

体高, 体長, 背長, 胸深, 胸囲

□ 병이 걸려서는 때늦다

어지간히 병상(病狀)이 진첩되지 않으면, 보통의 사람의 눈으로 봐서, 이 개는 병이다. 큰 병이다라고 알 수가 없다. 그러므로, 아, 이것은 어떤 병에 걸렸구나 하고 알아 차려서, 바쁘게 수의사에 달려갔을 때는, 어떤 치료를 해도 완쾌한다는 것은 그다지 많지가 않다. 수의사를 그렇게 이용해서는 안 된다. 평소에 병이 아닐 때에, 그 건강을 유지해 가기 위한 상담역으로서 활용해야 하며, 수의(獸醫)의 선생 님도 그렇게 하는 것을 좋아한다.

병에 걸리지 않을 때 상담한다고 해도 어떠한 일인가 분명하지 못한 것은 무리가 아니나, 사실은 개의 일생을 통해서 걸릴 수 있는 병에 종류는 어느 연령마다 대체로 정해져 있으며, 개의 종류나 암·수컷 등에 의해서도 또 다

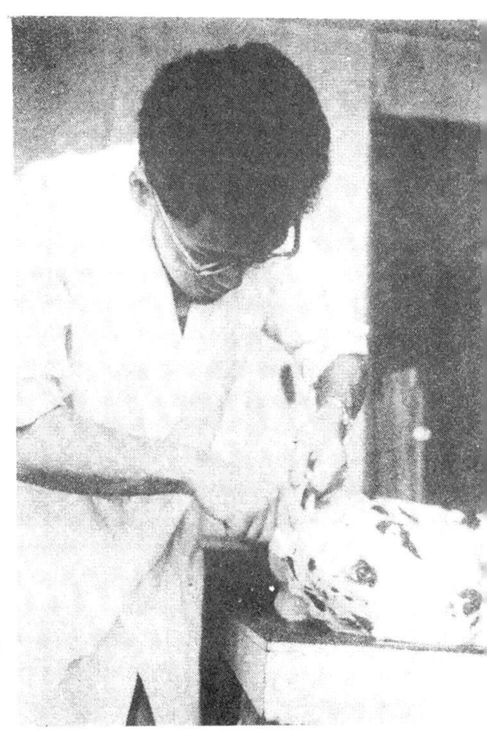

개는 말을 하지 않으므로, 병의 판단을 할 수 없다고 하는 것은 말도 되지 않는다. 개의 눈을 보고, 피부에 닿기만 하는 것으로, 어떠한 상태에 있는가를 알지 않으면 안 된다.

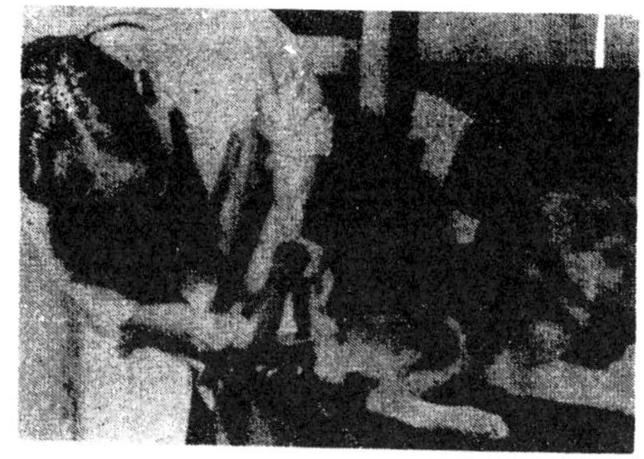

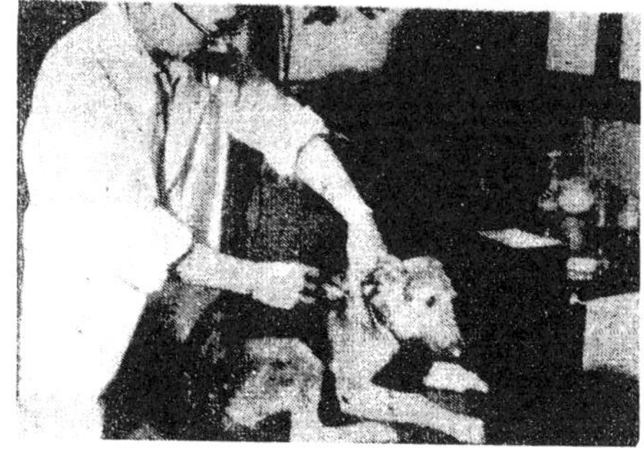

오른쪽 위 : 입안의 냄새, 점막 (粘膜)의 색깔, 이, 목, 이물 (異物)의 유무 (有無)를 본다.

왼쪽 위 : 조용히 열을 잰다. 전염병 같으면 올라간다.

왼쪽 아래 : 많은 약은 주사가 빠르게 듣는다. 아픔에는 잘 견딘다.

르다고 한다. 이 연령으로 이러한 곳에 있으면, 이러한 병에 걸리기 쉽다든 가, 지금은 초봄이니 이 병의 주의를, 지금은 한 여름이므로 이러한 점에 정신을 차려서 이러한 병에 걸리지 않도록 하지 않으면 안 된다. 등 대체적으로 일정한 규칙이란 것이 있어서, 이러한 기분으로 있으면, 그 하나에 대해서 사전 (事前)의 손을 쓸 수 있는 충분한 시간이 있다.

개가 사육되고 있는 환경, 전원 (田園)이냐? 도심지인가, 과자점방인가, 고기점방인가, 어물가게인가 등으로서 벌써 그 개의 사육되고 있는 환경이 다르다는 것을 알 수가 있다. 거기에 겹쳐서, 개의 종류, 옥외견 (屋外犬)인가, 옥내견 (屋內犬)인가로서 상황 판단이 다르다. 숫놈인가 암놈인가에 따라 병의 종류에 차이가 있는 것과 같이, 이 조금 설명한 것으로서 어느 정도는, 병의 예측을 할 수 있다는 것을 알 수 있다.

□ 병상 (病狀)이란 것은 ?

동물체 (動物体)라 것은, 어딘가 형편이 좋지 못한 곳이 생기면, 보통, 거기에 아픔이 생긴다. 이 아픔이 빨리 나타날 수 있는 병 같으면 빨리 알아차리 수 있어서 치료도 빠르나, 아픔이 가볍다든지 없었다든지 하여, 그것도 형편이 나쁜 곳이 있어서는, 그와같은 병의 치료는 나빠지며, 죽기전까지 모를 때도 많다. 간장병이나 암 등이 그 보기이다.

식욕이 없다고 한다. 그 개는, 만일 먹지 않으면, 나중에 더 맛이 좋은 음식을 얻을 수 있다고 계산하여 입에 대지 않는지 모른다. 열이 있으므로 먹을 기분이 되지 않을 때도 있겠지, 바늘이 목에 찔러 아파서, 먹을려고 해도 먹지 못할는지 모른다. 또 어젯밤, 나무밑을 파서 숨겨둔 뼈가 없어졌으므로, 낙담한 끝에 정신적인 식욕 감퇴인지도 모른다. 겨우 하나의 병적인 증상이라도, 그 원인은 많다. 그 중에서 정말로 그 때의 원인을 찾아 내어, 그것을 해결해야 한다. 이것이 진단이며 치료가 되는 것이다.

어딘가 형편이 좋지 못하다는 것으로, 수의 (獸醫)에 가서 진단을 받는다. 열을 재고, 눈을 보며, 입을 열어서 허에서 목구멍까지 조사한다. 청진기로 타진을 한다. 혈액, 소변, 대변을 검사를 하며, 경우에 따라서는 X광선 촬영을 한다. 조영제 (造影劑)를 먹이고 촬영한다. 이와같이 때때로 이외의 복잡한 검사까지 받게 되는 일도 있다.

이와같이 넓은 검사를 실시하게 되는 이유는, 병의 원인이 확실치 않을 경우와, 확실하더라도 더욱 다짐하기 위해서 그것을 확실히 하기 위해서 할 경우가 있다. 어느 쪽의 경우이던, 평소부터 그 개와 함께 생활하고 있는 당신의, 평소의 개의 습관이나 성질 등의, 상세한 설명이 매우 쓸모가 있으므로, 크고 작은 것을 빼놓지 말고, 가치가 없다고 생각되는 것까지 상세하게 설명하는 것이, 진단을 내리는데 큰 도움이 된다.

병의 발본적(拔本的) 치료

기분적인 건강 관리는 지향해야 한다

308

□ 치료의 한도

원인을 알았으면, 그것을 모조리 없애는 것이 치료법이다. 그러다, 이와 같은 행운은 좀처럼 없고, 원인은 알고 있어도, 어떻게든 손을 쓸 수가 없는 것이 제법 있다. 또 벌써 어떻게라도 할 수 없는 정도 악화(惡化)되어 있는 것도 있다.

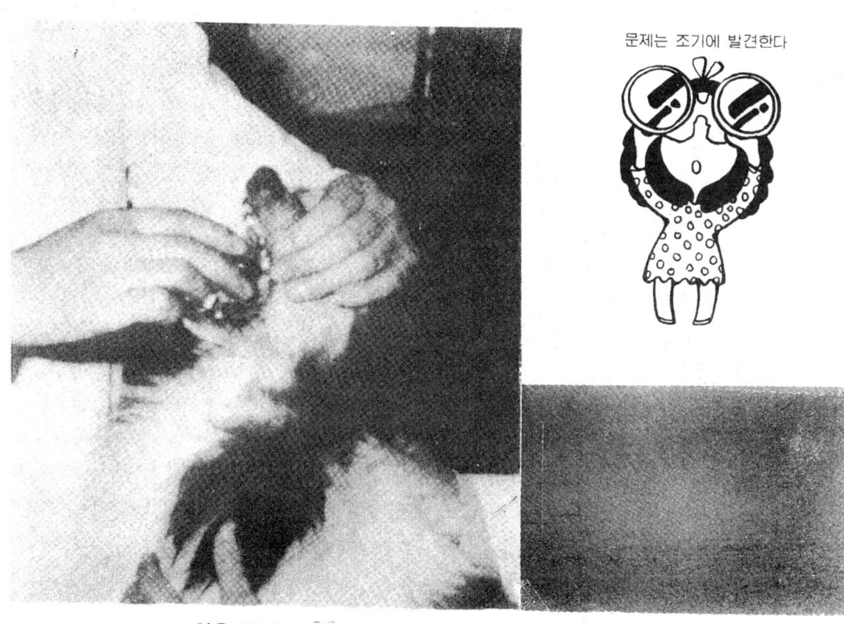

약을 먹이는 방법

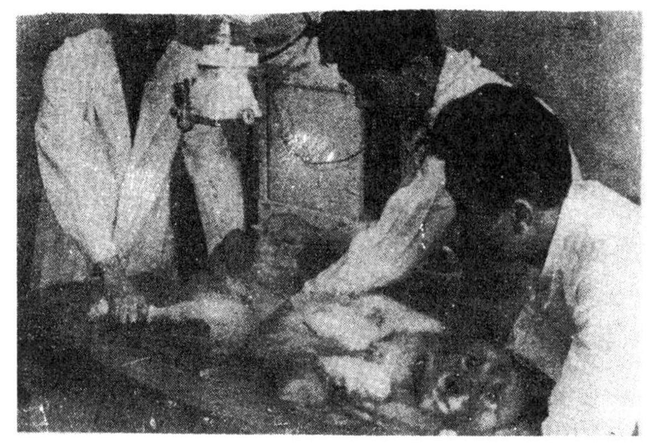

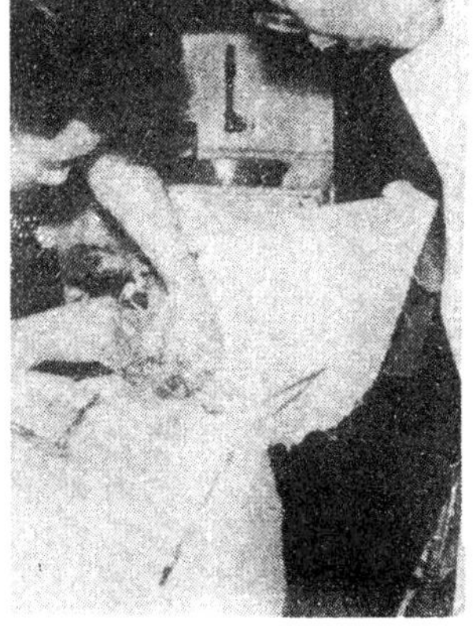

개의 3가지 큰병

위 : 가벼운 마취로 ×선
사진
오른 쪽 : 탈구 (脫臼)
왼쪽 : 맹장의　제거 수
술 (편충 근치)

암개가 발정해서, 임신의 목적으로 배란 (排卵) 한다. 이 배란수의 속의 몇 갠가는 수정하는 일이 없고 없어진다. 수정된 알의 몇갠가 간신히 자궁벽에 뿌리를 내리나, 그 중에도 생장하는 도중에 이것 또 사라지는 것도 있으며, 이윽고 정말로 햇빛을 볼 수 있는 행운의 강아지가 태어난다.

이 초생자 (初生子) 중 상당수는, 산후 (産後) 수일 중에, 병약 (病弱) 기타로 죽으며, 남은 강아지의 약 70%가 이유 (離乳) 까지 간다고 하면　상당히 좋은 성적이라 하겠다. 이 이유기에, 꼭 돌파 (突破) 하지 않으면 안 될 난관은 기생충에 대한 투쟁이다.

다행이 이 난관을 뚫고 나간다고 해도, 그 때부터 만 1년까지의 생장하는 사이에, 개 최대의 난관인 디스텐퍼어가 기다리고 있다. 만일 이　예방조치도 취하지 못했다고 가정할 것 같으면, 이 강아지 총수의 60%에서 70%가 죽어가는 것이다.

□ 과학의 진보의 개에의 공헌 (貢獻)

최난관인 디스텐퍼어에는, 손만 쓰면, 걱정없이 지낼 정도의 예방주사가 완
성되어 있다. 값이 비싸다고 해도, 그 강아지를 병에 걸리게 하던지, 자칫
하면 죽게 하던지, 병의 간호의 수고나 경비에 비교하면 싼 것이다. 개를 기
르고 있으면서 이 주사를 절대로 게을리 해서는 안 된다. 왜냐하면, 그냥 두
면 어떤 강아지던 걸리는 것은 정한 일이기 때문이다. 단 한번의 주사로서,
1년은 말할 것도 없거니와, 그 일생애(一生涯)를, 이 불길한 병에서 해방
되는 것이다. 개에 대해서의 모든 의약품은, 장래도 또한, 네델란드, 미국
등의 신세를 지지 않고서는 안 된다. 개의 이해가 낮은 우리 나라에서는, 개
의 의약품으로 좋은 것을 만들어 내기는 당분간 어려울 것 같다. 또 수의학
(獸醫學) 특히 개의 의학의 진보를 새삼스럽게 염원(念願)하고 싶다.

기생충 회충

□ 강아지

회충은, 강아지의 육체를 좋아한다. 성견(成犬)은 좋아하지 않는다. 성견
의 신체에서는 잘 자라지 않는다. 회충의 구제약(驅除藥)에는 좋은 것이 많
이 판매되어 있으므로, 심하게 되지 않을 때 처리하면 어려움을 면할 수 있
다. 그러나 회충은 수가 많으므로, 심한 해가 있었다던가, 불과 두세마리
이므로, 있어도 괜찮다고 할 종류의 기생충은 아니다. 몸속에서 여기 저기를
돌아다닌다. 나쁜 버릇이 있다. 더욱이, 무언가 조그만한 구멍 같은 곳을 찾
아 들어갈려고 하는 성질이 있다. 그리고 또 하나는 그 몸속에서 배출되는
독소의 양에 의해서는, 일종의 신경독이 되며, 지랄병(癲癇; 전간)과 같은
발작을 유발하게 된다. 이러한 상태가 되기 전에, 안전하게 먹일 수 있는 물
약이 있으므로, 그것을 상용하지 않을 이유는 없다.
회충만일 때는 아직 구할 수 있으나, 여기에 구충(鉤虫)과 조충(條虫)도
있게 되므로 곤란하다. 결국, 기생충에 걸리는 것 같은 사육 관리에서 완전
히 탈피해야 한다.

디스텐퍼어

□ 강아지에서 성견(成犬)까지

무슨 일이 있어도 한번은 걸린다고 한다. 걸리면 치사율(致死率)이 높은

전염병이다. 개뿐이 아니다. 너구리, 여우, 늑대 등의 육식 짐승은 잘 걸린다. 그 중에도 족제비 특히 패렛트라 하는 흰 족제비는 100% 걸리며, 그 위에, 전부가 같은 병상(病狀)으로 죽는다는 점으로, 이 병의 연구에 없어서는 안 될 시험동물로서 귀중한 존재이기도 하다.

이 병은, 호흡기에서 우선 시작한다. 말하자면 이 디스텐퍼어의 병원미생물은, 폐장(肺臟)을 좋아한다. 그리고 그 최후는 뇌(腦)의 중추(中樞)를 파괴하고 죽음에 이르게 하는 경향이 많다. 그런 경우의 증상은, 사람의 소아마비와 매우 비슷하다. 비참한 병상(病狀)을 나타낸다. 다행히 회복해도 장님, 결청(缺聽), 근육의 부분적인 경련(痙攣)이나 마비(麻痺), 지랄병(癲癇;건간) 등 오랜 뒤까지 남기게 된다. 이런 지독한 병이기는 하나 완전하게 예방할 수 있는 주사가 되어 있으므로 걱정없다. 개의 생명은 보호된다. 주사하는 시기는 전문가에게 맡긴다.

휘일랄리아　□ 성견(成犬)에서 노견(老犬)까지

모기가 많이 있는 지역같으면, 대체로, 어디든 이 심장 안에 휘일랄리야의 기생이 있다고 생각해도 좋다. 심장우심실(心臟右心室)을 주된 근거지로 해서, 폐동맥이나 기타의 혈관 계통내에 둥우리를 지어, 여러 가지 해독을 나타낸다.

이것도 역시 과학의 진보 덕택으로, 어쨌던 개를 죽음에서 보호될 수 있게끔 되었다. 기뻐할 일이다. 휘일랄리야는, 개 체내(体內)에서, 유충기, 자충기(子虫期), 성충기의 삼단계에 걸쳐서, 각각 다른 해독을 개에게 준다. 휘일랄리야에 대한 약은 약간 귀찮으며, 그 삼단계의 충체(虫体)에 공통적으로 효과가 있는 것은, 현재 아직 되어 있지 않다는 것이다. 이 중 가장 개 몸에 피해를 주는 것은 심장내의 성충이다. 따라서 성충을 죽이는 약품, 이것을 어떻게 교묘한 수단을 사용해서 개 몸에 심한 해가 없고, 목적의 성충을 전멸시킬 수 있는가가 현재 우리 나라 국내의 개의 병 준 최대의 흥미꺼리인 동시에 문제꺼리다. 가까운 장래에 성공하리라 믿는다.

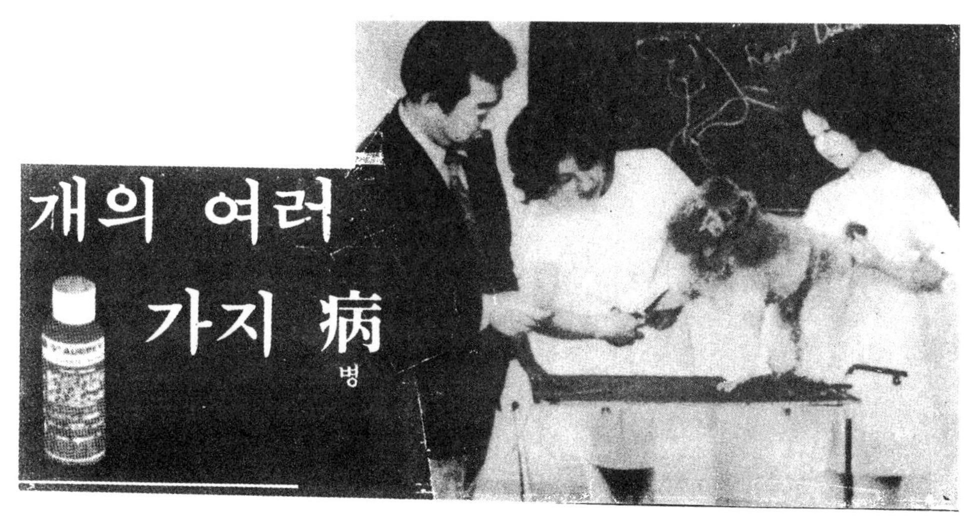

□ 전염병의 생각

그 병의 원인인 미생물의 침입에 의해서 발병하는 것이기는 하나, 침입하면 심하게 당하는 병원체, 가볍게 마치는 것, 아무것도 느끼지 않은 것이 보통이나, 불시에 그것에 심하게 당하는 일도 있는 것 등, 여러 가지가 있다. 개에 있어서 걸리면 죽음을 의미하는 디스텐퍼어, 유행성감염,레프트스피라의 3 대 전염병에 대한 예방주사는, 맞기만 하면 확실하게 걸리지 않는다는 제품이 되어 있다. 애견가는 모두 이 세종류만은 신경질로, 이러한 것에 걸리면 어떻게든 손을 쓸 수가 없으므로, 주저할 것 없이 예방주사를 하는 것이 상식이다. 따라서, 이와 같은 병에 걸렸다는 것은, 사람의 태만이 있었기 때문이다. 사람에게 옮기는 전염병에는 유명한 광견병 (狂犬病)이 있다. 그러나 끊임없는 노력에 의해서, 점차 그 수가 줄어들어가고 있는 현상이다. 따라서 개를 기르는 사람들에 의해서 조금의 주의만 기울인다면 완전히 없어지는 것도 머지 않은 장래에 있을 것으로 본다. 영국, 일본, 오스트레일리아, 뉴우질랜드 등 섬나라의 대다수는, 이 병이 다른 나라에서 들어오는 것을 방지하는데, 편리하는 것 같아 어느 나라나 광견병에는 안전한 나라로 되어 있다.

개에는, 특유의 성기(性器) 전염병이 있다. 속칭 "포리이프' 라고 하여, 특히 우리 나라 같은 데는, 무책임한 방사 (放飼)가 많으므로, 자유 교미 (交尾)때문에 전염이 심하다. 외과 수술로 이 종물(腫物)을 잘라내는 것이 유

일의 근치 요법이나, 때로는, 몇번이나 되풀이 해도 끝내 근치를 못하는 수
도 있다.

□ 피부병도 많다

어쨌던 피부병이라 하면 표면만에 구애되기 쉬우나, 몸속에서 발생하고 있
는 것이 이외도 많다는 것을 잊어서는 안 된다. 빠른 이야기로 모포충(毛包
虫)이라 한다. 근치는 절망이라 하는 개의 피부병도, 몸속에서의 유인(誘因)
을 생각해서 치료를 하면, 좋은 결과가 나타난다. 모포충이나 개선(疥癬)도,
모두 일종의 곤충에서 발병해서 오는 것은 틀림없으나, 이와 같은 병원(病
原)의 곤충에 뒤끓어도 하등의 병상(病狀)을 나타나지 않은 것이 있다. 즉
체질에 의해서, 병원(病原)의 받아들이는 법이 달라진다는 것을 알 수 있다.
잘 조사해 보면, 유전의 관계도 있다고 한다. 그렇다고 하면 피부병의 치료
는, 단순이 외면에서 피부병의 약만을 발라서는 근치가 되지 않을 경우가
많다. 실제로 그러하다.

□ 기생충병

맨발로 걷고, 모래나 흙을 핥는 것이 좋아하는 개이므로, 내장(內臟) 기생
충의 괴로움은 실로 많다. 회충의 해가 강아지에게는 정말로 중대하다는 것
은 앞서 설명한 것과 같다. 이 외 구충(鉤虫)과 조충(條虫)은 드물게 있으
나, 아메에바 등의 지역적인 특색이 있는 것도 있고, 성견(成犬)이나 노견

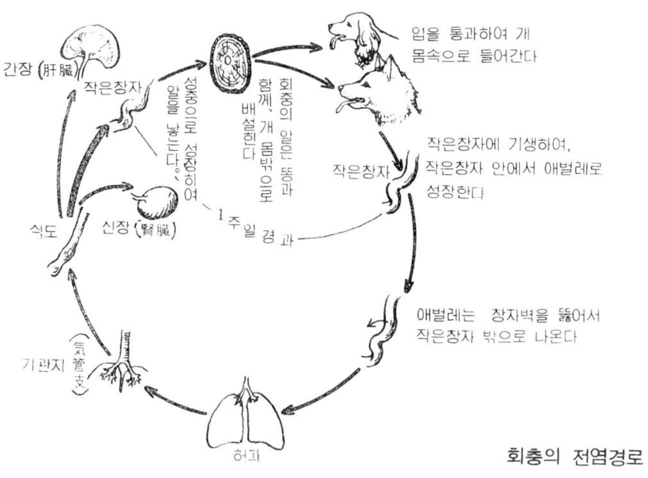

회충의 전염경로

(老犬)에 많은 편충(鞭虫)이 있다.

심장내의 휘일랄리아충에 대해서도 별도 설명하였으나, 어쨌든 개의 일생은, 기생충과의 싸움에 시종(始終) 된다고 해도 과언(誇言)이 아닐 것 같다. 드물기는 하나, 진드기나 벼룩 때문에 죽는 일도 있다.

□ 교통화(交通禍)의 격증(激增)

사람들이 괴로움을 당하고 있는 것과 같이, 개도 또한 피해가 불어가고 있다. 방랑견(放浪犬)을 보고 있으면, 자동차의 홍수를 교묘하게 잘 피해 달리기도 하나, 귀중하게 사육되고 자동차에 타는 것만으로 알고 있는 많은 혈통이 좋은 개는 이와같은 가두(街頭)에 갑자기 나왔을 경우, 금방 당하고 만다. 이런 경우의 구급 조치로서 중요한 일은, 출혈이 심할 경우에 한해서 먼저 지혈(止血)을 해야 하나, 조금의 출혈 같으면, 그대로 두고, 심신(心身)의 안정을 먼저 생각해야 한다. 충격만 받아서 외견상(外見上) 아무런 골절(骨折)이나 출혈이 보이지 않은데 개가 자빠져 있었을 경우, 어딘가 부러져 있지 않은가, 어딘가 출혈이 있지 않은가 등으로, 다리나 배를 이것 저것 눌러보기도 하고, 구부려보기도 하는 것을 흔히 보는데, 이와같은 일은

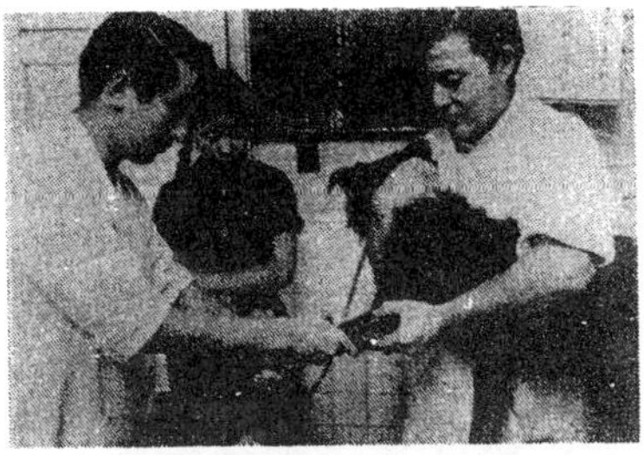

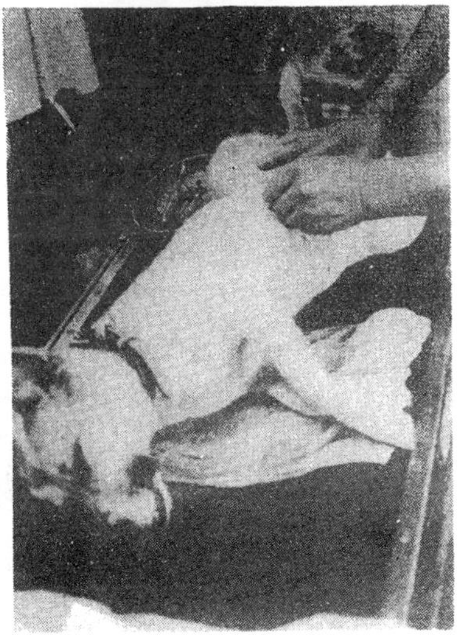

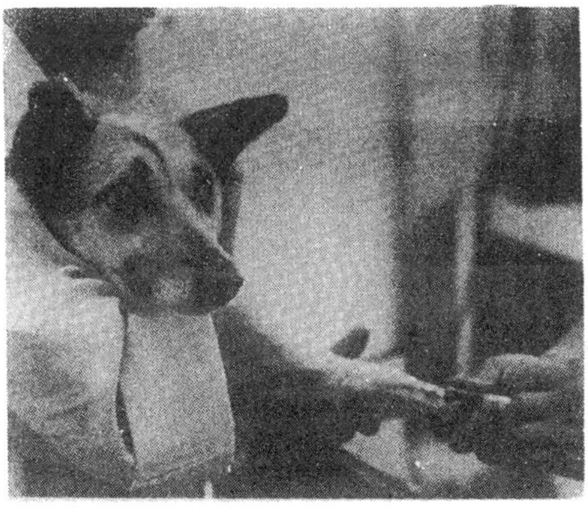

절대로 필요없다. 가령 거기서, 어떤 골절을 발견했다고 하더라도, 거기서 무엇을 해 주겠다는 것인가. 그와같은 조치는 사흘이나 나흘, 또는 뒤에 해도 충분하게 할 수 있는 것으로, 우선, 정신안정제를 주어야 한다. 그리고 육체의 휴양을 시켜야 한다. 통증(痛症)이 심하거던 마취제까지도 생각한다. 외견(外見) 아무것도 없어도, 이와 같은 충격으로 경계를 요하는 것은, 내출혈이다. 이것을 최소한으로 멈추기 위해서의 조치이다. 상처의 조치는 그 뒤에도 얼마든지 할 수 있다.

출혈을 멈추는 데는 그 국부보다 신체의 중심에 가까운 부분을 줄이나 끈 같은 것으로 세게 잡아 매면 된다. 이를테면 발끝의 출혈같으면 그 발의 위쪽(근원)을 ……… 그리고는 의사에 운반해 간다.

□ 견종에 의한 특정의 병

소형견은 일반적으로 난산(難産)하는 수가 많다. 어미개에 비해 태자가 크게 자라기 때문이다. 대형견에도 비대(肥大)한 어미개에게는 간혹 있다.

장님이 많은 골든셋타아나 털의 백화(白化)가 진보된 "알루비노"에 빠진 개체(個體), 종창(腫瘍)이 되기 쉬운 견종, 다리가랑이 관절(關節) 탈구(脫臼)가 많은 사역견(使役犬) 중의 어떤 견종, 외청도염(外聽道炎)에 되기 쉬운 귀가 드리우고 털이 많은(垂耳多毛) 견종, 지랄병(癲癇病)을 가진 어느 계통 등, 개를 손에 넣을 때 잘 보고 선정할 필요가 있다.

병에는 들어가지 않으나, 태어날 때부터 지둔(遲鈍), 무는 버릇, 엽견(獵犬)에 사용할려고 하나, 코가 듣지 않아 쓸모 없이 되었다는 뜻밖의 개가 있다. 이러한 경향은 품종의 개량이 진첩됨에 따라 많아진다. 할 수 없는 일이기도 하나, 일찌감치 도태해야 한다.

선정(選定)한 뒤에 견종(犬種)에
대한 불만은 하지 말 것.

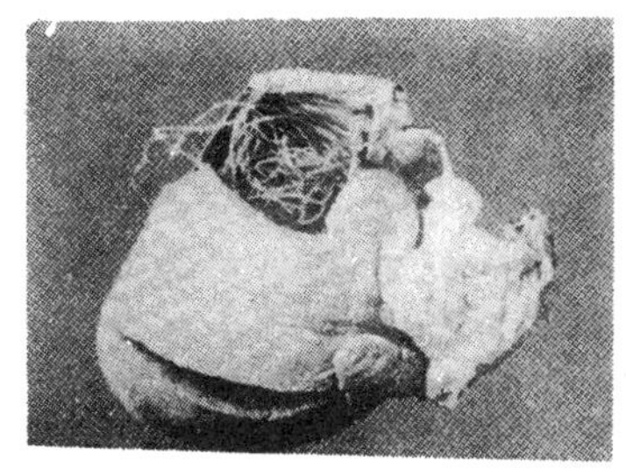

☐ 병의 대체적인 경향

개의 종류에 의해서 그 자라남이 모두 다르다. 동시에, 사람에게 사육되고 있는 상태도 같지는 않다. 즉, 환경도 같지가 않다. 사육되고 있는 토지의 기후 풍토도 다르며, 사육주가 개에 대한 이해의 정도에도 차이(差異)가 있다고 하면, 이와같은 조건에 지배되어서, 개의 병의 종류나 발생의 빈도도 여러 가지란 것을 알 수 있다.

☐ 호흡기계 (呼吸器系)

지면(地面)을 냄새맡은 개, 닥스·훈트나 각 조렵견(鳥獵犬) 등은 먼지나 티끌 등을 빨아들일 율이 높으므로, 폐 안에 이와같은 이물(異物)이 대량(大量) 보이는 점이, 다른 견종과 다르다. 또 단문(短吻 ; 입술이 짧은) 계통의 여러 견종에서는, 천식(喘息 ; 숨을 헐떡임) 모양의 발작을 곧잘 일으키나, 이것을 두들길만한 좋은 수단이 없다. 휘일랄리야의 심장내 기생이나 회충증(峒虫症)에 있어서도, 빈번하게 기침이 난다. 이 기침은, 그 병원(病原)인 기생충이 잘 구제(驅除)가 되면 해결되나, 일시적인 해결조차 어렵다.

폐염, 기관지염은 대부분이 디스텐퍼어를 병발(併發)하는 것으로, 이것이 단독으로 발병하는 일은, 거의 없다고 봐야 한다.

☐ 소화기계 (消化器系)

회충, 구충(鉤虫), 조충 등, 기생충의 해는 대체로 강아지 시대에 끝났다고 봐도 좋다. 성견(成犬)이 되면 면역도 생기는 것 같고, 또 걸려도 벌써 상당한 체력이 갖추워 있으므로, 대담하게 강한 구충약을 쓸 수가 있다. 단 편충만은 괴로움을 당한다. 여위워 오며, 언제나 혈변(血便)으로 괴로움을 받는다. 주사약 "윗프사이드"는, 내복약보다는 효력이 월등하게 좋다. 한 두번의 주사로 끝난다.

엽견(獵犬)으로 늪지대 등을 가는 수가 많으면, 장소에 의해서, 주혈흡충 (住血吸虫)에 당하게 되어, 오랫동안 혈변(血便)에 폐구(閉口)된다. 혈변의 대부분은 기생충에 원인이 있다고 보고 집요(執拗)하게 변 검사를 계속하여 가며, 그 본태(本態)를 잡아서 과감하게 구충약을 선정해서 사용해야 한다. 그렇지 않으면 언제까지나 오래 괴로움을 당한다.

중독도 또한 많다. 토하며, 설사하는 증상이며, 개 자체도 이 독물을 빨리 몸밖으로 보내고 싶다고 하는 자기 방위의 본능을 갖추고는 있으나, 사람 측에서도 그 토하고 설사하는 것을 더욱 촉진시키도록 하고, 토하고 설사를 중지시킬 수단을 취하는 것은, 벌써 체내(体內)의 독물이 없다고 볼 때 조치를 취해야 한다.

☐ 소화기병의 약

기생충병이나 중독이나, 조금 심하게 되던지 오래 걸리던지 하면, 영양을 섭취하는 입구이므로, 개의 영양은 갑자기 감퇴한다. 그 때문의 수단으로서 영양의 주사가 중요하다. 이런 경우, 소화기의 활동은 기대하기 어려우므로, 혈관부터의 주입에 의하는 수밖에 다른 방법은 없다. 보통은 포도당 등이 쓰이나, 이 주사로는 곧 이용되어 없어지므로, 하루에도 몇번 하지 않으면 사실은 약효가 나타나지 않는다.

수혈이 무엇보다의 영양이 되는가? 재료를 입수하기가 어려운 최근에, 건 조견혈장(乾燥犬血漿)이 발매(發賣)되어, 그 방면에 활용되어 있다. 그 외 아미노산제가 다수(多數) 시판(市販)되어 있으나, 사용법이 약간 귀찮기 때문에, 그 때마다, 주의서를 잘 읽어서 사용하는 것이 좋다.

토할 것 같은 기분을 강하게 하기 위해서는, 토근(吐根) 등의 제재(製劑) 나, 소금물(塩水)을 얼마쯤 대량으로 마시게 하나, "아포모루히네"의 주사 가 잘 듣는다. 설사에는, 급할 때는 피마자기름이 좋고, 천천히 해도 좋을 때는 카스칼러정, 비시찡, 클리마그 등을 사용한다. 마시게 한 후 6, 7 시간 에 효과가 나타난다.

☐ 구충약 (驅虫藥)

기생충의 종류에 의해서 각각의 구충약도 달라진다.

〔회충〕 각종 피펠라진제 (劑) (베키싱, 피페닝, 쿠우페잉 등)
〔구충〕 사염화 (四塩化) 애찌이렌구 (球) (회충에도 듣는다)
〔**회충. 구충, 편충**〕 이 세 종류에 듣는 것은 브찔루클로라렌, 틀리커닝, 네오틀리커닝 등.
〔**회충, 조충. 구충**〕 벨루미프렛크스 (동시에 편충에도 잘 듣는다. 따라서 이약 한가지로 개의 기생충 전부가 구제 (驅除) 된다)
〔**편충**〕 위프사이드 정 (錠) 및 주사
〔**조충**〕 테노반, 네마스찡, 플레코링, 산코링, 테에프와아므메지렌

□ 설사 중지의 약

설사하는 자체에, 체내 소화기의 청소라고 하는 자위적 (自衛的) 인 뜻이 있으므로, 함부로 설사 중지약을 사용해서는 안 된다. 기생충의 걱정도 없고 독물을 마신 염려도 없을 것 같으면, 병원 (病原) 세균성의 설사라고 판정하고, 살루파제 (劑) 나 항생물질을 주어야 한다. 그 중에도 앤트로마이싱은, 개의 기호 (嗜好) 도 고려한 바시틀라싱제로서 유효 (有效) 하다.

□ 피부병약

단순하게 피부병만의 문제에 구애되어 있으면, 치료가 좋아지지 않는다. 호르몬, 변질제 (變質劑) 등 외에, 될 수 있으면 환경의 변화를 준다.
〔**전신 약욕제 ; 全身藥浴劑)**〕 "610 하프" 200배 온탕중에 매일 1 ~ 2 회, 20분~30분간 침욕 (侵浴), "셀링", "미카론코오와" 에 전신욕 (全身浴)
〔**내복 요법제 ; 內服療法劑**〕 "애크트라아루" 는 "로넬" 라고 하는 독물을 포함하며, 개선 (疥癬), 벼룩, 이, 아칼라스벌레 등, 개의 혈액이나 조직액을 빨아먹는 곤충류는 모두 독화 (毒化) 시키는 작용이 있다. 개에게는 아무런 독작용도 없다. 전연, 새로운 구상의 신제 (新劑) 이다.
〔**도포 요법제 ; 塗布療法劑**〕 국소 (局所) 에 도포 (塗布) 하는 약제로, 많은 피부병은, 사람의 눈으로 보이는 범위보다는 제법 넓게 넓어져 있는 것이므로, 조금 넓게 털을 깎아서 청소한 후에 도포 (塗布) 한다.

외용 (外用) 애크트라아루, 테마테크스, 카네크스, 델루마크스, 헤키사베토을, 네그본, 아카노을, 완스, 아카로잉, 캬노렝 등이 있다.

□ 휘이랄리야제 (劑)

휘이랄리야의 성충, 유충, 자충 (子虫)의 생장의 단계에 대해서 사용하는 약품이 전연 다르다. 이 중, 가장 개에게 피해를 주는 것은 성충이다. 성충에는, "휘이랄루젠", "카파솔레에드", "휘이루사이드"의 세종류가 있다. 어느 것이든 비소제 (砒素劑)로, 하루, 이틀의 간격으로 두세번의 정맥주사 (靜注)를 행한다. 혈관 외에 새게 하면 상당한 재증 (炎症)을 일으킨다.

유충시대의 살충제로, 좋은 것이 생기면, 이 병의 치료는 쉽게 되리라고 생각되나, 아직 이것이라 할 정도의 약이 없는 것 같다. "칼루바마징" 제가 유망시되어 있다.

자충 (子虫)에는 "안찌몬"이나 "지찌아자닝"이 옛날부터 사용되어 있다. "파아징" "네스보상" 등 연속 열 몇차례의 정맥주사 (靜注) 또는 근육주사에 의한 것 외에 "스파트닝" "스밀레"와 같이 장기 내복에 의한 것 등이 있다.

성충의 해는 말할 필요도 없이 심장의 쇠약과 거기에 수반되는 간 (肝) 비대나 폐 (肺) 충혈로, 그 결과 무거운 복수 (腹水 ; 뱃 속에 장액성 (漿液性) 의 액체가 괴는 병증)를 발하게 된다.

▶ 개의 창자내 기생충

A 회충
B 만송 열두조충 (裂頭條虫)
C 구충 (12 지장충)

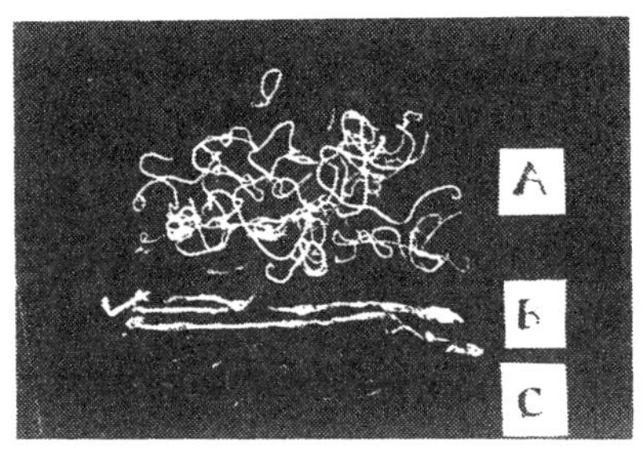

개의 조충은, 견조충 (과실조충 ; 瓜實條虫)에 다음으로 열두 조충이 많이 보인다.

회충이나, 구충에도, 2, 3 의 동류 (同類)가 있으나, 치료상으로 특별히 구별할 필요는 없다.

가정의 형편에 알맞은 견종을 선택한다.

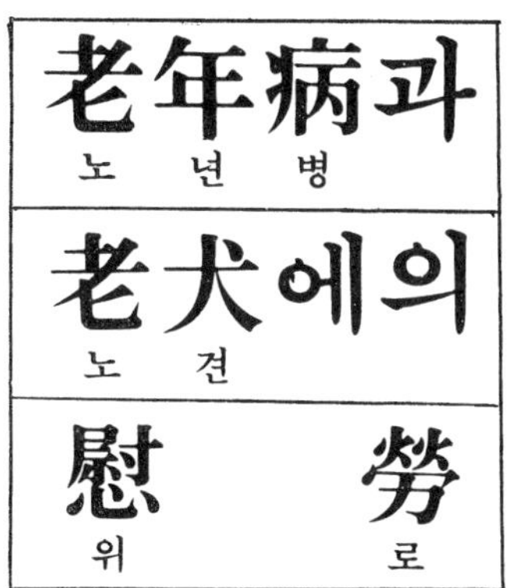

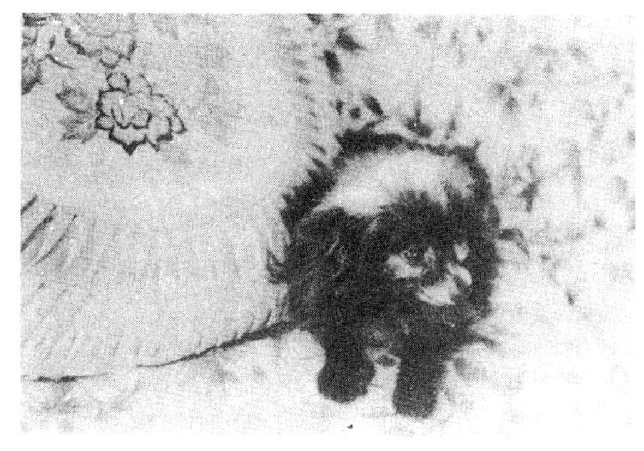

수의학(獸醫學)의 진보는, 개의 수명을 크게 연장케 하고 있다. 그러나, 여기에 개의 노년병이라 하는 새로운 과제가 나타 났다.

□ 언제쯤부터 노년(老年)인가

개에도 늙기 쉬운 개와, 언제까지나 매우 젊어 보이는 개가 있다. 다섯살 이라고 한다. 사람의 나이에 환산할 것 같으면 40전이라고 하는데, 입술 근 처에 흰털이 나오는 것이 있다. 보통 여섯살이 되면, 암개 같으면 현저하게 발정의 횟수가 줄어 임신율도 떨어지나, 그 중에도 여덟살, 아홉살이라　하 는, 사람의 나이로는 80세 가깝게 까지 발정해서 임신하는 것도 있다. 개체 차이(個体差異)가 상당히 있다. 개의 장명(長命) 기록은 30살이라고　하는 것이 있으며, 25세도 드물며, 14 세, 15세가 되면, 비교적 여러 곳에서 들을 수 있다. 실내견쪽이, 역시 사람의 감시가 널리 미치게 되기 때문인가 장명 (長命)이 많고, 실외견에는 대개, 사고(事故) 등 때문에, 평균 수명을 오그 라들게 하고 있을는지도 모른다.

개와 사람의 나이를 비교할 경우, 여러 사람의 설(說)이 있기는 하나,　대 체적으로 다음과 같이 생각하면 형편 이 좋을 것 같다.

즉 개의 생후 1 년은 사람의 15년 에 해당하며, 대체로, 성(性)의 성숙 기로 보면 된다. 그러나 아직 완성했 다고는 볼 수 없다. 그 후는 배율(倍 率)이 차차 내려가고 있다. 만 2년은 12배로 하여 사람의 24년에 해당하며,

개 생후 월수	배율	사람 연령 환산
7 개월 까지	20	약 12년
8 개월	19	12년 8 개월
9 개월	18	13년 6 개월
10개월	17	약 14년
11개월	16	14년 8 개월
1 년	15	15년

개는 생후 2년으로 완전하게 성인화(成人化)되었다고 봐도 좋다. 그 뒤는 새로이. 배율이 내려가나, 개는 8, 9년 이후는 5배 정도로 본다. 즉 생후 20년의 개는 사람의 나이로 100살에 해당하는 것이다.

□ 노년병(老年病)의 뜻

사람에게 사육되고 있는 동물 중에서, 노년병이라고 하는 특별한 취급을 할 정도로 되어 있는 것은, 개뿐이다. 개만은, 경제 문제의 테두리를 벗어난, 사람의 애정에 의해서 비호(庇護)되는 생활을 영위(營爲)하는 것으로, 확실히 또, 그 정도의 값어치가 있는 동물이기도 하다. 개 외에 고양이도 있다. 그러나 개만큼 연구가 되어 있지는 않다.

□ 노년병(老年病)의 이해(理解)

모든 것 까지라고는 할 수 없으나, 호르몬의 쇠퇴(衰退)에 원인(原因) 하는 경우가 많다고 하는 점은 우선 이해해야 한다. 주로 성(性) 호르몬이다.

어릴 때 난소(卵巢)를 잘라낸 암개에 흔히 볼 수 있으나, 1개월이나, 2개월에 한번이라는 정도로, 이상하게 배뇨(排尿)의 실패를 거듭하는 날이 있다. 매우 분뇨(糞尿)의 범절이 좋은 개이기는 하나, 갑자기 방바닥을 젖게도 하나, 이런 경우, 난포(卵胞 ; 發情) 호르몬을 주면, 산뜻하게 완쾌된다. 늙은 암개에, 만일에 이러한 실패가 있으면, 재빨리 이 성호르몬을 주면 된다.

숫놈에도, 범절이 좋은 대도 불구하고, 빈번하게, 명색뿐인 조금씩의 오줌(尿)을 싸는 것이 있다. 이런 경우도 성호르몬으로 일시적으로는 실패하지 않게 된다. 단 숫놈의 경우는 이 증상은, 대개, 전립선(前立腺)의 비대가 원인이 되어 그러하리라고 한다.

백내장(白內障)도 또, 그 원인의 하나에 성호르몬이 관계하고 있으며, 완고한 피부병도 같은 모양으로 생각하여 처리해 가야 한다.

자궁농종(子宮膿腫), 유선(乳腺)의 종양(腫瘍), 자궁내막(子宮內膜)의 비대, 무발정, 성욕(性欲) 감퇴 등은 분명하게 성호르몬의 결제(缺除)에 있다.

□ 그 처치(處置)

〔전립선염(前立腺炎) 및 비대〕 난포(卵胞 ; 發情) 호르몬으로 한때는 참을 수 있다. 간단한 것은 고환(睾丸)의 제거이다. 전신을 마취해서 하면 고통은

없다. 아주 조금의 시간으로 끝마친다. 만일 그것이 싫으면, 전립선(前立腺)의 제거 수술을 하게 되나, 이것은 약간 귀찮은 일로 대수술에 속한다.

〔당뇨병(糖尿病)〕이상(異常) 비대해 지면은, 이 병이라고 의심해도 좋다. 참으로 잘 먹고, 잘 마신다. 반대인 경우도 있다. 소위 당뇨병 약을 사용하면 병상(病狀)은 개선된다. 먹이 요법이 중요하며, 개는 제법 철저하게 줄 수 있으므로 경쾌하는 일이 많다. 백내장(白內障)의 진행도, 이 병이 원인이 되는 것이 많으며, 그 외 완고(頑固)한 설사나 탈모(脫毛) 등이 있다.

〔복수(腹水) ; 뱃속에 장액성의 액체가 괴는 병증〕대다수는 간(肝) 경화(硬化) 또는 비대에 의한 것이며, 그 또한 원인은 휘이랄리야라고 해도 좋다. 휘이랄리야 처치에 대해서는 앞서 설명한 바와 같으며, 복수에까지 되어서는 그 병명인 휘이랄리야의 치료에 착수해서는 대개, 손늦은 감이 든다. 지나치게 많이 괴이면 가슴을 압박해서 호흡이 곤란하게 된다. 이런 경우만은 복수를 빼줘야 하겠다.

〔나쁜 체취(体臭)〕흰털이 붇고, 털은 빠지며, 싫은 냄새로 못견디는 수가 있다. 그의 대다수는 치조농루(齒槽膿漏)이므로, 이를 조사해 본다. 이는 검푸르고(靑黑), 더러워진 치석(齒石)으로 가득차 있으므로, 전신 마취해서 치석을 제거해 주면 냄새가 없어진다. 또 흔들거린 이는, 마취한 그때 제거하는 것이 좋다.

악취(惡臭)를 내는 병 중에 요독증(尿毒症)이 있다. 원인은 여러 가지 있으나, 오줌의 성분이 몸 표면에서 방산(放散)되기 때문이며, 노견(老犬)에 이 종류의 병은 만성의 신염(腎炎 ;콩팥에 염증이 생기는 일)이 많다.

노견(老犬)에만 있다고는 할 수 없으나, 항문선(肛門腺)의 농종(膿腫)도 악취를 낸다. 이것은 종물(腫物)을 제거하면 완쾌된다.

□ 노견(老犬)에의 위로

오랫동안 마음대로 횡포(橫暴)를

지극히 한 사람과의 교제로, 개는 형편없이 피로해서 지금은 노경(老境)에 들어갈려고 한다. 얼마 되지 않아 쇠약해서 죽음을 기다릴 것이다.

개의 노년(老年)은, 약간 성미가 까다롭게 되나, 그렇다고 해서 사람에게 근심 걱정을 시키는 것도 아니다. 가만히 두고, 하고 싶은대로 시켜준다. 시나친 필요없는 걱정은 해줄 필요는 없다. 그렇다고 해서 모르는체 해서도 안 되겠으나, 이 정도 같으면 할 정도로 해주면 기쁘게 받아 들일 것이다.

번거로운 일은 싫어한다. 자기의 손자가 와서 싫어하는 수도 있다. 또, 약간 자기 의사를 통해 보겠다 하는 기색도 보인다. 그러나 곧 단념한다. 눈이 보이지 않은 노견에는, 전부터 그 개가 있었던 장소를 바꾸지 않고 그대로 둔다. 그렇게 하면 흡사, 자기의 눈은 괜찮다는 것 같이, 태연하게 자신(自信)이 있는 행동을 한다. 계단에 닿아도 괜찮다. 전에부터 있는 것 같으면.
…………

귀도 또한 잘 들리지 않는다. 친절하게 너무 말을 건널 필요는 없다. 거저 부드럽게 그 개의 머리를 가볍게 두들겨 주는 것으로 크게 만족할 것이다.

먹이는, 그 개의 식욕의 증진에 따라 해서는 안 된다. 지방분을 줄이고 일정한 양 이상은 주지 않는다. 그 개의 연령으로 식욕 왕성이 되어서는 안 되기 때문이다.

때때로 귀 소제를 해준다. 기쁘게 당신이 하는 데로 맡길 것이다. 브러시는 더욱 좋아한다. 아침 저녁 천천히 구석구석까지 철저히 해준다. 종물(腫物)이 여기저기에서 튀어나오는 수도 있으나, 이미 그 개를 괴롭혀가면서 수술을 할 필요는 없다. 통증이나 고충도, 보다 적게 해주면 된다.

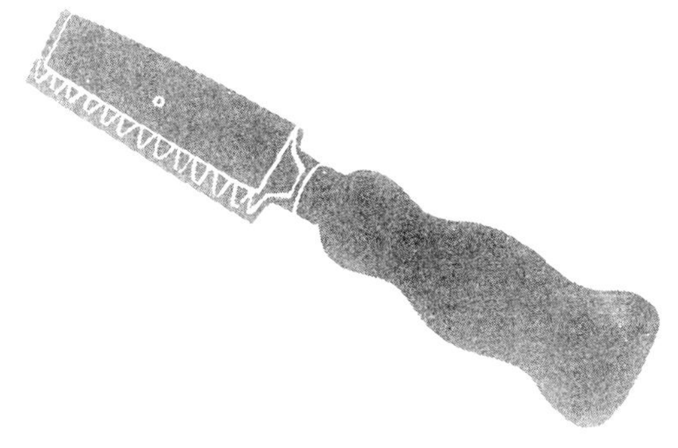

324

社會속
사 회
의 　개

☐ 개의 본성(本性)을 바르게 인식해야 한다.

　사회라 하는, 사람들이 구성하고 있는 조직을 무너뜨리지 않은　범위에서의 자유는 훌륭한 일로서, 크게 존중하고 싶으나, 많은 사람들은, 아니　한 사람의 사람에게도 괴로움을 주는 자유는 어느 누구도 갖고 있지 않다. 당신이 갖고 있는 물건의 책임은 당연히 당신 자신 속에 있을 것이나, 이상하게, 개만은 그렇지 않다고 하는 사람이 많은데는 입을 다물지 않을 수 없다.

　아이들의 대다수는, 개는 사람에게 달려들어 무는 동물이라고 결정짓고 있다. 누가 그렇게 시켰는지 굳이 말하지 않으나, 어쨌던 슬픈 일이 아닌가. 개의 모습이 보이면 먼 데서 돌을 던질려고 한다. 개는 큰소리로 위협당하기 때문에 도망친다. 개 중에는, 존경하는 사람들이 그와같은 위험한 해를 입히리라는 것은 꿈에도 생각지 않고 함께 놀려고 가까이 온다. 거기에 기다리고 있는 것이, 이유없는, 난폭하기가 끝이 없는 폭행을 가한다. 개가 이것 안 되겠구나 실패했다고 생각하고 있을 때의 훈계같으면, 잘못은 나에게 있다고, 그 장소에서 폭행을 당하는 원한은 없어지는 것이지만, 그렇지 않을 경우는, 개의 성격을 타락시키는 것이다.

　이를테면 먹는 것이 없더라도, 개는 당신 곁을 떠나지 않고, 굶어 죽어간다. 그것이 개란 동물이다. 그 개가 물려고 덤벼드는 것은, 모든 것이 사람에게 무언가 책임이 있다고 생각하고 처리를 해야 하겠다.

　이러한 사태는, 개를 자유스럽게 길거리를 거닐게 하지 말고, 외출 때에는 목걸이에 줄을 달아야 한다. 이것만으로 만사 아무런 걱정이 없다.

□ 맹목적인 사랑(盲愛)의 금지 (1)

무엇을 해도 일체 꾸짖지 않는다. 분간 없는 방임주의, 이것이 견성(犬性)의 잘못, 개를 타락시키는 최대의 악덕(惡德)이다. 만일 이 개가 병이 되었다고 하여 수의(獸醫)의 진찰을 받는다고 하자. 진찰하는 쪽은 보는 것만이 아니고, 손이나 기계를 사용할 것이며, 주사도 하며, 내복(內服)도 시키지 않으면 안 된다. 그런데 이와같이 제멋대로 자란 개는, 그의 일체를 거절한다. 완강하게 이것을 거절한다. 이 때, 사육주는, 가만히, 조용히, 하며 제지를 해도, 평소의 습관때문에 전연 들어주지 않는다. 어떻게 병을 진찰하지 않으면 생명에 관한 것도 있으므로 단호히 그 개를 억제도 하고 무엇이든, 수의(獸醫)의 하는 일을 도우려고 애쓴다. 그러면 이 개는 그 사육주에게 달려들어 물게 된다. 그러한 일은 절대로 없을 것이다라고 하는 사람에게 찬성하고 싶으나, 그러나 이외에도 이러한 "있어서는 안될" 성격의 개가 많은 데는 놀라지 않을 수 없다.

용건이 있는 사람이 현관을 방문한다. 그 개는 그 사람이 돌아갈 때까지 짖는다. 더욱이 달려들어 물려고까지 한다. 돌아갈 때까지 계속한다. 용건이고 무엇이고 할 수가 없다. 이것을 가지고 좋은 번견(番犬)이며, 안심하고 갈 수 있는 것도 이 개의 덕택이라고 하는 사람, 그러한 사람이 이외도 많다. 개를 만일 번견으로서 애육하고자 하면 정말로 조심해야 할 사람인가 어떤가의 구별을 대체로 할 수 있어야 하며, 필요에 따라 크게 짖는다는 등

의 범절을 알아야 한다.

□ 맹목적인 사랑 (盲愛)의 금지 (2)

개가 좋아하는 것, 그것을 갖춰주는 것은 반대하지는 않는다. 그러나, 개가 건강하며 즐거운 생활을 계속해 가기 위해서는 개에 알맞는 먹이가 필요하며, 적당한 운동을 시켜야 한다. 진심으로 개를 사랑한다면, 언제나 그 개가 하고 싶은 대로 해주는 것이 아니다. 사람의 뜻에 따르며, 사람이 그와같은 일에 의해서 만족한다. 그 만족한 얼굴모양을 개가 가장 좋아한다는 것을 알아야 한다. 제멋대로 해둘 때의 기쁨과, 그 개의 행동을 사육주도 또한 기쁘게 생각한다의 2중의 즐거움이, 진실의 즐거움이다. 이와같은 습관에 의해서, 그 개의 생명을 위태롭게 하는 큰 근심에도, 마음대로의 치료가 되며, 어떠한 피로운 치료에도, 개는, 자기를 위해서 하고 있다는 것을 이해해서 모든 것을 맡기고 있다. 그것뿐이 아니고 나아가서는 그 치료를 하기 좋게 끔 포오즈를 취해준다는 지경까지 이른다. 사육주에 달라들어 무는 개나 주는 먹이를 좋아해서 먹지 않은 개, 사육주의 제지 (制止)에 따르지 않고, 끝없이 짖기만 하는 어리석은 개, 그와같이 된 모든 원인은 사람의 잘못으로 그렇게 되었다는 것을 인식해야 하겠다.

□ 우편 (郵便)이나 신문이 필요없는 집

하루에 몇번이고 배달되지 않으면 안 될 우편물, 신문, 우유 등, 이러한 서어비스는 필요없는 집인 것 같이, 이러한 배달하는 사람에게 짖고 또는 달려들어 물기도 하는 개, 즉 사육 가치가 없는 개가 이외에도 많다. 만성이란 것은, 단순히 병만이 아니고, 일상 생활에 있어서도 매우 무서운 것이다 이와같이 싫어하는 당신의 개의 일이 당신 자신이 모르고 있다는 것이다. 서로가 도우고 생활해야 할 사람과 사람사이가, 이와같이 사리를 분별못하는 개, 그 개를 당연한 것이라고 받아들이고

있는 그 사육주에 의해서 파괴되어 간다. 이와같이 타락된 개는, 벌써, 사육해 갈 가치조차 잃어 버렸는 것이다.

□ 일부러, 아침 소제를 끝마친 현관앞에, 이것은 또 !

아침의 산책은 개도 좋아한다. 존경하는 주인과 함께 하는 산책에는 개는 호연 (浩然)하게 활발한 운동을 계속한다. 이와같은 산책의 주된 목적의 하나는 개가 사육되고 있는 집안을, 자기의 배설물로 악취 (惡臭)를 남기기 싫다는 개들의 결벽성 (潔癖性)을 엿볼 수 있다. 즉 배설물을 청산하고자 한다. 일부러 소제되어 깨끗하게 된, 근처의 문전이나, 현관앞에, 가까이 와서 하고 만다.

개가 제멋대로 하고 말았다. 나는 모르겠다로서는 통하지 않는다. 절대로 제지 (制止)를 해야 한다. 따라서 공원이나 광장이 산책으로 선정되나, 대형은 곤란하다든가 소형 같으면……… 하는 정도가 없고, 같은 모양으로, 공공 (公共)의 장소에 오물 (汚物)을 버린다는 것에는 변함이 없다. 비닐봉지에 수용하라고 규정된 지역도 외국에서는 있는 것 같으나, 그렇게 되면, 개와 즐거운 산책이라고는 볼 수가 없다. 도회지에서는, 이와같은 광장은 점점 좁아져 가고 있으며, 앞으로는 큰 문제가 되어 있다. 어떤 사람은, 연구해서, 수세 (水洗)변소에서 볼 일을 보도록 가르치고 있는 사람도 있다. 당분간은, 우리 나라의 도시는 몰밀어서 모두 어쩐지 더러우니 눈에 띄는 일은 없을 것이나, 완전이 포장이 되어, 아침 저녁 대형물뿌림 청소차 등이 움직인다고 하면, 이상하게 눈에 띄게 되어 문제가 될 것 같다.

이 점, 소형견은 유리하다. 아파아트 생활에도 괜찮게 할 수 있다. 이것 같으면 아무것도 개에 수세변소의 사용법을 가르치지 않아도, 하나하나 수워서 처리하는 것도 간단하다. 개도 하루 한번으로 참아준다.

□ 한패가 서로

개의 **나쁜** 평판의 대다수는, 확실한 범절(凡節)을 가르치지 못한 사람의 쪽에서 그 비난을 받아야 할 것은 당연하다. 개의 평판을 떨어뜨리는 또 하나의 원인은, 개의 방사(放飼) 문제가 있다. 벌써 지역에 따라서는 개의 방사를 금하고 있는 곳도 있다. 쇠사슬로 묶어서 사육한다. 이 쇠사슬에 이어 사육하는 방법은 개에 있어서는 많은 고통이 따르나, 개 전체의 악평을 방지하기 위해서는 그 가련한 개도 단념해 줄 것으로 믿는다. 만일 이와같이 부득히 한 이유로서 학대할 것 같으면, 적어도, 그 위치를, 여름같으면 아침 낮, 저녁의 햇볕의 쐬는 쪽이 다를 것이고, 비나 바람일 때도 있을 것이므로 이와같은 자연의 영향에서 보호해 주어야 한다.

방사(放飼)의 개늘은 각각 한패끼리 모여서 놀아다닌다. 특히 발정기 때는 20, 30 집단적으로 행동하므로, 사람들에게 약간 이상하게 느낌을 준다. 견군(犬群) 횡행(橫行)이란 정경이 된다. 많은 경우, 개끼리의 투쟁이 발생한다. 경우에 따라서는, 제법 무서운 정경까지 전개된다. 살벌(殺伐), 야만, 참혹이라고도 표현해야 할 것인가. 사람 눈이 많다든가 적다든가 구애되지 않고, 그때 그때 되어가는 대로 감행한다. 비장(悲壯)한 울음소리를 내면서 도망가는 것은 괜찮은 편이고, 급소(急所)를 물리게 되어 죽는 것까지도 있다. 무책임한 방사(放飼)때문이며 사람이 시키는 광경이기도 하다.

□ 또 있다. 방사(放飼)의 악덕(惡德)

노상(路上)에 있어서, 죽음에 이르기까지의 투쟁은, 역시 사람측의 관리 불행이나, 이 외에, 계절적인 발정기에 있어서, 장소를 가리지 않고 자행되는 자유 교배를 들지 않으면 안 된다.

이와같은 상태로 되어버렸는 일을 후회하는 것은 좋지만, 이 상태를 빨리 없애버리려고 하는 목적으로, 장대로 개의 허리를 두들기던지, 불통으로 불을 붓는다. 등의 일을, 진실한 얼굴을 하고 하는 어른들이 있다. 개나 사람이나 모두가 견격(犬格)과 인격(人格)을 실추(失墜)하는 일은 대단히 많다.

벌써 설명한 것처럼, 개의 발정기는 해마다 봄 가을의 2회에 집중되어 있으므로, 이 계절에는 특히 암컷 수컷 할 것 없이 확실한 관리를 해야 한다. 후각(嗅覺)이 발달된 견족(犬族)이므로, 만일에 자유롭게 행동할 수 있게끔 해두면 제법 먼 곳에서도 몰려 오게 되어, 그 집단은 큰 것이 된다.

암컷의 획득을 위해 당연히 거기에는 크나른 투쟁이 전개된다. 그리고 그 승자(勝者 ; 이기는 것)가 전유(專有)하게 되며, 다른 것은 모두 이것을 쳐다보고만 있는 광경이 벌어지게 되어, 결코 보기 좋은 것이 못된다. 우리 나라에서는, 전염성의 개의 성기(性器) 종양(腫瘍)이 많이 발생하고 있으나, 그 주된 이유는, 이 개방된 견군(犬群)의 자유스러운 교배에 의한 것이며, 문명이 발달된 나라일수록 이러한 병은 절대로 볼수 없는 것이다.

□ 개의 평판을 좋게 하는 데는

사회에 뛰어들어 생활하지 않으면 안 될 개들을 싫은 사람들에게는 이 이상 싫어하지 않게끔, 개에 대한 이해가 없었기 때문의 개 싫음에는 그 계몽을, 무언가 개에게 당했다고 하는 것이 원인의 사람에게는, 견성(犬性)은 그러한 것이 아니라고 하는 이유를 알게끔 하여, 개도 또한 유쾌한 생활을 보내게끔 준비를 해 주어야 될 것이다. 그 근본은, 개 자체의 사회성, 즉 세련되었나는 것이 필요하며, 거기에는, 보다 좋은 범절(凡節)과, 보기에도 훌륭한 체형(体型)을 갖춘 순수종이 불어나가는 것이다. 그리고 그 결과, 방랑견(放浪犬)의 모습을 볼 수 없으며, 따라 서 무계획적인 강아지의 산출(産出)도 없어진다고 하는 결과가 된다.

에의 범절을 가르치면 그 일을 개는 즐거워 하고 있다는 것을 잊어서는 곤란하다. 왜 즐겁게 에의 범절을 가르치는데 응하는가, 그것은, 개란 동물은 사람이 하는 일, 마련하는 일이 모두 발이 저리도록 좋아한다고 하는 동물의 타고나 천성이기 때문이다.

얼어 죽는 일이 있어도, 눈보라 속에서 주인인 당신의 옆에 있는 것을 좋아하는 것이 개다. 굶어 죽는 일이 있어도, 먹이를 갖고 있지 않은 당신의 손을 핥아 주는 것이 개다. 의사인 당신의 손의 주사기나 칼은, 개에 있어서는 상당한 공포에는 틀림없다. 그러나, 어떠한 운명인가. 당신에게 사육되며, 당신의 실험에 제공되어야 할 상태가 되면, 도망가는 일 없이 태연하게 당신이 시키는 대로 하는 대로를 맡기는 것이 개다.

□ 처음에

순수견의 애호회(愛好會)와 같은 단체는 현재 우리 나라에도 제법 있는 것 같다. 앞으로도 더욱 번창할 것 같으나, 순수견만 아니고, 잡종견이나 기타의 동물을 취급하는 단체 등도 있는 것 같다.

이와 같은 협회는 어느 것이나, 그 이름과 같이, 동물 애호의 정신을 널리 일반에 보급시키며, 그 정신을 통해서 인류애를 쌓고자 하는 것이다. 그리고 그 목적을 위해, 여러 가지 사업을 하고 있으나, 어느 것이나 동물을 사육, 혹은 사용하는 사람들에 있어서는 많든 작든 관계가 있으며, 알아둘 일도 많은 것 같다.

□ 야견(野犬)을 만들지 말도록

개나 고양이는, 사육주가 없어서는 생활을 안전하게 즐겁게 해나갈 수 없는 동물들이다. 개는 심리학자가 연구한 결과, 자기의 한패들과 함께 있는 것보다는, 사람에게 사육되어, 사람과 함께 있는 것이 훨씬 좋다고 한다. 그러므로 사육주가 없는 야견(野犬)만큼 비참하고 불쌍한 것은 없다. 의지할 주인이 없을뿐 아니라, 무슨 일이 있을 때마다 심한 일을 당하게 되며, 광견병의 위험성은 항시 내포하고 있는 것이다. 위생상이나 교육상에도 재미없는 일이다.

야견(野犬)을 만들지 말 것. 이것이 동물 애호의 첫걸음이라 지 모른다.

별로 개가 욕심나는 것도 아닌데, 사람에 부탁을 맡아서 할 수 없이 받았던지, 아이들에게 억지로 부탁 받아, 장난감으로 강아지를 주는 것 따위는, 대단히 위험하고 무책임한 일이다. 자기 스스로는 사육할 기분은 없고, 집이

331

나 마닝도 개에게 부적당하다고 하면, 언젠가는 손을 떼지 않으면 안 된다.
싫었는 생물은 장난감이 아니다. 하물며 동물을 버린다던지 하는 일은, 아이

에게 생명을 가볍게 보는 일을 자기도 모르게 가르치고 있는 것이다. 동물을 기르기 전에 자기의 기분, 경제 상태, 생활 환경을 잘 생각해서, 아이에게 잘 납득시켜 거절해야 한다. 장난감은 그 외에 얼마든지 있다. 책임감이 있는 부모의 아이들은, 역시 크게 자라서 책임감이 있는 인간이 될 것이다.

불행하게도 버림을 받았는 강아지는, 구원을 받는 일은 적고, 거의기 괴로움을 받아가면서 죽어간다. 아이들은 이것을 보고 괴로움에 대해서 무관심하게 된다. 심할 경우는 돌을 던지기도 하고, 차기도 하며, 밟기도하여, 개의 괴로움을 보고 즐기는것을 익힌다. 이 사디즘(상대방에게 고통, 학대를 가하여 성적 만족을 느낌)가 자라서 성인이 되어서부터 사람을 죽이는 원인이 될지도 모른다.

어떻게 해도 강아지가 태어나서 곤란할 때, 태어난 즉시 강아지를 자기손으로 처리 못할 경우에는, 곧 다른 사람에게 부탁을 한다든지.

애호 단체에 갖고 가든지 한다. 오랜 괴로움을 주는 것보다, 아직 의식이 없을 때에 처리하는 것이 개에 있어서 행복이다. 그러나 이것은 반드시 성 인의 손에 의해서 이루어져야 한다.

야견(野犬)의 수는 전국 중요 도시 만이라도 그 수는 확실하지 않으나 대 단히 많다. 가까운 나라 일본 토오쿄오는 하루 평균 120마리가 나온다고 한다. 그 중에 사육주에게 무사히 되돌아오는 수는 불과 얼마되지 않으며,

나머지는 병원 실험용이 되기도 하고, 처분되기도 한다.

일본같은 나라는 애호협회,복 지협회 등이 있어서, 이와 같은 필요없는 동물을 처분할 때는, 약품을 사용하여 될 수 있는 한, 고통을 주지 않고 안락사(安樂 死)시켜 줄려고 노력하고 있다. 그렇지만, 처분할 개가 너무나 많으면, 이럭 저럭 인도적으로 처리할려고 해도 미치지 않을 때 가 있다.

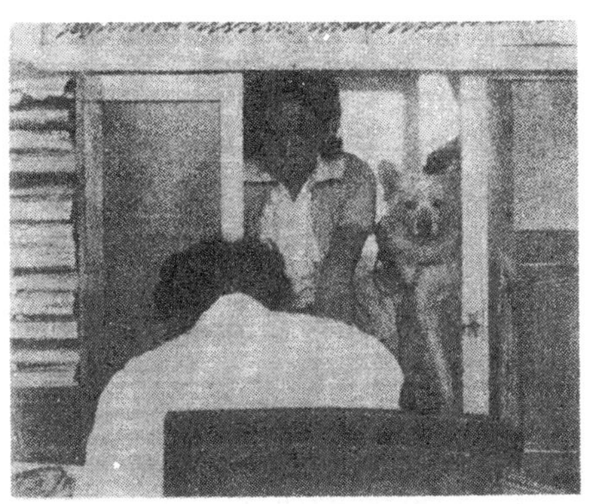

야견을 만들지 않도록, 일본 에서는 여러 가지 운동과 방법 으로 대단한 노력을 계속하고 있다. 복지협회에서는, 회원 상 호간이 연락하여 버린개를 발견 하기도 하고, 집에 필요없는 개 가 생기면 사무실에 연락한다고 한다. 그러면 사무실에서는 협회 의 마크가 달린 차(車)가 와서 그 동물을 싣고 간다고 하며, 개 가 필요한 사람은 이 협회에 신 청해 두면, 그 희망에 가까운

개가 있었을 때는, 역시 이 협회의 차(車)로서 운반해 준다고 한다. 이런 경우, 바란다면 거세(去勢) 수술까지도 해준다고 하니 부러운 일이 아닐수 없다.

또 복지(福祉) 협회의 계획의 하나는 이동 가축 진료차가 있어서, 이것에 의해서 동물 진료에 획기적인 효과를 올리고 있다고 한다.

이 이동 진료차에는, 병이나 사고로 부상한 동물에 대해서 치료나 응급조치를 함과 동시에, 거세(去勢) 수술 기타의 진찰의 주문이 있으면 그것도 할 수 있는 설비를 갖추고 있다고들 한다. 특히 개의 거세는, 잡견(雜犬)의 교미 임신을 없앤다고 하는 협회의 사명을 달성하는데 있어서, 실로 중요한 문제인 것이다.

일본 동물 애호협회의 부속동물병원과 버린 개의 수용소. 여기에서는 언제든지 필요한 개를 얻을 수 있다고 한다.

동물이나 기타 생물에 대한 국민의 태도를 보면, 그 나라의 문화의 척도를 알·수 있다고 한다. 확실히 우리 나라는 1960년대 이후부터 놀랄 정도의 기술적, 물리적 발전을 거듭해 왔는 것은 사실이나, 도의(道義)의 면(面)에서는 진실로 반성할 점이 많다고 봐야 하겠다.

　동물 학대(虐待)의 가장 큰 원인은, 무지(無知)와 무관심에서 생긴다.

　인간과 다른 생물과의 사이에, 훌륭한 도의적인 원칙을 세울 필요를 우리들을 잘 이해하지 않으면 안 된다. 이를테면 보통의 집에서 번견(番犬)을 사육할 경우, 밤이나 낮이나, 움직일 수 없을 정도의 짧은 쇠사슬에 매어, 아이들은 강아지나 고양이를 던지기도 하며, 학생은 마취제를 사용하지도 않으면서 생물을 실험 수술을 하며, 교육 기관의 당국은 학생이 실험 동물을 사육하는 것을 허가하고 있으면서, 올바른 먹이를 주고, 물을 주며, 올바른 견사에서 생활하도록 하지 않은 것이 실정이다.

　연구 실험용의 개 — 그네들은 목숨을 받쳐 인간의 의학 연구에 봉사하고 있는 것이다. 그러나, 최근까지는 그네들의 이 거룩한 봉사에 보답할만한 수용 시설도 없고, 적당한 먹이도 주지 않으며, 노천(露天)에 매달아 둔 생활을 시키고 있는 것이 많았다.

　그러나 최근에는 그 관리, 취급 상황의 개선에 노력한 결과, 견사의 개량에 대해서는 만족할 정도가 되었으나 먹이에 대해서는 많은 문제가 되어 있다.

335

개도 또한, 각자의 운명에서 벗어나지는 못한다. 그러나, 사람의 동정에 의해서, 의외로 간단하게, 어느 정도의 해결을 볼 수가 있다.

□ 사치스러운 생활

반드시 그 개의 값이 비싸다는 이유만이 아니다. 혈통이 바르다든가, 챔피온상을 갖고 있다든가 하는 이유만으로 홍성스러운 대우를 받는 것이 아니다. 요는 사육주가, 개는 사람들의 가장 친한 벗이며, 이만한 대우를 받는데 적합한 센스(감각)를 갖고 있다는 생각에서의, 사람과 더불어의 생활에 지나지 않는다.

같은 소파(길다란 안락 의자)를 점령하는데 있어서도, 가장 좋은 카바며, 스프링의 부드러운 것을 선택한다. 식탁 위의 맛있는 음식에 입을 댈 필요조차 없다. 조금 기다리고 있으면, 당연히 먹을 기회가 오기 때문이다. 더러워진 발로서는 깔개 위에 올라가지 않는다. 누군가 발을 닦아줄 때까지 기다린다. 여름은 가장 바람통함이 좋은 장소에, 겨울은 난로 옆에, 집안 사람의 누구이든 그 점령함에 이의(異議)가 없다.

함께 여가를 지내는 새끼 고양이나 새 (鳥)들도 있다. 약간 귀찮은 일도 있으나, 이것들의 시중을 든다는 뜻에서, 중요한 놀이 상대를 받아 들이지 않으면 안 된다.

원숭이에게는 굴복해야 한다 하는 동작에게 괴로움을 당하기 때문이다.

너무 귀찮게 굴지 않은 이상 기분좋게 대접하도록 노력하자. 고양이나, 원숭이나, 같은 일일때 같으면 함께 친할 수가 있으나, 생장한 것은 무어라 해도 설득이 듣지 않은 그네들이기 때문에, 나의 힘이 미치지 않은 곳이다. 그러나 어떻게 하던 나는, 이와같은 동물과도 무리하게 교제를 하는 것이나, 이상하게도 사람에 대해서만은 마음이 풀리고 친해지며 애정이 솟아 나오는 것이다.　　　　　　　　　　　　　　　　　　(어느 개의 독백)

□ 버스에　타는 것이 가장 좋다.

한패 중에서는 차멀미를 앓는 것도 있다. 그러나, 사람 중에서도 상당히

그러한 특별한 사람이 있는 것 같으나, 나는 드라이브를 가장 좋아한다. 장
문에서 움직이는 풍경을 쳐다보는 것은 약간의 드릴(간담이 서늘하고 아슬
아슬한 느낌)이다. 아무리 익숙해 있어도, 역시 배가 부를 때의 오랜 시간은
되지 않는다. 다만 트랑퀼라이저(진정제)로서 상쾌한 기분이 될 수 있으나,
문이 열린 수레(車)의 모습은, 나의 생활에서 가장 홍분꺼리다.

□ 불편한 우리(籠) 안의 새

우리들 어느 견종을 봐도, 그 조상은 수렵(狩獵)이나 목양(牧羊)의 일을
한 근육(筋肉) 노동에서 단련한 경력을 이어받고 있다. 그 끝 세대인 우리들
을, 불편하기 이루 말할 수 없을 정도의 조그만한, 그것도 겨우 몸을 움직일
수 있을 정도의 상자 속에 넣어두고, 아침 저녁 두번의 먹이 겸 배설만을 목
적으로 한 고양이 이마 정도의 빈터에 내어 놓기만 하는 자유, 이러한 방법
으로서는, 어떠한 유서(由緒) 있는 혈통이라도, 몇대(數代) 가지 못하고 퇴
화(退化) 붕괴(崩壞)되어갈 것이다. 새를 기르는 정도의 대우로서는, 어떠
한 애정을 쏟아져도, 잘 자라지 않은 것이다.

소형(小型) 견종에서 곧잘 이러한 학대를 받는 것이 있다. 이러한 운동부
족인 사육을 해도 소형화(小型化) 등의 진전(進展)은 결코 달성할 수 없는
것이다.

개라고 하는 무리는, 새나 흰쥐를 기르는 방법으로서는 자라지 않는다.

또 그러한 사육법까지 해서 개들을 애육(愛育)할 필요가 없는 것이다.

되는 대로 내버려 두는 부랑견(浮浪犬)에 떨어져, 동족(同族)의 냉대를 빋
는 것도 싫으나, 이와같이 새의 취급을 받는 것은 곤란하다. 절대로 그렇게
해서는 안 된다. 사는 보람이 없다. 사람과 함께의 생활만이 의의(意義)를
가지는 것이다.

□ 죽은 바둑이의 무덤

이름같은 것은 어떻게 되던 좋다. 살아 있을 동안의 부호에 지나지 않는다
사치스러운 이름은 필요없다. "바둑이"든 "포치"이든 상관없다. 무덤까지라
고 생각해 보지 못했으나 앞동산에 나의 무덤이 있다. 결코 부러울 정도의
견종이나 혈통도 아니다. 그러나 사육주(飼育主)의 호의(好意)가 이렇게 두
터웠다. 상자 속에, 통조림, 새고기(鳥肉) 등이 나와 함께 들어 있다. 맛있
는 향기가 난다.

(죽은 바둑이)

□ 일광욕이라 하지만

햇볕의 자외선은, 피부에 스며들어 비타민 D를 만들며 뼈의 짜임이 좋아진다고 한다. 이 여름의 햇볕 쬠으로서는, 대량의 비타민 D가 제조될 것이다. 나는 이윽고 일사병에 걸려 자빠졌다. 쇠사슬로 매어둔다는 것은 심하다. 여름의 햇볕같으면, 직사(直射)를 받을 필요가 없다. 그늘에 가만히 들어간다. 부드럽고 연한 햇볕이면 충분하다.

□ 심한 모기

보통 있는 모기라도 우리들 개 특유인 휘일랄리야는 전염된다. 어떤가 이 모기. 사람들은 모기장에 들어가 있으나, 이래서는 이 우리들 개들은, 모기를 피로서 키우고 있는 것 같다. 기피제(忌避劑)란 것을 팔고 있는 세상인데 아니 방문비(防蚊扉) 안에서 평온(平穩)한 잠을 자고 있는 놈도 있는데, 이 아침 저녁의 염치없는 모기떼들의 내습(來襲)에도 어떻게 해줄 작정인가?

□ 투견(鬪犬)은 개의 스포오츠

확실히 그럴는지도 모른다. 그러나 그것은 프로의 개에만의 일이다. 프로의 개도, 사람이 생각하고 있는 정도, 단결이나, 무리한 먹이, 실연(實演) 따위를 좋아하는 것이 아니다. 미안하지만 개에게는, 여기에 이기면 얼마가 된다는 계산은 이해하지 못한다. 그만큼 열등(劣等)인지 모르지만, 싸우면 사람이 좋아하니까 할 뿐이다.

□ 사형수 수용소 안의 나

　이 냄새, 몇만마리를 넘는다는 동족(同族)의 체취(体臭)의　집적(集積)소로
되어, 세척(洗滌)을 받아도 착달라 붙어서 떨어지지 않은 이 압도적인 광경,
큰 체격의 굵직하고 튼튼한 체구를 가진 순수한 방랑견도 과연　이 수용소에
서는 힘이 없다. 먹이가 있어도 마구 먹을려고 덤벼드는 놈은 한놈도 보이지
않는다. 꽤 좋은 생활을 하고 있었던 모양이다. 저 백흑판(白黑班)의　개는
어떠한가. 심하게 여위고, **불쌍한 모양, 목걸이**는 갈아 있다.　광견병의 예
방주사를 맞은 증명이나, 축견계증도 붙어 있다. 거저 부랑(浮浪)해 있었다
는 것으로 붙들려 왔는 것이다. 그렇다, 이 지역에서는, 개를 방사(放飼)해
서는 안 된다고 되어 있다. 당연한 포획(捕獲)이다.

　포획된 개의 수가 적을 때는 좋으나, 많을 때는 밑에 깔리어　압사(壓死)
하는 것도 있다. 이렇게 좁은 곳에 넣어져서, 그 운명도 대개의 예상은 알고
있음에도, 아직 자기 실력을 과신(過信)하여 뽐내는 놈도 있다.

　다행히, 사육주가 그 행방을 찾아 구해 준다고 하자. 포획되어서 사흘이나
되었기 때문에, 포획견 억류소(抑留所)를 찾으면 된다. 구원을 받아 원래의
집으로 돌아왔을 때의 기쁨, 이틀이나 사흘동안에 받은 정신적 타격은, 1개
월이나 2개월으로서는 도저히 잊어버리지 못할 정도 크다. 그러나 아직 그
수용소 안에 들어 있는 한패는 벌써 살아가는 맛을 잃어버렸는 것까지 있다.

 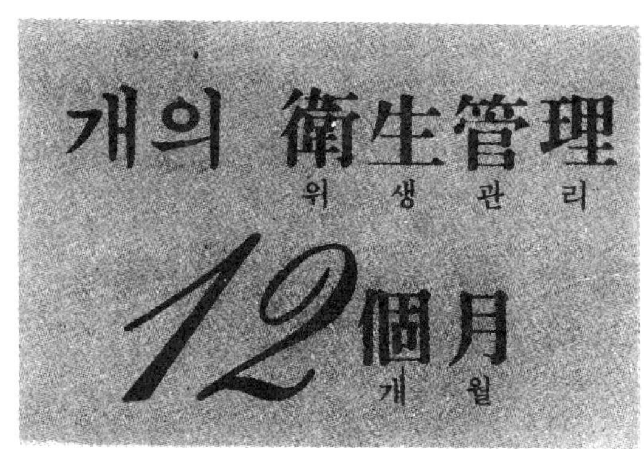

1 이것 저것 사고

연말부터 사람의 출입이 심하므로 개를 위한 주의가 잊어버리기 쉽다. 자칫하면 이 틈에 이외(意外)의 사고가 일어나기 쉬운 때이다.

우선 화상(火傷)을 입기 쉽다. 어느 개이던 추위를 좋다 하는 개는 없을 것이다. 불기가 있는 곳에 가까이 간다. 따뜻하다. 기분이 좋아서 자게 된다. 전기 곤로 따위는 처음에는 화력이 약하므로 큰 화상을 입는 수가 많다. 화로에 떨어졌다든가 난로에 부딪히는 정도의 화상은 범위가 좁으나, 전기 곤로는 그렇지가 않다. 바깥모양은 대단치 않은 것 같으나 타격(打擊)은 오히려 이 쪽이 위험하며 크다. 눈에 보이는 정도의 가벼운 상처라도 낙관해서는 안 된다. 왜냐하면 전신(全身)에 그 영향이 미치기 때문이다.

화상은 불이나 뜨거운 물 뿐이 아니다. 전기, X광선, 화학물질 따위도 일어나나, 어느 상처이건 치료는 해야 한다. 단순하게 붉은 반점이 생긴 정도, 또는 약간 쩌리는 정도, 물집이 생겨서 겉거죽이 타버렸으나 치료를 하면 상처가 남지않은 정도, 또는 겉거죽을 뚫고 들어가 그의 조직을 파괴해서 상처가 남게 되는 정도 등 그 상처의 정도는 이루 말할 수 없다. 상처가 가벼우면 붕산연고나 베니실링연고 정도를 바르면 되나 중조수로서 찜질을 하던지 그 이상의 상처가 있을 때에는 생리식염액을 대량으로 정맥 주사를 놓아야 한다. 그리고 "속" 따위의 걱정이 있을 때에는 수혈 등을 해야 한다. 그리고 공포증을 일으키는 일도 있으므로, 그럴 때에는 정신 안정제나 마취제 등으로 진통 안정을 시키는 것도 고려하지 않으면 안 된다. 그리고 특별한 예이기도 하지만 한냉(寒冷)에 의해서 동상(凍傷)도 되나, 그 병상(病狀)이나 치료법이 화상과 비슷하다는 점은 흥미가 있다.

추위에 견디는 훈련

추운 지방에서 자란 개는 걱정이 없으나, 따뜻한 지방에서 자란 개, 이를테면 영국 포인터 따위를 갑자기 사냥에 다리고 갈 경우에는 생각해 볼 여지가 있다. 그렇지 않아도 털이 적어서 추위를 타는 견종(犬種)이므로. 무리한 일이다. 세터종류는 털이 많으므로 어떻겠느냐고 하지만 따뜻한 지방에서 자란 개를 갑자기 나리고 간다는 것은 찬성하지 못한다.

사냥터에서의 활동 중의 추위는 어떻게 견딘다고 하더라도, 한밤중에서 새벽녁까지의 추위가 문제이다.

이 계절은 상당히 발정을 일으키는 개가 있다. 지금 교배하게 되면, 4월의 따뜻한 때 출산하여 새끼를 기르는데 좋은 시기이다. 그러므로 발정 중에 있는 암개를 사냥터에 다리고 가는 것은 삼가해 주기 바란다. ⤴

3 기생충의 철저한 구제

곤충이 발생하기 시작한 때이다. 먼저 어떤 종류의 개이건 치명적인 병은 심장에 기생하는 휘이랄리야의 유무(有無)를 검사해 보도록 한다. 혈액을 현미경으로 검사해 보면 확실한 진단이 된다. 또 병상(病狀)이 가벼운 때는 안심하고 살충(殺蟲)할 수 있으므로, 비소(砒素)에 의한 치료를 받기 좋은 때이다.

5·6월은 사람이나, 개나, 1년중 가장 건강하게 지낼 수 있는 좋은 시기에 해당되므로 그 사전(事前) 준비로서 위장에 기생하는 회충 구충 조충 따위를 잊지않고 처리해야 한다. 그리고 분변(糞便)을 현미경으로 검사해 보면 대강의 짐작을 하게 되므로 기생충 구제는 생각하기에 따라 간단하게 처리할 수도 있다.

기생충 구제약으로서는, 그 종류나 사용하는 약품에 따라 여러 가지가 있다. 기생충을 갖고 있는 개에 어느 정도의 독(毒)작용이 있다는 것 따위를 알아두어야 한다. 최근에는 과학의 발달로, 기생충에는 해가 되고, 개에는 해가 전연 없는 것으로 알려진 약품이 많이 판매되고 있다. 그렇지만 안심해서는 안 된다.

개의 몸을 구충약의 중독에서 보호하기 위해서는 될 수 있으면, 그 약품을 적은 양으로 구충을 해야 한다 사용한 후는, 그 약을 몸밖으로 내어 보내는 노력을 해야 한다. 그 목적은 내복을 시키기 전에 개에게 먹이를 주지 않고 공복(空腹)을 시켜 놓고, 약의 효과가 기생충에게 철저하게 미치도록 해 두어야 한다. 그리고 먹이고 난 뒤에는 일정한 시간이 지나면, 설사를 시켜 약이나 회충 따위가 빨리 몸밖으로 배출시킨다는 수단을 취하는 것이 상식으로 되어 있다.

구충약은, 대개 입으로 먹인다는 방법을 하고 있는데, 어쨌던, 약방에서 적당하게 약을 구입하여, 스스로 시약하므로 실패하는 일이 대단히 많으니 주의해야 함.

모처럼의 사냥철인데 이용못한 것은 딱한 일이기도 하나, 그렇게 하고자 할 때에는 먼저 거세를 해두는 것이 좋을 것이다.

추위에 대항하기 위해서는 몸속에 에네르기가 많이 소비된다. 그것을 보충하기 위해서는 칼로리가 많은 지방분을 섭취해야 한다. 외부보다 내부에서 따뜻하게 해주는 방법을 강구한다. 극히 털이 적은 닥스와 치와와나, 또 털이 많은 것 같이 보이지만 사실은 그렇지 않은 찡(狆)같은 개는 자켓나 방한의(防寒衣)를 준비하여 두도록 한다.

최근에는 전기 제품으로서 보온기(保溫器)가 많이 사용되고 있다. 겨울에 새끼를 낳아도 이외로 성적이 좋은 수가 있는데 이런 것은 무두 이런 기구가 있기 때문이다. 이 책의 모든 부면에 새끼를 양성하는데의 비결은 온도에 있다는 것을 여러·차례에 걸쳐 설명하였지만 한추위에 출산은 적당한 온도의 가감(加減)이 없이 충분한 보온(保溫)만 주면 틀림없이 초봄보다 오히려 좋은 성적을 올릴 수 있다. 가장 경계해야 할 일은 빈틈에서 새어드는 바람의 방어(防禦)에 있다

4 전염병 대책기

따뜻해지면 전염병이 전염된다. 태어나서 3개월 이상이 될까 말까하는 강아지는 한 차례의 디스텐퍼어의 예방과 주사를 맞아야 할 때이다. 즉 예방주사를 맞아야 할 가장 좋은 시기이다.

이 예방주사의 효과를 살리기 위해서는, 생후 3개월 이상 완전 격리 사육을 해야 한다. 즉, 아무런 걱정이 필요없다는 생태로 3개월 이상을 지나게 하여 한 차례의 예방주사를 맞을 것, 그리고 주사한 뒤 2주간은 완전히 외부와 차단한다는 상태를 계속시키면 약효는 틀림없다는 결론이 나온다.

그리고 추위를 막기 위해서 방한의(防寒衣)를 입히는 습관이 붙어 있는 추위타기의 개도, 따뜻한 날에는 방한의를 벗기도록 해야 한다.

그리고 따뜻한 날을 골라 목욕이나 세척을 시키는 것도 이달의 할 일의 하나이다.

특히 푸들, 코커, 스코티쉬, 와이어종 등으로 견전(犬展)에 출진하고자 하는 생각이 있으면, 대개 5·6월에 실시하므로, 이달은 벌써, 상당하게 진보되어 있어야 한다. 동시에, 건강의 완전을 기하기 위해서 한번 더 건강 진단을 받아 두어야 한다.

3월에서 4월에 걸쳐 또한 출산이 많은 달이기도 하다. 개는 1·2월에 발정기가 비교적 많으므로 어떤 날에 따라서는 제법 추운 날이 있으므로 주의가 필요하다. 개집도 대청소를 해둔다. 겨울털이나 그 외의 지저분한 것은 잘 털어 주도록 하고 문틈에 바람을 피하기 위해서 종이를 발라둔 것은 그대로 둔다.

5 4대 전염병 기타

밑털은 아직 남아 있다. 여러 가지 견전 (犬展)이 성행하는 달이다.

5월은 어떤 종류의 개이건 1년 중에 가장 좋은 때이다. 5·6월과 10·11월이 우리 나라에는 개에 있어서 가장 건강한 좋은 시기이다.

견전에 출진하던 안하던 여러 곳에서 광견병의 예방주사를 맞는다. 최근에는 광견병이 없어졌으므로 그럴 필요가 없다고 생각하나 광견병이란 그런 것이 아니다. 다른 병과는 그 종류가 다르다. 어떤 나라이건 문명국이라고 하는 나라는 광견병이 없다는 것이 상식이지만 언제 폭발적으로 발생할지 모르므로 그의 예방으로 당분간 맞는 것이 좋다. 아직 절대로 안전을 보증할 정도까지는 달하지 못했기 때문이다.

견전과 같이 많은 지역에서 다수 (多數)의 개가 모이는 때는, 생각지도 못한 전염병이 옮겨오는 가능성이 많다. 사실, 많이 개가 모이는 곳 (견전)에 다리고 갔다가 전염병에 걸려 죽었다는 예는 적지 않다.

디스텐퍼어에 대해서는 앞서 설명을 했다. 그 외에 전염성간염과 래프트스필라의 2대 전염병에 주의를 요한다. 만일 견전에 출품하고자 할 때에는 2주일 전에 예방주사를 맞아야 하나, 그렇지 못할 때에는 출품할 전날에도 좋으니 여러 가지 병에 대한 면역 혈액의 주사를 맞아 두도록 한다. 그리고 전시회가 끝난 뒤에 빠뜨리는 일이 있으면 그 때도 늦지 않으니 면역 혈청주사를 맞으면 괜찮다.

광견병, 디스텐퍼어, 전염성 간염은 개의 윌스병이며, 래프스트필라는 스필로헤에티병으로 개의 4대전염병이라고 한다. 어느 개이던 완전히 예방할 수 있는 왁찐이 판매되고 있으므로 미리 조치를 해서 걱정없이 지내는 것이 좋을 것이다.

7 더위에 주의

겨울털은 완전히 없어졌을 것이다. 자칫하면 아직 햴트모양의 겨울털이 남아있는 것이 보이는데 이런 일이 있게 되면 개의 관리는 영점이다.

안방개도, 털이 빠져서 괴로움을 당하지는 않을 것이다. 말일 그렇다면 고모 (枯毛)소제의 불량에 기인 (基因)한 것이다. 태만에 있다.

더위로 인하여 식욕이 부진하다는 것은, 개에게도 있다. 먹고 남은 음식은 반드시 없애버려야 한다. 그리고 개가 싫어한다고 해서 다른 음식을 준다는 버릇을 붙

6

여름 준비

우기 (雨期)가 된다. 따라서 한 여름도 얼마 남지 않았다. 바깥의 견사의 지붕, 통풍, 습기의 정도 따위를 조사한다. 밑바닥이 낮으면 재빨리 높게 한다. 모기장의 준비도 한다. 거늘을 만들어 주기 위해서 호박같은 것을 심는다. 여름을 시원하게 지낼 수 있도록 연구를 하는 것도 즐거움이다.

그리고 6 월부터는 대개 어떤 개던지, 입을 벌리고 숨을 쉬게 된다. 땀을 내는 살갗의 장치가 불완전하므로, 과잉된 체온을, 토하는 숨을 방산 (放散)시키는 이외의 다른 방법이 없기 때문이다. 여름의 개의 모양은 혀를 길게 내어 「허어허어」하며 숨가쁜 호흡을 하는 것이 또한 건강의 징조이기도 하다.

견종에 따라 어떤 개는 냄새가 많이 나는 것이 있으나, 기온이 오르고 습기가 있으면, 특히 더 한층 냄새가 난다. 그러므로 목욕을 자주 시키고 피부와 털의 손질을 해주지 않으면 안 된다. 피부병의 재발이나 또는 새로운 발생도, 이 계절부터 많아진다. 습진 같은 것도 빨리 치료해 주지 않으면 화농균 (化膿菌) 따위가 들어가서 중증 (重症)이 되는 수도 있다.

벼룩이나 이 같은 것도 기생하게 된다. 산에 가는 개는 긴드기 같은 것도 기생해 있다.

또 이러한 곤충 따위를 견사내에 가져오기도 한다. 청소를 깨끗이 하여 B·H·C 나 D·D·T 따위의 살충제를 사용하여 항상 개를 깨끗이 하도록 한다. 그리고 이런 살충제는 자칫하면 개를 중독시키기 쉬우므로, 개 몸에 뿌리더라도 30분 뒤에는 세척해 버리도록 하던가 견사나 그 둘레에 뿌려도 2 ～ 3 시간 지나면 청소해 없애도록 한다.

여서는 안 된다. 여름의 먹이는 지방분이 적도록 하는 것과 깨끗한 물은 언제든지 마실 수 있도록 준비해 두는 것 이외에는 별다른 것은 없다.

물놀이는 개도 좋아한다. 어떤 개라도 처음은 약간 겁을 내는 것 뿐이며, 사람이 옆에서 힘을 주면 곧 헤엄을 치게 된다. 개는 물속에서는, 보통 물에서의 다름박질을 하는 것 같이 하면 헤엄을 치게 되므로 특별한 연습이란 필요가 없다.

혹 해수욕을 함께 하게 되면, 그 뒤에 소금물을 잘 씻어주도록 한다. 또 젖은 그대로 그 근처를 딩굴면, 더러운 것이 밀착하게 되므로 마르기전까지는 견사 안이나 목욕간 안에 가두어 두는 것이 좋다.

귀에 물이 들어가면 외이염 (外耳炎)의 원인이 되므로 이것 역시 청소를 잊지 말아야 한다.

8 개털과 여름

털이 긴 종류의 개는 덥지 않겠는가의 걱정을 해주는 것은 좋으나, 그렇다고 해서 짧게 깎아줄 필요는 없다. 털은 경우에 따라서는 직접 더위가 살갗에 닿지 않는 역할도 하기 때문이다.

만일에 트리므를 필요로 하는 견종같으면, 10월이나 11월에 개최되는 견전의 출진 준비로서 신체전체의 털을 짧게 깎아 두는 것은 의미가 있으나, 시원하게 해 주기 위한 털깎기는 불필요한 것이다.

털깎기는 전기기계가 있으면 편리하나, 털의 질에 따라 깎도록 한다. 역으로 깎아서는 위험하다. ⤴

9 더위는 아직 남았다

늦더위는 아직 심하다. 젖은 걸레가 있으면 개들은 그 위에 배를 엎드려 자고 있다. 냉방기 곁을 떠나지 않는 개. 선풍기를 좋아하는 개 따위로 각각 시원하게 지나고자 한다. 먹이도 해가 완전히 빠진 뒤에 시원한 바람이 불게 되면 주도록 한다. 그러나, 조금만 더 있으면 신선한 가을 바람이 불게 되며, 무더위도 가시게 된다.

견사의 청소는 철저히 한다. 해충의 구제가 주된 목적이다. 견사에는 까는 물건(깔개)를 넣어야 한다. 특히 털이 긴 종류는, 그 자랑스러운 아름다운 털의 빠짐 ⤴

10 기분이 좋은 건강의 느낌

보통이면 벌써 모기는 없을 때이다. 앞으로는 모기로 인해 휘이랄리야 병에 걸리는 걱정은 없다. 따라서 9월에 감염(感染)한 휘이랄리야는, 개몸안에서 자라서 늦어도 내년 1월에는 전부가, 심장우심실에 그 끝의 모임을 마친다. 현재의 휘이랄리야 치료의 근본은, 그 생장이 다하여 심장에 집중한 시기에 비소제를 써서 이것을 살충하는 것이다.

추위가 가까워 진다. 견사내의 추위 막기에는, 약간 두꺼운 정도의 깔개와 바람을 피하는 정도면 된다. 그러나 옥외의 개집은 추운 바람이 직접 견사내에 불어오지 않도록 하며, 출입구에는 두꺼운 커어텐을 설비해 주면 좋겠다.

그리고 새로운 털갈이(겨울털)를 한다. 살은 잘 단련하여, 튼튼한 털이 밀생(密生)토록 노력한다. 아침 저녁으로 빗질이나 브러시 등으로 밀어주는 것도 이달이 가장 좋은 시기이다.

여름은 일반적으로, 여윈 편이 자연적이다. 모질의 방어, 그 외 곤충 즉 이·벼
묵 따위에서 보호해 주는 노력은. 7월부터 실행하는 방법 이외에는 다른 좋은 방
법이 없다. 살충제의 중독 등은 절대로 없도록 주의해야 한다. 그리고 시청(市廳)
이나 관(官)에서 모기나 파리 방지용의 약을 살포할 시간에는 개가 그 약품 속에
들어가지 않도록 한다. 이를테면 개집 안에 가두던가 또는 임시로 집안의 어떤 곳
에 수용하는 방법을 취한다.

한여름의 직사광선에 직접 쬐지 않도록 한다. 먹이 등을 오래 남겨두지 않는 것
은 부패의 속도가 빠르기 때문이다. 또 앞뜰에 야채 따위를 경작할 때 식물 살충제
나 비료를 쓰게 되는데 개는 그와 같은 야채밭에 가까이 가지 않도록 한다.

이달에 출산하는 강아지는 한더위 때이므로 추워서 죽는 걱정은 없다. 단, 어
미개에게 안기고 있을 상태 같으면 괜찮다.

을 막기 위한 것이기도 하다.

훈련을 시켜야 할 개는, 각각의 조교(調敎)를 시작해도 좋다. 사냥개의 훈련도
시작할 시기이다. 트리므를 필요로 하는 견종의 정비는, 본격적으로 시작한다. 그
렇지 않은 견종이라도 보기 싫은 긴털은 성리한다. 피부병으로 앓는 개도 초가을에
완전히 근치시켜야 한다. 단이수술(斷耳手術) 외청도염수술(外聽道炎手術) 따위,
위로 인해 연기된 치료도 시원한 바람이 불기 시작하면 저항력에 대한 걱정은 없
다. 마취에도 걱정없이 할 수 있을 것이다.

겨울에 접어들면 해마다 디스텐퍼어가 유행한다. 아직 주사를 하지 않는 강아
지는 예방주사를 놓는다. 예방주사의 효과는 역시 한여름에 개가 허덕이는 시기보
나는 훨씬 효과가 있게 된다.

11 늦가을의 기분

어떤 개던지 일제히, 서울을 위한 털이 갖추워진다. 털은 언제든지, 신진대사를
하고 있는 것이다. 이때쯤이 되면 새로운 털이 많고 묵은 털은 없어진다. 그러나
공들어서 빗질이나 브러시질을 하여, 모근(毛根)을 자극시켜 윤기가 있는 털이 나
오고 견족의 아름다움이 보이는 계절에 접어든다. 그리고 식욕이 좋아져서 살도
찌게 된다.

견사는 본격적으로 겨울 준비에 들어간다. 임신한 개도 적당한 운동을 시킨다.
새끼 낳기 일주일 전까지는 보통의 운동을 시킨다. 새끼 낳는 곳은 지나치게 넓으
면 안 된다. 오히려 좁은편이 개의 체온으로 의해서 강아지가 도망가지 않고 편리
하다. 견사는 햇볕이 쬐는 곳이 좋으며 남향으로 바람이 불지 않는 적당한 장소에
옮겨준다.

임신 개는 말할 나위도 없거니와 훈련개나 사냥개에도 완전히 건강 유지에 비타

민이나 미네랄의 종합제를 어떤 좋은 음식이라도, 비타민류가 포함된 것이 아니면 그 값어치가 없고 이용 가치가 없다. 얼마 되지 않는 비용을 아껴서는 안 된다.

사냥개는 특히, 먼 사냥터까지 다리고 가야 되는데, 먼저 행선지의 사정을 조사해 놓으면 더욱 좋으나, 대체로 여러 가지 전염병이 있다고 보고, 디스텐퍼어, 전염성감염, 래프트스필라의 예방주사를 맞아 놓으면 안심이다. 광견병의 예방주사는 당연히 끝나 있어야 할 것이다.

새끼 낳는 예정일이 닥아오면, 강아지를 위해서 전기 제품에 의한 보온 방법을 생각해 두어야 한다.

12 추위가 닥침

오래동안 병으로 앓고 있는 개에게는 추위가 가장 좋지 못하다. 늙은개의 죽음은 이달이 제일 많다. 그것은 저항력이 없기 때문이다. 휘이랄리야병에 걸려 있는 개의 대다수는, 특징이 있는 힘약한 기침을 하나 좋은 방법이 없다. 견전도 이달에 들어가면 그리 많지는 않다. 개에 대한 여러 가지 행사도 이달에는 대체로 없어진다. 그러나 사냥개에 있어서는 본격적인 무대가 시작된다. 훈련견은 훈련전(訓練展)이 있으며, 애완용(愛玩用)의 개는 난로 옆에서의 생활이 시작된다.

12월 부터 1월 2월에 걸쳐 디스텐퍼어의 병이 가장 많이 유행할 때이다. 벌써 예방주사를 마친 개는 걱정할 필요는 없다. 완전한 건강체의 개는 먹이를 먹는 것으로 충분한 건강 유지가 된다. 그러나 몸속에 기생충이 있으면 그렇게 되지는 않는다. 기생충에 대한 새로운 조치를 취해야 한다.

개선(疥癬) 따위의 피부병이 완치 못한 것은 일단 겨울을 지낼 수 있다. 이 개선(疥癬)도 불치(不治)라고 일컫는 알칼라스도 오늘날에는 벌써, 상당히 유효한 의약품이 판매되어 있으므로 이 계절에는 계속 치료를 해야한다. 단순히 피부의 표면에서 칠하는 것이 아니고 내복약도 함께 복용시키면 이때까지 불치의 병도 쉽사리 완치할 수 있을 것이다.

애견 기르는 방법과 짝짓기

定價 16,000원

2012年 6月 5日 1판 인쇄
2012年 6月 10日 1판 발행
　편 저 : 송원 애견 연구소
　　　　(松 園 版)
　발행인 : 김 현 호
　발행처 : 법문 북스
　공급처 : 법률미디어

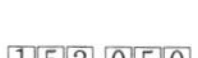

1 5 2 - 0 5 0
서울 구로구 구로동 636-62
TEL : 2636-2911~3, FAX : 2636~3012
등록 : 1979년 8월 27일 제5-22호
Home : www.lawb.co.kr

▌ISBN 978-89-7535-239-3 13520
▌파본은 교환해 드립니다.
▌본서의 무단 전재·복제행위는 저작권법에 의거, 3년 이하의
　징역 또는 3,000만원 이하의 벌금에 처해집니다.